全国中医药行业高等教育"十四五"创新教材

# 中药制药设备与车间设计

（供中药学、药学类等专业用）

主　审　刘红宁

主　编　刘永忠　刘荣华

U0343361

全国百佳图书出版单位
中国中医药出版社
·北　京·

图书在版编目（CIP）数据

中药制药设备与车间设计/刘永忠，刘荣华主编 . —北京：中国中医药出版社，2022.12
全国中医药行业高等教育"十四五"创新教材
ISBN 978-7-5132-7924-6

Ⅰ.①中… Ⅱ.①刘… ②刘… Ⅲ.①中草药加工设备-中医学院-教材
②中成药-制药厂-车间-设计-中医学院-教材 Ⅳ.①TH788 ②TQ461

中国版本图书馆 CIP 数据核字（2022）第 223572 号

**中国中医药出版社出版**

北京经济技术开发区科创十三街 31 号院二区 8 号楼
邮政编码 100176
传真 010-64405721
北京联兴盛业印刷股份有限公司印刷
各地新华书店经销

开本 787×1092 1/16 印张 23.25 字数 519 千字
2022 年 12 月第 1 版 2022 年 12 月第 1 次印刷
书号 ISBN 978-7-5132-7924-6

定价 88.00 元
网址 www.cptcm.com

服 务 热 线 010-64405510
购 书 热 线 010-89535836
维 权 打 假 010-64405753

微信服务号 zgzyycbs
微商城网址 https://kdt.im/LIdUGr
官 方 微 博 http://e.weibo.com/cptcm
天猫旗舰店网址 https://zgzyycbs.tmall.com

如有印装质量问题请与本社出版部联系（010-64405510）

全国中医药行业高等教育"十四五"创新教材

## 《中药制药设备与车间设计》编委会

# 编写说明

　　《中药制药设备与车间设计》是一门运用中药制药机械和制药工艺学理论为基础，以制药实践为依托的实践性极强的综合性学科，它作为中药制药、制药工程、药物制剂专业的核心课程之一，在多年的教学实践与科研活动中得以迅速的发展，尤其是在国家大力发展中医药现代化、产业化的今天，已突显出该学科作为交叉综合性学科的强大优势。

　　《中药制药设备与车间设计》是以中药制药设备与车间设计互为内容与形式展开的叙述，中药制药设备是以制药过程的单元操作为切入点，着重叙述各单元操作的制药原理和所涉及的设备，随着制药工艺进程的不断深入，制药机理的层层展开、剖析，随之将所涉及到的设备原理、使用方法、维修、保养等一系列技术参数和实践操作逐一加以描述；作为承载制药设备的车间的设计和施工建造，是要严格按照一定的规范和要求的，上到国家的法令、法规，下到操作者的岗位操作、劳保、环保等指标，在车间设计的部分相关章节中逐一得以体现。

　　《中药制药设备与车间设计》研究的内容主要包括中药材预处理的净选设备、药材清洗设备、饮片加工设备、炮制设备；中药提取设备；中药粉碎、筛分、分离等单元操作原理及采用的具体设备的使用、维修、保养等；物料传热、蒸发、冷冻、溶剂萃取、固体干燥等的原理及其涉及的设备构造、使用、维修、保养等；制剂成型机械设备，如固体制剂生产设备、液体制剂生产设备、制剂分装机械包装设备、诸如颗粒分装机、数片机、片剂包装联动机、旋盖机、打批号机、说明书折叠机、铝塑包装机、纸袋包装机等；制剂辅助工艺设备，诸如 JB 系列型电加热搅拌反应器、JM-130 型机械分散胶体磨、PJ-01 型配液罐等的具体动力设备配备原则、设备构造原理、技术参数、生产能力、使用注意事项等；药品包装原则、包装材料分类、包装材料的选取，各种包装材料的特点，药用包装机械概论及常用的包装设备等。同时还对生产中药制剂的车间设计布局给出了理论性的建议，诸如洁净车间的工艺布局要求，人员与物料净化程序，具体制剂的工艺流程及环境区域划分，车间设计平面布置图参考示例，中药制剂质量控制点设计；辅助车间，诸如仪表车间、车间空调系统设计等；非工艺设计，诸如建筑物的等级，洁净车间设计对建筑的要求，洁净厂房的内部装修，给排水，车间供热、供电系统、照明等。

本教材力求系统、实用、新颖，以培养能适应规范化、规模化、现代化的中药制药、制药工程、药物制剂专业所需要的高级专业技术人才为宗旨。为此，我们特聘请了教学、科研、生产等三方面的专家、教授，在进行了充分研讨和论证的基础上，撰写了本教材。

本教材也可供全国高等中医药院校本科制药工程、中药制药、制药工程、药物制剂专业教学使用，以及相关制药企业的工程技术人员也亦以参考使用。

本教材在编写的过程中得到了中国中医药出版社有限公司及参编单位领导和老师们的大力支持，在此，我们深表感谢。由于水平所限，教材中可能存在一些不足之处，希望广大师生在使用中提出宝贵意见，我们将不断修订完善。

《中药制药设备与车间设计》编委会
2022 年 3 月

# 目 录

# 第一章 绪 论 ▷▷▷

中药制药设备与车间设计是一门研究在中药制备过程中涉及设备与生产环境布局的综合性学科。该学科是以中药制药工艺过程为主线，叙述了从中药的原料、辅料加工到半成品、成品，以及包装的生产过程中涉及机械设备的设计思路、技术参数、操作过程、维修保养等，同时提出了满足生产该中药制剂的生产环境及非工艺设计等项内容。

## 一、中药制药工业的起源与发展

中药复方制剂大约产生于春秋战国时期，当时以"齐""和齐""和药"称之，见载于《周礼·天官》《世本》等。古代复方有多种剂型，汤剂只是其中之一。西汉最早的医方《五十二病方》中记载有"和剂"，在其项下：有的是将药物研细和合，有的用水和煮，有的以药汁合搅，有的以药和酒。东汉张仲景在"因病制剂"的原则指导下创制了各种药物复方剂型，《伤寒论》《金匮要略》中记载有煎剂、丸剂、散剂、酒剂、坐剂、导剂、含化剂、滴剂、糖浆剂、软膏剂、洗剂、栓剂等十余种剂型。晋代葛洪在《肘后备急方》中记载有黑膏药、干浸膏、浓缩丸、蜡丸、熨剂、尿道栓剂等剂型，并首先使用"成药"这一术语，并有专章论述。唐代孙思邈在《备急千金要方》《千金翼方》中所载"紫雪丹""磁朱丸""定志丸"等中成药至今仍在沿用。宋代是我国成药的大发展时期，设有专门的制药、售药机构（和剂局、惠民局）。同时期编著《太平惠民和剂局方》，收载了大量的方剂及制备方法，其中成药775种，方剂791首（按剂型分：丸剂290方、汤剂128方、煎剂2方、煮散剂26方、散剂233方、膏剂19方、饼剂4方、锭剂2方、砂熨剂4方、丹剂77方、粉剂1方、其他剂型5方），被称为世界上第一部中药制剂规范。明代李时珍在《本草纲目》中收载中药剂型近40种，除记载丸散膏丹常用剂型外，尚有油剂、软膏剂、熏蒸剂、曲剂、露剂、喷雾剂等。明清时期，中药制剂品种繁多，剂型齐备，官方管理严格，其生产与经销得到进一步扩大。

在给药途径方面，战国时期除用药外敷和内服外，就存在药浴、熏、熨等法；到东汉时期，给药途径就多达几十种，如洗身法、药摩法、含咽法、烟熏法、灌肠法等。这些给药方法在后世都得到了保留并有进一步的发展。

进入20世纪，从中药资源的调查研究取得重大成果。由国家中医药管理局组织4万余名科技人员参加，历经10年完成的我国"中药资源普查"工作，基本厘清了我国中药资源的拥有量和分布情况，为保护和合理开发利用中药资源提供了科学依据。近年来，又对近300种常用中药材品种进行了整理和质量标准研究，基本澄清了我国中药品种的混乱问题，起到了正本清源的作用。人工麝香和犀角、虎骨代用品的研究取得成功，既保证了中医临床用药，又有效地保护了珍稀濒危动物资源。20 世纪 80 年代开始，我国中药材种植开始向基地培育模式发展。"九五"期间，科技部曾设立专项基金支持中药材种植基地的建设，自 1999 年我国提出中药材生产质量管理规范（GAP）概念、2003 年开始实施认证以来，中药材规范化生产逐渐为社会各界所认同。中药材种植的规范化及 GAP 基地建设，将进一步推动中药材品质和供应的稳定性，降低行业经营风险。甘草、麻黄等大宗药材野生变家种的人工栽培技术的研究成功，提高了产量，缓解了用药的紧缺状况，取得了显著的社会、经济和生态效益。《中华本草》《中华方剂大词典》《本草图录》等一系列集中药研究大成的著作，反映了当代中国中药研究的水平。

同时，20 世纪后期，中药饮片研究卓有成效。部分学者通过对 40 种常用中药饮片的系统研究，使中药饮片炮制工艺更为科学和规范，促进了中药饮片的工业化生产。对 400 种常用中药饮片的浓缩颗粒进行了工艺、质量和临床疗效研究，临床应用显示了满意的疗效。中药饮片浓缩颗粒研究，这些技术既可保持中医临床用药特色，又可以满足社会生活节奏加快对中药饮片使用的需求。

中药生产新技术、新辅料、新工艺的研究，对提高中药制药工业的技术水平、促进中药行业的技术进步起到了积极的作用。中药剂型在保持传统的丸散膏丹的基础上，发展到片剂、颗粒剂、胶囊、口服液等 40 多种剂型，其中包括了针剂、滴丸、气雾剂等现代剂型。二氧化碳超临界萃取等制药新技术得到了推广应用。

现代生物工程技术在中药材生产中的应用也取得了可喜的进展。中药新药的研制水平得到了不断提高，自 1985 年我国《新药审批办法》施行以来，在中药新药的研究方面建立了从药材考察、工艺研究毒性实验、药效研究及质量标准研究等临床前研究和四期临床试验研究一整套规范，研究开发中药新品种近 1000 个。新药青蒿素的研制是我国对世界医药界的一大贡献，目前对其衍生物的研究仍在继续深入。双氢青蒿素是继青蒿素后创制的又一新衍生物，是我国创制的一类新药，比青蒿素疗效更高、应用范围更广，具有重大的社会效益和经济效益。

进入 21 世纪初期，我国各类药物制剂发展迅速，产业结构基本完善，其中生化药生产规模发展迅速，但主要以仿制药为主。随着生命科学技术的发展，药物也逐步兴起并被研究者所认可，成为我国研发新药的战略选择之一。同时，制药工业也被认为是最有发展前景的高技术产业，制药业具有高投入、高附加值和高风险性的产业特征。世界人口快速增长，人口老龄化趋势增强，特别是随着经济的发展，生活水平的提高，人们医疗保健意识越来越强，制药产业的发展潜力巨大。除此以外，我国中草药资源丰富，据有关数据统计，中成药生产企业占制药企业总数的 94%。因此，我国中药制剂技术虽然与日本、韩国等国家相比有差距，但是仍然拥有种植生产上的技术优势。从我国制药产业的行业结构来看，我国制药产业具有显著的结构性特征。

## 二、制药设备在制药工业中的地位

制药工业是从原料药到成品的大批量、规模化生产的一个过程。当然这个过程也包括中药的预处理，原料的炮制加工、提取、分离等，制药设备在这个过程中起着举足轻重的作用，尤其是在对天然药物的处理过程更是不可缺少的。中药制药设备是在制药理论的指导下，结合具体的生产工艺、生产特点，运用现代科学手段研制开发出来的，适用于规模化生产，从而提供工业化产品。所以，制药设备的发展状况是制药行业发展水平的重要标志。进入 21 世纪以来，先进的设备、合适的生产工艺、优质合格的产品、传统制药企业先进的设备、现代制药企业密闭生产高效率、多功能连续化自动化、高品质现代化管理，使得中药制药设备迅速发展。中国制药工业经过调整、破产兼并，现有药品生产企业 6000 余家，其中，中药制剂企业 1000 余家。制药设备是制药工业发展的手段、工具和物质基础。通过科研开发、技术引进、消化吸收，制药设备产品的品种系列已基本满足医药企业的装备需要，总计有 1100 多个制药机械产品品种规格，其中具有 20 世纪 90 年代水平的产品占主导地位，有些产品还达到国际先进水平。中药制药设备随着制剂工艺的发展和剂型品种的日益增长而发展，一批高效、节能、机电一体化、符合药品生产质量管理规范（GMP）要求的高新技术产品为我国医药企业全面实施GMP 奠定了设备基础。这些新型的先进制剂设备的出现，将使先进的工艺技术转化成为先进的生产力，一定会促进制药工业整体水平的提高。

药品从原料到成品要经过一系列的制造过程，每一个制造环节对药品的质量都可能产生影响。涉及药品质量的影响因素，一般有原辅料的质量及其标准、技术参数的高低，产品处方、生产工艺是否合理，生产设备是否符合和满足生产工艺及 GMP 的需求，生产环境是否达到标准，储存环境是否符合要求，运输是否得当及这一系列过程中的人为和客观环境因素等。在这些影响药品质量的众多因素中，制药设备对药品质量的影响是非常突出和至关重要的。制药设备影响药品质量的方面有生产设备的功能（设备的主要技术参数）是否符合生产工艺的要求，配套的仪器、仪表能否按工艺要求实现控制，制造设备所用材质是否合理，设备的有关零部件是否方便拆卸与清洗，设备运行是否稳定、可靠和能否达到无故障或故障率极小等。根据企业的生产实际和质量管理实践，制药设备在生产环节中，影响药品质量的重要因素已越来越受到广泛关注。

制药设备是在制药工业化生产需要的基础上产生的，新的制药工艺出现，设备也就需要更新改造、升级换代。同时，设备的生产对于制药行业又起着推动作用，两者是相辅相成的。制药设备的完善并不是一蹴而就的，而是在实践中不断地改进和发展。关于制药设备的功能，其远远大于药品工艺的需求，容易导致生产成本的增加，一旦出现设备的功能低于药品工艺的需求情况时，药品生产也就无法避免出现质量问题。在现代化制药生产的过程中，只有先进的设备与合适的生产工艺相结合，才能使制药过程的制药工艺条件得以顺利实现，制造出优质合格的产品。制药工业是大批量、规模化、自动化生产离不开机械设备这一重要的生产工具，因此制药设备在整个工业化生产中起着举足轻重的作用。

### 三、车间设计的概念

制药企业车间包括原料药生产车间和制剂生产车间。原料药包括化学合成药、抗生素发酵、天然药的炮制加工和生物药品的生产。制剂药产品是一种用于预防、治疗、诊断人的疾病，有目的地调节人的生理机能并规定有适应证或功能主治、用法和用量的产品。

### （一）车间设计的意义

车间设计的意义是完成企业所承担的生产任务，完成对生产企业的场地划分，实施生产区域的有效管理，保证所生产的产品数量和质量的基本要素。

### （二）车间设计的目的

车间设计的目的是对厂房的配置和设备的排列做出合理的安排。车间布局设计和车间工艺设计是制药企业规划布局的两个重要环节，成功的车间设计将会使车间内的人、物料和设备在空间上实现最合理的组合，以降低劳动成本，减少事故的发生，增加地面可用空间，提高材料利用率，改善工作条件，促进生产发展。一个布局不合理的车间，基建时工程造价高，施工安装不便；车间建成后又会带来生产和管理问题，造成人流和物流紊乱、设备维护和检修不便等问题，同时也埋下了较大的安全隐患。因此，车间设计时应遵守设计程序，按照布局设计的基本原则，进行细致而周密的考虑。

### （三）设计方案

车间设计首先要有方案，设计方案是对设计项目和各种生产方法进行全面研究，从中选出技术上先进、经济上合理的布局，选择和确定生产工艺路线和对各生产设施、辅助设施、公用工程及总投资的全面规划。方案设计的内容通常包括：原材料来源及产品质量有保证的生产工艺路线。确定了生产工艺路线后，工艺设计人员除做流程方案外，还应完成好以下工作任务，即经物料衡算和能量衡算，以确定原材料消耗量及能量消耗量；进行主要设备计算；车间布置方案；确定厂房结构形式；对各生产设施、辅助设施、公用工程等进行全面规划，做出车间总投资概算等。设计方案主要包括：①产品成本、经济效益、劳动生产率。②原材料的用量及供应。③产品质量。④水、电、汽用量及供应。⑤副产品的利用、"三废"的处理。⑥生产技术是否先进。⑦生产自动化、机械化程度。⑧设备的来源及制作。⑨占地面积和建筑面积。⑩基本建设投资。

### （四）生产工艺流程设计

流程设计是方案设计所确定的原则和指导思想的具体体现，是指导后步设计和施工安装的重要依据。当生产方法确定之后，由原料经过一系列的单元操作过程，最后制得成品。与此同时，还伴随有废水、废料的产生、处理和排放。流程设计就是用图解的形式来表示在整个生产过程中所用的设备、物料和能量发生的变化以及物料的流向等。

流程设计一般可分为三个阶段。

**1. 工艺流程草图**　在生产方法确定之后，可绘制工艺流程草图。一般包括设备示意图、物料管线及流向、主要动力（水、汽、压缩空气及真空等）的部分管线等。工艺流程草图不编入设计文件，只用来指导下一步的工作。

**2. 物料流程图**　包括设备的示意图、名称及位号。对流程图中的主要设备，应注明其规格和操作条件等参数；对物料发生变化的设备，在物料管线上用引线表示出物料组分的名称及物料量等。在流程图上表示有困难时，可在流程图下部按流程顺序列表表示。生产过程中排放出来的"三废"，也应注明其排放量、组分和去向。

**3. 工艺流程图**　在设备计算、车间布置、管路设计等全部完成后，绘制出工艺流程图。其内容包括：绘出全部工艺设备的外形尺寸，主要设备应绘出能说明工艺特征的内部构件，如搅拌、加热管等，用引线标出设备的名称及位号，在设备附近绘出楼面线、厂房各层的地平线及标高等；绘出物料管路及全部阀门和管件，并绘出与设备连接的一段辅助管路及管路上的管件和阀门等；在管路上用箭头表示介质流向，标上介质名称、管子规格及管材；标出自控仪表的控制点等。

### （五）物料衡算

物料衡算是以质量守恒定律为基础所进行的计算。它是所有工艺计算的基础，内容包括确定设备的容积、台数、主要尺寸及确定选用设备容积与之配套的管路长度、管径。物料衡算的意义在于计算原料与产品的定量转换关系，计算各种原料的消耗量，各种中间产品、副产品和产量、损耗量组成等。物料计算的结果，还应将车间的排出物（如废水、废渣、副产品等）用列表表示。

### （六）能量衡算

能（热）量衡算是在物料衡算的基础上，对需加热或冷却设备进行的热量计算，以达到确定加热或冷却介质的用量及设备所需要传递的热量的目的。其意义是热量不仅可以随同物料进、出系统，而且还可以通过设备、管道的壁面由外界传入系统，或由系统散失到环境中。热量计算的基础是热量衡算。热量计算的结果，应列出动力消耗定额及消耗量表。

### （七）管路设计

车间内的管路布置是根据生产工艺的要求而定的。用来输送物料的管路，属于工艺设计部分，由工艺人员进行设计，具体内容如下。

**1. 管线综合的布置原则**　①管线直直线敷设，直与道路、建筑物的轴线相平行。②干管宜布置在主要用户及支管较多的一边。③尽量减少线间及管线与道路的交叉，当交叉时一般宜成直角交叉。④管路敷设应避开露天堆场，以及建、构筑物、扩建用地。⑤架空管线跨越道路时，离地面应有足够的垂直净距，不能影响运输和人行，引入厂内的高压电线，应尽可能沿厂区边缘布置并尽量减少其长度。⑥可燃气体、液体管道不得穿越可燃材料的结构和可燃、易燃材料的堆场。⑦地下埋设管道一般不宜上、下重叠埋设。⑧管线综合布置发生矛盾时通常是临时性的让永久性的，管径小的让管径大的，可弯曲的让不可弯曲的，有压力的让自流的，施工量小的让施工量大的，新的让原有的。

**2. 管（路）线主要种类**  上、下水道包括生产、生活用上水，污水、雨水等的下水。①电缆、电线：包括动力、照明、通讯、广播电线。②热力管道：包括蒸汽、热水。③煤气管道：包括生产、生活用煤气燃料。④动力管道：包括真空、压缩等。⑤物料管道。

**3. 管线敷设方式**

（1）直接埋入地下  特点：施工简便，投资较省，占地较多，检修不便（尤其是冬天）。埋入顺序：（自建筑物向道路中心由浅至深）电讯电缆、电力电缆、热力管道、压缩空气管道、煤气管道、上水管道、污水管道、雨水管道等。注意：草坪下面可敷设管道，不可敷设热力管道。

（2）设置在地下综合管沟内  特点：占地少（仅为直埋占地宽度的1/4）、检修较易、投资较高（是直埋的1.4倍）。沟的规格：通行地沟——沟内净空高度1.8～2.0m；半通行地沟——沟内净空高度1.2～1.4m；不通行地沟——沟内净空高度0.7～1.2m。注意：相互干扰的管线不能设在同一沟内，如热力和冷冻管道。

（3）管线架空  是将管道支承于较高的管线支架上或较低的支架上的一种敷衍设方法。特点：维修方便、投资低，但影响美观。

## 四、中药制药设备与车间设计的研究内容

中药制药设备与车间设计是以中药制药工艺路线为主线，以制药理论为基础，以单元操作为切入点，重点叙述各单元操作所涉及的设备，其中着重描述了设备的原理、使用、维修、保养等一系列技术参数和操作具体过程，同时就中药生产的环境（车间），也做了适当的叙述。

中药制药设备与车间设计研究的内容主要包括：中药材预处理的净选设备，药材清洗设备，饮片加工设备，炮制设备；中药提取设备；中药粉碎、筛分、分离等单元操作原理及采用的具体设备的使用、维修、保养等；物料传热、蒸发、冷冻、溶剂萃取、固体干燥等的原理及其涉及的设备构造、使用、维修、保养等；制剂成型机械设备，如固体制剂生产设备、液体制剂生产设备；制剂分装机械包装设备，如颗粒分装机、数片机、片剂包装联动机、旋盖机、打批号机、说明书折叠机、铝塑包装机、纸袋包装机等；制剂辅助工艺设备，如JB系列电加热搅拌反应器、JM-130型机械分散胶体磨、PJ-01型配液罐等的具体动力设备配备原则及设备构造原理、技术参数、生产能力、使用注意事项等；药品包装原则、包装材料分类、包装材料选取，各种包装材料的特点、药用包装机械概论及常用的包装设备等。同时还对生产中药制剂的车间设计布局给出了理论性的建议，如洁净车间的工艺布局要求，人员与物料净化程序，具体制剂的工艺流程及环境区域划分，车间设计平面布置图参考示例，中药制剂质量控制点设计；辅助车间如仪表车间、车间空调系统设计等；非工艺设计如建筑物的等级，洁净车间设计对建筑的要求，洁净厂房的内部装修，给排水，车间供热、供电、照明等。

## 五、中药制药行业的发展远景

我国的制药工业如果继续完全依赖仿制药物而生存是毫无希望的，必须勇于面对挑

战，在国际竞争的风口浪尖磨炼，利用好中药资源，按照国际规范开发自主知识产权的创新药物，并进入国际市场，才是最终出路。

目前，国外一流制药企业普遍采用现代技术进行创新药物的研究，集中体现在所谓的"三大法宝"，即组合化学、基因科学和高通量筛选。通俗地讲，就是能发现并制备明确、优良的药物作用靶标，有大规模快速的合成手段及筛选方法。这就对软、硬件设施及人员素质提出了较高的要求，我国只有少数的研究机构及大型企业经过努力才有可能达到。另外，从工作基础来看，也只有少数高水平的研究机构具有开发创新药物的研究基础和项目基础。因此制药企业应重视新药的研究开发，而中药应成为创新药物研究开发的重要源泉。

由于从化学合成物中筛选新药的难度越来越大、时间越来越长、投入越来越高，并且化学药物对人体具有毒副作用、易产生抗药性和药源性疾病等特点越来越明显，许多研究者转向了天然药物的研究、开发和利用，使其成为继化学药物、生物制剂、基因工程类药品之后最具发展前景的特色产业。传统的西医医疗市场的局面将被打破，天然药物产业将成为全球制药业中最具发展前景的特色产业，中药产业也将成为世界医药产业的重要发展方向之一。

中药经历了千百年的临床试验，是我国目前产业体系中极少数拥有"以知识为基础的市场进入屏障"的产业之一。很多中药的疗效正逐步得到现代药理学的证实和阐明，如青蒿素、石杉碱、银杏、异黄酮等。

随着我国中药制药市场的不断发展，我国逐步走上了中药制药工业现代化道路。而且，随着各国人民对中药认识的不断加深，也为中药的进一步发展和迈向世界市场创造了优越的国际与国内环境。就我国目前的中药工业而言，要想抓住这个千载难逢的机会，振兴民族中药制药工业，提高中国中药制药在国内外的知名度和影响力，中药制药行业未来发展任重道远。

## （一）加强对中药基础的研究，促进中药制药工业发展

首先，我国中药制药存在的主要问题是生产的技术相对落后，缺乏相应的生产规范与衡量标准。为了摆脱这一局面，可以借助现代分离分析技术对所用中药的有效成分进行充分提取，并分离药物的结构，对其进行深入研究，以便于掌握其药理作用与机理。只有掌握了这些，才能根据药物有效成分的溶解性和稳定性等特点，选择合适的提取、分离技术与合理科学的生产工艺，进而保证药物可以最大限度地发挥自身的药效，提高药品的质量。其次，还要根据药物的有效溶解成分和结构特点，选择最适合患者的药剂。最后，利用现代药物分离技术对中药进行分析，并进行科学测量。

## （二）科学选题，开发新的中药制药市场

针对目前在我国疾病发生的相关情况，在对市场充分调查与分析的基础上，选择合适的课题并开发出符合新的市场需求的药品。研究发现，大多数消费者还是更愿意接受那些低毒、高效并使用方便的药品。所以中药制药在剂型的选择方面要考虑到大多数患

者的需求，把气雾剂、软胶囊、颗粒剂等作为重点研究课题，与市场接轨。

### （三）完善制药技术与设备，实现中药制药的工业化生产

完善先进的中药制药设备与技术，是实现我国中药制药生产现代化的重要保证。中药制药行业是多个学科之间、相互交叉和渗透的行业，亦需要各种人才的交流和综合，更需要不同相关行业之间的优势互补。随着国际上制药技术的飞速发展，中药制药的生产现代化已经成为中药走向世界的一个主要因素，也是中药制药业进一步发展的有力技术保证。所以，我国的中药制药工业必须高度重视外来先进技术的引入与自身的技术改造。如今，我国的中药制药工业不断采用一些新的辅料、工艺、技术和设备等，如逆流萃取、超滤技术、透析法、无菌分装、喷雾干燥、微粉化法、冷冻干燥、微波灭菌、薄膜包衣、固体分散法等，大大推动了中药制药工业的迅速发展。未来我国中药制药技术发展方向可在以下几方面有所创新。

**1. 工程集成技术的创新** 中药制药工程集成技术，特别是产业化生产中有效成分或有效部位提取、浓缩、纯化过程的工业集成制造技术的创新。"集成制造技术"是一类最新的工业技术概念。在中成药制造业中通过一系列提取、分离、浓缩、纯化操作的有效组合和计算机的集成控制，可实现从中药原料药到目标产品的全程控制，从而高效率、高质量地生产出中成药产品。

**2. 生物基因工程方面的创新** 目前中药在生物基因工程方面的创新技术及装备，使得研制一种生物药的周期已由原来的5~6年缩短到20个月左右。基因疗法、克隆技术的重大突破及人类基因组计划的加速，预示着生物技术在制药工业的广阔发展空间。

**3. 中药处理工艺技术的创新** 中药提取、分离、纯化工艺技术及装备的创新，使得中药荷电技术得到进一步优化。荷电提取温度在80℃以下，防止了中药有效成分与热敏感成分的流失，其前景可观；中药提取液分离与纯化技术的新突破，用中药冷冻浓缩代替真空浓缩，使提取液在0℃以下完成浓缩过程，避免了有效成分因受热时间长而发生变化，同时浓缩物可逆性地溶于水，改善了提取物性能；超临界萃取、大孔树脂吸附、膜分离等技术及其装备的进一步优化及产业化等。

**4. 中药粉体工程技术的创新** 中药粉体工程技术包括制药粉体机械、粉体过程工艺技术、专用的功能性粉体材料及检测用装备，如制药粉粒体机械为超微粉碎机组；粉体物性测定、试验室研究和设备；制药粉体工程自动化装置和检测、计量传感装置；医药食品功能性粉体材料；制药粉体过程工艺技术（包括超微粉碎及相关技术、复合化和精密包覆技术、粒子设计和表面改性技术、机电一体化和自动化技术、洁净化和安全化技术）。

**5. 中药干燥工艺的创新** 中药干燥工艺及装备的创新，特别是干燥方法的创新，如静电干燥技术较常规热风循环干燥、微波干燥等有更多的优越性。

**6. 逆流层析分离技术的改进** 逆流层析分离技术是20世纪80年代末期发展起来的一项分离技术，利用液-液对流分配原理对物质进行分离，具有分离度高、分离量大、分离效果好、成本低等特点，适合天然药物和中药材有效成分的分离提纯。

**7. 中药生产过程的智能化**　开发中药生产过程的智能化和组合封闭式数字程控装备是今后 10~15 年的重点，随着微电子技术的发展和信息数据库网络的建立，传统的中药生产工艺及其装备将会出现一次革新。

## （四）建立健全科学的中药制药质量指标及其控制体系

随着中药制药的不断发展，必须要有与其相适应的中药制药质量指标及其控制体系与之相适应。只有这样，才能保证我国中药制剂产业的科学、合理、规范发展。在中成药的质量控制与测量过程中，常用的一些分析仪器与设备，如分光光度计、薄层扫描技术，还有气相色谱和高效液相色谱法等。这些都是目前测量中成药质量，对其进行分析比较有效的方法，是质量与操作规范衡量过程中必不可少的。

## （五）运用现代市场营销方法，加强企业管理

中药制药产业要想在现代市场经济中占有一席之地，就必须进行工业化生产，所以不得不采用先进的市场营销方法，增强自身的竞争能力。此外，还要加强企业的内部管理，这也是保证中药制药实现工业化生产的必备条件。只有增强企业内部的实力，才有可能实现工业化道路。

我们应该积极推行中药的现代化，一方面加强中药质量控制及制剂的科学性、合理性；另一方面要大力开发中药有效单体，即以西药的形式开发中药，或以中药的有效成分为先导化合物进行结构改造，这是我国进行创新药物研究的优势所在。在此新的形势下，如何振兴发展中医药事业，让传统的中药适应世界医药生产的发展趋势，把中药引向未来、面向世界、造福人类，是中药制药行业发展的重要课题，亦是历史赋予的使命。

# 第二章　中药材预处理设备 ▷▷▷▷

中药材预处理是生产中必须先进行的过程，将药材经过净选、切制等处理而成片、丝、块、段等供临床应用。它的处理方法是根据中医药传统理论而制定的，是非常严格的，不能有丝毫的差错，否则会影响临床效果。

## 第一节　净选设备

净选是中药炮制第一道工序，几乎每种药材在使用前均需进行净选。净选是在切制、炮炙或调配、制剂前，选取规定的药用部分，除去非药用部位、杂质、霉变品及虫蛀品等。早在汉代，医药学家张仲景就很重视药用部位、品质和修治，在其著作《金匮玉函经》中指出："或须皮去肉，或去皮须肉，或须根去茎，又须花须实，依方拣采、治削，极令净洁。"

净选就是指除去中药材中的杂质。药材中的杂质包括石块、瓦砾、泥块、砂石、铁钉、铁片及籽实类药材中的无用空壳、无用籽粒、砒粒、异物等。根据中药材与杂质在物理性质方面的悬殊差异，采用筛选、风选、磁选、水洗等方法除去药中的杂质，达到净选药材的目的。

### 一、筛药机

筛选是根据药物和杂质的体积大小不同，选用不同规格的筛和罗，以筛去药物中的砂石、杂质，使其达到洁净，或者利用不同孔径的筛用来分离药材大小和粉末粗细，使大小规格趋于一致。有些药物形体大小不等，需用不同孔径的筛子进行筛选分开，如延胡索、浙贝母、半夏等，以便分别浸、漂和煮制。另外，如穿山甲、鸡内金、鱼螵蛸及其他大小不等的药物，均须分开，分别进行炮制，以使受热均匀、质量一致，或筛去药物在炮制中的辅料，如麦麸、河砂、滑石粉、蛤粉、米、土粉等。

筛选方法：传统使用竹筛、铁丝筛、铜筛、麻筛、马尾筛、绢筛等。但马尾筛、绢筛一般用来去除细小种子类的杂质。

传统筛选为手工操作，效率低，劳动强度大。现代已经用筛药的机械代替，所用的机械设备称为筛药机。

图2-1为振荡式筛药机。该机由筛子、弹性支架、偏心轮和电动机等组成。筛网固定在筛框上．根据需要可选用不同孔径的筛网，筛框与弹性支架相连。偏心轮通过连杆机构与一弹性支架连接。当电动机带动偏心轮转动时，筛子即做往复运动。操作时，只

要将待筛选的药材放入振动筛内，启动电动机，即可使杂质与药材分离开，达到净选药材的目的。

该机的特点是结构简单、效率高、噪音小，缺点是粉尘散发空气中，对环境造成影响。

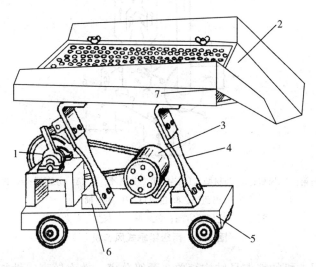

1. 偏心轮；2. 筛子主体；3. 电动机；4. 玻璃纤维板弹簧；5. 底座；6. 实心刨铁；7. 倾斜角度

**图 2-1 振荡式筛药机**

## 二、风选机

风选是利用药材与杂质在气流中的悬浮速度不同，达到药材与杂质分离的目的。当物料处于垂直上升的气流之中，既不向下沉降，又不被气流带走，而呈悬浮状态，此时的气流速度称为该物质的悬浮速度。若气流速度大于物料的悬浮速度，则物料被气流带走；当气流速度小于物料的悬浮速度时，则物料在气流中沉降。物料在气流中悬浮速度的大小与物料颗粒的密度、形状、几何尺寸等因素有关，如苏子、车前子、吴茱萸、青葙子、莱菔子等。有些药物通过风选可将果柄、花梗、干瘪之物等非药用部位除去。生产中常用的风选机种类很多，结构各异，但原理基本相同。

图 2-2 为两级铅垂式风选机，其结构主要是由风机和两级分离器所组成。该装置在负压下工作，负压气流由风机产生。操作时，用离心抛掷器将药材从第一分离器的抛射口沿圆周切线方向抛入。在第一级分离器中，药材与从下面出药口进入的气流相遇，若使第一级分离器中的平均气流速度大于轻杂质和尘土的悬浮速度，而小于药材的悬浮速度，则药材沉降，从出药口进入集药箱内，轻杂质和尘土等进入第二分离器。由于风料分离器和上、下挡料器等的阻碍作用，使部分杂质沉降至排杂筒；剩余的杂质随气流沿第二分离器的内外筒之间上升，这时，由于圆筒的横截面积增大，气流速度下降。当气流速度大于尘土的悬浮速度，而小于杂质的悬浮速度时，则杂质沉降，落到排杂筒内；尘土等粉尘经风机的吸风管道被风机抽出。

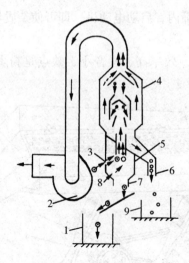

1. 集药箱；2. 风机；3. 药材抛入口；4. 第二分离器；5. 第一分离器；6. 排杂口；

7. 出药口；8. 进风口；9. 集尘桶

图注：→空气流向；⊙药材　·灰尘　○杂质

**图2-2　两级铅垂式风选机**

两级铅垂式风选机的特点是结构简单；两级分离，效率较高；性能稳定可靠。

## 三、去石机

**1. 工作原理**　图2-3为去石机的工作原理图。把含有砂石的药材落到倾斜的带有鱼鳞筛孔的去石筛板的中段。由于倾斜度较小的去石筛板，沿着与倾斜吊杆垂直的方向运动，即筛面呈来回向上的倾斜往复振动。同时，空气流以一定的流速沿某一固定方向从去石筛板底部通过筛孔，使轻重物料自动分级。落到筛面上的物料层，由于筛面的振动，其底部为砂石层。该砂石层受到筛板向上的惯性力作用时，在气流的推动下，使砂石沿鱼鳞的顶面越过而向上运动；当筛板运动的惯性力向下时，砂石受鱼鳞形筛孔孔口和气流的阻挡而不能向下滑动。经过这样多次地来回振动，砂石由筛板的中段逐步推向筛板上段，浮在物料层上面的药材，逐步滑到筛板下段由出料口流出，达到药材与砂石分离的目的。

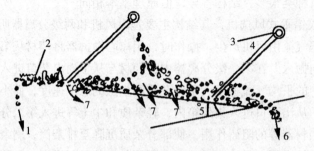

1. 石子；2.3. 去石筛板；4. 夹角25°~35°；5. 夹角13°~15°；6. 药材；7. 空气流向

**图2-3　去石机工作原理图**

**2. 结构与操作**　根据气流形式分类，去石机可分为吹式和吸式。图2-4为吹式去石机结构图。筛体被悬吊在倾斜的吊杆上，筛体内装有去石筛面，整个筛体在偏心轮等传动机构带动下做往复倾斜的振动。筛体下部有通风机，空气由进风管道吸入，经风机吹向去石筛面，并由导风板和匀风板使气流沿整个筛面均匀地穿过鱼鳞筛孔。

将被净选的药材送入进料斗中，由进料机构均匀和定量地流入去石筛面。在振动的筛体和气流的共同作用下，药材沿筛面向下滑动，由出药口排出。砂石向上移动至上段筛面呈60°收缩角的积石区，在此使砂石浓缩形成一定的厚度，并将其中夹带的药材分出，使之滑向下面。浓缩后的砂石在精选室中继续清出混入其中的药材，最后由出石口排出。

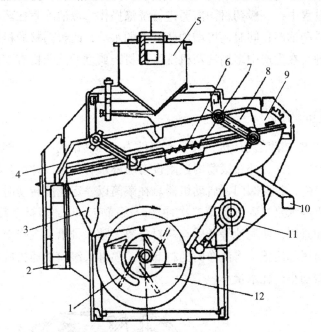

1. 进风结构；2. 出药口；3. 导风板；4. 筛体；5. 进料口；6. 筛面；7. 匀风扳；
8. 吊杆；9. 精选室；10. 出式口；11. 偏心转动机构；12. 通风机

**图 2-4 去石机结构图**

去石机是在正压下工作，如果工作室密闭性不好，常有灰尘外扬，因而影响环境清洁卫生。

**3. 影响去石效果的因素** 在进行去石操作的过程中，常因进料量和风速等控制不当，致使去石效率下降。

（1）进料量 当进料量过大时，药材在筛面上的流层加厚，使药材与砂石的自动分级不佳，造成药中含石、石中含药的数量增大。当进料量过小时，药材在筛面上的流层太薄，甚至某些地方缺料形成斑孔，使空气由此流失，导致筛面的其他部分风量不足，风压降低，自动分级不良，去石效率下降。因此在去石操作中，要保持进料量大小适当、连续均匀；要特别注意防止断料现象，保持稳定良好的工作条件，提高去石效率和减少石中含药量。

（2）风速 风速是药材与砂石分离的重要条件。当风速过大时，筛面上的药材被吹乱，料层不能保持稳定，甚至局部料层被吹穿，而使自动分级不良，去石效率下降。当风速过小时，料层不呈现漂浮状态，既不能形成自动分级，更不利于砂石向上推送。

药材种类不同，在去石操作中所用的风速不同；合适的风速，必须通过实验确定。常用的风速一般为1.5m/s左右。

（3）其他因素　如筛体的运动状态、筛孔的形状和磨损程度、药材中杂质的含量等，都是影响去石效果的因素。

# 第二节　洗药设备

在制药生产过程中，一般药材均需要进行洗涤操作，以清除附在药材表面的泥土及混入药材中的杂质和细菌；同时还可增加药材中的水分，改善药材的机械性能，便于对药材进行加工处理。在生产中多用洗药机洗涤药材，典型的洗药机有滚筒式洗药机和籽实类药材清洗机。

## 一、滚筒式洗药机

图2-5为一喷淋式滚筒洗药机，其主要部件为一回转滚筒，电动机通过传动装置驱动滚筒以一定速度转动；另外在滚筒内还附设有喷淋水管，用以冲洗药材。操作时将药材从滚筒口放入筒内，打开阀门，启动机器。在滚筒以一定速度转动时，喷淋水不断冲洗药物，冲洗水再经水泵打入进行第二次冲洗。滚筒转动时，药材在筒内也一起翻动，受到全面的冲洗和碰撞，使泥沙等杂质与药材分离，随水排出，沉降至水箱底部。药材洗净后，打开滚筒尾部后盖，将洗净的药材卸出。喷淋式滚筒洗药机的特点是，在操作过程中噪音小、振动小、耗水量小。

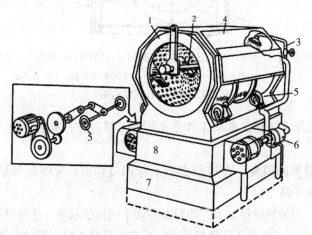

1. 滚筒；2. 冲洗管；3. 二次冲洗管；4. 防护罩；5. 导轮；6. 水泵；7. 水泥基础；8. 水箱

**图2-5　喷淋式滚筒洗药机**

## 二、籽实类药材清洗机

图2-6为籽实类药材清洗机，主要分为两个部分，其左半部是洗槽部分，清洗药材表面污物和分离药材中所含的杂质均在洗槽内进行；右半部是甩干部分，用于分离药材

表面的水分。另外还有进料装置、传动机构和供水系统等。

籽实类药材清洗机的工作过程是：药材经进料箱落入洗槽中。进料箱可以沿洗槽左右移动，以便调节药材在洗槽中停留的时间。洗槽中设有两根洗药绞龙和两根除杂质绞龙。当药材落到洗槽中时，由于绞龙的转动，使水受到搅动，药材不易立即下沉而呈悬浮状态，借绞龙的推送，将药材从左向右输送到甩干机的底部。密度大的杂质（如石块、砂等）在水中迅速沉降到杂质绞龙中，沿相反的方向从右向左输送到杂质收集斗中，再依靠水力将其冲入杂质箱内，用人工定期取出。

药材由绞龙输送到甩干机底部后，一方面由于甩板圆筒的转动，其上面的叶片一方面将药材甩到鱼鳞板筛筒上，将附在药材表面的水分甩出；另一方面，由于叶片呈螺旋状排列，药材由底部向上推送至甩干机顶部时，由刮板送到出料口出料。从鱼鳞筛孔甩出的污水又流回水箱内，最后由排水孔排出。

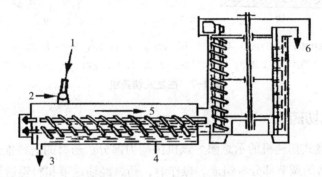

1. 药材进口；2. 喷嘴；3. 重杂质出口；4. 重杂质；5. 药材运动方向；6. 药材出口

注：→药材流向　-----重杂质流向

**图 2-6　籽实类药材清洗机**

# 第三节　切制设备

在制药生产中，为了便于将药材中的有效成分浸出，或为了便于药材进行粉碎、炮炙等操作的顺利进行，对一些药材均需进行切制加工。切制药材所使用的机械设备称为切药机。目前，切药机的种类比较多，有立式、卧式、剁刀式、旋转式及往复式等。虽然它们的种类各异，但其工作原理基本相同，都是将药材通过传送机构送至刀口，由刀片切成一定形状和一定规格的饮片。下面介绍两种应用较多的、比较典型的切药机。

## 一、剁刀式切药机

图 2-7（a）为剁刀式切药机的工作原理图，图 2-7（b）为剁刀式切药机的示意图。操作时将软化好的药材整齐均匀地置于运动着的板式或由无声链条组成的输送带上，然后被送进两对料辊中间并被压紧，且向前推出适当长度，切刀沿着导轨运动，对药材进行截切。输送机构连续均匀地送料，切刀在曲柄连杆机构驱动下做往复运动，切药机连续对药材进行切制。

剁刀式切药机的结构简单、适用范围广、效率较高，主要用于截切全草、皮、茎、根等植物性药材。饮片的厚薄由偏心调节部分进行调节。该机不适用于对颗粒类药材的切制。

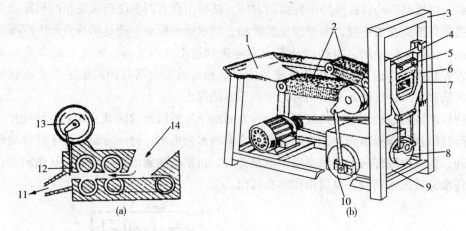

1. 台面；2. 输送带；3. 机身；4. 导轨；5. 压片刀；6. 刀片；7. 出料口；8. 偏心轮；9. 减速器；
10. 偏心调片子厚度部分；11. 出料口；12. 切刀；13. 曲轴连杆机构；14. 进料口

**图 2-7　往复式切药机**

## 二、转盘式切药机

图 2-8 为转盘式切药机的示意图。该机由动力部分、药材的送料推进部分、切药部分和调节片子厚薄的调节部分等组成。操作时，药材经输送带和料辊送至刀口，转盘在电机和传动装置带动下进行旋转，安装在转盘上的刀片不断地对药材进行切制。

转盘式切药机主要适用于块状和果实类药材的饮片切制，也适用于根茎类药材的切制。其特点是切片均匀、适应性强。

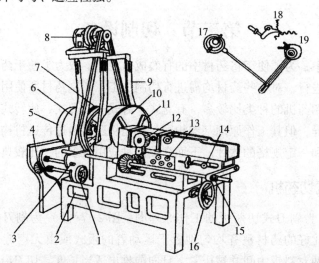

1. 手板轮；2. 出料口；3. 撑牙齿轮轴；4. 撑牙齿轮；5. 安全罩；6. 偏心轮（三套）；7. 皮带轮；
8. 电动机；9. 架子；10. 刀床；11. 刀；12. 输送滚轮齿轮；13. 输送滚轮轴；14. 输送带松紧调节器；
15. 套轴；16. 机身进退手板轮；17. 偏心轮；18. 弹簧；19. 撑牙

**图 2-8　转盘式切药机**

# 第四节　炮制设备

大多数中药材在净选、切制以后，还需要进行炮制操作。中药炮制是根据中医药理论，按照医疗、调配、制剂的不同要求，以及药材自身性质，所采取的一项制药技术。它是我国的一项传统制药技术，又称炮炙、修事或修治。中药饮片的炮制是根据临床辨证施治的需要，或改变其性能，或改变其升降浮沉，或改变其归经等，以适应中医临床的实际需求。

## 一、炮制目的

中药炮制的目的主要是提高药物在临床上医疗效果，保证药品质量和用药安全，具体表现在以下几个方面。

**1. 消除或降低药物毒性或副作用**　有的药物虽有较好疗效，但从安全性考虑，则需通过炮制来降低或消除毒副作用，使其服后不致产生中毒或不良反应。

**2. 改变或缓和药性提高临床效果**　不同药物各具其寒、热、温、凉的性能，性味偏盛的药物在临床应用时会带来副作用，如太寒伤阳、太热伤阴、过酸损齿伤筋、过苦伤胃耗液、过甘生湿助满、过辛损津耗液、过咸助生痰涩等。通过炮制可改变药性适应不同的病情和体质的需要，增强其疗效。

**3. 便于调剂和制剂**　将原药材制成一定形状，便于调剂和制剂，使药力共同充分发挥治疗作用，药物经炮制处理后，切成片、段、丝、块等饮片，可以准确剂量及配方。

**4. 矫味矫臭**　利于服用动物类或动物粪便类及其他有特殊臭味的药物，患者服用时往往有恶心、呕吐等不良反应，这类药物通常加一些辅料进行炮炙，以达到矫味矫臭、便于服用的目的。

## 二、炒药机

图2-9为滚筒式炒药机的外形图。该设备可用来对药材进行多种炒炙操作，如炒黄、炒炭、砂炒、麸炒、醋炒、盐炒、蜜炙等。操作时点燃炉火，接通电源，炒药滚筒旋转。药材从上料口加入筒内，盖好盖板。待药炒好后，启动卸料开关，炒药筒反向旋转，卸出药材。

滚筒式炒药机的特点是：药物受热均匀、炒药滚筒匀速转动、饮片颜色一致、产量较大、产品质量高、每

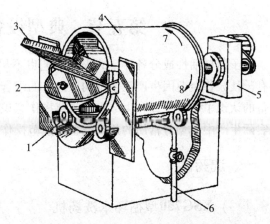

1. 导轮；2. 盖板；3. 上料口；4. 炒药筒；5. 减速器；
6. 天然气管道；7. 出料旋转方向；8. 炒药旋转方向

**图2-9　卧式滚筒式炒药机**

小时炒药 80~240kg；适用范围广；还有结构简单、操作方便、劳动强度小。

### 三、微机程控炒药机

微机程控炒药机是近年来采用微机程控方式研制出的新式炒药机，该机既能手工炒制，也可以自动操作，采用烘烤与锅底双给热方式炒制，使药材上下均匀受热，缩短炒制时间，工作效率高，如图 2-10 所示。

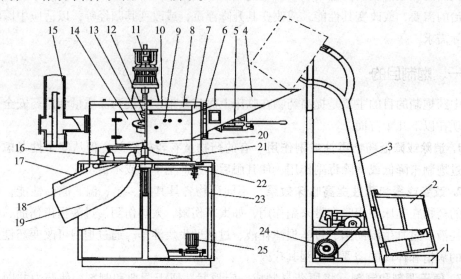

1. 电子秤；2. 料斗；3. 料斗提升架；4. 进料槽；5. 进料推动杆；6. 进料门 7. 炒药锅；8. 烘烤加热器；
9. 液体辅料喷嘴；10. 炒药机顶盖；11. 搅拌电机 12. 观察灯；13. 取样口；14. 锅体前门；15. 排烟装置；
16. 犁式搅拌叶片 17. 出药喷水管；18. 出药门；19. 出药滑道；20. 测温电偶；21. 桨式搅拌叶片
22. 锅底加热器；23. 锅体机架；24. 料斗提升电机；25. 液体辅料供给装置

**图 2-10　微机程控炒药机**

# 第五节　典型设备规范操作

由于药材活性成分各异，故提取工艺也不尽相同，导致药物提取设备也多种多样，各有千秋。各企业因生产工艺不同，设备的组合方式也不同。为了深化对原料药预处理设备的认识了解，提高在生产中的规范操作意识和素质，本节详细归纳和介绍在制药企业实际生产中典型且常用的几款设备的规范操作流程和应用方法。

## 一、洗药机

### （一）XSG750型循环水洗药机

循环水洗药机用于中药材、蔬菜、水果等农副产品或类似物料的表面清洗，利用水喷淋、一般水洗及物料的翻滚摩擦除去物料表面的泥沙、毛皮、农药等杂物。以XSG750 型循环水洗药机为例，该机自带水箱、循环泵，具有泥沙沉淀的功能，对于批量药材的清洗具有节水的优点，而该机不适合直径小于 4mm 物料或结合性表面杂物的清洗。

**1. 工作原理**　XSG750 型循环水洗药机的机械传动系统由电机、减速器、滚筒外圈和滚筒组成，实现筒体沿水平轴线做慢速转动，筒体内的物料被筒体内的定向导流板从一端推向另一端，来自水箱的水，经高压水泵增压后从喷淋水管喷出，利用水的冲刷力和物料翻滚的摩擦力，除去物料表面的杂物。

**2. 结构特征**　XSG750 型循环水洗药机配有高压水泵、水箱、喷淋水管，具有水漂洗、高压水冲洗等功能。独特的鼓式设计，既能使物料能够浸在水中进行漂洗，也能在高压水的冲刷作用下进行冲洗，而且还延长了物料的清洗时间，使物料能够得到充足的清洗。此外，本机的水箱设计也跟以往的洗药机不同，而是采用 V 型结构，采用这种结构避免了清洗残留物的积留和卫生死角，能快速地把水箱内的脏水和杂质清除掉，极大减小了清理的难度和工作量。整机外观整洁、易于清洗，主要材料用 SUS304 不锈钢制作。

**3. 技术参数**　XSG750 型循环水洗药机主要技术参数见表 2-1。

表 2-1　XSG750 型循环水洗药机主要技术参数

| 序号 | 名称 | | 技术参数 |
| --- | --- | --- | --- |
| 1 | 水箱容量（L） | | 260 |
| 2 | 筒体尺寸（mm） | | 2200 |
| 3 | 参考产量（kg/h） | | 200~500 |
| 4 | 筒体转速（可调）（rpm/min） | | 1~12 |
| 5 | 筒体承载能力（kg） | | 80 |
| 6 | 最高水压（MPa） | | 0.15 |
| 7 | 排水管尺寸（mm） | | 65 |
| 8 | 进水管尺寸（mm） | | 32 |
| 9 | 溢流水管尺寸（快装式）（mm） | | 32 |
| 10 | 配套电机 | 型号 | YS8024 |
| | | 功率（kW） | 0.75 |
| 11 | 配套减速机 | 型号 | WPDA-70-A1 |
| | | 功率（kW） | 60 |
| 12 | 配套水泵（380V） | 型号 | 25SG4~20 |
| | | 功率（kW） | 0.75kW |
| 13 | 总功率（kW/V） | | 1.5 |
| 14 | 外形尺寸（mm） | | 2950×900×1280 |
| 15 | 传动带规格 | | B-2280 |
| 16 | 机器重量（kg） | | 380 |

**4. 设备安装**　机器应置于室内，地面须坚实、平整，四周留有足够的物流和操作空间，机器底面与底面需可靠固定。打开两侧门板，拆除筒体固定铁丝，目测内外部机件是否缺损或移位，若出现问题应进行调整或修理。进水管位于机器进料端的下方，排污管、溢流管位于机器出料端的下方。打开进料斗下面的前门板，同时开启进水阀和水泵阀，清水即进入水箱。打开进料端下部门板，由专业电工将三相电源（380V）接入相应的接线端子，并将设备外壳可靠接地。启动水泵，水压表指示水压应大于 0.1MPa，表示电源相序正确，否则请调换接入电源的任意两根相线。

**5. 操作方法**　试车阶段：启动电机，筒体做匀速转动，无异常声音并能正反运行属工作正常。启动水泵，打开喷淋阀，各喷嘴出水。必要时可转动喷嘴调节出水大小和出水压力。电控箱内配有短路、漏电、过载保护装置，筒体转动的控制线路采用互锁原理，筒体转向可直接切换，无须先停机再切换。连续清洗：顺时针启动筒体及水泵，打开喷淋阀，物料自进料斗送入，经清洗后在筒体的另一端自动排出。操作时先空车起动，后放水洗涤；间歇清洗：对校准清洗物料，须分别顺时针逆时针反复启动电机，以便物料在筒体内有足够的清洗时间和翻动次数，达到洗净之目的；换水阶段：一批物料清洗完毕或清洗工艺要求换水时，请打开排污阀，必要时打开两侧门板，用清扫工具排除水箱底部沉积的污泥，然后再加入清水。

**6. 维护保养**　减速器：应定期检查减速器油位，油量减少时须及时补足，首次使用 100 小时后，请更换洗减速器润滑油，以后每 2500 小时换油 1 次；传动带张紧：若启动电机，筒体转动缓慢或不转，可能是传动皮带打滑所致，通过调整电机上下位置来张紧皮带轮；停机：请检查电控箱内是漏电保护器还是过流保护器动作，查明故障原因再重新启动；喷嘴调节与清洗：拆开喷淋管两端的快装卡箍，取出喷淋管，必要时拆卸喷嘴以便清洗污泥。

**7. 注意事项**　任何时候水箱水位应高于水泵进口过滤器 100mm，避免因缺水而烧毁水泵。设备外壳必须可靠接地，避免意外事故发生。

**8. 故障排除**　XSG750 型循环水洗药机故障及排除见表 2-2。

表 2-2　XSG750 型循环水洗药机故障及排除

| 序号 | 故障现象 | 可能的原因 | 相应排除方法 |
|---|---|---|---|
| 1 | 电脑显示"门开"机器无法工作 | 门未关好 | 把门关好 |
| | | 操控开关未接触好 | 用手扳动门手柄后的不锈钢弹性片使开关接触好 |
| | | 磁性开关损坏 | 更换磁性开关 |
| | | 磁控开关导线磨断或插头接触不良 | 检查导线及电脑中的插头 |
| 2 | 电脑显示故障信息，机器无法工作 | 电源不稳 | 断开总电源 1 分钟后再合上 |
| | | 电机过载 | 待电机冷却后再开机 |

续表

| 序号 | 故障现象 | 可能的原因 | 相应排除方法 |
|---|---|---|---|
| 3 | 电脑有显示而某执行元件不动作 | 该元件已损坏 | 修复或更换该元件 |
| | | 与该元件连接的线路开路 | 接通线路 |
| | | 电脑损坏，实际无信号输出 | 修复或更换电脑 |
| 4 | 水位显示与实际水位跟以前有明显的不同 | 水位传感器的皮管位置由于机器的经常震动而发生变化或被人为地改动 | 重新调整固定皮管，方法：把水加到高于门视镜中心30mm，打开左侧下板，调节皮管位置，使水位显示为40mm，再固定皮管 |

### （二）XYJ 系列滚筒式洗药机

XYJ 系列滚筒式洗药机对中草药、蔬菜、水果的表面泥沙、杂质、细菌具有良好的洗涤作用，适用于 2mm 以上的根茎类、皮类、种子类、果实类、贝壳类、矿物类、菌藻类的清洗，是各类饮片厂、药厂、医院制剂室理想的洗净设备。

**1. 结构特征** 该设备采用 304 不锈钢板制作，具有防腐和抗强作用，框架结构、底框架采用不锈钢方管制作，传动采用卧式电机和蜗轮蜗杆减速机带动传动轴上滚轮，滚轮为双道 8 轮式，运转平稳，噪音小，无污染，冲洗采用 5T 不锈钢高压水泵将水压入喷淋管道交叉冲洗。在转筒的转动下，物料有转筒内的旋板不断向前推进并翻动，以达到洗涤目的，洗药机在滚筒下口设有一个小水槽，它主要是将洗后的污水排出机外。本机结构紧凑，设计合理，产量高，能耗低，操作简单，维修方便，加热方式主要为电加热。

**2. 技术参数** XYJ 系列滚筒洗药机主要技术参数见表 2-3。

表 2-3 XYJ 系列滚筒洗药机技术参数

| 设备性能 | 型号 | |
|---|---|---|
| | XYJ-700 | XYJ-900 |
| 洗涤量（kg/h） | 300~1000 | 400~1400 |
| 滚筒转速（min） | 8 | 8 |
| 主机功率（kW） | 1.1 | 2.2 |
| 水泵功率（kW） | 1.1 | 1.5 |
| 外形尺寸（mm） | 2700×900×1380 | 3400×1300×1500 |
| 整机重量（kg） | 500 | 800 |

**3. 设备安装**

（1）洗药机可直接安放在平整的混凝土地面上，不必用地脚螺栓紧固，但必须保持洗药机水平安放，便于维修。

（2）将供水管道与洗药机的进水管道连接好，并在进水管道中安装一个阀门，便于控制水量。

（3）将两个排水管道分别接入到下水管道。

（4）正确接入电源线（三相四线制），接地电阻≤10Ω。

（5）检查水泵、转筒的转动方向是否正确，如果反转将进入电源线调整一下即可。

**4. 操作方法**

（1）打开进水阀门将水箱装满水（注意观察排水管道上的溢水口有水流出时，将阀门关小一点）。

（2）将断路器开关开至"ON"位置，拨动控制面板上的电源开关至开的位置，启动水泵开按钮，使水泵运行至出水（禁止水泵无水运转），再启动传动系统，使洗药滚筒转动。

（3）将要洗的物料均匀的放入滚筒内。

（4）停机后将电源切断，关闭进水阀门，打开排水阀放尽水箱内的水。

**5. 维护保养**  经常检查皮带的松紧，由于皮带经常处于快速重荷启动和迅速刹车的状态下，皮带磨损较快应随时注意更换皮带。调整刹车盘的磨损间隙位置和刹车拉杆，使刹车系统处于良好的状况，调整脚踏板上的限位电器开关位置，使其保持灵敏状态。由于机器常处在流水、潮湿的工作环境中，机修工每周应对设备进行检查，检查电器插头、接头有无松动，以及电器接地保护是否有效，以防漏电伤人。甩水机上的电机长期处在淌流水之中，切实做好电机的防水保护工作。每班生产结束后进行设备清洁，用水冲洗甩水机中的物料残渣和其他异物，并用抹布抹干。定期检查机件，一般每月全部检查1次，检查轴承、轴、转笼部分的磨损情况，尤其是转笼，发现异常情况立即停机检修，以防发生意外。轴端滚动轴承每3个月拆开加注黄油1次，减少磨损。每年对整机进行全面检修1次。

**6. 注意事项**

（1）本机使用时装入物料不宜太多，连续均匀效果最佳。

（2）注意喷水情况，声音不正常时应立即停机，请机修人员检查、修理，试车后方可继续生产；各润滑位置及时加润滑油。

（3）洗药机清洗干净后，加罩防护，防止脏物、杂物掉进料斗。

（4）电源接线要正确，接地要可靠。

（5）异常情况处理，在洗药机运行时有噪声或突然停止运转，应及时关闭洗药机总电源和水管道阀门，报告保全工清理并排除故障，正常后才能继续操作。

**7. 常见故障及解决方法**  XYJ系列滚筒洗药机常见故障及解决方法见**表2-4**。

表2-4  XYJ系列滚筒洗药机常见故障及解决方法

| 序号 | 故障现象 | 可能原因 | 解决方法 |
|---|---|---|---|
| 1 | 无法启动显示门未关 | 门内限位开关损坏<br>门锁未到位<br>限位开关未发信号 | 检查线路更换开关<br>确保限位开关到位 |

续表

| 序号 | 故障现象 | 可能原因 | 解决方法 |
|---|---|---|---|
| 2 | 主轴承有异常声音，轴承发热严重 | 轴承缺油<br>轴承损坏<br>退卸衬套松动 | 及时加油<br>更换轴承<br>锁紧衬套 |
| 3 | 排水阀关不死 | 阀内有污物<br>阀内密封圈破损 | 清除污物<br>更换密封圈 |

## 二、切药机

### （一）XQY 系列转盘式切片机

XQY 系列转盘式切片机，分为 100 型和 200 型两种，可切颗粒状及较硬性根茎、藤类纤维性药材，也可用于切制香樟木、油松节、川楝子等。

**1. 工作原理** XQY 系列转盘式切片机的电动机通过三角胶带传动带动刀盘驱动机构从而带动刀盘旋转。刀盘驱动机构旋转，通过三角胶带传动带动被动轴旋转，经过蜗轮减速箱输送，使与同蜗轮同轴的传动齿轮中啮合作用，使上下输送轮同步方向走动，从而将处于上下输送链间的物料送入刀门。这样，在刀盘旋转的同时，输送链将物料送至刀门，从而达到切制药物的目的。当切药需中途停顿，并退出刀门内的物料时，应先停机再倒车退出物料。

**2. 结构特征** XQY 系列转盘式切片机是由主体结构机架、传动装置、动刀盘、调节顶丝、轴向调整板、喂入槽、固定螺栓和定刀等组成。转动装置主要有两个部分组成：刀盘转动装置和输送链传动装置。传动轴向调整板由固定螺栓及调节顶丝固定安装在转动刀盘端面上。通过调整调节顶丝和固定螺栓的松紧程度，可调节轴向调整板与转动刀盘之间的间隙，从而改变转动刀盘与固定刀之间的间隙，达到不同中药材切片厚度不同的目的。轴向调整板轴向位置的调整不影响高速转动刀盘的平衡，从而避免了因调整切片厚度需要重新做的动平衡检测。整个调整过程方便快捷，节省了大量时间，提高了生产效率。

**3. 技术参数** XQY 系列转盘式切片机主要技术参数见表 2-5。

表 2-5 XQY 系列转盘式切片机主要技术参数

| | 型号 | 100 型 | 200 型 |
|---|---|---|---|
| 1 | 主轴转速（rpm/min） | 700 | 700 |
| 2 | 切削速度（次/分） | 1400 | 1400 |
| 3 | 输送链宽度（min） | 100 | 200 |
| 4 | 刀片数量（把） | 2 | 2 |
| 5 | 饮片厚度（mm） | 1~6 | 1~6 |
| 6 | 生产能力（kg/h） | 100~500 | 300~800 |

续表

| 型号 | | 100 型 | 200 型 |
|---|---|---|---|
| 7 | 刀门出料口尺寸（mm） | 100×52 | 200×52 |
| 8 | 工作性能 | 连续 | 连续 |
| 9 | 外形尺寸（mm） | 2000×800×1050 | 2150×800×1150 |
| 10 | 整机重量（kg） | 450 | 750 |
| 11 配套电机 | 工作电压（V） | 380 | 380 |
| | 功率（kW） | 3 | 4 |
| | 转速（rpm/min） | 1440 | 1440 |

**4. 设备特点** 该机采用 304 不锈钢结构。输送链是最新设计的全不锈钢坦克链，输送能力强，坚固耐用，不易打滑，不易生锈咬死，清洗方便，新型又卫生。为了减少刀盘磨损、延长使用寿命，盘面采用基本面板和复合面板结构。饮片厚度的调节依靠刀盘及刀片调节机构，调整翻片。整机结构合理，操作省力简便，产量高，噪音低，维修简单。

**5. 操作方法**

（1）使用前应检查机器安装情况和接电情况是否正确，以及各部件螺栓是否有松动，启动机器，检查电机转向是否与指标箭头相符，待运转正常后方可投入使用。

（2）饮片切制 1mm，应将刀盘上相刀口调制 125×34×9.7×2（切制 1~3mm 用），如需切制 3~6mm 则应调制 125×29×9.7×2。

（3）装刀时应将调节刀盘轴手柄退后：安装刀片时用对刀板对准所需饮片厚度。装好刀后再将手柄进给至刀口离刀门 0.5~1mm（根据不同物料而定），再将锁紧手柄锁紧。

（4）上述工作完成后，即可进行正常生产。在生产过程中，加料要加足、均匀。太少，则片型差；太多，则易超负荷而引起故障。若发现机器超负荷或听到不正常声响时，应马上停机并倒车退料，以免烧坏电机。

（5）完工后，清洗机器。清洗时不得用高压水冲，宜用淋水冲洗，更不得用水直接冲洗电器设备，以免破坏绝缘，损坏机器，注意要将链条及齿轮间隙内含有的杂质清除干净。

**6. 维护保养** 若发现电机皮带松动，可调节安装在电机底板上的螺栓及压带轮的位置，即可使皮带张紧。刀片刃磨角一般以 30° 为宜，若是易切的药物，刀片刃角用 25°，可提高切片的质量。刀门磨损后，可拆下刀门的四只固定螺栓，刀门经磨平后可再使用。首次使用半个月后，变速箱内的润滑机油需更换。以后每年更换 1 次，整机每年保养 1 次，油漆各部位。

**7. 注意事项** 本机定位后，使用前应安装好接地位置，以防漏电。进线必须安装熔断器。操作前按操作要求调整好切片和刀盘的距离、变速皮带位置、变速手柄位置，使变速手柄指示的位置和刀盘与刀口的距离及饮片所需的厚度相协调。操作开始前必须罩好刀盘罩子和变速皮带罩子，锁牢以防发生意外。

**8. 故障排除**　转盘式中药切片机故障现象及排除方法见表2-6。

**表2-6　转盘式中药切片机故障现象及排除方法**

| 故障现象 | 原因分析 | 排除方法 | 备注 |
|---|---|---|---|
| 切片时饮片有毛片或长片 | 检查刀片刃口是否锋利 | 更换刀片 | 换下的刀片或刃口磨锋利后可再用 |
| 刀口出料口喷水 | 刀架紧固螺栓有松动 刀盘发生窜动现象 | 拧紧螺钉 拧紧锁紧螺栓 | 出料口修正后可再用 |
| 变速箱齿轮断裂，铜蜗轮磨损直至不转动 | 变速时未停机直接拔档 齿轮箱内缺油或有杂质 | 更换蜗杆 更换铜蜗轮 清洗变速箱内杂质 | 变速时应先停机再拔档 |
| 变速箱外部发热，传动部件咬死 | 变速箱内缺油 轴承、齿轮或轴咬死 | 加油、除杂质 更换零件 | 轴、齿轮经修正后可再使用 |
| 输送链条与刀门顶撞弯曲 | 链条槽内及齿轴上附有杂质 | 消除杂质，修正刀门 | 无 |
| 调节螺母旋转不动，伸缩内轴失灵 | 中心轴—外轴咬死 | 除锈斑、涂黄油 | 无 |

## （二）QWJ300D型往复式切片机

QWJ300D型往复式切片机适用于药材饮片切制，可对药材的根茎类、皮藤类、叶草类等进行大批量生产。该机切制的片型均匀、整齐、耗损量小、噪声低，采用了先进的步进送料，使切制的片型均匀，可自由地掌握送料距离，不会造成物料挤刀的不良情况。由于布局合理，占地面积适中，便于操作，外形美观、轻巧，广受用户的欢迎。

**1. 工作原理**　QWJ300D型往复式切片机由于动力源来自同一电机，因而传送部分和切制部分的运动既是各自独立的一套体系，又是配合紧密、互相关联的整体运动，当偏心轮-槽轮-齿轮-链轮轴的运动处在步进时（送料），刀架则处在上沿到门口至最上位再回落至上沿口的运动中，所以整个刀门敞开，送料运动得以完成。当偏心轮-槽轮-齿轮-链轮轴停止送料而处于运动间隙（摆杆向相反方向运动，摩擦块脱开），曲轴从上位到下位，即刀架从上刀口到下刀门口，从而完成切制。然后偏心轮继续使槽形摩擦轮处于运动间隙，而曲轴开始返程向上，使刀升至上刀门口，此时刀从刀门口全部让开，这时偏心轮使槽形摩擦轮-齿轮-链轮轴开始工作，重复送料过程。两机构如此反复，连续不断地将饮片切成片状或段状。

**2. 结构特征**　QWJ300D型往复式切片机由电磁调速电机、变速机构、刀架、步进退料、可调刀架机械等组成，传送部分由电机，通过皮带带动飞轮，飞轮装在曲轴上，曲轴另一头装有偏心轮上及调节装置，偏心轴上连接牵手，牵手连接槽形摩擦轮夹板，做钟摆运动。偏心轮转动1周，牵手来回摆动1次。摩擦轮夹板就间隙的转过一定角度带动摩擦块，拨动处在进退位置的摩擦轮，可使摩擦块和摩擦槽轮交替处于接合与脱开位置，因而可实行正转和反转。摩擦轮的正反两种运动，通过主轴带动齿轮，传递给一对链轮轴，然后带动输送链，完成送料和退料任务。切制部分由电机，带动飞轮，传递给曲轴，下连杆、上连杆，刀架做上下往复运动。

**3. 技术参数** QWJ300D 型往复式切片机主要技术参数见表 2-7 所示。

表 2-7　QWJ300D 型往复式切片机技术参数

| 设备性能 | 技术参数 |
| --- | --- |
| 刀门尺寸（mm） | 300×60 |
| 切片厚度（mm） | 0.5~35 |
| 速度（刀架往复次数）（次/分） | 0~350（可调） |
| 生产能力（kg/h） | 100~1000 |
| 电机功率（kW） | 4 |
| 主电源（Hz/V） | 50/220~380 |
| 工作性质 | 连续 |
| 外形尺寸（mm） | 1900×900×1100 |
| 机械重量（kg） | 约 900 |

**4. 操作方法** 新车开车前，操作人员应仔细阅读使用说明书，首先熟悉本机的结构特点和工作原理，然后按本使用方法操作，防止因对本机性能不熟、操作不当而造成事故。

（1）接通电源前请先确认机腔、链条内是否有铁件等杂物，防止杂物打刀和刀门，以保证安全。

（2）接通电源后，请慢速运转，看转向是否与箭头指示相符；反则请调整正相序。待空运转正常后方可加速、加料、切制。

（3）在机器空运转时要加注润滑油（方法是齿轮罩壳上的加油孔加注）每班 1~2 次。

（4）根据不同物料切片、厚薄、长短来调节偏心轮偏心距变小，切片变薄变短；偏心距加大，切片变长。调节范围为 0.5~35mm。

（5）刀片的安装和使用，装刀时请先将曲轴转至最下位置，方可装刀。刀片放在刀门下沿口的刀砧上，然后将螺丝拧紧，再用手动转动偏心轮一周，看着位置是否安装正确。确认无误后方可开机。注意刀刃口与刀门下沿口的间隙应为 0.05~0.1mm。

**5. 维护保养** 润滑点用油枪加注，采用 20# 机械油，每班前必须加 1~2 次。机器每运转 8 小时后应定期对运送链内、侧槽内进行清理，并用硬刷进行清扫，不得存有料渣及杂物，以免影响正常送料。机器每年进行 1~2 次大保养，各轴承中油脂应添加或更换，采用锂基润滑脂。

**6. 注意事项** 切割的物料，必须不惨有任何石块、金属物及杂物，防止造成事故。加料均匀，厚度适当。当加料过多致使传送动困难时，不应用外力强行推进，应将手柄拨至退料位置，待物料退出，重新加放均匀。切刀片必须保持锋利，经常检查，发现钝口立即磨刃，以免机器过载造成事故。刀刃口锋利能减轻机器负荷，能使切片保持好的光洁度和成品率高。

**7. 故障排除** 发现加料均匀正常而进料力度不够，应检查槽轮摩擦块是否磨损过度，并视情况更换。发现连刀切不断，可能是刀钝或间隙过大，应刃磨刀片或调整刀片与刀门间隙，或更换刀砧。

### 三、炒药机

#### （一）CGD-600型电热炒药机

电热炒药机广泛应用于药厂、保健品厂、饮料厂、医院和食品等行业，用于各种不同规格和性质的中药材的炒类加工，如麦炒、砂炒、醋炒、清炒、土炒、闷炒、蜜炙、烘干和果品的炒制，炒制的物品色泽新鲜、均匀、是炒制加工的理想设备。在此以 CGD-600型电热炒药机为例，该机光滑的罐体内表面便于清洁卫生，具有定时、控温、恒温、温度数显等功能，便于工艺操作和管理。外观整洁，易清洗。炒筒内壁装有特制的螺旋板，具有填充率高、炒制均匀、不漏料、快速出料的特点，符合 GMP 要求，且具有高效率、高质量、实用性强、机械性能稳定、安全、噪声低、耗电省、结构简单、外形美观、保温性能好等特点。用控制按钮完成正反转，达到操作简单的目的。该机最大的优点是高低两档自动电热调温、恒温装置，能有效地根据各种材质控制温度，使之能节省能源和减少污染。

**1. 工作原理** CGD-600 型电热炒药机采用电动机带动小带轮，通过三角胶带带动传送，带动与蜗杆同轴的大带轮旋转，经过涡轮箱输出，曲连轴万向节连接筒轴，使滚筒在滚轮的支撑下旋转。同时，滚筒在电热管的作用下被加热。这样边旋转边受热，使滚筒内的物料均匀受热从而达到翻炒的目的。物料由投料口进入，炒筒旋转使物料翻滚达到炒制的效果，当炒筒做反向转动时，物料便自动排出炒筒外。

**2. 结构特征** CGD-600 型电热炒药机由炒筒、炉膛、炒板、驱动装置传动变速装置、电加热器、电控箱及机架等组成。

**3. 技术参数** CGD-600 型电热炒药机主要技术参数见表 2-8。

**表 2-8 CGD-600 型电热炒药机主要技术参数**

| 序号 | 设备性能 | 技术参数 |
|------|----------|----------|
| 1 | 炒筒尺寸（mm） | Φ600×900 |
| 2 | 参考产量（kg/h） | 40~120 |
| 3 | 炒筒转速（rpm/min） | 23 |
| 4 | 配套电机 | YS90L4 |
| 5 | 减速机型号 | WPWDT80-1 |
| 6 | 传动带规格 | B-1372 |
| 7 | 外形尺寸（mm） | 1680×950×1580 |
| 8 | 机器重量（kg） | 420 |
| 9 | 电热丝功率（kW） | 18 |

**4. 操作方法** 在开炒药机运行时，先点动试开炒药机（开关-启动），炒药机运行

无阻止现象，可重新启动炒药机运行；若有故障及时排除；炒药前需先升温半小时左右：打开加热开关，电源指示灯亮，转动温度调节旋钮调至所需温度；当温度升至工艺所需温度后，打开炒药锅进出料门，加入需炮制的饮片，加料量不得超过锅体容积的2/3，关闭炒药锅进出料门；打开正转开关，进行炒制；炒制药物达到所需工艺要求时，按下加热停止按钮，关闭正转开关，锅体静止后，打开反转开关，将所炒药物放出，倒入洁净容器；生产结束，筒体内物料全部出完后，关闭加热开关，让炒药机筒体空转半小时左右再关闭电源停止运行。

**5. 维护保养**　每次开机时，应先启动炒筒，再启动电加热器；先关闭电加热器，5~10分钟后在关闭炒筒。根据不同物料（同一种物料不同颗粒大小）要求设定调节最佳炒制温度和时间；炒药机周围严禁堆放各种物品，避免受热后发生火灾。定期对远红外加热管和加热装置的绝缘程度，进行检测；定期检查接地装置是否牢靠。每办工作完毕后及时清理；作业完毕，切断电源。长期停机重新使用时，运行前应进行全面检查、清洗。

应经常检查各管接头、紧固件等，注意有否松动。机器应保持清洁（特别是电器元件），如有损坏，应及时修复或更换。清理及检修时务必切断电源。机器长时间不用时应清洗干净，涂防锈油，置于阴凉干燥处存放，并用白色布罩罩好，以备下次使用。

**6. 注意事项**　操作按照低速、中速、高速顺序按电器按钮。切不可在正转高速时按反速按钮，以免损坏电机。需要进行正反转变速时应先停机后在变速。炒药机所有转动摩擦位置，应定期进行加油；齿轮箱输出轴与锅体后短轴必须同心。

在操作过程中，如发现异常现象，立即停机，清理并排除故障正常后才能继续操作，如遇停电，应及时将锅内药物取出。

**7. 故障排除**　对该机可能出现的以下故障进行原因分析并提出以下解决方法。

（1）启动后，机器不转或有怪味　原因是接线装置松动或脱落；电机烧坏；按钮接触片磨损或；接触不灵。解决方法：旋紧螺钉，接好电线；更换电机；更换接触片。

（2）炒药筒内侧变形　原因是通体发红或发热有时与铁棒碰撞。解决方法：避免工作是有硬物与筒体碰撞。

（3）蜗轮箱外壳发热、蜗轮磨损　原因是蜗轮箱内无机油；蜗轮箱内机油由杂质。解决方法：加入适量机油，更换机油。

## （二）CY 系列滚筒式炒药机

CY 系列滚筒式炒药机适用于各种不同规格和性质的中药材的炒制加工，如麦炒、砂炒、醋炒、清炒、土炒、闷炒、蜜炙、烘干和果品的炒制，炒制的物品色泽新鲜、品相好。

**1. 工作原理**　将物料进由进料斗送入，桶体转动时，螺旋板做逆向转动可避免物料粘连在桶体内壁，桶体反转可排出物料。

**2. 结构特征**　CY 系列滚筒式炒药机采用控制按钮完成正反转，达到操作简单自动化，最大的优点是高低两档自动电热调温、恒温装置，能有效地根据各种物料来分别控制温度，使之节省能源并减少污染，具有高效率、高质量、实用性强、机械性能稳定、安全、噪声低、耗电省、结构简单、外形美观、保温性能好等特点。CY系列滚筒式炒药机结构构成表见表2-9。

**表2-9 CY系列滚筒式炒药机各部分结构构成表**

| 结构名称 | 筒体材料 | 筒体材料外包 | 筒体材料内包 | 内部框架材料 |
|---|---|---|---|---|
| 具体材料 | 3.0mm 304不锈钢 | 1.5mm304不锈钢 | 1.5mm 304不锈钢 | 5×50×50mm角钢 |
| 结构名称 | 保温材料 | 电动机 | 减速机 | 托轮 |
| 具体材料 | 硅酸铝纤维棉 | 0.55kW | WD63型 | 304-2B不锈钢 |
| 结构名称 | 加强板 | 排温罩 | 电热管 | 电热管功率 |
| 具体材料 | Q235 3.0mm | 1.5mm 304不锈钢 | I型 L=800 | 1.1kW |
| 结构名称 | 断路器 | 交流接触器 | 中间继电器 | 铂电阻 |
| 具体材料 | E47-3P/60A | 3TB4317/220V | HH54P/220V | Pt100 |
| 结构名称 | 智能控温仪表 | 手拨开关 | 信号灯 | |
| 具体材料 | N-6000 | LAY3-11 | LAY3-11 | |

**3. 技术参数** CY系列滚筒式炒药机主要技术参数见表2-10。

**表2-10 CY系列滚筒式炒药机主要技术参数表**

| 设备性能 | 型号 | | |
|---|---|---|---|
| | CY-550 | CY-750 | CY-900 |
| 锅体尺寸（mm） | 550×700 | 750×940 | 900×1000 |
| 产量（kg/h） | 50~100 | 60~160 | 80~250 |
| 锅体转速（rpm/min） | 12/20/30 | 12/20/30 | 12/20/30 |
| 外形尺寸（mm） | 1700×950×1800 | 1800×1200×2000 | 2100×1400×2200 |
| 消耗功能（kW） | 24 | 32 | 40 |

**4. 设备安装与试车** 须严格检查电源、电器、电热元件及接地装置，检查可靠后，方可开车试运转。检查电热元件时，请拉两侧的手柄。把抽斗拉出，须严格检查其螺丝是否松动，两电热管间是否相碰，如有相碰现象，则给予拧紧或分开，否则会造成电器短路和电热管烧坏。然后将抽斗推上机体，外壳应设有牢固的接地装置。开始试车时，打开主电机开关，使锅正转，点燃液化气炉，预热达到温度后把物料倒入正转的锅体，开启计时仪，根据药物性能及炮制要求，进行操作，待工艺要求时间达到后，关闭液化气。按钮操作，使锅体反转，炮制好的物料会自动倒出。每班工作完之后，应空转10~20分钟，以防止锅体局部受热（冷却）变形。燃料为液化石油气。根据生产要求通过调整液化气炉供气量，以控制加热温度。生产结束后，按顺序关闭液化气炉，待锅体温度降下来后，再关闭主电机和风机开关。

**5. 实际操作** 使用前，确认设备无任何异常后，方可进行生产操作。合上电控箱内的漏电开关，打开电源总开关，此时时间继电器、温控仪均显示通电。根据工艺要求，设定好炒制时的温度值，按动炒筒正转按钮（顺时针转动），然后打开电炉丝开关进行升温。当温度接近设定值时，投入物料，再设定好该物料的炒制时间，物料进入炒制阶段。当炒制达到设定时间，电蜂鸣自动报警，此时操作人员按动反转按钮，进行自动出料。出料完成后，先按时间继电器的复零开关，再按正转按钮进行第二次投炒制，结束后关机：先关闭电炉丝，20分钟后再关闭炒筒和电源总开关。关机后，对设备和工作场地进行清洁。

**6. 维护保养** 定期向润滑部件加油。2个导轮每月更换1次；工作时不准将手伸进炒筒内，防止烫伤；需要进行正反转变速时应先停机后再变速；认真执行安全操作规程，加强安全教育，做好生产安全工作，防止意外事故发生。

**7. 故障排除**

（1）密封面处出现泄漏时，应当将螺杆重新上紧，重新修磨抛光密封面。

（2）阀门处出现泄漏时，应维修、更换阀杆（针）。

（3）外磁钢旋转、内磁钢不转、电机电流减小时，应及时通知供货商，重新更换内磁钢。

（4）磁力耦合传动器内有摩擦的噪音时，应及时与供货商联系更换轴承、轴套。

# 第三章　中药提取设备 ▷▷▷▷

中药提取是指采用合适的方法，使中药含有的有效成分从固相向液相转移的质量传递过程。分离中药有效成分，首先要进行提取，采用合适的溶剂和方法，将所需的有效成分尽可能完全地从中药中提取出来，并且要尽可能避免或减少杂质的溶出，这样才能达到目的。中药提取设备是中药制剂生产过程中使用的关键用具，决定着中药提取的成败，提取设备选择的对错将直接影响药品的质量。

## 第一节　中药提取方法

### 一、溶剂提取的基本原理

提取溶剂选择的是否合适，直接决定了提取效果的优劣。溶剂的选择要满足对有效成分具有较高的溶解度，同时要具有一定的选择性，即高效溶解有效成分的同时，尽可能避免或减少其他成分的溶出。

#### （一）常用的提取溶剂

**1. 水**　水作溶剂经济易得，极性大，溶解范围广。药材中的生物碱盐类、苷类、苦味质、有机酸盐、鞣质、蛋白质、糖、树胶、色素、多糖类（果胶、黏液质、菊糖、淀粉等），以及酶和少量的挥发油都能被水浸出。其缺点是浸出范围广，选择性差，容易浸出大量无效成分，给制剂滤过带来困难，制剂色泽欠佳、易于霉变，不易贮存，而且也能引起某些有效成分的水解，或促进某些化学变化。

**2. 亲水性有机溶剂**　一般指的是与水能混溶的有机溶剂，如乙醇、甲醇、丙酮等。其中以乙醇最为常用。

乙醇为半极性溶剂，溶解性能介于极性溶剂与非极性溶剂之间，既可溶解水溶性成分（蛋白质、黏液质、果胶、淀粉除外），又能溶解某些非极性成分，且能与水以任意比例混溶，不同浓度的乙醇可溶解不同的成分。采用乙醇作为溶剂有很多优点，如与水相比用量较少，提取时间短，蒸发浓缩耗能少，溶出的水溶性杂质少，提取液不易发霉变质，与其他有机溶剂相比毒性小。基于上述优点，所以乙醇是最为广泛的有机溶剂之一。

甲醇与乙醇性质相似，也可与水互溶，但具有毒性，使其在药品、食品等工业化生产中的应用受到一定的限制。

丙酮是一种良好的脱脂、脱水溶剂，与乙醇和甲醇类似，也可与水任意互溶。常用于新鲜药材脱水或脱脂，但具有一定毒性。

以上溶剂均具有挥发性、易燃性，生产中应注意安全防护。

**3. 非极性有机溶剂**　一般指的是不能与水互溶的有机溶剂，如乙酸乙酯、乙醚、石油醚、苯等。这类溶剂挥发性较大，多有毒性，价格较贵，较难渗透到组织内部，特别是含较多水分的药材，这类溶剂很难浸出其中的有效成分。少用于中药原料的提取，一般仅用于提纯精制有效成分。

除了上述提取溶剂外，为了提高有效成分的溶解度、减少杂质溶出，常要加入一些辅助剂，如酸、碱、表面活性剂等。如加酸可促进生物碱的浸出，并可使有机酸游离，然后用有机溶剂提取；碱可与一些有效成分成盐而增加溶解度和稳定性；表面活性剂可降低药材和溶剂间的界面张力，促进药材的润湿和成分的提取。

## （二）溶剂的选择

溶剂的选择主要是根据被提取有效成分的溶解性，所用的溶剂应对所要提取的有效成分具有较高的溶解度，而对于其他成分溶解度较小，主要取决于溶剂的性质和有效成分的性质，也是"相似相溶"的原理。被提取的成分的极性和溶剂的极性相当，极性成分容易溶解在极性溶剂中，而非极性成分容易溶解在非极性溶剂中，这是选择合适提取溶剂的重要依据之一。

常用溶剂的亲水性强弱：石油醚<二硫化碳<四氯化碳<三氯乙烷<苯<二氯乙烷<氯仿<乙醚<乙酸乙酯<丙酮<乙醇<甲醇<乙腈<水<吡啶<乙酸。

溶剂的选择除了与被提取成分极性相似，即对被提取成分的溶解度大，而对杂质溶解度小的条件外，提取溶剂还要满足化学惰性，即不与中药成分发生化学反应，溶剂要价廉易得、无毒、使用安全等。溶剂选择的适当与否，直接关系到提取效果是否理想。

## （三）中药浸提过程

中药浸提过程是采用适当的溶剂和方法使中药所含的有效成分溶出的操作，通常包括浸润与渗透、解吸与溶解、扩散与置换几个阶段。对于无细胞结构的矿物药和树脂类药材，其成分可直接溶解于溶剂中；对于粉碎的药材，细胞壁破碎，其中的成分可被溶出、胶溶或洗脱下来。对于细胞结构完好的动植物中药来说，细胞内成分溶出需要经过一个浸提过程。

**1. 浸润与渗透**　药材的浸润取决于药材与溶剂间的附着力与溶剂分子间内聚力的大小，若药材与溶剂间的附着力大于溶剂间的内聚力，药材则能被浸润；反之，若药材与溶剂间的附着力小于溶剂间的内聚力，则不易被浸润。所以应选择合适的溶剂，使其与药材表面具有较好的附着力，这样溶剂就容易润湿药材而渗透到药材组织内部。由于多数药材含有较多的极性基团，所以与常用的浸提溶剂（水、乙醇）具有较好的亲和性，就可以被水和乙醇等极性溶剂润湿。

溶剂润湿药材后，会逐渐渗入药材组织内部，该过程不仅与药材和溶剂性质有关，还和药材的质地、药材粒度及浸提压力等有关。通常中药质地疏松、粒度小、加压提取或加入表面活性剂时，溶剂比较容易渗入到药材中。

**2. 解吸与溶解**　中药成分溶解到溶剂之前，必须先克服细胞中各种成分之间或成分与细胞壁之间的亲和力，这样才能使其中的成分以分子、离子、胶体粒子等形式分散于溶剂中，这种作用称为解吸。

溶剂渗透到细胞内以后，提取溶剂借助毛细管和细胞间隙进入细胞组织中，与解吸的成分相接触，首先解除这种吸附作用，从而使成分转入溶剂中，接着就是溶解阶段。但成分能否被溶剂溶解，主要与成分的结构和溶剂的性质相关，遵循"相似相溶"原则。

解吸与溶解的速度主要取决于溶剂对成分亲和力的大小，选择合适的溶剂有助于加快这一过程。此外，加热浸提或加入辅助溶剂（酸、碱、甘油、表面活性剂等）有助于有效成分的解吸和溶解。

**3. 扩散与置换**　随着溶剂不断解吸和溶解中药成分，细胞内溶液浓度明显提高，导致细胞内外产生浓度差和渗透压差，使得细胞外侧的溶剂或稀溶液不断向细胞内渗透，细胞内高浓度液体不断向周围低浓度区扩散，直至细胞内外浓度相等，渗透压平衡，扩散终止。因此，浓度差是渗透或扩散的推动力。在生产实际中，为了加快扩散过程，必须保持最大的浓度差。

### （四）影响浸提的因素

中药提取是一个多因素综合作用的过程，首先溶剂和中药相接触，在浸泡过程中，中药成分逐渐溶解，并借助于浓度差的作用扩散到溶剂中直到平衡。在这一过程中，提取溶剂、中药的粉碎度、提取时间、提取温度等因素都能影响提取效果，实际操作中，要通过工艺优化筛选合适的提取工艺条件。

## 二、常用的中药提取方法

中药提取有效成分的常用方法有浸渍法、煎煮法、渗漉法、水蒸气蒸馏法、回流提取法等。近年来，新技术、新方法不断应用于中药提取过程，具有提取效率高、杂质少等特点，有着广阔的应用前景，如超临界流体萃取、超声波提取、微波辅助提取、半仿生提取等。应根据药材性质、溶剂性质、剂型要求和生产实际等选择合适的提取方法。

### （一）煎煮法

煎煮法是用水作为浸提溶剂，按照一定质量比加入，将经预处理的药材加热煮沸一定时间，将中药所含有效成分提取出的一种常用方法。一般加水比为 1∶8~1∶12 倍，冷水浸泡一定时间，有利于有效成分的溶出，然后煎煮 2~3 次，收集滤液，经浓缩、纯化等步骤，按要求制成各种制剂。

该法主要适用于有效成分能溶于水，且对温度和水较稳定的药材的提取，除了用于制备汤剂外，也是制备其他剂型的基本方法之一。煎煮法用溶解范围广泛的水作为溶剂，所以在提取有效成分的同时，大量水溶性杂质及少量脂溶性杂质也被同时提取出来，不利于后续的分离纯化处理。特别是提取出有些成分极易霉变，需要及时处理。但煎煮法符合中医传统用药习惯，因而对于有效成分尚不清楚的中药或方剂的研究，通常采用煎煮法进行提取。

### （二）浸渍法

浸渍法是中药提取中非常简便、常用的一种方法。通常在常温下，用定量溶剂浸泡药材一定时间，以提取中药有效成分。浸渍法所需时间较长，用水作溶剂易发生霉变，所以常选用不同浓度的乙醇作为浸渍溶剂，故浸提过程应密闭以防止溶剂挥发。

浸渍法主要适用于有效成分遇热易分解的药材，以及含大量淀粉、果胶、黏液质的药材和新鲜、易于膨胀或糊化、价格低廉的药材。由于该过程为静止状态，溶剂利用率低。浸渍法操作简单，但溶剂用量大，提取时间长，提取效率低。按照提取温度和浸渍次数可分为常温浸渍法、热浸渍法和重浸渍法。

**1. 冷浸渍法** 又称室温浸渍，是将中药饮片或碎块置于有盖容器内，加入规定量的溶剂，密闭，室温下浸渍至规定时间，期间应经常振荡或搅拌，加速扩散过程，使有效成分溶出，过滤，压榨药渣，压榨液与滤液合并，静置，过滤即得。

常用该法制备药酒、酊剂，浸提液浓缩后可进一步制备流浸膏、浸膏、片剂、颗粒剂等。

**2. 热浸渍法** 为了加速浸渍过程，缩短浸提时间，常借助于水浴或蒸汽加热，在40~60℃进行的浸渍操作。

**3. 重浸渍法** 在浸渍法的操作过程中，当扩散达到平衡时，药渣中会吸附一部分药液，常通过压榨或多次浸渍以减少由于药渣吸附所造成的成分损失。具体操作可将溶剂分成几份，用第一份溶剂浸渍后，滤过，药渣再用第二份溶剂浸渍，如此重复2~3次，合并浸渍液即得。该法可大大减少浸出成分的损失，提高浸提效果。浸渍法常用的设备为浸渍器和压榨器。

### （三）渗漉法

浸渍法属于静态提取过程，而渗漉法是动态浸出有效成分的提取方法，是将药材粗粉置于渗漉器内，不断加入新鲜溶剂，溶剂渗入药材细胞溶解大量可溶性成分，浸出液的浓度增大，密度增大而向下移动，渗漉液不断地从渗漉器下部流出，直接收集渗漉液。由于上层溶剂不断置换位置而形成良好的浓度差、溶出剂利用率高、有效成分浸出较完全、效果优于静态的浸渍法，且溶剂用量相对较少。与浸渍法相似，渗漉过程所需时间也较长，故也不宜用水作溶剂，通常也是选用不同浓度的乙醇作为渗漉溶剂。

该法主要适用于有效成分含量较低的药材提取。但新鲜且易膨胀的药材、无组织结构的药材，不宜选用本法。

## （四）回流法

回流法是采用乙醇等易挥发的有机溶剂作为提取溶剂，在加热条件下，挥发性溶剂馏出，冷凝后重复流回浸出器中再次浸提药材，周而复始，直至有效成分回流提取完全的方法。回流法可分为回流热浸法和回流冷浸法。

**1. 回流热浸法**　实验室操作是将药材饮片或粗粉装入圆底烧瓶内，药材装量为烧瓶容量的 20%～50%，添加溶剂至浸没药材表面 1～2cm，瓶口连接冷凝装置，水浴加热，回流浸提至规定时间，滤过，药渣加入新溶剂回流 2～3 次，合并滤液，回收溶剂，即得浓缩液。大量生产中多采用连续回流提取。

**2. 回流冷浸法**　也是实验室中的索氏提取法。利用溶剂回流虹吸的原理，使药材粉末不断地被纯的溶剂所浸提，既可节约溶剂，又可提高浸提效率。提取少量药粉可用索氏提取，大量生产中多采用循环回流冷浸装置。

回流法与渗漉法相比，回流过程中由于溶剂能循环使用，所以溶剂用量相对较少，提取效率较高。但由于连续加热，故不适于受热易破坏的药材成分的浸出。两种回流方法相比，回流热浸法的溶剂只能循环使用，不能不断更新，提取效率低。为了提高浸出效率，往往需要更换新溶剂提取 2～3 次，溶剂用量较多；而冷浸法的溶剂既可以循环使用，又可以不断更新，故溶剂用量较少，浸提更完全。

## （五）水蒸气蒸馏法

根据 Dolton 分压定律，理想气体混合物的总压力为各组分分压之和。当分压总和等于外界大气压时，混合液体就开始沸腾。互不相溶的液体混合物的沸点低于每一物质单独存在时的沸点。因此，在不溶于水的有机物质中通入水蒸气时，该有机物质可在低于其沸点、等于或低于 100℃ 的温度下蒸馏出来。该法主要适用于具有挥发性、能随水蒸气蒸馏的中药有效成分的提取。这些成分不溶或难溶于水、与水不发生反应、能随水蒸气蒸馏而不会被破坏，如芳香性及具有挥发性成分的药材的提取，麻黄碱等小分子生物碱、牡丹酚等小分子酚类物质的提取等。此类成分的沸点多高于 100℃，在 100℃ 附近存在一定的蒸气压，与水一起加热时，其产生的蒸汽压和水产生的蒸汽压的总和为 1 个大气压时，液体开始沸腾，挥发性成分随水蒸气一并蒸出，收集蒸馏液。

由于水的沸点为 100℃，温度较高，所以该法不适于有效成分易氧化或分解的药材的提取。在实际操作中，为了提高蒸馏液的纯度或浓度，常需要进行重蒸馏，但蒸馏次数不宜过多，以防止挥发油中某些成分被氧化或分解。

## （六）超临界流体萃取

超临界流体萃取法是利用超临界流体（supercritical fluid，SCF）作为提取溶剂，将中药中的有效成分提取出来的方法。超临界流体是指温度和压力略超过或靠近临界温度（$T_c$）和临界压力（$P_c$），介于气体和液体之间的流体，可以从固体或液体中提取出高沸点或热敏性的成分。

1822 年，法国医生 Cagniard 首次发现物质的临界现象。1879 年，英国化学家 J. B. Hannay 和 Hogarth 就曾报道超临界流体对液体和固体物质具有显著的溶解能力。20 世纪 50 年代，美国科学家 Todd 和 Elain 从理论上提出了超临界流体萃取分离的可能性。1962 年，德国科学家 K. Zosel 掌握了超临界流体作为分离介质的规律性，后来超临界流体萃取便开始兴起，至 20 世纪 80 年代开始引入我国，1991 年将该技术应用在中药提取中。

**1. 原理及特点** 超临界流体萃取的原理主要是由于超临界流体的特殊性，同时具有气体和液体的一些特点，黏度和扩散系数类似于气体，而密度和溶解度类似液体。在超临界流体区，压力和温度的微小改变都会引起流体密度的大幅改变，而流体密度越大，物质溶解度越大，所以可通过温度或压力的改变而实现萃取和分离的过程。

由于超临界流体的特殊性能，使其在医药、化工、食品等方面得到广泛的应用。由于二氧化碳本身无毒、无腐蚀性、临界温度和临界压力较低、价廉易得、可循环使用，因而成为超临界流体萃取技术中最常用的萃取剂，常称为超临界 $CO_2$ 萃取。

与传统提取方法相比，超临界流体萃取主要具有以下特点：①临界温度低，可有效防止热敏性成分和高沸点成分在提取过程中被破坏。②全程不用有机溶剂，无有机溶剂残留，对环境无污染。③工艺优越、质量稳定可控，药理临床效果好。④超临界 $CO_2$ 流体可抗氧化、灭菌，有助于保证和提高产品质量。⑤可通过压力的改变或加入夹带剂来改变流体的极性。⑥萃取能力强，提取效率高，几乎能将所要提取的成分完全提取。⑦提取时间快，生产周期短。一般提取 10 分钟便有有效成分分离析出，2~4 小时可提取完全。同时，不需要浓缩，即使加入夹带剂，也可以分离除去或只需用简单的浓缩。

**2. 工艺过程** 超临界流体萃取主要有三种工艺流程：等温法、等压法、吸附法。

等温法是依靠压力改变进行萃取分离的过程，在一定温度下，萃取溶质后的超临界流体经减压，密度减小，物质的溶解度降低，从而和萃取剂分离，萃取剂经压缩后返回萃取器循环使用。

等压法是依靠温度的改变进行萃取分离的过程。在一定压力下，萃取溶质后的超临界流体经加热升温后，密度减小，物质的溶解度降低，和萃取剂得到分离，萃取剂冷却压缩后返回萃取器循环使用。

吸附法是在恒温恒压下萃取，然后借助于吸附剂进行分离的操作。经萃取后的溶质进入分离器中，被吸附剂吸附而与萃取剂分离，萃取剂经压缩后返回萃取器中循环使用。

这三种工艺流程中，等温法和等压法多用于产品精制，而吸附法多用于杂质的去除。实际操作过程中，压力比温度便于调节，所以等温法比等压法更为常用。

**3. 主要应用** 超临界萃取技术由于自身独特的优势，广泛应用于药品、食品、化妆品等行业。在中药成分提取中的应用日益增多，主要有以下几个方面。

（1）挥发油和萜类成分的提取 常用于提取挥发油的方法主要有水蒸气蒸馏法、压榨法、有机溶剂法等，以水蒸气蒸馏法最为常用，但在加热过程中易破坏热不稳定成分。超临界流体萃取可在较低温度下进行操作，避免热敏性成分的破坏，且溶解性好，收率较高，产品质量好，提取速度快。如肉桂中挥发油的提取，得率比水蒸气蒸馏法高出约100%，桂皮醛含量高出17%；对辛夷精油的提取率比水蒸气蒸馏法高58%，且所得到的精油的香气、品质等优于水蒸气蒸馏法。

（2）生物碱类成分的提取　超临界流体萃取在生物碱提取中的应用较早，利用超临界流体从咖啡豆中脱出咖啡因，并进行规模化产业化生产。利用超临界流体萃取生物碱类成分，一般要先对药材进行碱化处理，使得以盐形式存在的生物碱类成分游离出来，使其极性降低，从而易于被非极性的超临界$CO_2$萃取出来；或通过加入有机溶剂浸润药材，破裂植物细胞壁，使得超临界$CO_2$易于渗透到细胞中，提高萃取效率；除此之外，也可通过加入夹带剂或表面活性剂提高生物碱在超临界$CO_2$中的溶解度。

（3）黄酮类化合物的提取　超临界萃取对于黄酮类成分的提取是一种有效的方法，可以实现萃取分离一步完成，操作时间短，萃取效率高。如灯盏花黄酮的提取，与水提醇沉法比较，提取率和纯度都有所提高，提取时间缩短；另外，在银杏叶、甘草、杜仲叶、刺五加、槐花等的提取中都有应用。

（4）香豆素和木脂素的提取　游离的小分子香豆素和木脂素，可直接用超临界$CO_2$萃取；但对于大分子量或强极性的成分，有时需要加入夹带剂。如采用超临界流体萃取白芷中的香豆素，所得固体物的纯度高于醇回流提取法。

（5）醌类成分的提取　醌类成分多具有较大极性，所以采用超临界$CO_2$提取时压力较高，常需加入夹带剂。与传统提取法相比，超临界流体萃取虎杖中大黄素的提取率较高；采用该法提取丹参中的醌类成分，萃取率可高达98.9%，为工业化生产提供了技术参数。

除此之外，还可用于糖、苷及萜类的提取分离。总之，超临界流体萃取技术在中药提取分离中的应用越来越广泛，不仅可用于单一成分的提取，还可用于中药复方制剂的提取，可除去或减少粗提物中的有机溶剂、农药、重金属残留，并可与其他单元操作联合使用，成为一种高效、便捷的分离手段。

## （七）半仿生提取法

口服药物的吸收会受到人体消化系统的生理状态、药物理化性质等多种因素的影响，药物只有被人体吸收、代谢和利用，才能表现出理想的药效。半仿生提取法是为经消化系统给药的中药制剂设计的一种新的提取工艺。

该法将整体药物研究法与分子药物研究法相结合，从生物药剂学角度，模拟口服给药过程及药物在胃肠道的转运原理，分别用接近胃和肠道酸碱性的水溶液提取，即先用一定酸度的水提取，然后用一定碱度的水提取的方法，用一种或几种有效成分或总浸出物和（或）主要药理作用作为考察指标，筛选合适的提取工艺。

该方法模拟人体消化道的生理条件，所以称为半仿生。其考虑的是综合成分的作用，目的是提取指标成分含量高的活性混合物。该法不仅能体现中医临床用药综合作用的特点，而且符合药物经胃肠道转运吸收的原理。相关研究数据表明，该法提取效果优于传统提取法。

如对麻黄进行饮片颗粒化提取工艺研究的结果表明，以麻黄总生物碱、麻黄碱、浸膏得率为考察指标，半仿生提取法显著优于水提取法。

### （八）超声波提取法

超声波提取法是近年来应用到中药有效成分提取的一种较成熟的技术手段。超声波是指频率为 20~50MHz 的声波，属于一种机械波，需要能量载体-介质来传播。超声波在溶剂和样品之间产生声波空穴化作用，导致溶液内气泡形成、增长及爆破压缩，进而使固体样品分散，增加样品与萃取溶剂间的接触面积，提高目标物从固相转移到液相的速率。

超声波提取区别于传统水提法，无须高温、可常压提取、提取效率较高、适用性广、溶剂选择范围广、有一定的杀菌作用等。但超声波提取时噪声较大，要注意防护。由于该技术放大影响因素多、大规模提取效率不高，所以目前仅用于实验室规模。

### （九）微波提取法

微波属于电磁波的一种，其波长为 1mm~1m，频率为 300MHZ~300KMHZ，介于红外线和无线电波之间，微波的量子能级属于范德华力的范畴。微波与物质发生相互作用时，仅改变物质分子的运动状态，不改变其内部结构。微波提取也是微波辅助提取，是利用微波和传统的溶剂提取法相结合后形成的一种新的提取分离方法。

微波进入物料后，物料吸收微波，并将其转化为热能，使得微波的场强和功率不断衰减。不同物料对微波的吸收衰减能力不同，主要是由物料的介电特性决定的。衰减状态决定微波对物料的穿透能力大小。微波能在极短的时间内完成提取过程，主要是由于微波的热效应。在萃取体系中，水、蛋白质、脂肪、碳水化合物等都属于电介质。水分子由于其特殊结构，成为微波作用下引起物料发热的主要成分。

在传统的热提取过程中，热能首先传递给溶剂，再由溶剂扩散进入物料，溶解有效成分后再从物料中扩散出来，传热与传质方向相反，需要大量时间。而微波加热属于内部加热，直接作用于物料分子而使整个物料同时被加热，传热与传质方向相同，可大大缩短时间。

与传统提取方法相比，微波提取具有很多特点，如快速高效，提取可在较短时间完成；加热均匀，有效保护有效成分；对极性分子选择性强，提高纯度；增大难溶性物质的溶解度；溶剂选择范围广，用量少，回收率高；可破碎细胞，加速物质的溶出；热效率高，节约能源，安全可控。

基于以上优点，微波已广泛应用于中药成分的提取，如黄酮、生物碱、多糖、苷类等多种成分的提取，具有广阔的应用前景。但在大规模生产中如何降低微波的污染、加强安全防护需要进一步深入研究。

### （十）酶提取技术

中药成分复杂，对于植物药来说，其中的有效成分是植物在生长期经过一系列新陈代谢后所形成的，多存在于细胞壁内，而植物细胞的细胞壁主要由纤维素构成，占1/3~1/2，另外还有半纤维素和果胶质。其存在不仅会影响到植物细胞中活性成分的浸出，而且也会影响制剂的稳定性和澄明度。

　　传统的提取方法存在提取温度高、提取率低、成本高、有效成分损失大等缺点。为了有效地提取中药成分，必须破坏细胞壁、细胞间结构和细胞内的其他成分。为了提高疗效，必须尽可能多地提取有效成分，并减少杂质的溶出。酶法提取条件温和、选择性强，可选择性降解植物细胞壁，促进有效成分的溶出；也可选择性地降解淀粉、果胶、蛋白质等杂质，提高提取物的纯度和疗效。

　　目前，在中药有效成分提取中应用较多的是纤维素酶，可以将细胞壁降解，使有效成分破壁而出。如采用纤维素酶酶解提取银杏总黄酮的工艺研究结果表明，与传统的乙醇提取工艺相比，银杏总黄酮得率提高了 18.92%；葛粉中异黄酮的提取中，将葛根渣的酶法预处理与乙醇抽提相结合，可使异黄酮提取率明显提高。

# 第二节　常用的提取设备

## 一、渗漉罐

　　将药材适度粉碎后装入特制的渗漉罐中，从渗漉罐上方连续加入新鲜溶剂，使其在渗过罐内药材积层的同时产生固液传质作用，从而浸出活性成分，自罐体下部出口排出浸出液，这种提取方法称为"渗漉法"。渗漉是一种静态的提取方式，一般用于要求提取比较彻底的贵重或粒径较小的药材，有时对提取液的澄明度要求较高时也采用此法。渗漉提取一般以有机溶媒居多，有的药材提取也可采用稀的酸、碱水溶液作为提取溶剂。渗漉提取前往往需先将药材进行浸润，以加快溶剂向药材组织细胞内的渗透，也能缩短提取的时间，同时也可以防止在渗漉过程中料液产生短路现象而影响收率。

　　渗漉提取的主要设备是渗漉罐，可分为圆柱形和圆锥形两种，其结构如图 3-1 所示。渗漉罐结构形式的选择与所处理的药材的膨胀性质和所用的溶剂有关。对于圆柱形渗漉罐，膨胀性较强的药材粉末在渗漉过程中易造成堵塞；而圆锥形渗漉罐因其罐壁的倾斜度能较好地适应其膨胀变化，从而使得渗漉生产正常进行。同样，在用水作为溶剂渗漉时，易使得药材粉末膨胀，则宜采用圆锥形渗漉罐，而用有机溶剂做溶剂时因材料粉末的膨胀变化相对较小，故可以选用圆柱形渗漉罐。

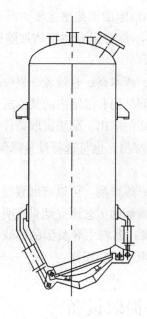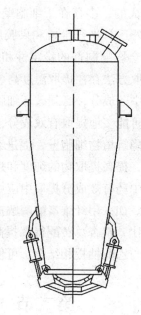

图 3-1    圆柱形渗漉罐和圆锥形渗漉罐

渗漉罐的材料主要有搪瓷、不锈钢等。渗漉罐的外形尺寸一般可根据生产的实际需要向设备厂商定制。

## 二、提取罐

提取罐的筒体有无锥式（W 型）、斜锥式（X 型）两类。提取罐内物料的加热通常采用蒸汽夹套加热，在较大的提取罐中，如 $10m^3$ 浸提罐，可以考虑罐内加热装置；对于动态浸提工艺，因为通过输液泵将罐体内液体进行循环，因此设置罐外加热装置也比较方便。对于需要提取药材中的挥发油成分，需要用水蒸气蒸馏时还可以在罐内设置直接蒸汽通气管。

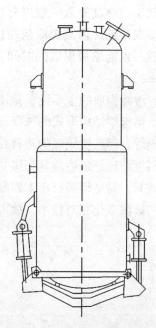

### （一）直筒式提取罐

直筒式提取罐是比较新颖的提取罐，其最大的优点是出渣方便，缺点是对出渣门和气缸的制造加工要求较高。一般情况下，直筒式浸提罐的直径限于 1300mm 以下，对于体积要求大的，不适合选用此种形式的提取罐。直筒式提取罐的结构如图 3-2 所示。

### （二）斜锥式提取罐

斜锥式提取罐是目前常用的提取罐，制造较容易，

图 3-2    直筒式提取罐

罐体直径和高度可以按要求改变。缺点是在提取完毕后出渣时，有可能产生搭桥现象，需在罐内加装出料装置，通过上下振动以帮助出料。斜锥式提取罐的结构如图 3-3 所示。

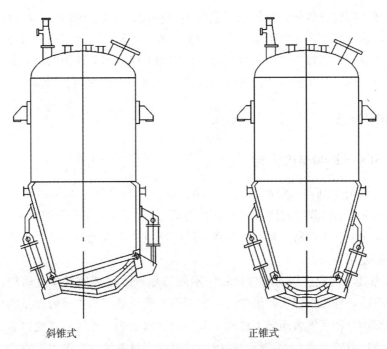

斜锥式          正锥式

**图 3-3　斜锥式、正锥式提取罐**

### （三）搅拌式提取罐

　　根据浸提原理分析，在提取罐内部加搅拌器，通过搅拌使溶媒和药材表面充分接触，能有效提高传质速率，强化提取过程，缩短提取时间，提高设备的使用率。但此种设备对某些容易搅拌粉碎和糊化的药材不适宜。搅拌式提取罐的排渣形式有两种：一种是用气缸的快开式排渣口，当提取完毕药液放空后，再开启此门，将药渣排出，这种出渣形式对药材颗粒的大小不是很严格；另一种是当提取完成后，药液和药渣一同排出，通过螺杆泵送入离心机进行渣液分离，这种出渣方向对药材的颗粒度大小有一定的要求，不能太大或太长，否则易造成出料口的堵塞。搅拌式提取罐的结构如图 3-4 所示。

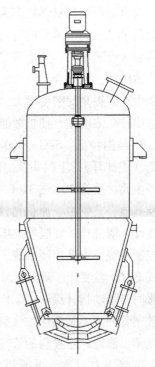

**图 3-4　搅拌式提取罐结构形式**

# 第三节 典型设备规范操作

由于药材活性成分各异，故提取工艺也不尽相同，导致药物提取设备也多种多样，各有千秋。各企业因生产工艺不同，设备的组合方式也不同。为了深化对原料药预处理设备的认识了解，提高在生产中的规范操作意识和素质，本节详细归纳和介绍在制药企业实际生产中典型且常用的几款设备的规范操作流程和应用方法。

## 一、提取设备

### （一）SLG-2500型渗漉罐

渗漉罐主要用于制药、食品、化工、生物制品等行业液体物料的混合、暂存、配制。以 SLG-2500 型渗漉罐为例，该设备凡与药液接触的部分均采用 304 或 316L 不锈钢制造，具有无毒、无脱落、良好的耐腐蚀性等特点，不仅能使药品、食品质量得到保证，而且设备使用寿命长。

**1. 工作原理** 渗漉法是向药材粗粉中不断添加浸取溶剂使其渗过药粉，从下端出口流出浸取液的一种浸取方法。渗漉时，溶剂渗入药材的细胞中溶解大量的可溶性物质之后，浓度增加，密度增大而向下移动，上层的浸取溶剂或稀浸液置换位置，形成良好的浓度差，使扩散较好地自动进行，故浸润效果优于浸渍法，提取也较安全。渗漉提取前药材需经适当粉碎才能装罐，因为提取效果及浸出液质量与药材粒度密切相关。通常，渗漉提取的药材颗粒多为中等粒度以上，不宜过细，否则增加吸附性，溶剂将难以顺利通过，不利于溶质的浸出；颗粒过粗则会减少接触面积，降低浸出效率。将药材粉碎后装入渗漉罐中，从渗漉提取罐上方连续通入溶媒，使其渗过罐内药材积层，发生固液传质作用，从而浸出有效成分，自罐体下部出口排出浸出液。由于浸出液浓度在渗漉过程中不断提高而密度增大，逐渐向下移动，由上层溶剂或更稀浸出液转换其位置，连续造成较高浓度差，使扩散能较好地进行。

**2. 结构特征** SLG-2500 型渗漉罐主要由罐本体及附件组成。罐本体主要由筒体、支腿（或挂耳）、上封头及出渣门组成。渗漉罐筒体圆柱形，上下封头为标准椭圆形封头，主要材质为 304 或 316L 不锈钢。附件主要包括卫生级人孔、视镜视灯、料液进出口及其他工艺管口、原位清洗（clean in place，CIP）清洗口和其他选项，如液位计、温度计、清洗球、呼吸器、压力表、安全阀等。SLG-2500 型渗漉罐控制部分主要为搅拌控制系统、温度控制系统、液位控制系统等。温度计根据客户需要可安装双金属温度计或 Pt100 温度计：双金属温度计是基于绕制成环性弯曲状的双金属片组成。一端受热膨胀时，带动指针旋转，工作仪表便显示出所对应的温度值，方便快捷。玻璃管液位计为玻璃管外套不锈钢保护管型，管两端与罐内相通形成连通器，可通过玻璃管中的液位高度读出渗漉罐中物料的液位高度。玻璃管液位计的最高及最低端安装针形阀，当设备内温度或压力过高，可能超出玻璃管的承受范围时，可临时关闭针形阀，以保护玻璃管。

**3. 技术参数** SLG-2500 型渗漉罐主要技术参数见表 3-1。

表 3-1 SLG-2500 型渗漉罐主要技术参数

| 设备性能 | 技术参数 |
| --- | --- |
| 设计压力（MPa） | 101 |
| 设计温度（℃） | 20 |
| 工作压力（MPa） | 101 |
| 工作温度（℃） | 20 |
| 工作介质 | 物料 |
| 全/有效容积（m³） | 2.75/2.5 |

**4. 设备特点** 该设备性能优越，主要体现在操作性能、卫生性能、外观性能等方面。

（1）操作性能 渗漉罐的附件（如清洗球、进出口、人孔等）均合理分布，无论是观察、操作均简便容易。常与自动化控制系统连用，配合自动化仪器仪表，可直接读取罐内液体温度、容积及压力，使工艺参数的控制更加精密，极大地提高了产品质量，降低了劳动强度。

（2）卫生性能 渗漉罐上部为椭圆封头，下部为旋转出渣门，圆角采用日式平板液压成形；各管口连接处均经拉延处理，保证其转角部分以圆弧平滑过渡；罐体所有焊缝经应力消除机处理，保证内表面粗糙度 $Ra \leq 0.6\mu m$，这样避免了产品残留，符合渗漉罐要求。

（3）外观性能 渗漉罐外表面经磨砂处理成亚光，$Ra \leq 0.8\mu m$，给人一种赏心悦目的感觉；或抛光成镜面，易清洁处理。

**5. 操作方法** 该设备操作流程分为三个部分，即准备工作、正常生产、生产结束。

（1）准备工作 ①使用前请仔细阅读随机提供的技术文件。②检查确认渗漉罐已清洗消毒待用。③检查确认各连接管密封完好，各阀门开启正常，检查确认各控制部分（含电气、仪表）正常。④检查各泵的电路连接，确保各泵的电机电路连接正常，防止反转、缺相等故障发生。⑤检查各仪表的安装状态，确保各仪表按照规范进行安装，量程符合生产要求，且各仪表均在校定有效期内使用。⑥检查各阀门安装状态，确保各阀门按照规范进行安装。⑦检查系统的气密性，确保各管道无跑冒滴漏等现象。

（2）正常生产 ①开启进料阀及物料输送泵电源进料，观察液位高度，到适量后关闭进料阀及输送泵电源。②运行中时刻注意换热系统的温度表、压力表的变化，避免超压超温现象。③需要出料时，开启出料阀，通过泵输送至各使用点。④开启出料阀，排料送出。出料完毕，关闭出料阀。

（3）生产结束 关闭配电箱总电源，对渗漉罐按设备保养条款进行清洗、消毒。

**6. 维护保养** 每个生产周期结束后，应对设备进行彻底清洁；根据生产频率，定期对设备进行行检查，有无螺丝松动，是否有垫片损坏，是否有泄漏及是否存在其他潜在可能影响产品质量的因素，并及时做好检查记录；定期对搅拌器运转情况及机械密封、刮板磨损情况进行检查，发现有异常噪音、磨损等情况应及时修理；搅拌器至少每半年检查1次，减速机润滑油不足时应立即补充，半年换油1次；每半年要对设备筒体程进行1次试漏试验；长期不用应对设备进行清洁，并干燥保存。再次启用前，需对设备进行全面的检查，方能投入生产使用；日常要做好设备的使用日记，应包括运行、维修等情况；每次维修后应对设备进行运行确认，大修后要对设备进行再验证；渗漉罐必须在蒸汽进口管路上安装压力表及安全阀，并在安装前及使用过程中定期检查，如有故障，要即时调整或修理；安全阀的压力设定，可根据用户需要自行调整，但不得超过规定的工作压力；当渗漉罐使用期间，严禁打开人孔及各连接管卡；渗漉罐各管道连接为卡盘式结构，如使用过程中有漏液跑气现象，应及时更换其密封圈；严谨用于对储液罐有腐蚀的介质环境。在储存酸碱等液体时，应对储液罐进行钝化处理。

**7. 注意事项**　运行过程中切勿超压超温工作；储存易燃易爆液体和气体的应安装阻火器，并禁止明火，有爆炸危险；储存强酸、强碱、强腐蚀物品时，工作人员应穿戴相应的劳防用品，有烧伤危险；储存高温、极低温物品时，工作人员也应穿戴相应的劳防用品，有烧伤危险；仪器仪表应在参数要求的温湿度范围内工作，有影响仪器仪表精度的危险。

**8. 故障排除**　造成故障的可能原因及处理方法：①换热效果不好：接出口连接错误，按照正确方式连接；夹套堵塞，进行疏通。②阀门漏水：密封垫损坏，更换新的密封垫；阀门损坏，更换新的阀门。③仪器仪表显示不准确或不显示：仪表损坏，更换新的；连接错误，重新按正确方式连接。④罐体有泄漏：罐体破损，进行修补。⑤罐体生锈：外界环境不适合，除锈后，保存在适宜的条件；表面划伤，重新处理，并进行局部钝化。⑥保温层局部过烫：夹套破损，进行修补。⑦保温层渗水、夹套渗水：保温、夹套、罐体泄漏，查找漏点进行修补。

### （二）GL系列萃取罐

GL系列萃取罐适用于中药、食品、化工行业的常压、微压、水煎、温浸、热回流、强制循环萃取、芳香油提取及有机溶媒回收等多种工艺操作，具有效率高、操作方便等优点。罐内配备CIP清洗系统，符合GMP医药标准。

**1. 工作原理**　不锈钢萃取罐的工作原理是单纯的煎煮过程，中草药浸泡在水中，采用蒸汽加热，经过一定时间，将有效成分提取出来。煎煮时间的长短，根据不同物料的性能自行决定。投料量因中草药形状和有效成分提取的难易不一，不能做统一规定，建议投料量不超过设备容积的2/3为宜，当提取芳香油时，二次蒸汽通过冷凝，冷却后，油水进入油水分离器，轻油在分离器上部排出，重油在下部排出，水通过溢流排放或回流（具体流程见管口方位及使用安装示意图），煎煮结束需进行真空出液，这样不但可缩短出液时间而更主要的是能将渣中有效残液抽尽，避免浪费。药渣拱结（俗称"搭桥"）出渣有困难时，驱动提升气缸，使提升杆上下作往复运动，协助破拱出渣，药渣基本出尽为止。

**2. 结构特征** GL 系列萃取罐主机萃取罐结构形式有直锥、倒锥、斜锥、直筒（无锥）、蘑菇夹套形式等，采用中空夹套、盘管夹套、蜂窝夹套等（按需选择）保温材料，珍珠棉、岩棉或聚氨酯发泡，具有良好的隔热保温效果。保温层筒体采用镜面抛光或 2B 磨砂面亚光处理，外形美观、整洁。耐用搅拌装置（选配）中心搅拌，搅拌桨形式：直叶、螺旋带式等（按需选择）。支脚形式耳式支脚随机附件，快开式投料孔、视灯/镜、温度计、排空口、清洗口等各功能，管口主机配套设备，除沫器采用隔板式，内充不锈钢丝网卫生易清洗。冷凝器采用列管式冷凝器，换热效率高，油水分离器采用玻璃筒式或不锈钢带视镜式（按需选择）双联过滤器。500L 以上选用双联过滤器，内设不锈钢滤网卫生易清洗卫生泵，传统型式，所占建筑空间较小，为提取车间广泛使用。出渣门上设有底部加热，使药材提取更加完全。改进出液方式和增加搅拌装置后可应用于动态提取系统。

**3. 技术参数** GL 系列萃取罐主要技术参数见表 3-2。

表 3-2 GL 系列萃取罐主要技术参数

| 设备性能 | 型号 | | | | |
|---|---|---|---|---|---|
| | GL-500L | GL-1000L | GL-2000L | GL-3000L | GL-6000L |
| 设备容积（L） | 0.5 | 1.0 | 2.0 | 3.0 | 6.0 |
| 筒体直径（mm） | 800 | 1000 | 1200 | 1400 | 1600 |
| 夹套直径（mm） | 900 | 1100 | 1300 | 1500 | 1700 |
| 投料门直径（mm） | 200 | 200 | 300 | 300 | 300 |
| 排查门直径（mm） | 600 | 800 | 1000 | 1000 | 1000 |
| 设备内工作压力（MPa） | 0.15 | 0.15 | 0.15 | 0.15 | 0.15 |
| 主机高度（mm） | 1800 | 280 | 3400 | 4500 | 5400 |
| 设备重量（kg） | 1000 | 1300 | 1800 | 2300 | 3000 |
| 搅拌功率（kW） | 1.1 | 3 | 4 | 5.5 | 7.5 |
| 捕沫器规格（J） | 2 | 5 | 5 | 8 | 10 |
| 油水分离器规格（J） | 1 | 1 | 1 | 1 | 1.5 |
| 冷凝器面积（m²） | 150 | 150 | 200 | 200 | 200 |

**4. 设备特点**

（1）本设备对批量药材等有效成分提取效率高，节约能源，提取液含药浓度高。

（2）本设备主体上半部为直筒式，下半部为圆锥式结构，储存容位大，长度短，有效减少搅拌轴长度，使设备运转更趋平稳安全。

（3）本设备排渣门采用气动启闭系统，平稳、安全、清洁、带自锁装置，能降低故障成本。

（4）本设备投料门采用手动快开门结构，结构简单，使用方便安全。

**5. 操作方法** 提取投料完毕后，关紧投料门，打开阀门加入溶剂开始加热，根据生产的工艺要求，萃取罐的提取操作过程如下。

（1）水提不收集挥发油 一般水提且不收集芳香水和挥发油的产品，提取操作如下：首先打开萃取罐排空阀，确定管内清洁，然后加料，加毕；再打开夹套蒸汽阀门，排放完蒸汽管道中的冷凝水后关闭阀门，通好蒸汽，待温度上升至规定温度后，调整夹套蒸汽大小，保持药液温度稳定。如果萃取罐内药液需要循环，则关闭所有蒸汽阀门，打开循环阀门，然后打开药液循环泵，进行循环萃取，直至达到规定时间为止。

（2）醇提且需要收集挥发油　醇提且需要收集芳香水和挥发油的产品，提取操作如下，首先打开萃取罐排空阀，确定管内清洁，然后加料，加毕；再打开夹套蒸汽阀门，排放完蒸汽管道中的冷凝水后关闭阀门，通好蒸汽，待温度上升至规定温度后，调整夹套蒸汽大小，保持药液温度稳定。待油水分离器中的液面达到一定高度后打开挥发油收集器阀门收集芳香水和挥发油产品。如果需要挥发液回流则打开循环阀门，然后打开药液循环泵，进行循环萃取，直至达到规定时间为止。

**6. 注意事项**

（1）提取酒精时，车间设计要符合防爆标准，车间内要禁止吸烟及其他明火存在。在操作进出酒精时要采用真空操作，或由冷凝器、冷却器冷却后流入罐内，不能采用水泵强制循环。

（2）使用完毕后，罐内要清洗干净干燥，以便下次投料生产使用。

**7. 故障排除**

（1）萃取罐搅拌器出现故障时，不应急于先动手，应先询问产生故障的前后经过及故障现象。对于生疏的设备，还应先熟悉电路原理和结构特点，遵守相应规则。拆卸前要充分熟悉每个电气部件的功能、位置、连接方式及与周围其他器件的关系，在没有组装图的情况下，应一边拆卸，一边记上标记。

（2）应先检查设备有无明显裂痕、缺损，了解其维修史、使用年限等，然后再对机内进行检查。拆前应排除周边的故障因素，确定为机内故障后才能拆卸。否则，盲目拆卸，可能将萃取罐搅拌器等部件越修越坏。

（3）只有在确定机械零件无故障后，再进行电气方面的检查。检查电路故障时，应利用检测仪器寻找故障部位，确认无接触不良故障后，再有针对性地查看线路与机械的运作关系，以免误判。

（4）在萃取罐搅拌器未通电时，判断电气设备按钮、变压器、热继电器及保险丝的好坏，从而判定故障的所在。通电试验，听其声、测参数、判断故障，最后进行维修。如在电动机缺相时，若测量三相电压值无法判别时，就应该听其声，单独测每相对地电压，方可判断哪一相缺损。

（5）对污染较重的电气设备，先对其按钮、接线点、接触点进行清洁，检查外部控制键是否失灵。许多故障都是由脏污及导电尘块引起的。

（6）电源部分的故障率在整个故障设备中占的比例很高，所以先检修电源往往可以事半功倍。

（7）对于调试和故障并存的电气设备，应先排除故障，再进行调试，调试必须在电气线路畅通的前提下进行。

（8）萃取罐搅拌器因装配配件质量或其他设备故障而引起的故障，一般占常见故障的 50% 左右。电气设备的特殊故障多为软故障，要靠经验和仪表来测量和维修。

### （三）TQ 型多功能提取罐

TQ 型多功能提取罐适用于药材、植物、动物、食品、化工等行业的常压、水煎、温浸、热回流、强制循环、渗漉，芳香油提取及有机溶媒回收等工程工艺操作，特别是使用动态提取或逆流提取效果更佳，时间短，药液含量高。该罐凡与药液接触的部分全部采用 304 不锈钢制造，具有良好的耐腐蚀性，不仅能使中药产品质量得到保证，而且设备使用寿命长。该设备的提取过程是在密封可循环的系统内完成，同时可在废渣中回收有机溶媒。

**1. 工作原理** TQ 型多功能提取罐的整个提取过程是在密闭可循环系统内完成的，可在常温常压提取，也可负压低温提取，满足水提、醇提、提油等各种用途，其具体工艺要求均由厂家根据药物性能要求自行设计，提取原理如下。

（1）水提 水和中药装入提取罐内，开始向夹层给蒸汽，罐内沸腾后减少蒸汽，保持沸腾即可，如密闭提取则需供冷却水，使蒸发气体冷却后回到提取罐内，保持循环的温度。

（2）醇提 先将药物和乙醇按一定比例加入罐内，然后必须密闭给夹层蒸汽，打开冷却水使罐内达到需要温度时再减少加热蒸汽，使冷却后的酒精回流即可。为了提高效率，可用泵强制循环，使药液从罐底部通过泵吸出再在罐上部回流口回至罐内，罐内设有分配器，使回流液能均匀回落至罐内，解除局部沟流。

（3）提油 先把含有挥发油的中药加入提取罐内，打开油分离器的循环阀门，关闭旁通回流阀门，开启蒸汽阀门达到挥发温度时，打开冷却水进行冷却，经冷却的药液应在分离器内保持一定液位差使之分离。

**2. 结构特征** 提取罐外形结构为正锥式；从有无搅拌可分为动态提取罐和静态提取罐。本设备由提取罐、冷凝器、出渣门气动控制系统构成，主要由罐主体、排渣门、加料口、投料口等部分组成。罐主体包括内筒、夹套层、保温层、支耳、快开式出渣门等；保温层以聚氨酯发泡作为保温材料。提取罐可根据用户要求设置不同的进汽方式：夹套直接进汽、罐内加热管进汽、出渣门底部进汽。

**3. 技术参数** TQ 型多功能提取罐主要技术参数见表 3-3。

表 3-3 TQ 型多功能提取罐主要技术参数

| 设备性能 | 容器 | 夹套 |
|---|---|---|
| 设计压力（MPa） | 常压 | 0.3 |
| 设计温度（℃） | 105 | 143 |
| 工作压力（MPa） | 常压 | 0.25 |
| 工作温度（℃） | ≤100 | 137 |
| 加热面积（m²） | 11 | |
| 投料门直径（mm） | 500 | |

续表

| 设备性能 | 容器 | 夹套 |
|---|---|---|
| 冷凝面积（m²） | 11 | |
| 出渣口直径（mm） | 1400 | |
| 有效容积（L） | 6000 | |
| 外形尺寸（长×宽×高）（m） | 1.6×1.6×5.0 | |
| 容器类别 | I 类 | |

**4. 操作方法**

（1）准备工作 ①检查确认多功能提取罐已清洗待用。②检查供汽（锅炉蒸汽）、供水（生产用水、冷却水）、供电、供气（压缩空气）等均正常。③检查确认各连接管密封完好，各阀门开启正常，出渣门已安全锁紧。④检查确认各控制部分（含电气、仪表）正常。

（2）正常生产 视提取工艺要求操作（参见工作原理）提取完毕，泵尽提取液，开启出渣门排渣。控制系统采用可编程控制器（PLC）与人机界面控制加水量、温度控制，对加热温度、加热时间、加水量自动记录并及时保存为电子文档，且加水及蒸汽控制可手动与 PLC 控制进行切换。

（3）生产结束 ①关闭蒸汽阀、冷却水供水阀。②对提取罐按设备保养条款进行清洗。

**5. 维护保养** 该设备的悬挂式支座，应安装在离地面适当高度，并能安全承受有关全部重量的操作平台上，须垂直安装设备；本设备必须在蒸汽进口管路上安装压力表及安全阀，并在安装前及使用过程中定期检查，如有故障，要即时调整或修理；安全阀的压力设定，可根据用户需要自行调整，但不得超过规定的工作压力≤0.2MPa；各接口在使用过程中有漏液、跑气现象，应及时更换其密封圈；设备上所有运动件，如轴承、活动轴、气缸杆、活塞及转动销轴等，应保持清洁、润滑；不工作时主罐加料口、出渣门，应放松以防密封胶卷失去弹性影响密封作用；本设备带压操作时或设备内残余压力尚未泄放完之前，严禁开启投料口及排渣门；本设备根据使用物料特性，一般大修周期为 1 年；大修时所有传动部件（滚动轴承、平面轴承等）需要更换，并添加黄油；密封圈应重新更换，大修时对保温层应检查，损坏和失效者应更换或修补。

**6. 设备安装** 应严格检查电器、仪表等装置处于良好状态，整台设备应良好接地；本提取罐外表面已做精抛光处理，因此，在搬运、吊装时，要特别注意保护，不得碰撞；工艺管道对设备性能影响很大，接管大小、尺寸、角度、位置，在安装中不得任意更改。

**7. 试车** 试车要求在设备安装完毕后，进行试车之前必须先进行出渣门所有气缸是否灵活、运转是否可靠；行程限位开关是否可靠；辅助设备的管路是否畅通；各阀门关、开是否灵活，一切正常后方可试车。

**8. 设备清洁** 设备在生产完毕或更换品种前，须进行彻底清洗。清洗时，打开排渣门，首先打开 CIP 清洗头用水冲洗罐内壁，将药渣冲洗干净，人工清洗排渣门过滤网；然后关闭排渣门，将罐内加满水，夹套通入蒸汽，同时泵循环清洗 15~30 分钟后，从出液口抽出罐内水；最后用净水冲洗至要求，并排尽罐内积水即可。

## 二、提取-浓缩机械

动态提取-浓缩操作是中药提取发展的方向，有着比静态提取十分显著的优点。中药提取的原理应属固-液萃取，从机理上讲是溶剂与药材的流动，可以增加溶剂向药材表面运动，提高了溶剂对药材的摩擦洗脱力度。药材中的可溶物质和溶剂的浓度差增大、提高扩散能力。提高温度的均匀性，一定的温度提高了溶媒对有效成分的溶解度。动态提取罐应有一定的长径比，较大的长径比，提高了静压柱和压力差有利于有效成分的浸出。所以动态提取可以大大加快萃取速度，缩短提取时间。因此动态提取工艺取代静态提取工艺作为中药行业提取技术的发展方向，已是今后的必然趋势。

以 DTN-B 系列动态提取-浓缩机组为例，叙述其操作等原理，该设备最显著特点就是"一机二工艺"，即醇提时采用常压提取，常压浓缩的工艺；而水提时采用常压提取，低温真空浓缩的新工艺（提取温度 95~100℃，浓缩温度 55~80℃）。因此，它既可醇提，又完全满足水提工艺的要求，还可适用其他的提取工艺，提取温度、浓缩温度可分开设定。

**1. 工作原理** 把中药材浸泡在溶媒中，采用蒸汽加热，使溶剂在药材间循环流动。溶剂的循环流动，增加了摩擦洗脱力度和浓度差，静压柱加速溶剂对药材的渗透力。一定的温度加快了对有效成分的溶解浸出。经过设定的时间，把药液经过滤器过滤。直接放入蒸发器（水提时负压，醇提时常压），蒸发器产生的二次蒸汽，经冷凝器、切换器送回常压下提取罐，作为新溶剂和热源，均匀地加在药材表面，形成边提取边浓缩，直到符合工艺要求的是间体。提取终点的药渣经回收溶剂排放，溶剂经冷却后放入贮槽。

**2. 结构特征** 该机组由提取罐、蒸发器及其他设备（冷凝器、冷却器、加热器、油水分离器、循环泵、冷却塔、切换器）组成；可在低温度浓缩状态下实现常压动态水提和醇提；可按各种提取工艺从中药材提取有效成分并完成浓缩，可以实现溶媒的回收。

（1）该机组设有四点温度集中显示，可以通过加热系统、冷却系统及真空系统控制流体的方向及流量，十分方便地调节控制各设备的温度，实现稳定操作。

（2）设置双路油水分离装置，能使复方中药剂在边提取边浓缩的过程中得到轻油、重油、水，也能在回收溶剂中得到油、溶剂的分离。

（3）该机组，水提时采用常压提取-真空浓缩新工艺。浓缩温度可设定真实度，而定下浓缩温度。切换器采用微电脑自动控制状态自动显示，动作精确。

（4）提取罐和浓缩器都设有 CIP 系统/高压的冲洗装置，能使提取罐和浓缩器得到较方便地清洗，符合 GMP 要求。

（5）提取罐为直筒式或正锥式，采用较大的长径比，提高了罐内静压柱，从而增加了溶媒对药材的渗透压力和穿透能力，显著提高了有效成分的提取效果和速度。

（6）取罐采用特创的循环喷淋内热式提取罐，提取罐设置内、外加热器。外加热器与泵组成循环喷淋加热。大大提高了传热系数。内加热器缩短了热传导半径所以具有加热均匀、节能、升温快等特点。

（7）配置独特的双室蒸发器，具有高效、节能、浓缩比大的优点。

（8）该机组在密闭的提取罐和蒸发器内进行生产，集提取浓缩于一体，设备紧凑，基本上全部采用优质不锈钢制作，符合 GMP 要求。

**3. 技术参数**　DTN-B 系列动态提取-浓缩机组的主要技术参数见表 3-4。

表 3-4　DTN-B 系列动态提取-浓缩机组主要技术参数

| 设备性能 | 技术参数 |
|---|---|
| 提取罐容积（$m^3$） | 1~3 |
| 罐内工作压力（MPa） | 常压 |
| 内、外加热器蒸汽工作压力（MPa） | ≤0.09 |
| 气缸工作压力（MPa） | 0.6~0.8 |
| 循环泵型号 | COF |
| 电机功率（380V）（kW） | 9 |
| 蒸汽工作压力（MPa） | 0~-0.08 |
| 切换器微电脑控制器输入电压（V） | 220 |
| 机组控制箱输入电压（V） | 220 |
| 蒸发量（清水）（kg/h） | 4~6 |
| 浓缩比重可达（中药浸膏）（$kg/mL^3$） | 1.1~1.3 |
| 再沸器工作压力（管内）（MPa） | 真空 |

**4. 设备特点**　动态提取-浓缩机组与先动态提取后浓缩的工艺相比，大量的浓缩所产生的二次蒸汽经冷凝器冷凝成液体返回提取罐作为提取的新溶剂和热源。不但节省了能源，又使药材与溶剂萃取浓缩差保持了高梯度，大大加速了有效成分的浸出。1 次提取相当于多次萃取。作为中药提取两大工艺之一的醇提，过去因溶剂用量大，消耗高、生产环节多、溶剂价格又高，所以生产成本太大，大规模生产有困难。该机组能使溶剂反复形成新的溶剂与药材表面作用，因而溶剂用量少，而渣中的溶剂又可以全部回收，边提取边浓缩，边回收，管道密封状态下一次完成。这就为选取相近极性的有机溶剂，提取中药材用于大规模的生产打下坚实的基础。可一步分离出中药间体、溶剂、药渣。

该机组与多能提取罐联合使用，与三效浓缩器相比，特点是：①生产时间缩短 40%~50%：从多次提取-浓缩，到边提取边浓缩 1 次完成。②有效成分高：提取浓缩在同一封闭的设备完成，损失小、转移率高。③溶剂投放量小（药材的 4~6 倍）：损失小溶剂基本上可得到回收。④降低能耗（30%~40%）：减少了重复加热蒸发、冷却，节能效果十分显著。⑤一机多用：占地面积小节省 50%，固定投资费用降低 50%。⑥全密封管道化生产：减少环境污染，符合 GMP 要求。

**5. 操作方法**　该机组具有两种动态提取工艺，即动态水提和动态醇提。

（1）动态水提　采用常压提取，真空浓缩。①关闭提取罐出渣门，投入中药，关闭加料口。②打开内加热器进汽阀，通入蒸汽，启动循环泵，使水经过滤器、外加热器，回流到提取罐，再打开外加热器蒸汽阀使水加热。这时提取进入升温阶段。③待升到设定温度，关闭外加热器蒸汽阀，保温（20～60分钟）。④与此同时，打开立式冷凝器，打开提取罐的出料阀及料液冷却器的冷却水阀，打开浓缩器的进料阀。料液经过滤器送入蒸发器，待蒸发器液位达到一定的高度，关闭进料阀，打开冷凝器出料阀，打开切换器控制开关，按启动按钮，这时控制器面板电源指示灯和进料指示灯亮，把状态指示开关调整到自动状态，打开真空阀，切换器真空表动作，整个切换器自动系列开始工作。打开卧式冷凝器进水阀，微微开启蒸发器再沸器的蒸汽阀，使料液循环沸腾蒸发。⑤蒸发器产生的二次蒸汽由冷凝器冷凝，经切换器回流到提取罐的液体分布器，均匀地洒在药材表面，新溶剂从项部到底部经与药材的传质萃取，再送入蒸发器形成了边提取边浓缩的过程，控制好蒸发器的进料量、进料温度控制、真空度、提取罐的料温，整个系统就可以十分方便的稳定操作。⑥经4～7个小时的提取，打开过滤器底部的排污阀可检查，提取是否完全。提取完成后，切断超出真空阀，把切换器控制器状态指示按钮转至手动，再按启动按扣，把剩在切换器的水放完。打开出料阀，取出少部分药液，测试浓度是否符合工艺要求。如合格，浓缩液由蒸发器再沸器底部放出支醇沉或过滤。如热测比重达不到要求，打开蒸发器到冷却塔蒸汽阀，关闭冷凝器的进气阀，打开冷却塔的真空阀，冷却水阀。继续浓缩直到中间体浓度符合要求，与此同时提取罐进行出渣清洗，加料加水从复以上工作。⑦进水阀，使罐内的上升蒸汽凝成液体流入油水分离。

（2）动态醇提（溶剂提取）　①因溶剂提取时的蒸发温度大都在80℃以下，所以采用常压提取、常压浓缩。关闭提取罐出渣门投入中药、关闭加料口。打开放空阀慢慢加入醇：中药材与醇的比一般为1∶4～1∶6。②打开内加热器进汽阀通入蒸汽。启动循环泵，使水经过滤器，外加热器，回流到提取罐，再打开外加热器蒸汽阀使水加热。这时提取进入升温阶段。待升到设定温度，关闭外加热器蒸汽阀，保温（20～60分钟）。③与此同时打开立式冷凝器的打开提取罐的出料阀及料冷却器冷却水阀，打开浓缩器的进料阀。料液经过滤器送入蒸发器，待蒸发器液位达到一定的高度，关闭进料阀打开冷凝器出料阀打开切换器控制开关，按启动按钮，这时控制器面板电源指示灯和进料指示灯亮，把状态指示开关调整到自动状态，打开真空阀，切换器真空表动作，整个切换器自动系列开始工作。④打开卧式冷凝器进水阀，微微开启蒸发器再沸器的蒸汽阀，使料液循环沸腾蒸发。关闭冷凝器到切换器的阀门，打开冷凝器到提取罐的直通阀。开启冷凝器到尾汽冷凝器的阀门，打开尾汽冷凝器的冷却水阀。开启提取罐排液阀和蒸发器的进料阀。热料经过滤器送蒸发器，待蒸发器液位到一定的高度（视镜平）。再打开卧式冷凝器的进汽阀，冷却水阀。⑤关闭蒸发器到冷却塔的进汽阀，再开启蒸发器到再沸器的蒸汽阀，使料液循环蒸发。蒸发器产生的二次蒸汽，经冷凝器冷凝，直接回到提取罐，均匀地洒在中药表面，溶剂从顶部到底部经与药材的传质萃取，又送入蒸发器，形成了边提取边浓缩的过程，控制好蒸发器的进料量、蒸发温度、提取罐的料温、回流液的温度，整个系统就可以十分方便定的操作。提取完成后，关闭回流液到提取罐的管道阀门，开启到冷却器的阀门，使溶剂经冷却后，流入油水分离器，经分离后，溶剂流囤到溶剂贮槽，油放到油容器，直到溶剂全部回收完毕。⑥药渣的溶剂可由提取罐的内加热器继续加热。打开提取罐到冷凝器的阀门，关闭浓缩器到冷凝器的阀门，提取罐上升的蒸汽，经冷凝器冷凝，冷却器冷却返回溶剂成品贮槽。蒸发器中的药液排放至下一工序过滤或水沉。

**6. 注意事项** ①提取罐须安装垂直，U 型液封装置和管道式视镜必须靠近提取罐安装。②如本厂水压较低，可由水泵出口，引出一道管子到蒸发器顶部的球型喷淋清洗管，组成蒸发器 CIP 清洁系统。③冷凝器安装时，必须注意二次蒸汽进口一端高于液体出口一端 2~5 cm，浓缩器二次蒸汽出口到冷凝器进口管路应保温。④蒸发器除安装垂直外，必须考虑前后操作空间，5~6m³ 机组的蒸发器因较大，应加设 60~80cm 高的操作台，便于蒸发器的观察及操作。⑤微电脑控制器，离切换器就近安装，背后用 4 个螺丝固定。电磁阀按法兰面的记号与切换器法兰记号 l 对 1、2 对 2……安装。电磁阀与微电脑控制引出线连接按端子符号 Cl 对 Cl、C2 对 C2……对接，液位器与微电脑控制引线按 YK1 对 YKl、YK2 对 YK2，连接按线色，绿对绿、红对红对接。⑥切换器电磁阀有方向性，安装时必须按箭头方向安装。⑦冷凝器、切换器安装试车前必须清洁干净，以免砂石等硬质颗粒进入电磁阀，破坏电磁阀密封面。⑧机组控制箱，应安装在提取罐与蒸发器中间，操作人员应能清楚看到出渣门的开关动作，如温度计的连接线如太短，可加长，但必须采用屏蔽线。浓缩器两只再沸器的疏水器应独立安装，不可并连。

**7. 故障排除** DTN-B 系列动态提取-浓缩机组故障原因及排除措施见表 3-5。

表 3-5　DTN-B 系列动态提取-浓缩机组故障原因及排除措施

| 故障 | 原因 | 排除措施 |
|---|---|---|
| 电机不启动；无声音 | 至少两根电源线断 | 检查接线 |
| 电机不启动；有嗡嗡声 | 一根接线断，电机转子堵转<br>叶轮故障<br>电机轴故障 | 必要时排空清洁泵，修正叶轮间隙<br>换叶轮<br>换轴承 |
| 电机开动时，电流断路器跳闸 | 绕组短路<br>电极过载<br>排气压力过高 | 检查电机绕组<br>降低工作液流量<br>减少工作液 |
| 消耗功率跳闸 | 产生沉淀 | 清洁，除掉沉淀 |
| 泵不能产生真空 | 无工作液<br>系统泄漏严重<br>旋转方向错 | 检查工作液<br>修复漏液处<br>更换两根导线改变旋转方向 |

| 故障 | 原因 | 排除措施 |
|---|---|---|
| 真空度太低 | 密封泄漏<br>二次气体温度过高<br>循环水温度过高（>25℃）<br>磨蚀<br>系统轻度泄漏<br>使用设备多泵太小 | 检查密封<br>加大冷却<br>换水降低水温<br>更换零件<br>修复泄漏处<br>换大一点的泵 |
| 尖锐噪声 | 产生气蚀<br>工作液量过高<br>汽水分离效果不好 | 链接气蚀保护件<br>检查工作液，降低流量<br>更换 |
| 泵泄漏 | 密封垫环 | 检查所有密封面 |

# 第四章　中药粉碎设备 ▷▷▷▷

粉碎是中药材前处理中的重要单元操作，粉碎质量的好坏直接关系到产品的质量和应用性能，而粉碎设备的选择是保证粉碎质量的重要条件。

## 第一节　粉碎的基本原理

粉碎是借助外力将大块固体物料粉碎成适宜碎块或细粉的操作过程。在中药制剂生产中，粉碎操作是药物原材料处理技术中的重要环节，粉碎技术直接关系到产品的质量和应用性能。产品颗粒大小的变化，将影响药品的时效性和即效性。对于一般药物，常需要粉碎成一定细度要求的粉末，以适应制备药剂及临床使用的需要。

### 一、粉碎的目的

粉碎的目的是便于提取、有利于药材中有效成分的浸出或溶出；有利于制备多种剂型，为制备各种药物剂型奠定基础，如散剂、冲剂、丸剂、片剂等剂型需以药粉或颗粒成型；便于调剂和服用，以适应多种给药途径的应用；增加药物的表面积，有利于药物溶解与吸收从而提高生物利用度。

### 二、粉碎的作用力

粉碎作用力包括截切、挤压、研磨、撞击（锤击、捣碎）、劈裂及锉削等，如图4-1所示。中药材常含有多种组织成分，粉碎时应依其具体情况和要求来进行。组织脆弱的，如叶、花、茎等易于粉碎，种子及木质较多部分则难粉碎，角质结构药材，如马钱子、犀角等最难粉碎，富含脂、油的药材，如脂、油为非特效成分时可在脱脂后再粉碎，如麦角等。实际应用的粉碎机往往是几种作用力的综合。

### 三、粉碎方法

制剂生产中应根据被粉碎物料的性质、产品粒度要求、物料多少等而采用不同的方法粉碎，主要有干法粉碎和湿法粉碎。

#### （一）干法粉碎

干法粉碎是把药物经过适当干燥处理（一般温度不超过80℃），使药物中水分含量降低至一定限度（一般应少于5%）再粉碎的方法。由于含有一定量的水分（一般为

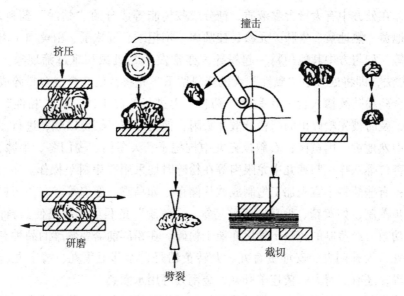

**图 4-1 粉碎的作用力示意图**

9%~16%）的中药材具有韧性，难以粉碎，因此，在粉碎前应依其特性加以适当干燥，容易吸潮的药物应避免在空气中吸潮，容易风化的药物应避免在干燥空气中失水。

**1. 单独粉碎** 单独粉碎是指一味药料单独进行粉碎处理。根据药料性质或使用要求，单独粉碎一般多用于贵重细料及刺激性药物；为了减少损耗和便于劳动保护的粉碎；为了安全、防止中毒和交叉污染而粉碎的毒性药材；易于引起爆炸的氧化性、还原性药物的粉碎，适宜单独处理的药物，如滑石粉、石膏等。

**2. 混合粉碎** 混合粉碎是指处方中的药料经过适当处理后，将全部或部分药料掺合在一起进行粉碎的方法。此法适用于处方中药味质地相似的群药粉碎，也可掺入一定比例的黏性油性药料，以避免这些药料单独粉碎困难，如熟地黄、当归、天冬、麦冬或杏仁、桃仁、柏子仁等。但掺入量在处方规定比例量大、粉碎机械性能适应不了时，也不能同时掺入，可用"串料""串油"等方法处理。由于，粉碎和混合两部分操作结合进行，故可节省工时。当前中药制剂需粉碎的药料多采用此法粉碎。

**3. 特殊处理** 中药原料质地差别甚大，但根据临床用药要求，有时将难以粉碎的药料，如含有大量油性、黏性成分的药料，或含有动物药如皮、肉、筋骨等，需另加处理，即中药上习惯术语为"串油""串料""蒸罐"等。

串油：在处方中有大量含油脂性药料，如核桃仁、黑芝麻、桃仁、杏仁、郁李仁、火麻仁、柏子仁、苏子、牛蒡子等。如与其他群药一起粉碎，虽也可粉碎，但有时要粘粉碎机并给过筛（罗）造成困难。这时便可采用"串油"方法，即将处方中"油性"大的药料留下，先将其他药料混合粉碎成细料，然后用此混合药粉陆续掺入含"油性"药料，再行粉碎1次。这样因先粉碎出的药粉可及时将油性吸收，降低黏性，使粉碎顺利进行。例如，桑麻丸、柏子养心丸中柏子仁、酸枣仁和五味子；麻仁丸中火麻仁、杏仁等在粉碎时均采用"串油"操作。

串料：在处方中有大量含黏液质、糖分或胶树脂等成分的"黏性"药料，如天冬、麦冬、生地黄、熟地黄、牛膝、元参、桂圆肉、枸杞子、五味子、山萸肉、肉苁蓉、黄精、玉竹等。如与方中其他药料一起粉碎，亦常发生黏机械和难过筛现象。故应采用"串料"方法，即将处方中"黏性"大的药料留下，先将其他药料混合粉碎成粗料，然后用此混合药粉陆续掺入含"含黏性"药料，再进行粉碎 1 次。其"黏性"物质在粉碎过程中，及时被先粉碎出的药粉分散并吸附，使粉碎与过筛得以顺利进行。例如，六味地黄丸中熟地黄、山萸肉；石斛夜光丸中枸杞子、天冬门、麦门冬、牛膝、生熟地、五味子、杏仁等八味；归脾丸中龙眼肉等在粉碎时均采用"串料"操作。

蒸罐：有些药料不宜先加工炮制成饮片储存，如乌鸡、鹿肉等；有些药料则需在入药前进一步蒸制，如黄精、地黄、何首乌等。"蒸罐"的目的主要是使药料由生变熟、增加温补功效，经蒸制的药料干燥后亦便于粉碎。在粉碎前需要蒸罐的品种有乌鸡白凤丸、全鹿丸、大补阴丸、安坤赞育丸、九转黄精丹、参茸卫生丸、清宁丸、滋补大力丸、签丸等，还有三肾丸、黄连羊肝丸、金钢丸等用水煮熟。

蒸罐或煮制一般是将处方中不需蒸煮的药料先粉碎成粗末，待需蒸煮的药料加工处理后，掺和一起再进行干燥。如有芳香性，即挥发性成分的药料分别粉碎后再混合。蒸罐操作，一般用铜罐或夹层不锈钢罐，先将较坚硬的药料放入底层，再将肉性等药料放于中层，最后放一些植物性药料。然后将黄酒或其他药汁等液体辅料倒入总量的 2/3，剩余的 1/3 第二次倒入，以免加热后酒液沸腾外溢。其蒸制时间因药料性质而定，一般为 16~48 小时，有的品种可蒸 96 小时，以液体辅料（黄酒或药汁）基本蒸尽为度。蒸制温度可达 100~105℃。

### （二）湿法粉碎

湿法粉碎是指在药料中加入适量较易除去的液体（如水或乙醇）共同研磨粉碎的方法，又称加液研磨法。液体的选用以药料润湿不膨胀、两者不起变化、不影响药效为原则，用量以能润湿药物成糊状为宜。此法粉碎度高，又能避免粉尘飞扬，对毒性药品及贵重药品有特殊意义，如樟脑、冰片、薄荷脑等，加入少量的挥发性液体（醇或水等），用乳锤以较轻力研磨使药物被研碎。另外，中药厂家在研麝香时常加入少量水，俗称"打潮"，尤其到剩下麝香渣时，"打湿"研磨更易研碎，也属"加液研磨法"。有些难溶于水的药物，如朱砂、珍珠、炉甘石、滑石等粉末要求细度高，常采用"水飞法"进行粉碎，是将药料先打成碎块，放入乳钵或球磨机中加入适量清水研磨，使细粉混悬于水中，然后将此混悬液倾出，余下的药料再加水反复研磨、倾出，直至全部研细为止。然后将研得的混悬液合并，沉降后倾去其上清液，再将湿粉干燥、研散，即得极细的粉末。此法适用于矿物药。易燃易爆药物采用此法粉碎较为安全。

### 四、中药材粉碎的特点与影响因素

**1. 中药材粉碎的特点**　通常根据粉碎产品的粒度分为破碎（大于 3mm）、磨碎（60μm~3mm）和超细磨碎（小于 60μm）。中药散剂、丸剂用药材粉末的粒径都属于磨碎范围，而浸提用药材的粉碎粒度则属于破碎范畴。

在粉碎过程中产生小于规定粒度下限的产品称为过粉碎。药材过粉碎并不一定能提高浸出速率，相反会使药材所含淀粉糊化，渣液分离困难，同时粉碎时能量损耗也大，因此应尽可能避免。各种破碎或磨碎设备的粉碎比互不相同，对于坚硬的药材，破碎机的粉碎比为3~10，磨碎机的粉碎比可达40~400以上。

**2. 影响因素**

（1）粉碎方法　研究表明，在相同条件下，采用湿法粉碎获得的产品较干法粉碎的产品粒度更细。显然，若最终产品以湿态使用，则用湿法粉碎较好。但若最终产品以干态使用时，湿法粉碎后须经干燥处理，但这一过程中，细粒往往易再聚结，导致产品粒度增大。

（2）粉碎时间　粉碎时间增长，产品更细，但研磨到一定时间后，产品细度几乎不再改变，故对于特定的产品及特定条件，有一最佳的粉碎时间。

（3）物料性质、进料速度及进料粒度　物料性质、进料速度及进料粒度对粉碎效果有明显影响。脆性物料、较韧性物料易被粉碎。进料粒度太大，不易喂料，导致生产能力下降；粒度太小，粉碎比减小，生产效率降低。进料速度过快，粉碎室内颗粒间的碰撞机会增多，使得颗粒与冲击元件之间的有效撞击作用减弱，同时物料在粉碎室内的滞留时间缩短，导致产品粒径增大。

# 第二节　粉碎机械

工业上使用的粉碎机种类很多，通常按施加的挤压、剪切、切断、冲击和研磨等破碎力进行分类；也可按粉碎机作用件的运动方式分为旋转、振动、搅拌、滚动式以及由流体引起的加速等；按操作方式有干磨、湿磨、间歇和连续操作。实际应用时，常按照破碎机、磨碎机和超细粉碎机三大类来分类。粉碎后的颗粒达到数厘米至数毫米以下；超细粉碎机能将1mm以下的颗粒粉碎至数微米以下。下面介绍几种常用的粉碎设备。

## 一、乳钵

乳钵亦称研钵，粉碎少量药物时常用乳钵进行，常见的有瓷制、玻璃制及玛瑙制等，以瓷制、玻璃制最为常用，如图4-2所示。瓷制乳钵内壁有一定的粗糙面，以加强研磨的效能，但易镶入药物而不易清洗。对于毒药或贵重药物的研磨，混合采用玻璃制乳钵较为适宜。用乳钵进行粉碎时，每次所加药料的量一般不超过乳钵容量的1/4。研磨时杵棒从乳钵的中心为起点，按螺旋方式逐渐向外围旋转移动扩至四壁，然后再逐渐返回中心，如此往复能提高研磨效率。

图4-2　乳钵

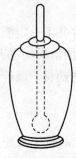

图 4-3 冲钵

## 二、冲钵

冲钵为最简单的撞击粉碎工具，小型者常用金属制成，为一带盖的铜冲钵，作捣碎小量药物之用，如图 4-3 所示。大型者则以石料制成，为机动冲钵，供捣碎大量药物之用，在适当高度位置装一凸轮接触板，用不停转动的板凸轮拨动，利用杵落下的冲击力进行捣碎。冲钵为一间歇性操作的粉碎工具。由于这种工具撞击频率低而不易生热，故用于粉碎含挥发油或芳香性药物。

## 三、球磨机

球磨机由圆柱形筒体、端盖、轴承和传动大齿圈、衬板等主要部件构成。筒体内装有直径为 25~150mm 的钢球（也称磨介或球荷），其装入量为整个筒体有效容积的 25%~45%。筒体两端有端盖，它们用法兰圈连接。筒体上固定着大齿轮，电动机通过联轴器和小齿轮带动大齿圈，使筒体缓慢转动。当筒体转动时，磨介随筒体上升至一定高度后呈抛物线或呈泻落下滑。物料从左方进入筒体，逐渐向右方扩散移动。在从左至右的运动过程中，物料遭到钢球的冲击、研磨而逐渐粉碎，最终从右方排出机外。筒体内钢球的数量决定了钢球同钢球及钢球同衬板之间的接触点多少，物料在接触点附近是粉碎的工作区。筒体内装有一定形状和材质的衬板（内衬），起到防止筒体遭受磨损和影响钢球运动规律的作用，形状较平滑的衬板产生较多的研磨作用，因此适用于细磨。凸起形的衬板对钢球产生推举作用强，抛射作用也强，而且对磨介和物料产生剧烈的搅动。经球磨机粉碎后的粗粒必须返回重新细磨。

**1. 球磨机种类**　球磨机种类按操作状态，可分为干法球磨机或湿法球磨机、间隙球磨机或连续球磨机；按筒体长径比，分为短球磨机（L/D<2）、中长球磨机（L/D＝3）和长球磨机（又称为管磨机，L/D>4）；按磨仓内装入的研磨介质种类，分为球磨机（研磨介质为钢球或钢）、棒磨机（具有 2~4 个仓）、石磨（研磨介质为砾石、卵石、磁球等）；按卸料方式，可分为尾端卸料式球磨机和中央式球磨机；按转动方式，可分为中央转动式球磨机和筒体大齿转动球磨机等。

**2. 磨介的运动规律**　球磨机筒体内装有许多小钢球等磨介。当筒体旋转时，在衬板与磨介之间及磨介相互间的摩擦力、推力和由于磨介旋转而产生的离心力的作用下，磨介随着筒体内壁往上运动一段距离，然后下落。磨介根据球磨机的直径、转速、衬板类型、筒体内磨介质总重量等因素，可以呈泻落式、抛物式、运动状态下降，也有可能呈离心式运动状态随筒体一起旋转，如图 4-4 所示。

（1）滑落　当衬板较光滑、钢球总重量小、筒体转速较低时，钢球随筒壁上升至较低的高度后，即沿筒体内壁向下滑动。引起在上升区各层磨介之间的相对运动称为滑落。转速和充填率越低，滑落现象越大，磨碎效果越差。

（2）泻落　当钢球总重量较大，即钢球充填率较高（达 40%~50%），且转速较高时，整体磨介随筒体升高至一定高度后，磨介一层层往下滑落，这种状态称为泻落。磨

滑落　　　　　　　泻落　　　　　　　离心下落

图4-4　磨介运动规律示意图

介朝下滑落时，对磨介间隙内的物料产生研磨作用，使物料粉碎。

（3）离心下落　当转速进一步提高，所产生的离心力使磨介停止抛射，整个磨介形成紧贴筒体内壁的圆环层，随着筒体内壁一起旋转，由于磨介与筒体内壁、磨介与磨介之间不再有相对运动，物料的粉碎作用停止，在实际生产中毫无意义，这种运动状态称为"离心状态"。

为达到最佳粉碎效果，转速通常为40～60rpm/min，钢球充填率一般占圆筒容积30%～35%，固体物料占总容积的30%～60%。

**3. 性能参数**　球磨机的主要性能参数有转速、磨介配比、生产能力和电机功率等。磨介充填率是指全部磨介的松容积占筒体内部有效容积的百分率，有时也称充填系数。湿法球磨机中，磨介充填率大致以40%为界限。当充填率为55%时，球磨机的生产能力为最大，但此时能耗也最大，溢流型球磨机的填充率取40%。干法磨碎时，在磨介之间的物料使磨介膨胀，物料受到磨介的阻碍而轴向流动性较差，故磨介的充填率通常为28%～35%。

**4. 球磨机的特点**　球磨机适应性强，生产能力大，能满足工业大生产需要；粉碎比大，粉碎物细度可根据需要进行调整；既能干法又能湿法作业，亦可将干燥和磨粉操作同时进行，对混合物的磨粉还有均化作用；系统封闭，可达到无菌要求；结构简单，运行可靠，易于维修。但同时亦存在着工作效率低、单位产量能耗大、机体笨重、噪声较大、需配备昂贵的大型减速装备等缺点。球磨机适用于粉碎结晶药物、脆性药物及非组织性中草药，如儿茶、五倍子、珍珠等。球磨机由于结构简单，不需特别管理，密封操作时粉尘可控，常用于毒性药物和贵重药物、吸湿性或刺激性强的药物，也可在无菌条件下进行药物的粉碎和混合，但此时生产能力低，能量消耗大，间歇操作时，加卸药料费时，且粉碎时间较长。

## 四、震动磨

### （一）结构和工作原理

振动磨是一种利用振动原理来进行固体物料粉碎的设备，能有效地进行细磨和超细磨。振动磨是由槽形或圆筒形磨体及装在磨体上的激振器（偏心重体）、支撑弹簧和驱动电机等部件组成。驱动电机通过绕性联轴器带动激振器中的偏心重块旋转，从而产生周期性的激振力，使磨机筒体在支撑弹簧上产生高频振动，机体获得了近似于圆的椭圆形运动轨迹。随着磨机筒体的振动，筒体内的研磨介质可获得三种运动：强烈的抛射运动，可将大块物料迅速破碎；高速自传运动（同向），对物料起研磨作用；慢速的公转运动，起物料均匀作用。磨机筒体振动时，研磨介质强烈地冲击和旋转，进入筒体的物料在研磨介质的冲击和研磨作用下被磨细，并随着料面的平衡逐渐向出料口运动，最后排出磨机筒体成为粉末产品。

振动磨按其振动特点分为惯性式和偏旋式振动磨两种，如图4-5所示。

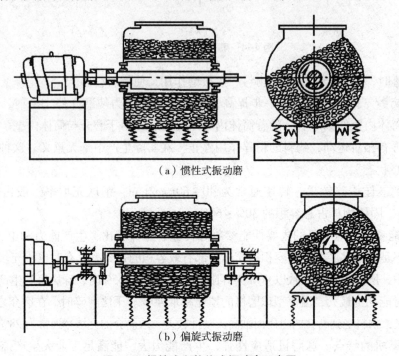

（a）惯性式振动磨

（b）偏旋式振动磨

**图4-5　惯性式和偏旋式振动磨示意图**

惯性式振动磨：是在主轴上装有不平衡物，当轴旋转时，由于不平衡所产生的惯性离心力使筒体发生振动；偏旋式振动磨是将筒体安装在偏心轴上，因偏心轴旋转而产生振动。按振动磨的筒体数目，可分为单筒式和多筒式振动磨；若按操作方式，振动磨可分为间歇式和连续式振动磨。

单筒惯性式间歇操作振动磨：研磨介质装在筒体内部，主轴水平穿入筒体，两端由轴承座支撑并装有不平衡重力的偏重飞轮，通过万向节、联轴器与电机连接。筒体通过支撑板依靠弹簧坐落在机座上。电机带动主轴旋转时，由于轴上的偏重飞轮产生离心力使筒体振动，强制筒内研磨介质高频振动。

双筒连续式振动磨：由上下串联的筒体靠支撑板连接在主轴上。物料由加料管加入上筒体进行粗磨，被磨碎物料通过连接送入下筒体，进一步研磨成合乎规格的细粉后，从出料管排出。为防止研磨介质与物料一起排出，排料管前端装有带空隔板。

研磨介质的材料有钢球、氧化铝球、不锈钢球及钢棒等，根据原料性质及产品粒径选择其材料和形状。为提高研磨效率，尽量选用大直径的研磨介质。对于粗磨采用球形，直径愈小，研磨成品愈细。

### （二）震动磨的特点

震动磨振动磨频率高，且采用直径小的研磨介质，研磨介质装填较多，研磨效率高；研磨成品粒径细，平均粒径可达2~3μm以下，粒径均匀，以得到较窄的粒度分布；可以实现研磨工序连续化，并且可以采用完全封闭式操作，改善操作环境，或充以惰性气体，可用于易燃、易爆、易氧化的固体物料的粉碎；粉碎温度易调节，磨筒外壁的夹套通入冷却水，通过调节冷却水的温度和流量控制粉碎温度，如需低温粉碎可通入冷却液；外形尺寸比球磨机小，占地面积小，操作方便，易于管理维修。但振动磨运转时产生噪声（90~120dB）大，需要采取隔音和消音等措施使之降低到90dB以下。

## 五、铁研船

铁研船由一船形槽与一具有中心轴柄的辗轮两部分所组成，是一种以研磨为主兼有切割作用的粉碎工具，如图4-6所示。

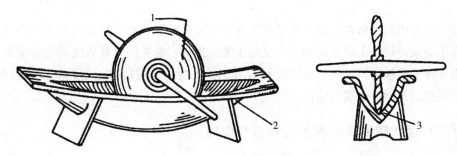

1. 碾轮；2. 船形槽；3. 铁研船横剖面示意图

**图4-6　铁研船示意图**

粉碎药物时，由于手工操作（即脚蹬）效率低、费力，可装配成电动研船，适用于粉碎质地松脆、不易吸湿及不与铁起作用的药物。粉碎前应将药材碎成适当的小块或薄片。

## 六、锤击式破碎机

### （一）工作原理与结构

锤式破碎机的主要工作部件为带有锤子（又称锤头）的转子。转子由主轴、圆盘、销轴及锤子组成。电动机带动转子在破碎腔内高速旋转。物料自上部给料口进入，受高速运动的锤子的打击、冲击、剪切、研磨作用而粉碎。转子下部设有筛板，粉碎物料中小于筛孔尺寸的粒级通过筛板排出，大于筛板尺寸的粗粒级阻留在筛板上继续受到锤子的打击和研磨，最后通过筛板排出机外。锤式破碎机的结构以单转子锤式破碎机为例说明，图4-7为单转子锤式破碎机结构示意图，分可逆式和不可逆式两种，转子的旋转方向如箭头所示。

图4-7（a）所示为可逆式，转子先按某一方向旋转，对物料进行破碎。该方向的衬板、筛板和锤子端部即受到磨损。磨损到一定程度后，使转子反方向旋转，此时破碎

机利用锤子的另一端及另一方的衬板和筛板工作，连续工作的寿命几乎可提高一倍。不可逆锤式破碎机的转子只能向一个方向旋转，当锤子端部磨损到一定程度后，必须停车调换锤子的方向（转180°）或更换新的锤子，不可逆锤式破碎机结构示意如图4-7（b）所示。

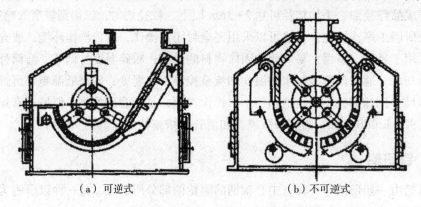

（a）可逆式　　　　　　　　　（b）不可逆式

图4-7　单转子锤式破碎机结构示意图

锤式破碎机的规格是以锤子外缘直径及转子工作长度表示。转子通常由多个转盘组成。锤子是破碎机的主要工作构件，又是主要磨损件，通常用高锰钢或其他合金钢等制造。由于锤子前端磨损较快，通常设计时考虑锤头磨损后应能够上下调头或前后调头，或头部采用堆焊耐磨金属的结构。

## （二）锤式破碎机的种类、特点与应用

锤式破碎机类型很多，按结构特征可分类如下：按转子数目，分为单转子和双转子；按转子回转方向，分为可逆式（转子可朝两个方向旋转）和不可逆式；按锤子排数，分为单排式（锤子安装在同一回转平面上）和多排式（锤子分布在几个回转平面上）；按锤子在转子上的连接方式，分为固定锤子和活动锤子。固定锤子主要用于软质物料的细碎和粉碎。

锤式破碎机的特点是破碎比大通常为10~50、单位产品的能量消耗低、体积紧凑、构造简单并有很高的生产能力。由于锤子在工作中遭到磨损，使间隙增大，必须经常对筛条或研磨板进行调节，以保证破碎产品粒度符合要求。

锤式破碎机广泛用于破碎各种中硬度以下、磨蚀性弱的物料。锤式破碎机由于具有一定的混匀和自行清理作用，能够破坏含有水分及油质的有机物。这种破碎机适用于药剂、染料、化妆品、糖、碳块等多种物料的粉碎。

## 七、万能磨粉机

**1. 工作原理**　待粉碎物料由加料斗加入，依靠抖动装置以一定的速率连续进入粉碎室内，由固定扳中心轴向进入粉碎机，在粉碎室内有若干圈钢齿，当主轴高速运转时，活动齿套相对运转，由于高速旋转盘的离心作用，物料从中心部位被抛向外壁，同时在固定齿和活动齿之间相互冲击、摩擦、剪切及物料彼此间冲击碰撞等综合作用下，

获得粉碎，每排钢齿的数目由中心向圆周渐次增加，而齿间的距离渐次缩小，至员外围的钢齿既细密又靠得很近，物料所受冲击力越来越大（因为转盘外圈速度大于内圈速度），粉碎得越来越细，最后物料达到外壁，粉碎后物料由出料口进入集料袋，集料袋外面的灰尘经除尘器过滤后回收。粒度大小可通过更换不同孔径的筛网来获得。

**2. 结构**　万能磨粉机由进料斗、机架、粉碎室、除尘器四部分组成，如图4-8所示。主轴上装有活动齿盘，活动齿盘上装有三圈活动刀，在粉碎体内装一只固定齿盘，固定齿盘上装两圈带钢齿的固定齿圈，活动齿圈上的活动牙齿与固定齿圈相互交错排列。

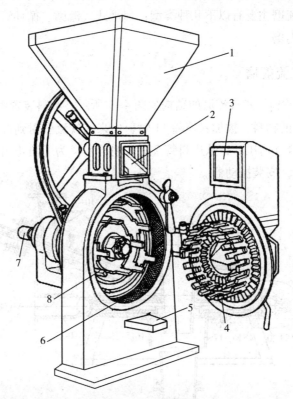

1. 加料斗；2. 抖动装置；3. 加料口；4/8. 带钢齿圆盘；5. 出粉口；6. 筛板；7. 水平轴

**图4-8　万能磨粉机示意图**

万能磨粉机因转盘高速旋转，零部件磨损较大，产热量也大，其钢齿常采用45号钢或其他硬质金属制备。同时还要保持整个机器处于良好的润滑状态。操作时应先关闭塞盖，开动机器空转，待高速转动时再加入需要粉碎的物料，以免阻塞于钢齿间，增加电机启动时的负荷。加入的药物大小应适宜，必要时预先切成块段。

**3. 特点**　万能磨粉机结构简单、坚固耐用、运转平稳、粉碎效果明显、维护方便。

**4. 应用**　适用于多种干物料的粉碎，如结晶性药物、非组织性的块状脆性药物以及干浸膏颗粒等。由于高速粉碎过程中会发热，不宜粉碎含有大量挥发性成分、热敏性和黏性药物。其生产能力一般为100~200kg/h，功率为0.74~5.88kW，成品的粉碎粒度为80~100目，因而广泛应用于常规片剂原料的粉碎。

## 八、流能磨

流能磨又称气流粉碎机、气流磨，它与其他粉碎设备不同，其粉碎的基本原理是利用高速气流喷出时形成的强烈多相紊流场，使其中的固体颗粒在自撞中或与冲击板、器壁撞击中发生变形、破碎，而最终获得粉碎。由于粉碎由气体完成，整个机器无活动部件，粉碎效率高，可以完成粒径在 $5\mu m$ 以下的粉碎，并具有粒度分布窄、颗粒表面光滑、颗粒形状规整、纯度高、活性大、分散性好等特点。

目前应用的气流磨主要有以下几种类型：扁平式气流磨、循环管式气流磨、对喷式气流磨、流化床对射磨。

### （一）扁平式流能磨

**1. 结构**　典型的扁平式气流磨的结构如图4-9所示。给料装置由图4-9中的7~11构成。进入料斗10的物料，被加料喷嘴11喷射出来的气流引射到混合扩散管8中，在此处物料与气流混合并增压后，从进料管7进入粉碎室。为了防止出现黏壁现象，在料斗10下部给料口处，安装振动器。

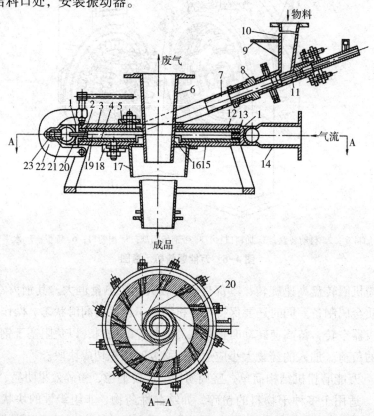

1. 粉碎室侧壁；2. 侧壁衬里；3. 上盖衬里；4. 下盖衬里；5、18. 压板；6. 废气排出管；7. 进料管；
8. 混合扩散管；9. 震动器支架；10. 料斗；11. 加料喷嘴；12. 上盖；13. 垫片面；14. 气流入口；15. 下盖；
16. 阻管；17. 成品收集器；19. 粉碎分级室；20. 气流喷嘴；21. 气流分配室；22. 弓形夹紧装置；23. 螺纹塞子

**图4-9　典型的扁平式气流磨结构示意图**

气流喷嘴20紧密地配合在粉碎室侧壁上相应的孔内。经入口14进入气流分配室21的气流，在自射压力作用下，通过喷嘴20，高速喷入粉碎分级室。为防磨损，在粉碎室侧壁上盖12和下盖15的内侧，分别衬有耐磨衬里2、3、4。

粉碎分级室是气流磨的关键部位之一。用数个弓形夹紧装置22，将上盖12和下盖15紧固在粉碎室侧壁1上，通过垫片13，形成一个密闭空间19（粉碎分级室）。使用弓形夹紧装置，使上盖成为快开式，有利于换料清理、消除堵塞和清除结痕等操作。

成品收集器17和废气排出管6是分别用压板18和5连接在上盖和下盖上。已粉碎的物料被分级主旋流运载到阻管16处，并通过16而轴向地进入成品收集器17中。从17出来的废气流，经中央废气排出管6排出。

**2. 工作原理** 扁平式气流磨如图4-10所示。

高压气体经入口5进入高压气体分配室1中。高压气体分配室1与粉碎分级室2之间，由若干个气流喷嘴3相连通。气体在自身高压作用下，强行通过喷嘴时产生高达每秒几百米甚至上千米的气流速度。这种通过喷嘴产生的高速强劲气流成为喷气流。待粉碎物料经过文丘里喷射式加料器4，进入粉碎分级室2的粉碎区时，在高速喷气流作用下发生粉碎。由于喷嘴与粉碎分级室2的相应半径成锐角 α，所以气流夹带着被粉碎的颗粒作回转运动，把粉碎合格的颗粒推倒粉碎分级室中心处，进入成品收集器7，较粗的颗粒由于离心力强于拽力，将继续停留在粉碎区。收集器实际上是一个旋风分离器，与普通旋风分离器不同的是夹带颗粒的气流是由其上口进入。物料颗粒沿着成品收集器7的内壁，螺旋形地下降到成品料斗8中，而废气流，夹带着约5%~15%的细颗粒，经排出管6排出，做进一步捕集回收。

研究表明，80%以上的颗粒是依靠颗粒的相互冲击碰撞粉碎的，只有不到20%的颗粒是由于与粉碎室内壁的冲击和摩擦而粉碎的。

气流粉碎的喷气流不但是粉碎的动力，也是实现分级的动力。高速旋转的主旋流，形成强大的离心力场，能将已粉碎的物料颗粒，按其大小进行分类，不仅分级粒度很细，而且效率也很高，从而保证了产品具有狭窄的粒度分布。

**3. 工作系统** 除主机外，还有加料斗、螺旋给料机、旋风集料器和袋式滤尘器。当采

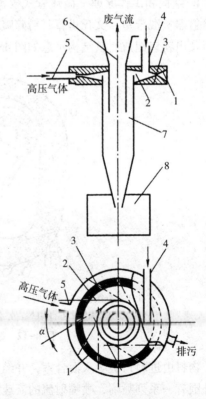

1. 高压气体分配室；2. 粉碎分级室；3. 气流喷嘴；
4. 喷射式加料器；5. 高压气体入口；
6. 废气流排出管；7. 成品收集器；8. 成品料斗

**图4-10 扁平式气流磨示意图**

用压缩空气动力时，进入气流磨的压缩空气，需经过净化、冷却、干燥处理，以保证粉碎产品的纯净。扁平式气流磨工艺流程如图 4-11 所示。

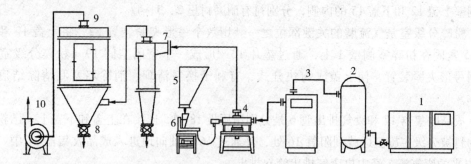

1. 空压机；2. 贮气泵；3. 空气冷冻干燥机；4. 气流磨；5. 料仓；6. 电磁振动加料器；
7. 旋风捕集器；8. 星形回转阀；9. 布袋捕集器；10. 引风机

**图 4-11　扁平式气流磨工艺流程图**

### （二）循环管式流能磨

**1. 结构和工作原理**　循环管式气流磨也称跑道式气流粉碎机。该机由进料管、加料喷射器、混合室、文丘里管、粉碎喷嘴、粉碎腔、一次及二次分级腔、上升管、回料通道及出料口组成。其结构示意如图 4-12 所示。

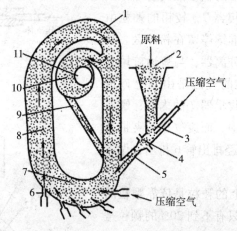

1. 1 次分级腔；2. 进料管；3. 混合室；4. 支管；5. 文丘里管；6. 粉碎喷嘴；
7. 粉碎腔；8. 上升管；9. 回料通道；10. 二次分级腔；11. 出料口

**图 4-12　循环管式流能磨示意图**

物料由进料口被吸入混合室，并经文丘里管射入 O 形环道下端的粉碎腔，在粉碎腔的外围有一系列喷嘴，喷嘴射流的流速很高，但各层断面射流的流速不相等，颗粒随各层射流运动，因而颗粒之间的流速也不相等，从而互相产生研磨和碰撞作用而粉碎。射流可粗略分为外层、中层、内层。外层射流的路程最长，在该处颗粒产生碰撞和研磨的作用最强。由喷嘴射入的射流，也首先作用于外层颗粒，使其粉碎，粉碎的微粉随气流经上升管导入一次分级腔。粗粒子由于有较大离心力，经下降管（回料通道）返回粉碎腔循环粉碎，细粒子随气流进入二次分级腔，粉碎好的物料从分级旋流中分出，由中心出口进入捕集系统而成为产品。

**2. 特点**  循环管式流能磨通过两次分级，产品较细，粒度分布范围较窄；采用防磨内层，提高气流磨的使用寿命，适应较硬物料的粉碎；在同一气耗条件下，处理能力较扁平式气流磨大；压缩空气绝热膨胀产生降温效应，使粉碎在低温下进行，尤其适用于低熔点、热敏性物料的粉碎；生产流程在密闭的管路中进行，无粉尘飞扬；能实现连续生产和自动化操作，在粉碎过程中还起到混合和分散的效果。

### （三）对喷流能磨

对喷式气流磨的结构原理如图 4-13 所示。两束载粒气流（或蒸气流）在粉碎室中心附近正面相撞，相撞角为 180°，物料随气流在相撞中实现自磨而粉碎，随后在气流带动向下运动，并进入上部设置的旋流分级区中。细料通过分级器中心排出，进入旋风分离器中进行捕集；粗料仍受较强离心力制约，沿分级器边缘向下运动，并进入垂直管路，与喷入的气流汇合，再次在磨腔中心与给料射流相撞，从而再次得到粉碎。如此周而复始，直至达到产品要求的粒度为止。

对喷式气流磨可提高颗粒的碰撞概率和碰撞速率（单位时间内的新生成面积）。试验证明，粉碎速率大约比单气流喷射磨高出 20 倍。

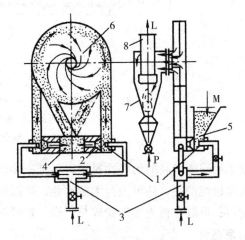

1. 喷嘴；2. 喷射泵；3. 压缩空气；4. 粉碎室；
5. 料仓；6. 旋流分级区；7. 旋风分离器；8. 滤尘器
L-气流；M-物料；P-产品

**图 4-13  对喷式气流磨示意图**

### （四）流化床对射磨

流化床对射磨的结构如图 4-14 所示。料仓内的物料经由加料器进入磨腔，由喷嘴进入磨腔的三束气流使磨腔中的物料床流态化，形成三股高速的两相流体，并在磨腔中心点附近交汇，产生激烈的冲击碰撞、摩擦而粉碎，然后在对接中心上方形成一种喷射状的向上运动的多相流体柱，把粉碎后的颗粒送入位于上部的分级转子，细粒从出口进入旋风分离器和过滤器捕集；粗粒在重力作用下又返回料床中再进行粉碎。

### （五）流能磨的特点

流能磨与机械式粉碎相比，气流粉碎有以下优点：粉碎强度大、产品粒度微细、颗粒规整、表面光滑；颗粒在高速旋转中分级，产品粒度分布窄，单一颗粒成分多；产品纯度高，由于粉碎室内无转动部件，颗粒靠互相撞击而粉碎，物料对室壁磨损极微，室

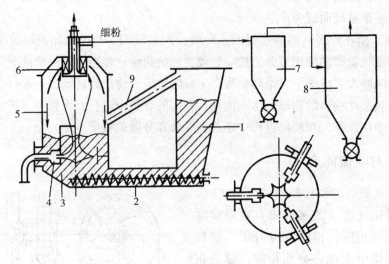

1. 料仓；2. 螺旋加料器；3. 物料床；4. 喷嘴；5. 磨腔；6. 分级转子；
7. 旋风分离器；8. 布袋收集器；9. 压力平衡器

**图 4-14　流化床对射磨示意图**

壁采用硬度极高的耐磨性衬里，可进一步防止产品污染；设备结构简单，易于清理，可获得极纯产品，还可进行无菌作业；可以粉碎坚硬物料；适用于粉碎热敏性及易燃易爆物料；可以在机内实现粉碎与干燥、粉碎与混合、粉碎与化学反应等联合作业；能量利用率高。

尽管气流粉碎有上述许多优点，但也存在着一些缺点：辅助设备多、一次性投资大；影响运行的因素多，操作不稳定；粉碎成本较高；噪声较大；粉碎系统堵塞时会发生倒料现象，喷出大量粉尘，恶化操作环境。

## 九、胶体磨

胶体磨又称分散磨，是由电动机通过皮带传动带动转齿（或称为转子）与相配的定齿（或称为定子）做相对的高速旋转，其中一个高速旋转，另一个静止，被加工物料通过本身的重量或外部压力（可由泵产生）加压产生向下的螺旋冲击力，透过定、转齿之间的间隙（间隙可调）时受到强大的剪切力、摩擦力、高频振动、高速旋涡等物理作用，使物料被有效地乳化、分散、均质和粉碎，达到物料超细粉碎的效果。

胶体磨是由磨头部件、底座转动部件和电动机三部分组成。图 4-15 是胶体磨的示意图。胶体磨具有操作方便、外形新颖、造型美观、密封良好、性能稳定、装修简单、环保节能、整洁卫生、体积小、效率高等优点。在制剂生产中，常用于制备混悬液、乳浊液、胶体溶液、糖浆剂、软膏剂及注射剂等。胶体磨属高精密机械，线速高达 20m/s，又磨盘间隙极小。检修后装回必须用百分表校正，壳体与主轴的同轴度误差≤0.05mm。

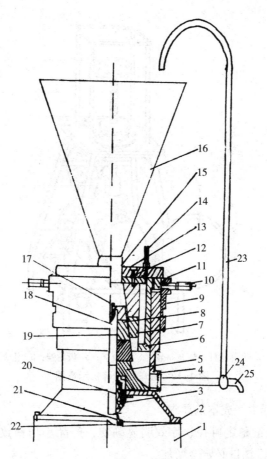

1. 电动机；2. 机座；3. 密封盖；4. 排料槽；5. 离心盘；6. 固定磨套；7. 定磨盘；8. 动磨盘；
9. 调节环；10. 调节手柄；11. 限定螺钉；12. 连接螺钉；13. 盖板；14. 冷却水管；15. 垫圈；
16. 进料斗；17. 中心螺钉；18. 主轴；19. 键；20. 机械密封；21. 甩油盘；22. 密封垫；
23. 循环管；24. 三通阀；25. 出料管

**图 4-15　胶体磨结构图**

## 十、羚羊角粉碎机

羚羊角粉碎机是锉削作用为主的粉碎机械，该机械由升降丝杆、皮带轮及齿轮锉组成。药料自加料筒装入固定，然后将齿轮锉安上，关好机盖，开动电机，转向皮带轮及皮带轮转动使丝杆下降，借丝杆的逐渐下推使被粉碎的药物与齿轮锉转动时，药物逐渐被锉削而粉碎，落入药粉接收器中，见图 4-16。

通过羚羊角粉碎机加工得到的产品可获得以下临床和社会效益。

1. 通过细胞级微粉碎，使药效成分充分释出，生物利用度高；在确保疗效的前提下，可以减少用药量；成品品质稳定可控。

2. 通过细胞级微粉碎，结合表面改性、粒子设计、复合化或精密包覆等应用技术工艺，为中药剂型改革朝着小型化、精致化和多样化方面发展提供了有效手段。

3. 通过细胞级微粉碎，可以提高药效（降低用药量）、简化生产工艺（减少用工和

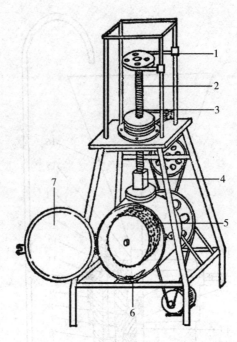

1. 滑动支架；2. 升降丝杆；3. 皮带轮；4. 加料筒；5. 齿轮锉；6. 滑动支架；7. 机盖

**图 4-16 羚羊角粉碎机示意图**

设备投入），达到降低生产成本的要求。

4. 由于成品的质量稳定可控、疗效明显确切，产品小巧精致、档次高，利润空间大而极具市场竞争力，销量必定会增加。

5. 通过改善成品品质、提高档次、降低成本和增加销量，使成品极具市场竞争力和高附加值，有效地降低了对细胞级微粉碎的成本，同时也降低了工艺和装备的投入风险，大大地缩短了投资回收期。

# 第三节 粉碎机械的选择与养护

中药粉碎质量的好坏，除与药物本身的性质、粉碎的方法等有关外，设备的选型是能否达到粉碎目的的最重要原因之一，中药粉碎机械的选择是非常重要的。

## 一、粉碎机械的选择

### （一）粉碎最终粒度与粉碎比

通常粉碎产品的粒级>5mm 为粉碎，<5mm 为磨碎，1~100μm 的为微粉碎。根据被粉碎原料及最终产品的粒级——粉碎比的大小确定采用何种粉碎、磨碎或微粉碎机械，或者确定是一级或多级粉碎。粉碎过程的级数是优化工艺的主要指标，一级粉碎所需的设备费用要少，但过大的粉碎比会急骤增加能耗，通常对一般性药材、辅料、浸膏首先

考虑一级粉碎，硬质或纤维韧性药材或大尺寸原料可考虑破碎—磨碎，对要求制得微粉时则可能考虑多级粉碎。

### （二）原料的性质

它包括破碎性、硬度、密度、胶质性、表面摩擦系数等。原料的粉碎性质与机器的处理能力和所需动力密切有关。如球磨机适用于中等硬度和磨蚀物料；射流磨适用于中等强度的脆性物料；锤式磨和万能磨粉机除黏性、纤维性、热敏性物料和磨蚀性物料外，几乎所有药物都适用；对具有黏性、纤维性、油脂性和热敏性等药物可采用含冷却的粉碎设备。总之必须根据被粉碎物料的性质，结合处理同类原料的实际效果和经验选择粉碎机，也可通过预试验，按比例放大计算或确定物料的功指数来决定所需粉碎设备。

### （三）原料的状态

原料的状态是指其湿度、温度等。不同干燥程度的同一原料，其破碎效率差异很大。如干式粉碎时，若湿度超过3%时则处理能力急剧下降，尤其是球磨机。

### （四）处理能力

处理能力是选用粉碎机的重要参数，不过处理能力与产品的尺寸有关，所以处理能力是指多大的原料被粉碎至多大尺寸时，单位时间内破碎吨数。制造厂家在样本上提出的破碎机的生产能力，大致是对某种代表性的原料在良好的条件下连续给料时的数据，虽可以作为依据，但在选定设备时，仍须要对实际上所处理原料的性质、状态及给料条件等加以考核，要保持必要的富余能力，对于中药生产企业，处理量一般属于中、小型，因此可选用的磨碎机很多。

### （五）药品生产的洁净度要求

粉碎机械应符合《药品生产质量管理规范》提出的要求，在防锈、密闭防尘等方面做出相应的处理。目前药品生产用粉碎机械大都采用不锈钢材料，在密闭防尘方面也有应对措施。

## 二、粉碎机械的验证与养护

### （一）粉碎设备的验证

粉碎设备的验证由以下四步组成。

**1. 设计确认**　针对本企业设定的目标，审查设计的合理性，看所选用的设备性能及设定的技术参数是否符合 GMP 的要求，是否符合产品、生产工艺、维修保养、清洗、消毒等方面的要求。

**2. 安装确认**　安装确认是对供应商所提供技术资料的核查，设备、备品备件的检查验收，以及设备的安装检查，即粉碎机安装质量是否符合工艺正常运行的基本条件，辅助设施的布置是否合理、安全、可靠等。通常包括以下内容：①技术资料检查归档：包括质量合格证、设备图纸、说明书等。②备品备件的验收：由验收人按照供应商提供的备品备件清单检查实物，将清单编号存档，将实物入库。③安装的检查与验收：由专人根据工艺流程、安装图纸检查实际安装情况，检查方便日后维修的条件，如是否预留了足够的维修空间。传送带、齿轮箱用的润滑油是否正确等。

**3. 运行确认**　按草拟的标准操作规程进行运行实验，俗称试车。检查设备是否达到设定的要求。对于粉碎机而言，重点检查粉碎机与物料接触部位是否用耐腐蚀和对产品无害的材料制造，能否方便清洁处理和维修保养，力求运行平稳、噪音低、操作时产生粉尘外泄少。

**4. 性能确认**　性能验证时应对加料速度进行确认，已达到物料在粉碎机内适宜停留时间，粉碎出粒径分布达到所要求的细粒子。通常用过筛率来验证粉碎后物料的粒度。

### （二）粉碎设备的养护

各种粉碎器械的性能均不同，应依其性能，结合被粉碎药物的性质与要求的粉碎度来灵活选用。在使用和保养粉碎机械时应注意以下几点。

1. 开机前应检查整机各紧固螺栓是否有松动，然后开机检查机器的空载启动、运行情况是否良好。

2. 高速运转的粉碎机开动后，待其转速稳定时再行加料。否则因药物先进入粉碎室后，机器难以启动，引起发热，甚至烧坏电动机。

3. 药物中不应夹杂硬物，以免卡塞，引起电动机发热或烧坏。粉碎前应对药物进行精选以除去夹杂的硬物。

4. 各种转动机构，如轴承、伞形齿轮等必须保持良好的润滑性，以保证机件的完好与正常运转。

5. 电动机及传动机构应用防护罩罩好，以保证安全。同时也应注意防尘、清洁与干燥。

6. 使用时不能超过电动机功率的负荷，以免启动困难、停车或烧毁。

7. 电源必须符合电动机的要求，使用前应注意检查。一切电气设备都应装接地线，确保安全。

8. 各种粉碎机在每次使用后，应检查机件是否完整，清洁内外各部，添加润滑油后罩好，必要时加以整修再行使用。

9. 粉碎刺激性和毒性药物时，必须特别注意劳动保护和安全操作。

# 第四节　典型设备规范操作

粉碎操作是固体制剂生产中药物原材料处理中的重要环节，粉碎技术直接影响产品的质量和临床效果。产品颗粒大小的变化，将影响药品的临床的时效性。在制药企业生产过程中粉碎机的种类也很多，通常构造分类有偏心旋转式、滚筒式、锤式、流能式等，实际应用时应根据被粉碎物料的性质、产品的粒度要求及粉碎设备的形式选择适宜的机器。在此，详细介绍几款工业生产中常用且典型设备的规范操作和应用。

## 一、粉碎设备

### （一）SF-130型锤片式粉碎机

SF-130 型锤片式粉碎机是制药、食品、化工、冶金等工业部门广泛应用的粉碎设备。该机是通过高速剪切、锤击在强气流的驱动下，经不锈钢筛网的过滤而得所需的粉粒，同时该设备还设有吸尘装置，可做到无粉末污染，还具有操作温度低、运转噪音小、效率高等特点，适用于粉碎化学物料、中药材等干燥的脆性物料。

**1. 工作原理** 本机采用冲击式粉碎方法，利用内部六只高速运转的活动锤体和四周固定齿圈的相对运动，使物料经锤齿冲撞、摩擦，彼此间冲击而获得粉碎。粉碎好的物料经旋转离心力作用，通过筛孔筛选后进入捕集袋。

**2. 结构特征** 本机的主要结构由机座、上机壳、转子、操作门、进料机构、筛网和出料机构组成。根据粉碎机主轴的安装形式，分为卧式和立式两种。该机的转子不同于机械设备中常见的内部无活动部件的转子，其执行粉碎的主要部件是锤片，它悬挂在均布于转子锤架板的销轴上的，锤片与销轴的连接方式属于铰链连接，各锤片可绕销轴自由转动。一般来说，不同用途、规格的锤片式粉碎机转子的销轴数有所不同，但为减少运转过程中的不平衡，一般均为偶数；另外，单根销轴上装配的锤片数量时常差别很大，但总的原则是，同一台粉碎机同一中心对称上的两根销轴上装配的锤片数量相同。

**3. 技术参数** SF-130 型锤片式粉碎机技术参数见表4-1。

表4-1 SF-130 型锤片式粉碎机技术参数

| 设备性能 | 技术参数 |
|---|---|
| 生产能力（kg/h） | 2~10 |
| 主轴转速（rpm/min） | 7000 |
| 粉碎细度（目） | 20~120 |
| 物料极限（mm） | 6 |
| 配用电机（V/kW） | 220 / 0.55 |
| 工作噪音（dB） | ≤85 |
| 外形尺寸（mm） | 680×440×920 |

**4. 设备特点** SF-130 型锤片粉碎机属连续投料式粉碎机械，其具有结构合理、运转平稳、操作简易、工作噪音低等特点，机器配有风冷装置，使机温降低，工作部分封闭在全不锈钢的机体内，高速运转达到药物卫生标准、损耗低等优点。产量从数千克到几十千克不等（视物料情况而定），所以非常适合中、小规模生产的使用者，现已广泛应用于科研院所、大专院校等行业。

**5. 操作方法** 本机为整台装箱，拆箱后，搬至适当位置，放置平稳，接通电源，即可试用。使用前应检查机件传动部分是否有松动和其他不正常现象，机器运转方向应与箭头所示方向一致。使用时先进行空载试验 1~2 分钟，待观察无异常现象方可投料，进料时应逐渐增大物流量，并随时观察电机耗电电源和运转情况，待加料与电源平衡运转正常后，固定下料闸板，进行工作。中途如因物料太潮，黏结性太大，影响出粉，应将物料烘干或更换较粗的筛板。更换筛板只需将前盖打开即可进行，安装前盖时应注意两边手轮松紧一致，保证前盖与机壳密封。停车前应先停止加料，让机器运转 5~20 分钟后再停车，以便减少残留物料。

**6. 维护保养** 定期检查轴承，更换高速黄油，以保证机器正常运转，要经常检查易损件，如有磨损严重现象要及时更换。机器使用时如发现主轴转速逐步减退，必须将电机向下调节，这样能使机器达到规定转速，发现异常应停机检查。开机时严禁金属物料流入机器内部，如铁钉、铁块等等。工作结束后，须清洗机器各部分的残留物料，停用时间较长必须擦净机器，用篷布罩好。

**7. 注意事项** 尽量缩小粉碎机锤片与齿板或筛片的间隙，粉碎机锤片与齿板或筛片的间隙越小，锤片撞击物料的频率越高，环流速度越慢，从而提高粉碎效率。采取辅助措施能有效提高粉碎机的工作效率，在粉碎工艺增设抽风系统，使物料更容易穿过筛孔，提高粉碎机的筛理效率，减少破碎环节的压力。

### （二）WKF 型粉碎机

WKF 型粉碎机适用于制药、化工、冶金、食品、建筑等行业。对坚硬难粉碎的物料进行加工，包括对塑料、中草药、橡胶等均可进行粉碎，也能作为微粉碎机、超微粉碎机加工前道工序的配套设备。它集粉室采用全封闭消音结构，可有效地减低工作噪音。机器中装存降温装置，使机温降低，工作更为平稳，本机电机转速 5000rpm/min。本机具有较强的耐磨耐腐蚀特点，适合加工高级及有腐蚀性的物料。本机采用冲击式破碎方法，物料进入粉碎室后，受到高速回转的六只活动锤体冲击，经齿圈和物料相互撞击而粉碎，被粉碎的物料在气流的帮助下，通过筛孔进入盛粉袋，不留残渣；具有效率高、低噪声、工作性能和产品质量可靠，操作安全，药物卫生和损耗小等优点。

**1. 工作原理** 物料从加料斗经抖动装置进入粉碎室，靠活动齿盘高速旋转产生的离心力由中心部位被甩向室壁，在活动齿盘与固定齿盘之间受钢齿的冲击、剪切、研磨及物料间的撞击作用而被粉碎，最后物料到达转盘外壁环状空间，细粒经外形筛板由底部出料，粗粉在机内重复粉碎。

**2. 结构特征** WKF 型粉碎机由机座、电机、加料斗、粉碎室、固定齿盘、活动齿盘、环形筛板、抖动装量、出料口等组成。固定齿盘与活动齿盘呈不等径同心圆排列，对物料起粉碎作用。在粉碎过程中会产生大量粉尘，故设备一般都配有粉料收集和除尘装置。WKF 型粉碎机利用活动齿盘和固定齿盘间的高速相对运动，使被粉碎物经齿冲击、摩擦及物料彼此间冲击等综合作用获得粉碎。结构简单、坚固、运转平稳、粉碎效果良好，被粉碎物可直接由主机磨腔中排出、粒度大小通过更换不同孔径的网筛获得。

因为主要还是应用在食品、医药、化工领域，故大多数型号的万能粉碎机为全不锈钢结构。近几年随着这类粉碎机的技术逐步成熟，基本改变了以前老式机型内壁粗糙、积粉的现象，使药品、食品、化工等生产更符合国家标准，达到 GMP 的要求。

**3. 技术参数**　WKF 系列粉碎机主要技术参数见表 4-2。

表 4-2　WKF 系列粉碎机主要技术参数

| 设备性能 | 型号 | | |
|---|---|---|---|
| | WKF-130 | WKF-250 | WKF-320 |
| 进料粒度（mm） | ≤50 | ≤70 | ≤100 |
| 出料粒度（mm） | 1.5~20 | 1.5~20 | 1.5~20 |
| 主轴速度（rpm/min） | 1100 | 950 | 850 |
| 功率（kW） | 4 | 5.5 | 7.5 |
| 产量（kg） | 30~100 | 40~200 | 80~400 |

**4. 设备安装**

（1）固定齿盘卸下，只要卸去螺栓即可。

（2）拆卸轴承，首先打开机腔，卸去旋转齿盘或旋刀，取去迷宫和中心轴承盖，然后卸去外端皮带轮及轴承盖，由此分别将轴向两端推出卸去两端轴承和轴。

（3）在安装时轴腔衬套油孔仍保住对准油眼。

（4）安装筛网时，应将筛圈紧贴机腔内肩槽内。否则关门时易损坏筛圈。

（5）制作筛圈，筛网展开长度应根据筛圈内肩尺寸制作。如果筛网损坏应向生产厂家配做。

（6）安装筛网时，两件筛圈合拼时对准记号然后将筛网按入内筛圈，如筛网过紧，可将筛网向内弯曲按入后，然后再向外推即可。

**5. 操作方法**

（1）准备工作　检查设备是否挂有"清洁合格证"；检查配电箱台面，物料及辅助工具是否已定位摆放；检查主机皮带松紧度是否正常，防护罩是否牢固；检查机架、主机仓门锁定螺丝；检查机电底脚等紧固件是否牢固。

（2）检查集料带安装是否正确牢固　用手转动主轴时，观察主轴活动是否灵活、无阻碍，如有明显卡滞现象，应查明原因，清除阻碍物；搬合控制配置电源电箱开关。点动起动机和吸尘电机，确认电机旋转方向与箭头方向是否一致。

（3）运行操作　按动除尘机组启动按钮，除尘机启动运行。待风机运行平稳后，按动粉碎主机启动按钮，主机启动运行。电机启动后，空载运行约 2 分钟，观察主机、吸尘风机空载运行稳定后，可投料。将待粉碎物料投入料斗内堆放，调整进料阀门大小，依靠机器自身震动，使物料按设定速度定量送进粉碎锅内。主电机负荷应控制在额定值内工作（本机主电机额定功率为 5.5kW），视物料性质、粉碎细度及下料速度适当调整供料进给量，避免发生闷车事故，保证主机在额定工作状态下工作。

（4）停机操作　粉碎工作结束后，关闭进料调节阀门，停止向粉碎仓内供料。停止送料后，整机继续运行约 2 分钟，确定集料桶内无粉料进入后，按动主机停止运行。

**6. 维护保养** 使用前应检查机器所有紧固螺钉须全部拧紧；用手转动主轴时应无卡阻现象，主轴活动自如；开车前必须先检查主机腔内有无杂物；主轴旋转方向必须符合防护罩上指示箭头方向，以防主轴固定螺母松动；物料粉碎前必须先经检查，不允许有金属等杂物混入，以免活动齿、固定齿和筛圈损坏或引起燃烧等意外事故；主轴每周注入适当的润滑油；每月检查活动齿的固定螺母须无松动；每月检查上下皮带轮须在同一平面内，皮带张紧度适中；每月检查电气部分的完整性；每年清洗、润滑轴承，如磨损应及时更换，所用润滑脂为黄油；测试电机绝缘度，保证绝对安全。工作结束应及时做好设备使用和维护保养记录。

**7. 注意事项** 使用前，先检查设备所有紧固件是否拧紧，皮带是否张紧；主轴运转方向必须符合防护置上所示箭头方向，否则将损坏粉碎机，并可能造成人身伤害；检查电器是否完整，检查粉碎机粉碎室内有无金属等硬性杂物，否则会打坏刀具，影响粉碎机运转；物料在粉碎前一定要检查纯度，不允许有金属硬杂物等混入，以免打坏刀具或引起燃烧等事故；粉碎机上的油杯应经常注入润滑油，保证粉碎机正常运转；停机前停止加料，如不继续使用，一定要将机盖连接手柄拧紧，避免事故发生。

**8. 故障排除**

(1) 电机转子与粉碎机转子不同心　可左、右移动电机的位置，或在电机底脚下面加垫，以调整两转子的同心度。原有的平衡被破坏：电机修理后须做动平衡试验，以保证整体平衡。

(2) 转子上其他零件重量不平衡　主轴弯曲：主轴弯曲时会造成机身倾斜，造成运行时强烈震动。校正主轴或更换新主轴及其他零件。

(3) 粉碎机转子不同心　其原因是支掌转子轴的 2 个支承面不在同一个平面内。可在支承轴承座底面垫铜片，或在轴承底部增加可调的楔铁，保证 2 个轴承同心。

(4) 粉碎室部分振动较大　其原因是联轴器与转子的联接不同心或转子内部的平锤片质（重）量不均匀。可根据不同类型的联轴器，采取相应的方法凋整联轴器与电机的联接；当锤头质量不均时，须重新选配每组锤头，使相对称的锤头误差小于5g。

(5) 锤头折断或粉碎室内有硬杂物　这些都会造成转子转动的不平衡，从而引起整机振动。因此，要定期检查，对于磨损严重的锤片头。在更换时，粉碎机内所有的锤头一起换面掉头要对称更换；粉碎机运转中出现的不正常声音，要马上停机检查，查找原因及时排除。锤头不够灵活：锤头卡得太紧，在运行时没有甩开也会造成机身强烈震动。停机后，用手转动锤头，使锤头转动灵活。

(6) 粉碎机系统与其他设备的连接不吻合　例如进料管、出料管等联接不当，会引起振动和噪声变大。因此，这些连接部不宜采用硬连接，最好采用软连接。

(7) 粉碎机系统的地脚螺栓松动或基础不牢　在安装或维修时，要均匀地紧固地脚螺栓，在地脚基础和粉碎机之间，要装减震装置，减轻振动。

(8) 轴承座高低不平　2 个轴承座高低不平，或电机转子与粉碎机转子不同心，会使轴承受到额外负荷的冲击，从而引起轴承过热。出现这种情况，要马上停机排除故障，以避免轴承早期损坏。轴承间隙超过极限或损坏：解决办法是更换新的轴承。

（9）润滑油问题　轴承内润滑油过多、过少或老化也是引起轴承过热而损坏的主要原因。因此，要按照使用说明书要求按时定量地加注润滑油，延长其使用寿命。一般润滑占轴承空间的 70%~80%，过多或过少都不利于轴承润滑和热传递。

（10）轴承盖与轴的配合过紧　轴承与轴的配合过紧或过松也会引轴承过热。一旦发生这种问题，在设备运转中，就会发出摩擦声响及明显的摆动。应停机拆下轴承，修整摩擦部位，然后按要求重新装配。

（11）进料速度过快　进料速度过快，负荷增大，造成堵塞。在进料过程中，要随时注意电流表指针偏转角度，如果超过额定电流，表明电机超载，长时间过载会烧坏电机。出现这种情况应立即减小或关闭料门，也可以改变进料的方式，通过增加喂料器来控制进料量。喂料器有手动、自动两种，用户应根据实际情况选择合适的喂料器。由于粉碎机转速高、负荷大，并且负荷的波动性较强。所以，粉碎机工作时的电流一般控制在额定电流的 85% 左右。

（12）出料管道不畅　出料管道堵塞，或进料过快，或与输送设备匹配不当使出料管道风减弱或无风，都会使粉碎机风口堵塞。查出故障后，应先清通堵塞，然后变更不匹配的输送设备，调整进料量，使设备正常运行。

（13）零件损坏　锤片断、老化，筛网孔封闭、破烂，粉碎的物料含水量过高都会使粉碎机堵塞。应定期更新折断和严重老化的锤片，保持粉碎机良好的工作状态，并定期检查筛网，粉碎的物料含水率应低于 14%，这样既可提高生产效率，又使粉碎机不堵塞，增强粉碎机工作的可靠性。

（14）底脚固定螺帽松动　这样会造成粉碎机运作时摇晃，造成强烈震动。解决办法是紧固螺帽。

## （三）MQW 系列气流式粉碎机

MQW 系列气流式粉碎机的粉碎机理决定了其适用范围广、成品细度高等特点，通过将气源部分的普通空气变更为氮气、二氧化碳气等惰性气体，可使本机成为惰性气体保护设备，适用于易燃易爆、易氧化等物料的粉碎分级加工。广泛应用于化工、矿物、冶金、磨料、陶瓷、耐火材料、医药、农药、食品、保健品、新材料等行业。

**1. 工作原理**　气流粉碎机与旋风分离器、除尘器、引风机组成一整套粉碎系统。压缩空气经过滤干燥后，通过拉瓦尔喷嘴高速喷射入粉碎腔，在多股高压气流的交汇点处物料被反复碰撞、摩擦、剪切而粉碎，粉碎后的物料在风机抽力作用下随上升气流运动至分级区，在高速旋转的分级涡轮产生的强大离心力作用下，使粗细物料分离，符合粒度要求的细颗粒通过分级轮进入旋风分离器和除尘器收集，粗颗粒下降至粉碎区继续粉碎。

**2. 设备特点**　本机内含卧式分级装置，定点切割准确，产品粒度为 2~45μm，可调，粒形好，粒度分布窄。低温无介质粉碎，尤其适合于热敏性、低熔点、含糖分及挥发性物料的粉碎。设备拆装清洗方便，内壁光滑无死角。整套系统密闭粉碎，粉尘少，噪音低，生产过程清洁环保。控制系统采用程序控制，操作简便。

**3. 技术参数**　MQW 系列气流式粉碎机技术参数见表 4-3。

表 4-3 **MQW 系列气流式粉碎机技术参数**

| 设备性能 | 型号 | | | | | | | | |
|---|---|---|---|---|---|---|---|---|---|
| | 03 | 06 | 10 | 20 | 40 | 60 | 120 | 160 | 240 |
| 入料粒度（mm） | <3 | <3 | <3 | <3 | <3 | <3 | <3 | <3 | <3 |
| 产品粒度（μm） | 2~45 | 2~45 | 2~45 | 5~45 | 5~45 | 5~45 | 5~45 | 5~45 | 5~45 |
| 生产能力（kg/h） | 2~30 | 30~200 | 50~500 | 100~1000 | 200~2500 | 500~3500 | 800~7500 | 1000~10000 | 1500~15000 |
| 空气耗量（m³/min） | 3 | 6 | 10 | 20 | 40 | 60 | 120 | 160 | 240 |
| 空气压力（MPa） | 0.7~0.85 | 0.7~0.85 | 0.7~0.85 | 0.7~0.85 | 0.7~0.85 | 0.7~0.85 | 0.7~0.85 | 0.7~0.85 | 0.7~0.85 |
| 装机功率（kW） | 21.8 | 42.5 | 85 | 147 | 282 | 415 | 800 | 1100 | 1600 |

**4. 操作方法**

（1）开机前的准备　接到生产指令后，准备好物料。对所有的管线、紧固螺栓、密封垫、主轴及仪表等进行检查，是否完好无损，是否正常和灵活。对现场进行整理，清除杂物。检查机壳、分离器中是否存在物料堆积现象，如有应清除积料。对输送管路及辅助设备进行检查，管路是否存在堵塞、漏气或者密封不好的情况，辅助设备是否完好，能否正常工作。查看轴承的润滑是否良好，是否润滑到位。

（2）开机　先启动电机，控制好启动时的电流和时间，从而让设备能够开始运转。当设备正常运转后，开始进行投料，投料量可以根据物料的性质，进行适当的调整。应做到均匀和连续喂料，不能忽大忽小，从而影响到粉碎机的分离效果，还容易使机器发生故障。在操作过程中，如果出现异常，那么应立即停车进行检查，排除故障后才能继续操作。

（3）停机　气流粉碎机停机和检查应停止喂料，等到粉碎机机壳内的物料被全部粉碎和分离好后，再关闭电机。再让机器空运行 3 分钟后，再按下停止按钮，停止机器。等到机器完全停止后，打开检查门，查看易损件的磨损情况。填写好相应的生产记录，对设备状态标志进行更新，以备下次开车使用。

**5. 维护保养**

（1）引风机的运行保养：每周清除风机内部灰尘，特别是叶片处积灰污垢。每月对轴承箱内加润滑油。在风机开车、停车、运转过程中，如果风机内部有异响或者机身振动大应立即停机检查。

（2）主机每 12 个月检查分级叶轮、螺旋加料器、粉碎喷嘴的磨损情况。粉碎物料 200~300 小时后，需清理黏附在喷嘴、磨腔内壁及分级轮上粉体，以防影响粉碎、分级效果。在脉冲阀正常工作 200~300 小时，必须清理过滤袋或调换。分级电机轴承润滑：当运转 2000 小时后，须适当加入二硫化钼润滑脂，油脂量不宜加入太多，否则会导致轴承温度升高。

（3）行星出料阀气流粉碎机运行过程中，如果发现异响时，应立即停机进行检查。每3个月清理1次叶轮与机体内仓。

（4）脉冲袋式除尘器的运行保养：电磁阀运行环境差，每3个月检查1次，并清洗除尘。每6个月检查滤袋的完好情况，并更换。引风机出气口如有跑灰现象，应检查滤袋是否脱离、破损。框架压板是否松动，密封垫是否老化，检查更换。脉冲控制仪和电磁阀在每天开机前检查能否正常工作。

（5）控制柜注意防尘，使用中把控制柜箱门关紧，防止粉尘进入。每半个月用气管吹扫清理尘埃，防止接触不良。

**6. 注意事项**

（1）气流粉碎机使用前应检查各部件的完整性、紧固件是否松动、开机前的准备工作是否做好、是否具备开机条件，在确认无误后方可开机运行。

（2）电箱及电机必须接地。

（3）在气流粉碎机运行时，严禁触摸各旋转部件，特别严禁将手伸入旋风器及除尘器配置的卸料阀下端的出料口处，以防事故的发生。

（4）如需对气流粉碎机进行维护及保养时，必须在切断电源及关闭气源的状态下进行，严禁带电、带气作业。

（5）叶轮的转速不能超过规定，否则会使温度过高，损坏叶轮和电机。

## 二、粉碎机组

40-B型万能粉碎机组是由粉碎机、旋风分离和脉冲除尘箱三部分组成，适用于医药、化工、食品等行业，适用于粉碎干燥的脆性物料，属于粉碎与吸尘为一体的新一代粉碎设备；不适用于软化点低、黏度大的物料的粉碎。

**1. 结构原理** 粉碎机主轴上装有活动齿盘，活动齿盘上装有三圈活动牙齿，门上装有固定齿盘，固定齿盘上装有两圈带钢齿的固定齿圈。活动齿盘上的活动牙齿与固定齿圈相互交错排列，当主轴高速运转时，活动齿盘也同时运转，物料抛进榔头间的间隙。当物料在与齿或物料彼此间的相互冲击、剪切、摩擦等综合作用力作用下，获得粉碎。成品经筛网过筛后，由粉碎室经筛网排出，进入捕集袋，粗料则继续粉碎。粉碎细度可用筛网调节。粉碎由吸尘箱经布袋过滤后回收利用。随过滤时间的增加，滤袋内表面黏附的粉尘也不断增加，滤袋阻力随之上升，从而影响除尘效果，采用自控清灰结构进行定时摇振清灰机构停机后自动摇振数十秒，使黏在滤袋内表的粉尘落到灰斗、抽屉或直接落到输送皮带上（脉冲控制通过设定脉冲控制阀喷射气流的时间来清除粉尘，在设备工作过程中也可同时进行）。生产过程中无粉尘飞扬，能改善工作条件，提高产品的利用率。

**2. 设备特点** 本机组与粉碎物料相接触的零件全部采用不锈钢材料制造，有良好的耐腐蚀性，机架四周全部封闭，便于清洗，机壳内壁全部精细加工，达到表面平整、光滑，使物料产品符合标准；风机部件采用通用标准风机，便于维修更换，并采用隔振设施，噪音小；滤料选用的是针刺毡圆筒滤袋，过滤效果好，使用寿命长；清灰机构采用电机带动连杆机构或脉冲气流除尘机构。电机带动连杆装置原理是电机带动连杆使滤袋抖动而清除滤袋内表面粉尘的方法，其控制装置分手控或自控两种，清灰时间由操作者自己决定。脉冲气流控制室由空压机产生压缩气体，储存在一个气包内，通过脉冲控制阀喷射出高速气流射向过滤袋筒，使滤筒外面黏附的灰尘抖落，从而达到清灰的目的。

**3. 技术参数**  40-B 型万能粉碎机组技术参数见表 4-4。

表 4-4  40-B 型万能粉碎机组技术参数表

| 设备性能 | 型号 | | | |
|---|---|---|---|---|
| | 20B | 30B | 40B | 60B |
| 生产能力（kg/h） | 30~150 | 100~300 | 100~800 | 200~1200 |
| 主电机功率（kW） | 4 | 5.5 | 7.5 | 11 |
| 主轴转速（rpm/min） | 4500 | 3800 | 3200 | 2500 |
| 进料粒度（mm） | <6 | <10 | <12 | <12 |
| 粉碎细度（目） | 20~120 | 20~120 | 20~120 | 20~120 |
| 重量（kg） | 220 | 320 | 450 | 600 |
| 外形尺寸（长×宽×高）（mm） | 1280×680×1660 | 1280×700×1660 | 1450×700×1800 | 1600×920×1890 |

**4. 操作方法**

（1）开机前检查  操作前检查粉碎机各部分是否存在故障：①检查安全装置（紧急按钮，限位开关）。②检查粉碎机料斗内有无异物，若有，需在电源关闭的情况下清除。戴好口罩、眼镜等防护装置。

（2）开机  确认无误后打开电源开关，开启风机电源；启动粉碎机，观察电流表，稳定后开始投料（电流为 50A）；投料要均匀，避免粉碎机超负荷运转，严禁工作电流超过 150A。

（3）关机  粉料完成后，先关闭电机电源；吸料结束，关闭风机电源。

**5. 维护保养**

（1）设备维护  凡装有油杯的地方，开车前应注入适当的润滑油，并检查旋转部分是否有足够的润滑油。检查一下机器所有紧固螺钉是否全部拧紧，尤其是应定期检查活动齿的固定螺母是否松动。检查上下皮带轮在同一平面内是否平行，皮带紧张是否适当。用手转动主轴时应无卡滞现象，主轴活动自如。检查电气的完整性，电器部分应可靠接地。主轴旋转方向必须符合防护罩上所示箭头方向，否则将损坏主机。开车前必须检查主机腔内有无铁屑等杂物。物料粉碎前必须经检查，不允许有金属等杂物。经上述检查完毕后才可开机，开机时，应先开吸尘风机，再开粉碎电机，关机时则相反。

（2）清洗方法  戴好工作手套，防止划伤，关掉电源和急停装置，用扳手拧松连接粉碎机上下之间的安装螺栓，松开手动螺盘，按顺序放置，打开电源，松开急停，打开液压开关，待液压指示灯亮起，将选择开关旋转至"开"，分别将筛网和料斗打开，用气枪清洗粉碎腔和筛网，确保活动部位之间的结合面清洗干净。清洗后，将选择开关旋转至"关"，分别将筛网和料斗关闭，关闭液压开关，按下急停，连接粉碎机上下之间的安装螺栓，按顺序装上手动螺盘，完成后，关闭设备电源。

**6. 注意事项** 本机必须安装于水平的地面上，校正水平面；在工作时不得随意打开机组电控箱盖，如需调整清灰时间，应在停机和断电情况下进行调整；根据粉尘性质和含尘浓度的大小，调定清灰时间。

### 三、超微粉碎机

超微粉碎机是利用空气分离、重压研磨、剪切的形式来实现干性物料超微粉碎的设备。以 CWF 系列超微粉碎机为例，叙述其使用、操作、注意事项等。

**1. 工作原理** 由机械粉碎和气体互相撞击，而达到成品之目的，被破碎的物料随气流进入分级区，由分级机分选出所需物料细度，未被选出的粗料再返回粉碎室继续粉碎，一直粉碎至所需细度，再通过分级机分选出去，携带细粉的气流送至旋风分离器，将细粉从气流中分离出来。

**2. 结构特征** CWF 超微粉碎机整套系统由料仓、机械粉碎机、引风机、旋风器、振动筛、液氮罐等组成，该深冷粉碎机系统以液氮为冷源，被粉碎物料通过冷却在低温下实现脆化易粉碎状态后，进入机械粉碎机腔体内通过叶轮高速旋转，在物料与叶片和齿盘、物料与物料之间的相互反复冲击、碰撞、剪切、摩擦等综合作用下，达到粉碎目的。被粉碎后的物料由气流筛分级机进行分级并收集。没有达到细度要求的物料返回料仓继续粉碎，冷气大部分返回料仓循环使用。

**3. 技术参数** CWF 系列超微粉碎机主要技术参数见表 4-5。

表 4-5 CWF 超微粉碎机主要技术参数

| 设备性能 | 型号 | | | |
|---|---|---|---|---|
| | CWF-30 | CWF-40 | CWF-50 | CWF-60 |
| 粉碎盘直径（mm） | 300 | 400 | 750 | 850 |
| 产能（kg/h） | 20~50 | 50~130 | 80~450 | 100~600 |
| 主电机（kW） | 18.5 | 37 | 90 | 110 |
| 风机电机（kW） | 5.5 | 11 | 18.5 | 25 |
| 分级电机（kW） | 1.5 | 3 | 4 | 5.5 |
| 喂料电机（kW） | 0.37 | 0.55 | 0.55 | 0.75 |
| 关风电机（kW） | 0.75 | 0.75 | 0.75 | 1.5 |
| 外形尺寸（mm） | 3600×1400×2900 | 5700×2000×4150 | 7800×2500×4900 | 9600×2800×5500 |

**4. 设备特点** CWF 超微粉碎机可以粉碎常温无法粉碎的物质；得到比常温粉碎更细的粉末；得到流动性好的粉末；可防止物质由于粉碎发热而变质，保持粉碎物的色、香、味及营养成分不变；可防止粉碎过程中的粉尘爆炸，降低噪音；粉碎机的粉碎能力高。该成套设备由液氮贮存系统、液氮控制系统、物料粉碎系统、操作控制系统和保冷系统等组成。

**5. 操作方法**

（1）打开上盖（顺时针关，逆时针开）。

（2）把干燥药物放入粉碎箱内。

（3）将上盖关紧。

（4）插上电源，打开定时器开关。

（5）当滚动的声音比较均匀时，说明药物已粉碎成粉，即可关机。

（6）打开上盖，倒出粉末。

**6. 维护保养**

（1）经常检查各部件的紧固情况，防止其松动脱落，损坏机器。各注油孔要经常加油，轴承部位每半年清洗加注 1 次锂基润滑脂。

（2）停机作业时，应将机器空转一段时间，吹净机内余料，再关机。

（3）机器停用时应清除机外杂物，对所有转动部位加注润滑脂，存放于空气干燥，无腐蚀气体的库房内。

**7. 注意事项**

（1）操作人员应站在喂料口侧面，手禁止伸入料口内，运转中和机器未停稳不得打开机盖。

（2）严禁负荷启动，当喂料口堵塞时，禁止用手或木棒强行喂入，应立即停机检查。工作时要适量均匀的喂料，如有半湿不干的物料最好晒干，或减少喂入量。

# 第五章　筛分与混合设备 ▷▷▷▷

筛分混合在药物制剂生产中应用非常广泛，它对药品的质量和制剂生产的顺利进行都有重要意义。药料在制药过程中，通常要经过粉碎，而粉碎后的粉末粗细不匀，为了适应要求，就必须对其进行分档，这种分档操作即为筛分。筛分后的粉末是要按一定比例与处方中其他成分进行混合，方才能组成某一固定的处方，提供给临床，为患者解除病痛。如在片剂生产中，对粉碎后的物料要进行分档、筛分，然后混合，才能完成制粒、压片等后续制药步骤。

## 第一节　筛分操作

筛分是借助于筛网工具将粒经大小不同的物料分为粒径较为均匀的两部分或两部分以上的操作。制药生产过程中使用的筛分设备通常有三种情况：①在清理工序中使用，其目的是为了使药材和杂质分开。②在粉碎工序中使用，其目的是将粉碎好的颗粒或粉末按粒度大小加以分等，以供制备各种剂型的需要；药材中各部分硬度不一，粉碎的难易不同，出粉有先有后，通过筛网后可使粗细不均匀的药粉得以混匀，粗渣得到分离，以利于再次粉碎。但应注意，由于较硬部分最后出筛，较易粉碎部分先行粉碎而率先出筛，所以过筛后的粉末应适当加以搅拌，才能保证药粉的均匀度，以保证用药的效果。③在制剂筛选中使用，其目的是将半成品或成品（如颗粒剂）按外形尺寸的大小进行分类，以便于进一步加工或得到均一大小尺寸的产品。

### 一、分离效率

制药原料，辅料种类繁多，性质差异甚大，尤其是复方制剂中常常将几种乃至几十种药料混合一起粉碎，所得药粉的粗细更难以均匀一致，要获得均匀一致的药料，就必须进行各药料间彼此的分离操作。

药料进行分散（离）操作时，可通过筛网工具来达到该目的，例如，通过孔径为 D 的筛网将物料分成粒径大于 D 及小于 D 的两部分，理想分离情况下两部分物料中的粒径各不相混。但由于固体粒子形态不规则，表面状态、密度等各不相同，实际上粒径较大的物料中残留有小粒子，粒径较小的物料中混入有大粒子，见图 5-1。

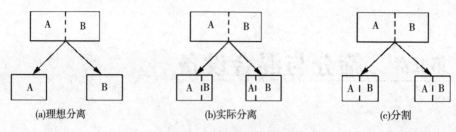

(a)理想分离    (b)实际分离    (c)分割

**图 5-1  分离程度示意图**

某物料过筛前是单峰型粒度分布曲线，经过筛后，分为细粒度分布曲线峰面积 A 和粗粒度分布曲线 B，见图 5-2（a）。图中横轴为粒径，纵轴为质量。在粒径 $D$ 及 $D+\Delta D$ 范围内 A、B 两份物料质量之和应等于分级前该粒径范围的质量。设对某一粒径范围在物料 A 中的质量为 $a$，在物料 B 中的质量 $b$，则在较粗物料 B 中该粒径的质量分数为 $b/(a+b)$。如仍以粒径为横轴，以各粒径在料 B 中的质量分数为纵轴作图，可得图 5-2（b）的曲线，该曲线称为部分分级效率曲线，$b/(a+b)$ 值称为部分分级效率。该曲线斜率越大，表明该分级设备的分离效果越高。理想分离情况下，该曲线为一垂直横轴的直线。

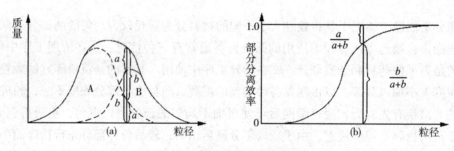

**图 5-2  粒子粒径分布示意图**

图 5-3 表示一筛选装置，进料量为 $F$，经筛选后得成品 $P$ 及筛余料 $R$，并设加料量 $F$（kg）；成品量 $P$（kg）；筛余料量 $R$（kg）；加料中有用成分质量分率 $x_F$（%）；成品中有用成分质量分率 $x_P$（%）；筛余料中有用成分质量分率 $x_R$（%）。

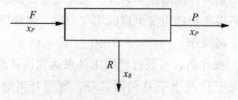

**图 5-3  筛选的物料平衡示意图**

由物料平衡得：

$$F=P+R \qquad\qquad （公式 5-1）$$

对物料中各料有用组分的平衡式：

$$Fx_F = Px_P + Rx_R \qquad (公式5-2)$$

为反映筛选操作及设备的优劣，根据式（5-1）及式（5-2）的物料衡算式，得出下述定义的计算式：

$$成品率 = \frac{P}{F} = \frac{x_P - x_R}{x_F - x_R} \qquad (公式5-3)$$

有用成分回收率 $\eta_P$：

$$\eta_P = \frac{Px_P}{Fx_F} = \frac{x_P \ (x_F - x_R)}{x_F \ (x_P - x_R)} \qquad (公式5-4)$$

无用成分残留率 $\eta_Q$：

$$\eta_Q = \frac{P \ (1-x_P)}{F \ (1-x_F)} = \frac{(1-x_P) \ (x_F - x_R)}{(1-x_F) \ (x_P - x_R)} \qquad (公式5-5)$$

无用成分去除率 $\eta_R$：

$$\eta_R = \frac{R \ (1-x_R)}{F \ (1-x_F)} = \frac{(x_F - x_P) \ (1-x_R)}{(x_R - x_P) \ (1-x_P)} = 1 - \eta_Q \qquad (公式5-6)$$

表达分离效率有两种方法，即牛顿分离效率 $\eta_N$ 及有效率 $\eta_E$，它们各自的定义如下：

$$\eta_N = \eta_P + \eta_R - 1 = \eta_P - \eta_Q \qquad (公式5-7)$$

$$\eta_E = \eta_P \cdot \eta_R \qquad (公式5-8)$$

理想分离时，分离效率为1，物料分割情况时，分离效率为0，在一般情况下分离效率应为0至1的数值，分离效率愈高，表明筛选设备效率愈高。

## 二、药筛的种类

药筛是指按《中国药典》规定，全国统一用于药剂生产的筛，或称标准筛。实际生产上常用工业筛，这类筛的选用应与药筛标准相近。药筛按制作方法可分为两种：一种为冲制筛（冲眼或模压），系在金属板上冲出一定形状的筛孔而成。其筛孔坚固，孔径不易变动，多用于高速运转粉碎机的筛板及药丸的筛选；另一种为编织筛，是用有一定机械强度的金属丝（如不锈钢丝、铜丝、铁丝等），或其他非金属丝（如人造丝、尼龙丝、绢丝、马尾丝等）编织而成。由于编织筛线易发生移位致使筛孔变形，故常将金属筛线交叉处牢固固定。根据国家标准 R40/3 系列。《中国药典》（2020 年版）按筛孔内径规定了 9 种筛号。表 5-1 列出我国与外国药典筛的比较。

表 5-1 中国药典筛与国外常见药筛的比较

| 中国药典（2020 年版） | | 相当于外国药典、标准筛号 | | | 相当于工业筛目 |
|---|---|---|---|---|---|
| | | 日本（JP16） | 美国（USP42） | 欧洲（EP9） | |
| 筛号 | 筛孔内径（μm） | 筛号 | 筛号 | 筛号孔径（μm） | |
| 一号 | 2000±70 | 8.6 | 10 | 2000 | 10 |

续表

| 中国药典（2020 年版） | | 相当于外国药典、标准筛号 | | | 相当于工业筛目 |
|---|---|---|---|---|---|
| 筛号 | 筛孔内径（μm） | 日本（JP16）筛号 | 美国（USP42）筛号 | 欧洲（EP9）筛号孔径（μm） | |
| 二号 | 850±29 | 18 | 20 | 850 | 24 |
| 三号 | 355±13 | 42 | 45 | 355 | 50 |
| 四号 | 250±9.9 | 60 | 60 | 250 | 65 |
| 五号 | 180±7.6 | 83 | 80 | 180 | 80 |
| 六号 | 150±6.6 | 100 | 100 | 150 | 100 |
| 七号 | 125±5.8 | 119 | 120 | 125 | 120 |
| 八号 | 90±4.6 | 166 | 170 | 90 | 150 |
| 九号 | 75±4.1 | 200 | 200 | 75 | 200 |

在制药工业中，长期以来习惯用目数表示筛号和粉体粒度，如每时（25.4mm）有 100 个孔的筛称为 100 目筛，能够通过此筛的粉末称为 100 目粉。如果筛网的材质不同，或直径不同，目数就会出现不同，筛孔数必将引起差异。我国工业用筛大部分按五金公司铜丝箩底规格制定。

### 三、粉末的分等

由于药物使用的要求不同，各种制剂常需有不同的粉碎度，所以要控制粉末粗细的标准。粉末的等级是按通过相应规格的药筛而定的。《中国药典》规定了 6 种粉末的规格，如表 5-2 所示。粉末的分等是基于粉体粒度分布筛选的区段。如通过一号筛的粉末，不完全是近于 2mm 粒径的粉末，包括所有能通过二至九号筛甚至更细的粉粒在内。又如含纤维素多的粉末，有的微粒呈棒状，短径小于筛孔，而长径则超过筛孔，过筛时也能直立通过筛网。对于细粉是指能全部通过五号筛，并含能通过六号筛不少于 95% 的粉末，这在丸剂、片剂等不经提取加工的原生物粉末为剂型组分时，《中国药典》均要求用细粉，因此这类半成品的规格必须符合细粉的规定标准。

表 5-2 粉末的分等标准

| 等 级 | 分 等 标 准 |
|---|---|
| 最粗粉 | 指能全部通过一号筛，但混有能通过三号筛不超过 20% 的粉末 |
| 粗 粉 | 指能全部通过二号筛，但混有能通过四号筛不超过 40% 的粉末 |
| 中 粉 | 指能全部通过四号筛，但混有能通过五号筛不超过 60% 的粉末 |
| 细 粉 | 指能全部通过五号筛，但混有能通过六号筛不超过 95% 的粉末 |
| 最细粉 | 指能全部通过六号筛，但混有能通过七号筛不超过 95% 的粉末 |
| 极细粉 | 指能全部通过八号筛，但混有能通过九号筛不超过 95% 的粉末 |

### 四、筛分效果的影响因素

影响筛分效果的因素除了粉体的性质外，还与粉体微粒松散、流动性、含水分高低或含油脂多少等有关，同时还与筛分的设备有关。

**1. 振动与筛网运动速度** 粉体在存放过程中，由于表面能趋于降低，易形成粉块，因此过筛时需要不断地振动，才能提高效率。振动时微粒有滑动、滚动和跳动，其中跳动属于纵向运动最为有利。粉末在筛网上的运动速度不宜太快，也不宜太慢，否则也影响过筛效率。过筛也能使多组分的药粉起混合作用。

**2. 载荷** 粉体在筛网上的量应适宜，量太多或层太厚不利于接触界面的更新，量太小不利于充分发挥过筛效率。

**3. 其他** 微粒形状、表面粗糙、摩擦产生静电、引起堵塞等。

通常筛选设备所用筛网规格应按物料粒径选取。设 $D$ 为粒径、$L$ 为方形筛孔尺寸（边长）。一般，$D/L<0.75$ 的粒子容易通过筛网，$0.75<D/L<1$ 的粒子难以通过筛网，$1<D/L<1.5$ 的粒子很难通过筛网并易堵网，故对 $0.75<D/L<1.5$ 的粒子称为障碍粒子。

# 第二节 筛分设备

过筛设备的种类很多，可以根据对粉末细度的要求、粉末的性质和量来适当选用。通常是将不锈钢丝、铜丝、尼龙丝等编织的筛网，固定在圆形或长方形的金属圈或竹圈上。按照筛号大小依次叠成套（亦称套筛）。最粗号在顶上，其上面加盖，最细号在底下，套在接收器上，应用时可取所需要号数的药筛套在接收器上，上面用盖子盖好，用手摇动过筛。此法多用于小量生产，也适于筛剧毒性、刺激性或质轻的药粉，避免细粉飞扬。大批量的生产则需采用机械筛具来完成筛分作业。

## 一、振动平筛

振动平筛的基本结构，如图 5-4 所示。它是利用偏心轮对连杆所产生的往复运动而筛选粉末的机械装置。分散板是使粉末分散均匀，使药粉在网上停留时间可控的装置。振动平筛工作除有往复振动外，还有上下振动，提高了筛选效率。而且使粗粉最后到分散板右侧，并从粗粉口出来，以便继续粉碎后过筛或对粉末进行分级。振动平筛由于粉末在平筛上滑动，所以适合于筛选无黏性的植物或化学药物。由于振动平筛其机械系统密封好，故对剧毒药物、贵重药物、刺激性药物或易风化潮解的药物较为适宜。

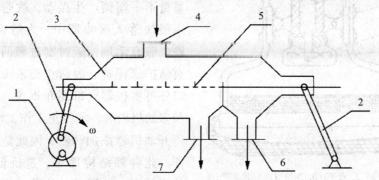

1. 偏心轮；2. 摇杆；3. 平筛箱壳；4. 进料口；5. 分散板筛网；6. 粗粉出料口；7. 细粉出料口

**图 5-4 振动平筛工作示意图**

## 二、圆形振动筛粉机

圆形振动筛粉机，如图5-5所示。其原理是利用在旋转轴上配置不平衡重锤或配置有棱角形状的凸轮使筛产生振动。电机的上轴及下轴各装有不平衡重锤，上轴穿过筛网并与其相连，筛框以弹簧支承于底座上，上部重锤使筛网发生水平圆周运动，下部重锤使筛网发生垂直方向运动，故筛网的振动方向具有三维性质。物料加在筛网中心部位，筛网上的粗料由排出口排出，筛分出的细料由下部出口排出。筛网直径一般为0.4~1.5m，每台可由1~3层筛网组成。

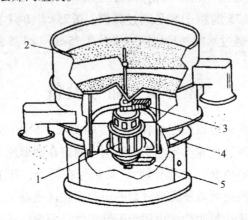

1. 电机；2. 筛网；3. 上部重锤；4. 弹簧；5. 下部重锤

图5-5　圆形振动筛粉机

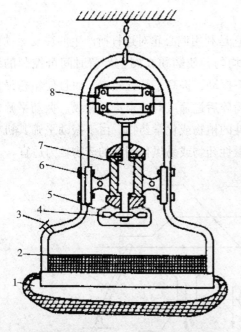

1. 接收器；2. 筛子；3. 加粉口；4. 偏重轮；
5. 保护罩；6. 轴座；7. 主轴；8. 电动机

图5-6　悬挂式偏重筛粉机

## 三、悬挂式偏重筛粉机

悬挂式偏重筛粉机如图5-6所示。筛粉机悬挂于弓形铁架上，是利用偏重轮转动时不平衡惯性而产生振动。操作时开动电动机，带动主轴，偏重轮即产生高速的旋转，由于偏重轮一侧有偏重铁，使两侧重量不平衡而产生振动，故通过筛网的粉末很快落入接收器中。为防止筛孔堵塞，筛内装有毛刷，随时刷过筛网。偏重轮处有防护罩保护。为防止粉末飞扬，除加料口外可将机器全部用布罩盖。当不能通过积多的粗粉时，需停止工作，将粗粉取出，再开动机器添加药粉，因此是间歇性的操作。此种筛结构简单、造价低、占地小、效率较高，适用于矿物药、化学药品和无显著黏性的药料。

### 四、电磁簸动筛粉机

电磁簸动筛粉机是由电磁铁、筛网架、弹簧接触器等组成，利用较高的频率（200 次/秒，与较小的幅度（振动幅度 3mm 以内）造成簸动。由于振动幅小、频率高，药粉在筛网上跳动，故能使粉粒散离，易于通过筛网，加强其过筛效率。此筛的原理是在筛网的一边装有电磁铁，另一边装有弹簧，当弹簧将筛拉紧时，接触器相互接触而通电，使电磁铁产生磁性而吸引衔铁，筛网向磁铁方向移动；此时接触器被拉脱而断了电流，电磁铁失去磁性，筛网又重新被弹簧拉回，接触器重新接触而引起第二次电磁吸引，如此连续不停而发生簸动作用。簸动筛具有较强的振荡性能，过筛效率较振动筛为高，能适应黏性较强的药粉，如含油或树脂的药粉。

### 五、电磁振动筛粉机

电磁振动筛粉机，如图 5-7 所示，该机的原理与电磁簸动筛粉机基本相同，其结构是筛的边框上支承着电磁振动装置，磁芯下端与筛网相连，操作时，由于磁芯的运动，故使筛网垂直方向运动。一般振动频率为 3000~3600 次/分，振幅为 0.5~1.0 mm。由于筛网系垂直方向运动，故筛网不易堵塞。

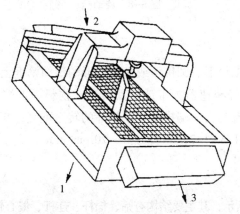

1. 细料出口；2. 加料口；3. 粗料出口

**图 5-7　电磁振动筛粉机**

### 六、旋动筛

旋动筛其结构，如图 5-8 所示。筛框一般为长方形或正方形，由偏心轴带动在水平面内绕轴心沿圆形轨迹旋动，回转速度为 150~260 rpm/min，回转半径为 32~60 mm。筛网具有一定的倾斜度，故当筛旋转时，筛网本身可产生高频振动。为防止堵网，在筛网底部网格内置有若干小球，利用小球撞击筛网底部亦可引起筛网的振动。旋动筛可连续操作，属连续操作设备。粗、细筛组分可分别自排出口排出。

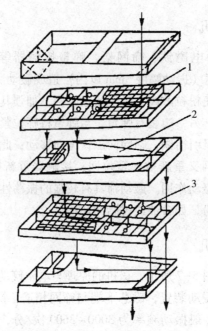

a. 筛内格栅；b. 筛内圆形轨迹旋面；c. 筛网内小球

图 5-8  旋动筛

## 七、滚筒筛

滚筒筛的筛网覆在圆筒形、圆锥形或六角柱形的滚筒筛框上，滚筒与水平面一般有 2~9° 的倾斜角，由电机经减速器等带动使其转动。物料由上端加入筒内，被筛过的细料由底部收集，粗料由筛的另一端排出。滚筒筛的转速不宜过高，以防物料随筛一起旋转，转速为临界转速的 1/3~1/2，一般为 15~20rpm/min。

## 八、摇动筛

摇动筛，如图 5-9 所示，其主要结构有筛、摇杆、连杆、偏心轮等，长方形筛水平或稍有倾斜地放置。操作时，利用偏心轮及连杆使其发生往复运动。筛框支承于摇杆或以绳索悬吊于框架上。物料加于筛网较高的一端，借筛的往复运动物料向较低的一端运动，细料通过筛网落于网下，粗料则在网的另一端排出。摇动筛的摇动幅度为 5~225 mm，摇动次数为 50~400 次/分。摇动筛所需功率较小，但维护费用较高，生产能力低，适用于小规模生产。

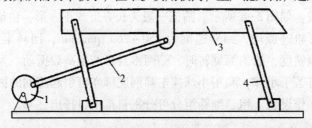

1. 偏心轮；2. 摇杆；3. 筛；4. 连杆

图 5-9  摇动筛

# 第三节　混合设备

混合机械种类很多，通常按混合容器转动与否，大体可分成不能转动的固定型混合机和可以转动的回转型混合机两类。

## 一、固定型混合机

**1. 槽形混合机**　槽形容器内部有螺旋形搅拌浆（有单浆、双浆之分），可将药物由外向中心集结，又将中心药物推向两端，以达到均匀混合，如图 5-10 所示。槽可绕水平轴转动，以便自槽内卸出药料。混合时间一般均可自动控制，槽内装料约占槽容积的 60%。

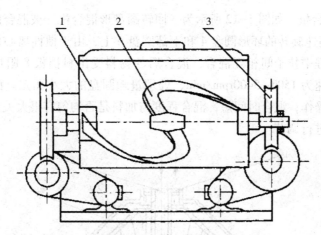

1. 混合槽；2. 搅拌浆；3. 蜗轮减速器

**图 5-10 单浆式槽形混合机**

槽形混合机搅拌效率较低，混合时间较长。另外，搅拌轴两端的密封件容易漏粉，影响产品质量和成品率。搅拌时粉尘外溢，既污染了环境，又对人体健康不利。但由于它价格低廉，操作简便，易于维修，对一般产品均匀度要求不高的药物，仍得到广泛应用。

**2. 双螺旋锥形混合机**　主要由锥形筒体 1 螺旋杆 5 转臂和传动部件 2 等组成，如图 5-11（a）所示。螺旋推进器的轴线与容器锥体的素线平行，其在容器内既有自转，又有公转。被混合的固体粒子在螺旋推进器的自转作用下，自底部上升，又在公转的作用下，在全容器内产生循环运动，短时间内即可混合均匀，一般 2~8 分钟可以达到最大混合程度。

双螺旋锥形混合机具有动力消耗小、混合效率高（比卧式搅拌机效率提高 3~5 倍）、容积比高（可达 60%~70%）等优点，对密度相差悬殊、混配比较大的物料混合尤为适宜。该设备无粉尘，易于清理。

为防止双螺旋锥形混合机混合某些物料时产生分离作用，还可以采用非对称双螺旋锥形混合机，如图 5-11（b）所示。

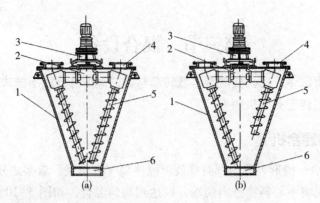

1. 锥形筒体；2. 传动部件；3. 减速器；4. 加料口；5. 螺旋杆；6. 出料口

**图5-11 双螺旋锥形混合机**

**3. 圆盘形混合机** 如图5-12所示为一回转圆盘形混合机。被混合的物料由加料口1和2分别加到高速旋转的环形圆盘4和下部圆盘6上，由于惯性离心作用，粒子被散开。在散开的过程中粒子间相互混合，混合后的物料受出料挡板8阻挡由出料口7排出。回转盘的转速为1500~5400rpm/min，处理量随圆盘的大小而定。此种混合机处理量较大，可连续操作，混合时间短，混合程度与加料是否均匀有很大关系，物料的混合比可通过加料器进行调节。

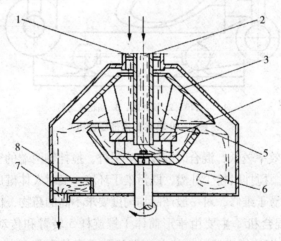

1、2. 加料口；3. 上锥形板；4. 环形圆盘；5. 混合区；6. 下部圆盘；7. 出料口；8. 出料挡板

**图5-12 回转圆盘形混合机**

## 二、回转型混合机

**1. V形混合机** V形混合机是由两个圆筒V形交叉结合而成，如图5-13所示。两个圆筒一长一短，圆口经盖封闭。圆筒的直径与长度之比一般为0.8左右，两圆筒的交角为80°左右，减小交角可提高混合程度。设备旋转时，可将筒内药物反复地分离与汇合，以达到混合。其最适宜转速为临界转速的30%~40%，最适宜容量比为30%，可在较短时间内混合均匀，是回转型混合机中混合效果较好的一种设备。

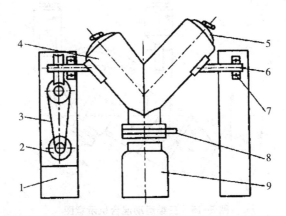

1. 机座；2. 电动机；3. 传动皮带；4. 容器；5. 盖；6. 旋转轴；7. 轴承；8. 出料口；9. 盛料器

**图 5-13 V 形混合机**

**2. 二维运动混合机** 二维运动型混合机在运转时，混合筒既转动，又摆动，同时筒内带有螺旋叶片，使筒中物料得以充分混合，如图 5-14 所示。该机具有混合迅速、混合量大、出料便捷等特点，尤其适用于大批量、每批可混合 250~2500kg 的固体物料。该机属于间歇式混合操作设备。

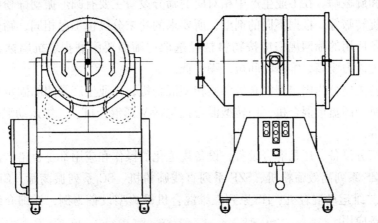

**图 5-14 二维运动混合机示意图**

**3. 三维运动混合机** 三维运动混合机是由机座、传动系统、电器控制系统、多向运行机构、混合筒等部件组成，如图 5 15 所示。其混合容器为两端锥形的圆筒，筒身被两个带有万向节的轴连接，其中一个为主动轴，另一个为从动轴，当主动轴转动时带动混合容器运动。该机利用三维摆动、平移转动和摇滚原理，产生强力的交替脉动，并且混合时产生的涡流具有变化的能量梯度，使物料在混合过程中加速流动和扩散，同时避免了一般混合机因离心力作用所产生的物料偏析和积聚现象，可以对不同密度和不同粒度的几种物料进行同时混合。三维运动混合机的均匀度可达 99.9% 以上，最佳填充率在 60% 左右，最大填充率可达 80%，大高于一般混合机，混合时间短，混合时无升温现象。该机亦属于间歇式混合操作设备。

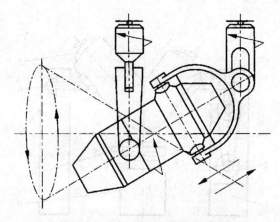

图 5-15 三维运动混合机示意图

# 第四节 典型设备规范操作

筛分是借助具有一定孔眼或缝隙的筛面，使物料颗粒在筛面上运动，不同大小颗粒的物料在不同的筛孔处落下，完成物料颗粒的分级，根据其分级方式的不同，可以大致分为振动筛和旋振筛。在工业生产中相对应的筛分设备主要有圆形振动筛粉机、电磁簸动筛粉机、旋转筛等，根据不同的剂型，所要求的粉末分级也不尽相同，筛分设备的选用原则：设备所用的筛网规格应按物料粒径选取；筛面要耐磨损、抗腐蚀、可靠性要好；单位处理能力要高，维修时间短，噪音低。

混合设备主要分为固定型混合机和回转型混合机，工业生产常用的固定型混合机包括槽型混合机和圆盘形混合机，回转型混合机包括 V 形混合机、二维运动混合机、三维运动混合机等。

无论是筛分设备，还是混合设备，设备规范化的操作和应用都是合格产品的重要保障，在此以 ZS 系列高效筛粉机、SZF 系列直线筛粉机、SC 系列振荡筛、CH 系列型混合机、EYH 二维运动混合机、HS 系列三维混合机等典型设备为例，详细介绍其规范操作流程和设备应用。

## 一、筛分机械

### （一）ZS 系列型高效筛粉机

ZS 系列型高效筛粉机是根据国外资料，克服以往筛粉用量不足而研制而成的大容量筛粉机，凡原料和筛子的接触部分，外封面均用不锈钢制造，适用于医药，食品、化工等行业的物料过筛之用。

**1. 工作原理** ZS 系列型高效筛粉机是由立式振动电机整机一体组成一个震荡系统。电机主轴上下两端均有偏心激振重块，与电机主轴固定不动。对特殊原料，难于过筛可适当加重偏心重块的重量，从而达到筛选不同原料的特性。此时，物料不但受到很大水平的离心作用力，而且还受到很大垂直方向的作用力，使物料形成复合运动，产生高效筛粉的效果。

**2. 设备特点**　ZS 系列型高效筛粉机是双层密闭式筛粉机（可根据用户需要定做多层密闭式筛粉机），用于连续去掉过大颗粒的物料筛选。ZS 系列型高效筛粉机由筛箱、传动激振装置、机座、底座四部分组成，本机可用单层或多层分级使用，结构紧凑，操作维修方便，运转平稳噪音低，处理物料量大，细度小，适应范围广。

**3. 技术参数**　ZS 系列型高效筛粉机技术参数见表 5-3。

表 5-3　ZS 系列型高效筛粉机技术参数

| 型号 | 生产能力（kg） | 振动频率次（分） | 过筛目数（目） | 功率（kW） | 外形尺寸（mm） | 重量（kg） |
| --- | --- | --- | --- | --- | --- | --- |
| ZS-800 | 200~2500 | 1500 | 12~200 | 0.75 | 868×1180 | 320 |
| ZS-1000 | 250~29000 | 1500 | 12~200 | 1.5kW | 1070×1180 | 430 |

**3. 设备安装**　筛粉机因振动较大应用底脚螺栓固定在水平地面上工作。在接上电源试车之前，要做一次彻底检查，各螺栓是否紧固，各零部件是否损坏。运转 100 小时后，机器上所有螺母、螺栓和紧固件都应彻底检查一遍，如有松动即要及时紧固。

**4. 操作方法**　筛粉机上下两偏心激振重块的激振力，经长期实验，基本确定一般情况下无须调整，为了满足特殊原料的筛粉要求和筛粉效果，适当加大偏心重块的重量，可提高该振动电机的激振力，增加平旋型园振动和微量上下摇摆振动。

**5. 注意事项**　不允许在未装筛子的情况下和未紧固的情况下开机；不允许超负载的情况下开机；不允许在机器运行时进行任意调节；筛粉机上的偏心块出厂时已调整到最佳角度，请勿任意调整。

## （二）SZF 系列直线筛粉机

筛粉机是筛分常备的设备，SZF 系列直线筛粉机的特点是筛面作高频、小振幅振动，使筛面上的物料发生离析；筛孔不易堵塞，筛分效率高，构造简单，重量较轻，耗电少。下面叙述其工作原理、结构特征、技术参数等。

**1. 工作原理**　本设备适用于筛分黏性或潮湿的物料，应用广泛；当原物料中含有黏土、淤泥或其他杂质时，还可在筛分机上用压力水冲洗，进行湿法筛分。SZF 系列直线筛粉机包括偏心环动筛、惯性振动筛、共振筛。

（1）偏心环动筛的振幅不随筛上物料的多少而改变，适用于第一道粗筛。筛孔尺寸一般为 13~100mm，可达 100~250mm，最大入料粒径可达 300mm。

（2）惯性振动筛有单轴的和双轴的，其振动系统的运动与物料重量和弹簧刚度有关，故筛面上物料的增减直接影响振幅大小，适用于供料量和粒径变化不大的场合，常用于第二道筛分。筛孔尺寸为 0.5~100mm，最大入料粒径为 100~500mm。

（3）共振筛的筛箱是在共振条件下工作的，只需供给克服筛分运动阻尼的能量就可连续工作，耗电较少，适用于中、细粒石料筛分。筛孔尺寸为 0.5~80mm，最大入料粒径为 100mm。

**2. 结构特征**　SZF 直线振动筛主要由筛箱、筛框、筛网、振动电机、电机台座、减震弹簧、支架等组成。

（1）筛箱　由数种厚度不同的钢板焊制而成，具有一定的强度和刚度，是筛机的主要组成部分。

（2）筛框　由松木或变形量较小的木材制成，主要用来保持筛网平整，达到正常筛分。

（3）筛网　有低碳钢、黄铜、青铜、不锈钢丝等数种筛网。

（4）振动电机使用　请按使用与维修方法说明书进行操作。

（5）电机台座　安装振动电机，使用前连接螺钉必须拧紧，特别是新筛机试用前 3 天必须反复紧固，以免松动造成事故。

（6）减振弹簧　阻止振动传给地面，同时支持筛箱的全部重量，安装时，弹簧必须垂直与地面。

（7）支架　由四个支柱和两个槽钢组成，支持着筛箱，安装时支柱必须垂直于地面，两支柱下面的槽钢应相互平行。

**3. 技术参数**　SZF 系列直线筛粉机主要技术参数见表 5-4。

表 5-4　SZF 系列直线筛粉机主要技术参数

| 设备性能 | 型号 | | | | | |
|---|---|---|---|---|---|---|
| | SZF-520 | SZF-525 | SZF-530 | SZF-1020 | SZF-1025 | SZF-1030 |
| 公称尺寸（mm） | 500×2000 | 500×2500 | 500×3000 | 1000×2000 | 1000×2500 | 1000×3000 |
| 物料粒度（mm） | 0.074~10 | 0.074~10 | 0.074~10 | 0.074~10 | 0.074~10 | 0.074~10 |
| 筛面倾角（°） | 0~7 | 0~7 | 0~7 | 0~7 | 0~7 | 0~7 |
| 层数（层） | 0~6 | 0~6 | 0~6 | 0~6 | 0~6 | 1~6 |
| 功率（kW） | 2×（0.4~0.75） | 2×（0.4~0.75） | 2×（0.4~0.75） | 2×（0.4~1.1） | 2×（0.4~1.1） | 2×（0.4~1.5） |

**4. 设备特点**

（1）效率特高，设计精巧耐用，任何粉类、黏液类均可适用。

（2）换网容易，操作简单，清洗方便。

（3）网目不阻塞，粉末不飞扬。

（4）杂质粗料自动排出，可以一贯化作业。

（5）体积小，不占空间，移动方便。

（6）无机械动作，不需保养，可单层使用。

（7）独特网架设计，筛网使用时间长，换网速度快只需 3~5 分钟。

（8）机械与原料接触部分是由不锈钢所制成。

（9）筛网最高可以达到 5 层。

**5. 操作方法**

（1）本机应装有电气保护装置。

（2）本机运行初期，每天至少检查地脚螺栓 1 次，防止松动。

（3）当电机旋转方向不符合要求时，调整电源相序即可。

（4）电机应保证润滑良好，每运行 2 周左右补充锂基润滑脂 1 次，加油时，通过油杯加入适量锂基润滑脂。当采用密封轴承时，电机没有安装油杯。

（5）本机累计运行 1500 小时后，应检查轴承，若有严重损伤时应立即更换。

（6）本机停置较长时间后再次使用时，应测量绝缘电阻，用 500 伏兆欧表测量，应大于 0.5 兆欧。

**6. 维护保养**　操作人员要严格按照产品使用说明的要求，正确使用设备，做好设备的清洁、润滑、紧固和防蚀等日常维护工作，使设备经常保持内外清洁、性能良好、安全可靠的状态。设备运行时要经常加油，每月加两次 3#锂基脂润滑油，检查振动电机有无异常声音和异常发热现象，电机轴承部分的温度极限比环境温度允许高 40℃，如不正常要加 3#锂基脂润滑油或更换轴承。在运行 1500 小时后应检查清洁油封、轴承，若有损伤时应立即更新；另外每 3 个月要进行 1 次小修和维护保养，6~12 个月进行 1 次大修，电机的拆装维修应由具有专业知识的技术人员操作。筛分设备在运行时要经常检查各紧固件有无松动，定期检查振动电机到电源开关的电缆线有无磨损（2~3 个月换 1 次振动电机引线），必要时更换电缆线，检查接地线是否良好，严禁电机缺相运转。

**7. 注意事项**　振动筛粉机与筛箱连接的螺栓为高强度螺栓，不允许用普通螺栓代替，必须定期检查紧固情况，最少每月检查 1 次。其中任意一个螺栓松动，也会导致其他螺栓剪断，引起振动筛粉机损坏。为了防止焊接引起的内应力，一般情况下不允许在现场对筛箱及任何辅助件进行焊接，必须焊接时，应由熟练的操作人员进行。筛箱运动轨迹与水平线成 45°，震振动筛的参振部分由 4 组支承装置支承，在激振力的作用下，物料在筛面上做连续斜上抛运动，物料在抛起时被松散。

### （三）SC 系列振荡筛

SC 系列振荡筛是制药、化工、食品、化妆品等工业粗细不等的粉状、颗粒物料连续过筛出料的理想设备。本机由料盘、振荡室、联轴器、机座等组成，可调节的偏心重锤随着驱动马达旋转，产生离心力，使物料在筛内形成轨道漩涡，从而达到需要的筛选效果。重锤调节器的振幅大小可根据不同物料和筛网进行调节。整机结构紧凑，运转平稳，不扬尘，噪声低，使用及维修方便。凡物料和筛子接触部位，均用不锈钢制造，适用于医药、食品化工、化妆品等工业的物料过筛。

**1. 工作原理**　SC 系列振荡筛，它是由电动机通过主轴间的橡胶绕性联轴器、主轴网端双偏心激振重块、悬吊筛箱和连接机座的"橡胶抗震架"三部分组成整个振荡系统。振动器与机架以非线性橡胶绕性连接，调整双偏心激振重块的不同的相位角，就能得到筛选不同物料的特性。那时，物料不但受水平的离心力作用，而且受到垂直方向力的作用，使物料形成复合运动轨迹，产生旋涡，相位角越大，旋涡越大。

**2. 结构特征与技术参数**　SC 系列型振荡筛，分为单层敞口式和双层密闭式两种，单层敞口式筛，即普通型过滤筛，用于大颗粒比例不多的物料筛旋；双层密封式筛，即涡旋型过滤筛，用于连续去掉过大颗粒的物料筛选。振荡筛的组成是由筛箱、传动、振动室、机座四部分组成。筛箱由筛框、筛网、筛网架、夹箍、迷宫式、密封圈及出料盘组成，筛子和出料盘是通过四只特殊的快开式夹头固定，装拆调换筛网，只需扳下四只快开式手柄，即可卸下筛箱中的全部零件，至复原装好，全过程只需 1~2 分钟，这种特殊的结构，对设备的操作、清洗，维护保养极为方便，这种筛箱可以适应固体或液体物料的过筛。出料盘的开口与水平夹角为 23°，具有出料容易、筛选能力大等优点。

**3. 技术参数** SC 系列振荡筛的主要技术参数见表 5-5。

表 5-5  SC 系列振荡筛的主要技术参数

| 设备性能 | 型号 | | | |
|---|---|---|---|---|
| | SC-350 | SC-515 | SC-650 | SC-800 |
| 生产能力（kg/h） | 60~500 | 100~1300 | 180~2000 | 240~3000 |
| 过筛目数（目） | 12~200 | 12~200 | 12~200 | 12~200 |
| 筛网直径（mm） | 200 | 400 | 500 | 800 |
| 功率（kW） | 0.55 | 0.75 | 1.5 | 2.0 |
| 外形尺寸（mm） | 540×540×1060 | 710×710×1290 | 880×880×1350 | 910×810×1590 |
| 净重（kg） | 100 | 180 | 250 | 300 |

**4. 设备安装** 机器在安装前，首先按照装箱单检查零部件是否齐全和损坏，其中振动器自出厂日起，若超过 6 个月时，必须重新拆洗和组装，并换上清洁的润滑油；按照安装图进行设备安装，其中支承底架必须水平安装在基础上，基础应有足够的刚度和强度，以支承振动筛的全部动负荷和静负荷；筛箱四角有吊耳，支承底架四角有起吊孔，按图要求进行吊运，不可直接挂在振动器上吊运整个筛子；确保筛箱与料斗、料槽（溜槽）等类非运动件之间应保持一定的吊运间隙；减振弹簧按自由高度进行选配，分别使前端或者后端的左右两侧弹簧自由高度尽量相等，误差不超过 5mm。筛箱安装后，筛面左右保持水平，否则，可在弹簧座与支承件间垫薄铁片。

**5. 操作方法** 开机后空运转 1 分钟左右，观察运行情况确定无异常后，即可加料进行过筛。保持连续不断的进料，但加料不宜过快。具体根据出料口的颗粒度调节，细粉太多时降低进料速度，细粉太少时适当提高进料速度。生产过程中要确保出料口出料及时无堵塞。生产结束后，先停止进料，待筛网上的物料基本处理完后再关闭旋振筛电源，清理设备上面的物料，清洁待用。

**6. 维护保养** 检查机体震动情况，检查各部螺栓，发现松动应及时处理。操作人员在生产时要时常关注旋振筛的运行声音。操作人员及维修工检查设备要运用看、摸、听的手段，看外表、摸温升、听声音，判断其是否正常，有隐患应及时报告。每班使用完后应将旋振筛内残留物清理干净，保持整机的整洁。每班检查筛网，出现破裂及时更换，以免有金属屑落入物料中。每月检查电控柜与主机接地线，确保接地良好不得有漏电现象的发生。每季度检查电机的连接，使之随时保持紧固状态。每年检查电动机轴承并为其加油，每年检查电机接线盒端子是否牢固。

**7. 注意事项** 生产中严禁在旋振筛上放置无关的物品，以免影响过筛效果。开机前，请先卸下底层筛圈（或卸下紧固锁），拆除因运输过程中防止弹簧变形固定用的三根螺杆与木头，并且检查电动机、联轴器、振动器的润滑情况。振动筛分机在振动状态下工作，因此，开机前应对各紧固件检查并紧固。在长期连续的作业中，各部件连接处或紧固件容易松动，伴随松动并产生噪音或机件损坏，严重时会引起螺钉掉入物料中，为此各部件及螺钉应定期检查并拧紧；接通电源时，电动机应按顺时针方向运转；振动筛为连续作业，宜连续进料，控制一定的流量，以保证筛分精度和产量；筛选干性物料，为防止潜漏或粉尘溢散，请在进料口或出料口装置连接软管或帆布套；浆液筛分或过滤一般选用单层双振动筛分机，通过缓冲器降压降速送至稳定的筛网中心，浆液的供应量要均匀可调，以免影响筛选效果，浆液量的减速降压控制办法建议采用溢流管的液位槽经阀门到缓冲器；在使用中如发现异常声音，应立即停机检查；加料结束后，请让机器继续运行 5 分钟左右，使筛网和筛底物料全部排干净，以免残余物料还潮，影响下次筛分，或因更换物料的品种、目数造成混料。筛分工作结束后，做好清洁。

**8. 故障排除**

（1）旋振筛运转时物料不自动排出　上下重锤夹角大于 90°，或上下重锤角度调反。

（2）旋振筛运转时有异常响声　检查束环螺丝是否松动，束环和筛框是否嵌合，检查冲孔板有无破裂，或是否放正在网架凹槽内，基座是否坚固耐用，当激振力过大而不稳定时应加固基座；或弹簧是否有断裂现象，电机固定螺栓是否有松动或损坏，机体与其他物体是否有接触。

（3）电机运转不正常或不运转　检查电源是否缺相或停电，检查电机线圈是否烧断，润滑油是否注入过多。

（4）筛网破损　物料直接撞击筛网面（物料粒度相差悬殊且物料之间比重相差大），如果有此种情况可加一层较粗的筛网作缓冲；或旋振筛的筛网没有拉紧。

## 二、混合设备

### （一）CH 系列型槽型混合机

槽型混合机是用以混合粉状或糊状的物料，使不同质物料混合均匀，属于卧式槽形单桨混合，搅拌桨为通轴式，便于清洗。与物体接触处全采用不锈钢制成，有良好的耐腐蚀性，混合槽可自动翻转倒料。以 CH 系列型槽型混合机为例，叙述其结构原理、设备特点、技术参数等。

**1. 结构原理**　槽形混合机是一种以机械方法对混合物料产生剪切力而达到混合目的的设备。槽形混合机由搅拌轴、混合室、驱动装置和机架等组成，搅拌轴为螺带状。根据螺带的个数和旋转方向，可将槽形混合机分为单螺带混合机和多螺带混合机。单螺带混合机螺带的旋转方向只有一个，双螺带混合机两根螺带的旋转方向是相反的。槽形混合机工作时，螺带表面推力带与其接触的物料沿螺旋方向移动。由于物料之间的相互摩擦作用，使得物料上下翻动，同时一部分物料也沿螺旋方向滑动，形成了螺带推力面一侧部分物料发生螺旋状的轴向移动，而螺带上部与四周的物料又补充到拖曳面，于是发生了螺带中心处物料与四周物料的位置更换，从而达到混合目的。槽形混合机结构简单，操作维修方便，因而得到广泛应用。但这类混合机的混合强度较小，所需混合时间较长。此外，当两种密度相差较大的物料相混时，密度大的物料易沉积于底部。因此这类混合机比较适合于密度相近物料的混合。

**2. 设备特点** 本设备为整机性机座，传动系统运转灵活、平稳，搅拌浆及物料接触的工作件均采用不锈钢制成，有良好的耐腐蚀性，能保持混合物料的质量，使之不污染、不变色。传动机构主要采用锅轮、锅杆、齿轮传动，使用时无过大噪音，并有足够的储油量，能得到良好的润滑，从而提高机器的使用寿命。本机用电器设备控制操纵，操作简便，采用自动点动倒料，减轻了操作者的劳动强度。

**3. 技术参数** CH 系列型混合机技术参数见表5-6。

表5-6 CH 系列型混合机技术参数

| 设备性能 | 型号 | | | |
|---|---|---|---|---|
| | CH-150 | CH-200 | CH-300 | CH-800 |
| 工作容积（L） | 150 | 200 | 300 | 800 |
| 搅拌浆转速（rpm/min） | 24 | 24 | 24 | 24 |
| 倒料角度（°） | 105 | 105 | 360 | 360 |
| 电机功率（kW） | 4 | 4 | 5.5 | 11 |
| 外形尺寸（mm） | 1700×600×1100 | 1800×700×1200 | 2000×680×1200 | 2000×1300×1000 |
| 机器净重（kg） | 500 | 650 | 750 | 1000 |

**4. 操作方法**

（1）操作前准备与检查 ①检查各转动部位润滑情况，检查机器内外表面是否干净清洁。②接通电源，空运转3~5圈，如无异常情况，停机待用。

（2）操作运行 ①检查机器各部件是否完好，空转试运行。②用75%乙醇将料槽及搅拌浆擦拭遍。③无异常响声、轴承档发热、减速器温度直降等不良情况，方可投入生产，并悬挂运行状态标志。④点动"上行"按钮，将槽式料桶调到最高位置。⑤将物料倒进桶内，按下"搅拌"按钮进行混合。混合机的搅拌浆在运行过程中，不要打开盖板用手接触，防止发生事故。⑥物料混合达到要求后，关掉"搅拌"按钮，点动"下行"按钮，使料桶适当倾斜，倒出其中物料。

**5. 关机** ①须停机时，按搅拌"停止"按钮。②工作完毕，关闭电源开关。③按设备清洁要求清洁设备。按《CH-200 槽型混合机清洁操作规程》（SOP-SC-218）进行设备清洗。

**6. 维护保养** ①变速箱润滑油每年更换1次，并清洗箱体。②轴承润滑脂一年清洗更换1次。③清洗设备时，切忌将水溅入电气设施和变速箱内。④操作过程中设备出现异常情况应迅速停机，待情况解除后再开始生产。

**7. 注意事项** ①使用前应进行1次空运转试车，在试车前先检查机器全部连接件的紧固程度，以及减速器内的润滑油油量和电器设备的完整性，然后闭合总开关，通入电源，进行空运转试车。②空运转试车应按本设备说明书的步骤及作用要求逐项试验。

如发现不正常的响声、轴承档高热、减速器温度直升等不良情况，不可投入生产。③搅拌桨装拆，在拆装中间连接螺母应使用专用工具，切不可敲撞，以免损坏零件，取下搅拌桨，按"上"时应注意平稳，不得硬敲撞，以免弄弯轴心。④在运转中如需铲刮槽壁物料，应用竹木工具，切不可用手，以免造成伤手事故。⑤在使用中如发现机器震动异常或发出不正常的怪声，应立即停车检查。

### （二）EYH 型二维混合机

EYH 型二维混合机适用于制药、食品、轻工、冶金等多种行业的干燥粉体、颗粒物料的高均匀度混合。

**1. 工作原理** 料筒转动由一台摆线电机带动链条转动，带动两根主动轴转动，主动轴两端各装有挂胶托轮一个，利用摩擦带动料筒转动。

**2. 结构特征** 本机主要由料筒、上机架（摇床）、下机架、转动机构、摇摆电动机和电器装置组成。转动机构选用摆线针轮减速机，位于上机架内，工作时，电动机通过链轮、链条带动主轴，再通过驱动轮使料筒旋转。摆动机构位于下机架内，选用蜗轮蜗杆或者摆线针轮减速机减速。

**3. 设备特点** 工作时，电动机通过皮带轮或者链轮传动给减速机，然后再通过链杆组件摇摆带动上机架，使料筒做一定角度的摆动。电器控制按钮与指示灯都装在机架右侧，转动与摇动分别有开、停及点控制。

**4. 操作方法**

（1）运行前检查 ①料筒内部是否洁净、干燥。②驱动轮部位有无夹带杂物。③挡轮座螺栓与筒盖螺栓是否紧固。

（2）空载试运行 ①检查料筒旋转方向，打开电源开关，电源指示灯亮。按"转动开"按钮，检查料筒混料的转向是否正确。指示左旋导向板的应是反时针转，指示右旋导向板的应是顺时针转，如转向不对，则需通知电工调换电机接线相序。②检查摆动和出料的点动控制是否有效。③检查2个（4个）挡轮是否着力均衡。④检查整机运动状况，如有不平稳或异常响声等不正常情况，应立即停车汇报，排除故障后方可投产。⑤打开进料口盖子上的接管卡箍，取下盲盖，装上抽料专用装置后卡紧。随后接上抽气和抽料软管，按"摆动、电动"按钮，将料筒进料口一段摆动到最高的位置，气动泵或真空泵抽料。进料量不能超过设备规定的装料容积和装料重量，进完料，卸去抽料装置，并将上盲盖紧。⑥定时：按照"JS"系列时间继电器使用说明书的说明，将混一批料的所需时间设定好。⑦混合：按"转动开"和"摆动开"按钮，料筒进行连续的转动和摆动，物料随之运动、混合。设定时间到设备运动时间停止。⑧卸料：按"摆动、点动"按钮，使料筒出料高于水平位置，打开出料口盖子，将接料桶放置在出料口相应的位置；再按"摆动、点动"按钮，使出料下降到适宜的位置；然后，按"出料开"按钮，物料自动卸出，待物料全部卸完，按"出料关"按钮，接着关掉总电源；⑨清洁设备，待用。

**5. 技术参数** EYH 型二维混合机技术参数见表 5-7。

表 5-7　EYH 型二维混合机技术参数

| 设备性能 | 技术参数 |
|---|---|
| 适用 (L) | 1000~10000 |
| 料筒容积 (L) | 10000 |
| 最大装料容积 (L) | 6000 |
| 最大装料重量 (kg) | 3000 |

**6. 维护保养**　料筒应避免硬物敲击,以防筒体变形而影响运转平稳。减速机定期加油,油位高应至油标居中位置。减速机初次运载 300 小时后,须进行第一次更换润滑油。更换时应去除残存污油,以后每隔 6 个月更换 1 次。

**7. 注意事项**　设备使用前,应进行空载试车,检查其运行是否正常。设备料筒容积 10000L,最大装料容积 6000L,最大装料重量 3000kg。设备操作按照电气控制箱上的文字说明。"摆动"与"出料"的停止按钮兼作点动作。凡是点动或改变料筒转向,必须先按"停止"按钮,避免过大引起电流。在关闭料筒盖时,应对称拧紧星形把手,尽量做到封闭均匀。设备运行时,在料筒摆动的方位,严禁站人。

**8. 故障排除**　EYH 型二维混合机故障排除方法见表 5-8。

表 5-8　EYH 型二维混合机故障排除方法

| 故障现象 | 可能原因 | 排除方法 |
|---|---|---|
| 筒盖处漏粉 | 密封条老化或损坏 | 更换密封条 |
|  | 星形把手用力不均 | 重新压紧,要对称,均匀用力 |
| 抽料速度太慢,甚至抽不动料 | 滤布阻塞 | 更换滤布 |
|  | 抽气系统有泄露或筒盖没盖紧 | 找出泄露点排除,盖紧筒盖 |
|  | 抽料管插入料筒太深 | 不要把抽料管口全埋在料内,要让其有进气余地 |
| 料筒挡轮圈与上机架面板产生摩擦 | 橡胶驱动轮磨损已达极限 | 更换橡胶轮 |
| 每次转动起始,上机架面板下有响声 | 传动链条太松 | 移动减速机,调整链条松紧 |
| 摆动不稳定 | 摇臂连接处、连杆连接处螺栓松动 | 加弹簧垫圈紧固 |
|  | 减速机地脚螺栓松动 | 紧固 |
| 转动不稳定 | 驱动挡轮座轮圈擦边 | 调动减速机,调整链条松紧 |
| 有异常响声 | 有轴承损坏 | 检查各部位轴承,更换已损坏轴承 |
|  | 局部松动 | 查看连接处和紧固部位 |

## (三) HS-系列三维摆动混合机

三维运动混合机利用独特的三角摆动平移转动及摇滚的原理,产生一股强力的交替脉冲运动,使不同质的物料得到充分快速混合,是目前制药、化工、食品等行业生产的主流混合设备。该机能非常均匀混合流动性能好的粉状或颗粒状的物料,使混合的物料达到最佳效果。

**1. 工作原理** HS系列三维摆动混合机工作原理与传统的回转式混合机不尽相同，它在立方体三维空间上做独特的平移、转动、摇滚运动，使物料在混合筒内处于"旋转流动-平移-颠倒落体"等复杂的运动状态，即所谓的三向复合运动状态；产生一股交替脉冲，连续不断地推动物料，运动产生的湍动则有变化的能量梯度，从而使被混合的物料中各质点具有不同的运动状态，各质点在频繁的运动扩散中不断地改变自己所处的位置，产生了满意的混合效果。

物料混合中最忌讳的有两点：一是混合运动中离心力的存在，它能使不同密度的被混合物料产生偏析；二是被混合物料成团块状和积聚运动，使物料不能有效的扩散掺和。三维运动混合机的运动状态克服了上述弊病。装料的筒体在主动轴的带动下，进行平行移动、摇滚等复合运动，促使物料随着筒体做环向、径向和轴向的三向复合运动，从而使多种物料在相互流动、扩散、掺杂，以达到高均匀混合的目的。

**2. 结构特征** 由机座、驱动系统、三维运动机构、混合筒及电器控制系统等部分组成，与物料直接接触的混合筒采用优质不锈钢材料制造，筒体内壁经精密抛光，为使混料筒能在立体三维空间做复杂的平动、转动、摇滚运动，该机设计有独特的主动、从动双轴及二轴端三维运动摇臂结构；从动轴做柔性设计，使该机运动更加灵活、轻便、调试、维修更加方便。混料筒置于两个空间交叉又互相垂直，分别由三维运动摇臂连接的主、从动轴之间，混料筒由筒身、正锥台进料端、偏心锥台出料端、进料口及出料装置组成。

混料筒采用优质不锈钢精制，其内壁及外壁经抛光处理。筒体气密性好，平面光洁无死角、无残留、易清洗。进料口采用卡箍式法兰密封，操作方便、气密性好；出料采用独特设计的新型锥台，不对称设计更利于物料的均匀混合，放料时，出料口处于混合容器的最低位置，可以将物料放尽。

**3. 设备特点**

（1）由于混合筒体具有多方向的运动，使筒体内的物料混合点多，混合效果显著，其混合均匀度要高于一般混合机的均匀度，药物含量的均匀度误差要低于一般混合机。同时HS系列三维摆动混合机最大量容积比一般混合机最大容积为大，一般混合机最大容积通常为筒体全容积的40%，而HS系列三维摆动混合机最大量容积可达85%。

（2）HS系列三维摆动混合机的混合筒设计独特，机体内壁经过精密抛光处理，无死角，不污染物料，出料时物料在自重作用下顺利出料，不留剩余料，具有不污染、易出料、不积料易清洗等优点。

（3）物料在密闭状态下进行混合，对工作环境不会产生污染。

（4）高度低，回转空间小，占地面积少。

（5）振动小，噪音低，工位随意可调，安装维修方便，使用寿命长。

**4. 技术参数** HS系列三维摆动混合机技术参数见表5-9。

表 5-9  HS 系列三维摆动混合机技术参数

| 设备性能 | 型号 | | | |
|---|---|---|---|---|
| | HS-100 | HS-200 | HS-300 | HS-400 |
| 总容量（L） | 100 | 200 | 300 | 400 |
| 工作容积（L） | 50~60 | 100~120 | 150~180 | 200~240 |
| 料筒转数（rpm/min） | 0~12 | 0~12 | 0~11 | 0~11 |
| 电机功率（kW） | 1.5 | 2.2 | 3.0 | 3.0 |
| 电压（V） | 380 | 380 | 380 | 380 |
| 外形尺寸（mm） | 1030×1210×1500 | 1550×1510×1500 | 1550×1510×1500 | 1550×1510×1500 |
| 机器重量（kg） | 400 | 600 | 700 | 800 |

**5. 操作方法**　本机为整体设备，操作方便，运抵工作现场后，使用胶板垫平，然后固定，接通电源（本机三相四线 380V 带工作零线），打开该机后上门，再打开机体内电控箱内空气开关此时设备以供电，然后应检查各部紧固件有无松动现象。确认无误时，应空机启动运转，但要注意启动前应先将变频器调速旋钮回转至零处，再按启动按钮，再慢慢旋转调速旋钮，来提高料筒适合的工作转数即可。

**6. 注意事项**　应经常检查各紧固件有无松动现象，经常使用还要经常观察和倾听各部轴承转动是否正常，启动按钮，再慢慢旋转调速旋钮，切记不可突然加快，以免损坏设备或造成其他的意外事故。轴承部分应在 3~6 月更换润滑油。

**7. 故障排除**　本机在正常的工作时不会出现其他意外情况，应经常检查各紧固件有无松动现象，如有松动应及时紧固，经常使用还要经常观察和倾听各部轴承转动是否正常，出现异常应及时拆开查看有无磨损严重和损坏现象，发现应及时处理。

# 第六章  分离设备 ▷▷▷

分离是利用化学技术、现代分离技术、工程学等原理对目标成分的提取分离过程进行研究，建立适合于工业化生产的提取分离方法，是研究制药工业中分离与纯化的工程技术学科。中药有效成分往往需要从复杂的均相或非均相体系中提取出来，然后通过分离和去除杂质以达到提纯和精制的目的。同时化学合成或生物合成后的产物中，除药物成分以外，常存在大量的杂质及未反应的原料，因此必须通过各种分离手段，将未反应的原料分离后重新利用，或将无用或有害的杂质去除，以确保药物成分的纯度和杂质或含量符合制剂加工的要求。

对于中药而言，第一阶段得到的粗提物含有大量溶剂、无效成分或杂质，传统的工艺一般都需要通过浓缩、沉淀、萃取、离子交换、结晶、干燥等多个纯化步骤才能将溶剂和杂质分离出去，使最终获得的中药原料药产品的纯度和杂质含量符合制剂加工的要求。又如，对生物发酵所得产品的下游加工过程，由于发酵液是非牛顿型流体，生物活性物质对温度、酸碱度的敏感性等这些特点形成药物分离过程的特殊性。就原料药生产的成本而言，分离纯化处理步骤多、要求严，其费用占产品生产总成本的比例一般为50%~70%。化学合成药的分离纯化成本一般是合成反应成本费用的1~2倍；抗生素分离纯化的成本费用为发酵部分的3~4倍；有机酸或氨基酸生产则为1.5~2倍；特别是基因工程药物，其分离纯化费用可占总生产成本的80%~90%。由于分离技术是生产获得合格原料药的重要保证，因此研究和开发先进的分离设备，对提高药品质量和减低生产成本具有举足轻重的作用。

分离操作是制药工业中重要的操作单元之一，是指对混合物中不同成分进行分离的操作流程。制药生产中常遇到的混合物可以分为两类：一类为均相体系，如混合气体、溶液，其内部没有相界面，体系内各处性质相同；一类为非均相物系，如含固体颗粒的混悬液、互不相溶的液体组成的乳浊液、由固体颗粒（液体雾滴）与气体构成的含尘气体（或含雾气体）、气泡与液体构成的泡沫液等，这种体系内有相界面，其中分散的物质称为分散相，而另一相称为连续相，分散相和连续相之间的物性存在明显差异。

## 第一节  分离机理

分离是利用混合物中各组分的物理性质、化学性质或生物学性质的某一项或几项差异，通过适当的装置或分离设备，通过进行物质迁移，使各组分分配至不同的空间区域或在不同的时间依次分配至同一空间区域，从而将某混合物系分离纯化成两个或多个组成彼此不同的产物的过程。

## 一、分离过程

两种或多种物质的混合是一个自发过程，来自自然界的原料绝大部分是混合物，这些混合物有的可以直接利用，但大部分要经过分离提纯后才能被人们所利用。而要将混合物分开，必须采用适当的分离技术并消耗一定的能量，分离过程一般是熵减小的过程，需要外界对体系做功。这些过程涉及添加物质和引进能量。

原料（混合物）、产物、分离剂、分离装置组成了分离纯化系统。一般分离纯化过程可以用图 6-1 表示。

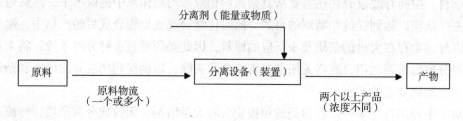

图 6-1 分离纯化过程示意图

原料（混合物）：即为待分离的混合物，可以是单相或多相体系，其中至少含有两个组分。物流可以是一个或多个。

产物：分离纯化后的产物可以是一种或多种，彼此不同。

分离剂：加入分离器中的使分离得以实现的能量或物质，也可以是两者并用，如蒸汽、冷却水、吸收剂、萃取剂、机械功、电能等。如蒸发过程，原料是液体，分离剂是热能。

分离设备（装置）：使分离过程得以实施的必要的物资设备，可以是某个特定的装置，也可以指原料到产物的整个流程。在分离纯化时，常利用物质的物化和生物学性质将其进行分离纯化，见表 6-1。

表 6-1 原料可用于分离的性质

| 性质 | | 参数 |
| --- | --- | --- |
| 物理性质 | 力学性质 | 表面张力、密度、摩擦力、尺寸、质量 |
| | 热力学性质 | 熔点、沸点、临界点、分配系数、吸附平衡、转变点、溶解度、蒸汽压 |
| | 电磁性质 | 电荷、介电常数、电导率、迁移率、磁化率 |
| | 输送性质 | 扩散系数、分子飞行速度 |
| 化学性质 | 热力学性质 | 反应平衡常数、化学吸附平衡常数、解离常数、电力电位 |
| | 反应速度性质 | 反应速度常数 |
| 生物学性质 | | 生物学亲和力、生物学吸附平衡、生物学反应速率常数 |

## 二、分离过程的功能及用途

在制药企业中，分离过程的装备和能量消耗占主要地位，分离技术及分离过程直接影响着药品的成本，制约着药品制药工业化的进程。一种纯物质或药品的生产成本，其很大部分用于分离过程。

### （一）分离过程的功能

分离过程的功能主要体现在以下几个方面：①提取：原料药经过提取后成为液体混合物。②澄清：即对连续相为液体的混合物进行分离。③增浓：对分散相而言的，分散相可以是固体也可以是液体。④脱水或脱液：可以是固液混合物，也可以是液液混合物的分离。⑤洗涤：是对固体分散相而言的。⑥净化或精制：将气体、液体或固体中杂质的含量降到允许的程度。⑦分级：对固体物料按粒度均相分离；⑧干燥：固-液混合物或液-液混合物的进一步分离、纯化。增浓、脱水和干燥是根据物料中残留液量的多少来分的，这些过程中产物的残留液量依次减少。

### （二）分离过程的用途

分离过程的用途主要包括以下几个方面：①产品的提取、浓缩：如中药中提取其有效成分，生物下游产品的精制，淀粉、蔗糖等的生产，从植物中提取营养成分、芳香性物质、色素或其他有用成分，以及医药、发酵、选矿、冶炼、海水淡化等。②提高产品纯度：如从药物、食物中除去有毒或有害成分，以及蔗糖精制、淀粉洗涤精制、牛奶净化（除去固体杂质等）等。③有用物质回收：如从反应终产物中回收未转化的反应物、催化剂等以便循环使用，降低生产成本；从淀粉废水或淀粉气溶胶中回收淀粉等。④延长产品保藏寿命：如食品的脱水干燥。⑤减少产品重量或体积：便于贮运，如增浓、脱水和干燥等。⑥提高机器或设备的性能：如压缩机进气脱水、气流磨进气脱油等。⑦三废（废水、废气、废渣）处理。

# 第二节 过滤设备

目前所使用的过滤器种类很多，可按照不同方式进行分类：按操作方法分为间歇性和连续式；按过滤介质分为粒状介质过滤器、多孔介质过滤器、滤布介质过滤器和膜滤器，如砂层等，按推动力分为重力过滤、加压过滤和真空过滤。

过滤机的选择原则：满足生产对分离质量和产量的要求，对物料适应面广，操作方便，设备、操作和维护的综合费用最低。

根据物料特性选择过滤设备时，应考虑的因素：①流体的性质：主要是黏度、密度、温度等，是选择过滤设备和过滤介质的基本依据。②固体悬浮物的性质：主要是粒度、硬度、可压缩性、悬浮物在料液中所占体积比。③产品的类型及价格：产品是滤饼还是滤液，或两者兼得，滤饼是否需要洗涤，产品的价格。

制药生产中的过滤主要针对的是中药材浸提液的澄清处理，产品是滤液。由于中药材浸提液大多数是由溶液、乳浊液、胶体溶液、混悬液组成的多相多组分混合体系，混悬粒子多为絮状黏软的有机物，故过滤时浸提液的温度和静置时间、有无絮凝剂均对滤液的质量和过滤速率有很大影响。因此，在选择过滤设备、设计过滤工艺时应综合考虑上述这些因素。

## 一、板框压滤机

板框压滤机是一种在加压下间歇操作的过滤设备，适用于过滤黏性、颗粒较大、可压缩滤饼的物料。

板框压滤机由多个滤板及滤框交替排列组成，图6-2中为滤板及滤框的构造，滤板的作用为支撑滤布和排出滤液，滤框的作用为积集滤渣和承挂滤布。滤板表面制成各种凸凹形，以支撑滤布和有利于滤液的排出。

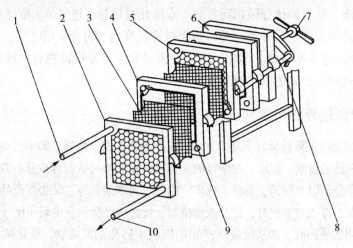

1. 滤浆进口；2. 滤板；3. 滤布；4. 滤框；5. 通道孔；6. 终板；
7. 螺旋杆；8. 支架；9. 密封圈；10. 滤液出口

**图6-2　板框压滤机装置图**

滤板、滤框和滤布两个上角均有小孔，组装后就串联成两条通道。图中右上角为悬浮液通道，左上角为洗涤液通道。在每个滤框的右上角有暗孔与悬浮液通道相通，过滤时悬浮液由此暗孔进入滤框内部空间，滤液透过滤框两侧的滤布，顺着滤板表面的凹槽流下，在滤板的下角有暗孔，装有滤液的出口阀，过滤后的滤液即由此阀排出，而滤饼则积集于滤框内部。

图中各板、框的左上角为洗涤液通道，洗涤液由此通道进入，以洗涤滤框内部的滤饼。所有的滤板分为两组，一组称为过滤板，一组称为洗涤板，按组装时相间排列，即过滤板→滤框→洗涤板→滤框→过滤板→……有时为避免次序混淆，在板和框的外缘有记号标明，有一个点的为过滤板，两个点的代表滤框，三个点为洗涤板，故排列时应以1→2→3→2→1→……的顺序排列。每个洗涤板的左上角有暗孔与洗涤水通道相通，洗涤水由此进入洗涤板的两侧，分别透过两侧的滤布和滤饼的全部厚度，然后分别自过滤板面的凹槽流下，过滤板的右下角有暗孔与外界相通，洗涤液即由此暗孔经阀门流出。

由上述可知，过滤终了时滤液所经过的距离为滤饼厚度的1/2，而洗涤时，洗涤液所经过的距离为滤饼的全厚。此外，洗涤液所通过的过滤面积仅为滤液的1/2。故在板框压滤机中，洗涤速度仅约占最后过滤速度的1/4。

上述洗涤液及滤液系由各板通过阀门直接排出，故称为明流式。如滤液由板框的下角处通过通道汇集排出，称为暗流式。暗流式构造简单，常用于不宜与空气接触的滤液。明流式可观查每组板框过滤情况，如发现滤液混浊，可将该板的阀门关闭，而不妨碍全机操作。

板框压滤机的优点为构造简单、过滤面积较大、动力消耗少、过滤推动力大；其缺点为间歇操作、操作劳动强度大、洗涤时间长、不彻底。为改善板框压滤机的操作条件，对大型压滤机近来有一些改进，机械化、自动化的程度有所提高。

## 二、微孔陶质及多孔聚乙烯烧结管过滤器

图6-3为一多孔聚乙烯烧结管过滤器。过滤器内装有若干多孔烧结管，原液由管板下方的管间进入，滤液经过过滤后由管板上方排出。

此种过滤器也可制成单管型式，用于少量滤液的过滤。如过滤管用烧结微孔金属管或聚乙烯管等则可用于少量滤液的精滤。此种过滤器主要应用于悬浮液中含少量固体的澄清液的过滤，在现代制药工业规模生产中应用较广。

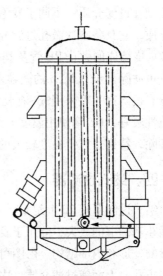

**图6-3　多孔聚乙烯烧结管过滤器**

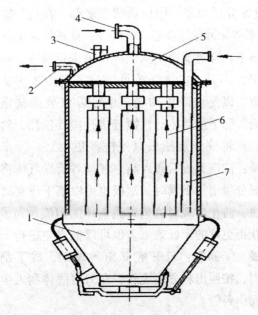

1. 滤渣出口；2. 滤液出口；3. 减压开关；
4. 压缩空气进口；5. 滤液室；6. 微孔滤管；7. 进料管
**图6-4　高分子精密微孔过滤机**

## 三、高分子精密微孔过滤机

高分子精密微孔过滤机由顶盖、筒体、锥形底部和配有快开底盖的卸料口组成，筒体内垂直排列安装若干根耐压的中空高分子精密微孔滤管，滤管的根数根据要求的过滤面积所决定。微孔滤管一端封闭，开口端与滤液汇总管相连接，再与滤液出口管连接。过滤机下端有卸固体滤渣出口，如图6-4所示。

过滤时，滤浆由进料管用泵压入过滤机内，加压过滤，滤液透过微孔滤管流入微孔管内部，然后汇集于过滤器上部的滤液室，由滤液出口排出，滤渣被截留在各根高分子微孔滤管外，经过一段时间过滤，滤渣在滤管外沉积较厚时，应该停止过滤。该机过滤面积大，滤液在介质中呈三维流

向，因而过滤阻力升高缓慢，对含胶质及黏软悬浮颗粒的中药浸提液的过滤尤其具有优势，进料、出料、排渣、清理、冲洗全部自动化，利用压缩气体反吹法，可将滤渣卸除，通过滤渣出口落到过滤机外面，再用压缩气体-水反吹法可以对微孔滤管进行再生，以进行下一轮的过滤操作。

高分子精密微孔过滤机的过滤介质是利用各种高分子聚合物通过烧结工艺而制成的刚性微孔过滤介质，不同于发泡法、纤维黏结法或混合溶剂挥发法等工艺制备的柔性过滤介质，它具备刚性微孔过滤介质与高分子聚合物两者的优点。微孔滤管主要有聚乙烯（PE）烧结成的微孔 PE 管及其改性的微孔聚酰胺（PA）管，具有以下优点：过滤效率高，可滤除大于 0.5μm 的微粒液体；化学稳定性好，耐强酸、强碱、盐及 60℃ 以下大部分有机溶剂；可采用气-液混合流体反吹再生或化学再生，机械强度高，使用寿命长；耐热性较好，PE 管使用温度≤80℃，PA 管使用温度≤110℃，孔径有多种规格；滤渣易卸除，特别适宜于黏度较大的滤渣等。

## 四、纳式过滤器

纳式过滤器是 20 世纪 80 年代早期出现的一种工业过滤装置，是在实验室使用的布氏漏斗基础上的放大，能用于真空抽滤，但大部分用于加压过滤。图 6-5 表示的是这种装置的外形和内部结构。由图可知，纳式过滤器的上封头和底盘用螺丝连接，底盘上有很多小孔，上面铺过滤介质，内部有可升降的搅拌和刮刀。搅拌和刮刀可以两个方向旋转，一个方向旋转时可压实滤饼，另一个方向可将滤饼刮向中间出料口。

操作过程：①过滤阶段：搅拌和刮刀升起，底部出料口球阀关闭，固液混合物从上部加入过滤器并施加压力，液体透过底部过滤介质出来，固体截留在底部。在这一阶段，如果固体颗粒大小不匀，可开动搅拌使固体保持悬浮状态。②洗涤：洗涤液从上部淋下，穿过滤饼层从底部出来进行洗涤。如果有必要，在洗涤前可以放下刮刀压实滤饼，以便洗涤更均匀；也可以先放满洗涤液，降下搅拌将滤饼搅起进行搅拌洗涤，然后再将洗涤液压出以使洗涤更彻底。③干燥：洗涤完成后通入热空气或者惰性气体将湿分带出。干燥时，刮板也可以落下压实滤饼，防止出现裂缝造成热气体的沟流。为了获得更好的干燥效果，也可以抽真空进行干燥。④卸料：打开底部出料球阀，放下刮刀，按照出料方向旋转，刮刀将固体刮入中间出料管。

纳式过滤器的优点和适用场合如下：①由于密封并有搅拌，在纳式过滤器中可进行化学反应。因此，可以在一个纳式过滤器内

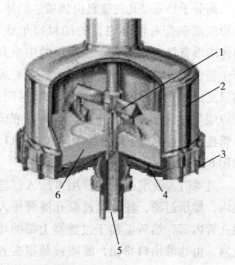

1. 搅拌和刮刀；2. 上封头；3. 底盘；
4. 过滤介质；5. 固体出料口；6. 滤饼

图 6-5　纳式过滤器结构

先后进行反应、结晶、过滤、洗涤、干燥等过程。②可用于有毒、易燃、易挥发液体的过滤。③可进行搅拌洗涤，用于对滤饼洗涤要求较高的过滤。④可进行真空干燥，能用于热敏物料或者其他对干燥要求较高的过滤。⑤由于可用刮刀压实，纳式过滤器也适用于滤饼容易开裂过滤。⑥如果滤出液和洗涤液要求严格分开收集，纳式过滤器也是一个较好的选择。

纳式过滤器的缺点如下：①滤饼较黏，不容易和过滤介质分离时，固体出料很困难。②间歇操作。③滤饼形成较慢。④固体易残留在过滤介质上，造成出料不彻底，时间长了容易变质。

因此，在上述情况下选用纳式过滤器要慎重。纳式过滤器还有一种出料方式：将上封头提起，将底盘和滤饼倾斜，让滤饼自然落下。这种纳式过滤器的上封头和底盘通常采用快开式连接，便于打开。显然，这种出料方式可改善纳式过滤器出料不彻底的缺点。

# 第三节　离心分离设备

离心机按其用途可分为分析型和制备型，按照安装工作条件可分为台式机和固定式机，按其性能又可分为低速台式机、高速台式机、微量超速台式机、低速大容量冷冻离心机、高速冷冻离心机、超速分析型离心机、超速制备型离心机、超速大容量连续流离心机及低速和高速多用途离心机等。

制药企业使用离心设备主要是用于将悬浮液中的固体颗粒与液体分开；或将乳浊液中两种密度不同，又互不相溶的液体分开；它也可用于排除湿固体中的液体。

## 一、碟片式离心机

碟片式离心机是应用最广泛的分离机械之一，也是生物工业中用量最多的离心分离机械。碟片式离心机的结构特点是转鼓内装有一叠锥形碟片，碟片数一般为50~180片，视机型而定。碟片的锥顶角一般为60°~100°，碟片与碟片间距离依靠附于碟片背面、具有一定厚度的狭条调节和控制，一般为0.5~1.5mm，由于数量众多的碟片及很小的碟片间距，增大了沉淀面积，缩短了沉降距离，因而碟片式离心机具有较高的分离效率。碟片式离心机主要用于分离乳浊液，也可用来分离悬浮液。操作时，由液-液-固组成的多相分散系，在随转鼓高速旋转时，由于相互间密度不同，在离心力场中，产生的离心惯性力大小也不同，固体颗粒密度最大，受到的离心力也最大，因此沉降到碟片内表面上后，向碟片的外缘滑动，最后沉积到鼓壁上；而密度不同的液体则分成两层，密度大的相离心力大，处于外层，密度小的相离心力小，处于内层，两相之间有一分界面，称为"中性层"从而可使液-液-固分散系得到较完全的分离。碟片式离心机按排渣方式的不同，可分为人工排渣、喷嘴排渣和自动排渣三种形式。

### （一）人工排渣碟片式离心机

人工排渣碟片式离心机结构，如图6-6所示。转鼓由圆柱形筒体、锥形顶盖及锁紧环组成。转鼓中间由底部为喇叭口的中心管料液分配器，中心管及喇叭口常有纵向筋条，使液体与转鼓有相同的角速度。中心管料液分配器圆柱部分套有锥形碟片。人工排渣碟片式离心机结构简单，价格便宜，可得到密实的沉渣，故广泛用于乳浊液及含少量固体（1%~5%）的悬浮液的分离。缺点是转鼓与碟片之间留有较大的沉渣容积，这部分空间不能充分发挥碟片式离心机高效率分离的特点。此外，间歇人工排渣生产效率较低，劳动强度较大。

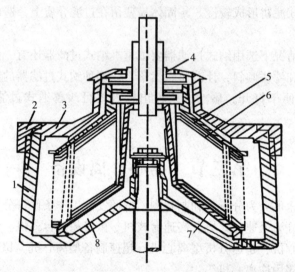

1. 转鼓底；2. 锁紧环；3. 转鼓盖；4. 向心盘；5. 分隔碟片；6. 碟片；7. 中心管及喇叭口；8. 筋条

**图6-6　人工排渣碟片式离心机结构**

### （二）喷嘴排渣碟片式离心机

喷嘴排渣碟片分离机的转鼓由圆筒形改为双锥形，既有大的沉渣储存容积，也使被喷射的沉渣有好的流动轮廓。排渣口或喷嘴位于锥顶端部位，也有的喷嘴装置安装于转鼓底部附近。喷嘴排渣碟片式离心机具有结构简单、生产连续、产量大等特点。排出固体为浓缩液，为了减少损失，提高固体纯度，需要进行洗涤。喷嘴易磨损，需要经常更换。喷嘴易堵塞，能适应的最小颗粒约为 $0.5\mu m$，进料液中的固体含量为 6%~25%。

### （三）自动排渣碟片式离心机

自动排渣碟片式离心机的转鼓由上下两部分组成，上转鼓不做上下运动，下转鼓通过液压的作用能上下运动。操作时，转鼓内液体的压力传入上部水室，通过活塞和密封环使下转鼓向上顶紧。卸渣时，从外部注入高压液体至下水室，将阀门打开，将上部水室中的液体排出；下转鼓向下移动，被打开一定缝隙而卸渣。卸渣完毕后，又恢复到原来的工作状态。自动排渣碟片式离心机的进料和分离液的排出是连续的，而被分离的固相浓缩液则是间歇地从机内排出。排渣结构有开式和闭式两种，根据需要也可不用自控而用手控操作。这种离心机的分离因数为 5500~7500，能分离的最小颗粒为 $0.5\mu m$，料液中固体含量为 1%~10%，大型离心机的生产能力可达 60m³/h。生物工业中常用于从发酵液中回收菌体、抗生素及疫苗，也可应用于化工、医药食品等工业。

## 二、无孔筐式离心机

无孔筐式离心机的结构和原理，如图 6-7 所示。外壳里面有一个无孔转鼓在电机带动下高速旋转，悬浮面有一个无孔转鼓在电机带动下高速旋转，悬浮液从上部加到转鼓下部，在离心力作用下，固体向转鼓内表面运动形成固体沉降层，液体向上运动，绕过转鼓上口进入到外壳与转鼓形成的空间内，最后从澄清液出口引出。由于转鼓上部的孔径大于下部孔径，转鼓内液面在转鼓下部孔径之外。因此，液体只从转鼓上部溢出。一段时间后，固体沉降层积累到一定的厚度，开始固体卸料。

**1. 固体卸料的方式** ①停机进行人工卸料，过程与上述离心机人工卸料相同。②不停机卸料，其过程：先停止进料，然后，吸出转鼓内的残留液体，再用刮刀将所剩固体层刮下，在重力的作用下，刮下的固体从下部出口卸出，再接着进料，开始下一轮循环。由于需要停止进料并吸出残液，这种卸料方式称为半自动卸料。

**2. 离心机的优点** ①可在不停机的情况下进行半自动卸料。②能处理固体含量较高的悬浮液。

**3. 离心机的缺点** 在刮下固体时，需将转鼓内残液吸出，由于无法将固体沉降层表面液体完全吸干，卸下的固体湿含量较高。这种离心机适合固体含量稍高的悬浮液澄清。

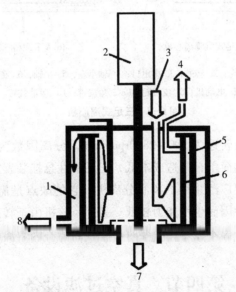

1. 外壳；2. 电机；3. 悬浮液；4. 吸出残液；5. 无孔转鼓；
6. 固体沉降层；7. 固体出口；8. 澄清液体

**图 6-7 无孔筐式离心机的结构和原理**

### 三、三足式离心机

三足式离心机有过滤式和沉降式两种类型，二类机型的主要区别是转鼓结构。人工卸料三足式沉降离心机结构如图6-8（a）所示，机壳1通过弹性悬挂装置与机座的三根支柱连接，机壳内的转鼓2工作时由电动机7带动旋转，沉降式三足离心机的转鼓壁上不开筛孔，工作时待分离的混悬液由进料管加入转鼓内，转鼓带动料液高速旋转产生惯性离心力，固体颗粒沉降于转鼓内壁与清液分离，澄清液由吸料管吸出，滤渣在鼓壁上沉积至一定厚度时，停机、卸渣，再开机重复操作；人工卸料三足式过滤离心机结构如图6-8（b）所示，转鼓2有孔，转鼓内壁覆以滤布，待分离的混悬液加入衬有滤布的转鼓内，由转鼓带动混悬液旋转产生惯性离心力使料液甩向鼓壁，清液透过滤布和鼓壁的筛孔，由机壳下方的排出口3排出，滤渣被滤布截留，待滤渣在滤布上沉积至一定厚度时，将滤渣甩干，停机，更换滤布后可重复操作。

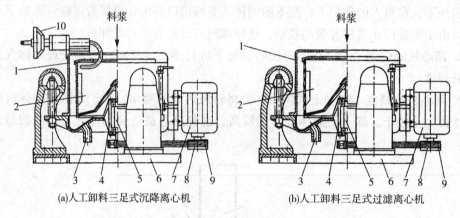

(a)人工卸料三足式沉降离心机　　　　(b)人工卸料三足式过滤离心机

1. 机壳；2. 转鼓；3. 排出口；4. 轴承座；5. 主轴；6. 底盘；
7. 电动机；8. 皮带轮；9. 三角皮带；10. 吸液装置

**图6-8　三足式离心机**

三足式离心机的转鼓转速为 300~2800rpm/min，分离因数为 300~1500，对物料适应性强，操作方便，结构简单，制造成本低，三足弹性悬挂装置能减小运转时的振动和噪音，因此是目前工业上广泛采用的离心分离机。它的缺点是需间歇或周期循环操作，卸料阶段需减速或停机，因而生产能力较低。另外，该机由于转鼓内径较大，分离因数较小，对微细混悬颗粒分离不完全，必要时可配合高离心因数离心机使用。

## 第四节　真空过滤设备

真空过滤器最为简单、工业应用也较早，在制药企业也最常见。它实际上是布式漏斗的一种简单放大。这种过滤器由一个圆筒和底板组成。底板上有同心圆环状凹槽通向中心真空管。使用时，滤布铺盖在底板上，螺丝将圆筒紧紧压在滤布上。固液混合物进入圆筒内，从底板中心真空管抽真空，液体透过滤布随真空被抽走，固体截留在圆筒内，实现固液分离。

## 一、真空过滤设备特点

真空过滤设备适用于非常贵重药品和规模较小产品，如实验室制备样品或中试生产等规模不大的过滤操作，通常非常贵重药品的生产量一般不大，另一方面，这种过滤器的手工操作允许仔细回收滤布上的残渣；同时真空过滤设备还具有结构简单、制造容易、成本低等优点。但我们也要看到真空过滤设备存在的不足：生产能力较小；劳动强度大；对环境造成一定程度的污染；设备占据空间大；属于间歇生产设备，每次使用后都要人工进行清洗作业，设备利用率较低。

## 二、转鼓式真空过滤机

真空过滤设备一般以真空度作为过滤推动力。常用的设备包括转鼓式真空过滤机、水平回转圆盘真空过滤机、垂直回转圆盘真空过滤机和水平带式真空过滤机等。制药企业中用的最多得是转鼓式真空过滤机。

**1. 转鼓式真空过滤机的结构与操作** 转鼓式真空过滤机的操作简图如图 6-9 所示，过滤机的主要部分是一水平放置的回转圆筒（转鼓），筒的表面有孔眼，并包有金属网和滤布。它在装有悬浮液的槽内做低速回转，转筒的下半部浸在悬浮液内。转筒内部用隔板分成互不相通的扇形格，这些扇形格经过空心主轴的通道和分配头的固定盘上的小室相通。分配头的作用是使转筒内各个扇形格同真空管路或压缩空气管路顺次接通。于是在转筒的回转过程中，借分配头的作用，每个过滤室相继与分配头的几个室相接通，使过滤面形成以下几个工作区。

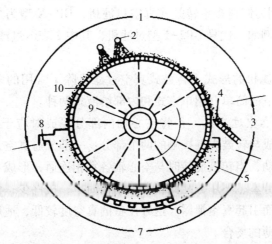

1. 吸干洗涤区；2. 洗涤水喷嘴；3. 吹松卸渣区；4. 刮刀；5. 悬浮液槽；

6. 搅拌器；7. 过滤区；8. 溢流孔；9. 分配头；10. 转鼓

**图 6-9 转鼓式真空过滤机的结构和工作示意**

（1）过滤区 当浸在悬浮液内的各扇形格同真空管路接通时，格内为真空。由于转筒内外压力差的作用，滤液透过滤布，被吸入扇形格内，经分配头被吸出。而固体颗粒在滤布上则形成一层逐渐增厚的滤渣。

（2）吸干洗涤区　当扇形格离开悬浮液进入此区时，格内仍与真空管路相通。滤渣在真空下被吸干，以进一步降低滤饼中溶质的含量。有些特殊设计的转鼓过滤机上还设有绳索（或布）压紧滤饼或用滚筒压紧装置，用以压榨滤饼、降低液体含量并使滤饼厚薄均匀防止龟裂。滤液吸干后，用喷嘴将洗涤液均匀喷洒在滤饼层上，以透过滤饼置换其中的滤液，洗涤液同滤液一样，经分配头被吸出。滤渣被洗涤后，再经过一段吸干段进行吸干。

（3）吹松卸渣区　这个区扇形格与压缩空气管相接通，压缩空气经分配头，从扇形格内部吹向滤渣，使其松动，以便卸料。这部分扇形格继续旋转移近到刮刀时，滤渣就被刮落下来。滤渣被刮落后，可由扇形格内部通入空气或蒸汽，将滤布吹洗净，重新开始下一循环的操作。

因为转鼓不断旋转，每个滤室相继通过各区即构成了连续操作的工作循环。而且在各操作区域之间，都有不大的休止区域。这样，当扇形格从一个操作区转向另一个操作区时，各操作区不致互相连通。

**2. 转鼓式真空过滤机的特点和应用范围**　转鼓式真空过滤机结构简单，运转和维护保养容易，成本低，可连续操作。压缩空气反吹不仅有利于卸除滤饼，也可以防止滤布堵塞。但由于空气反吹管与滤液管为同一根管，所以反吹时会将滞留在管中的残液回吹到滤饼上，因而增加了滤饼的含湿率。转鼓式真空过滤机适用于过滤各种物料，也适用于温度较高的悬浮液，但温度不能过高，以免滤液的蒸汽压过大而使真空失效。通常真空管路的真空度为 33～86kPa。

**3. 转鼓式真空过滤机的型号及形式**　国产转鼓式真空过滤机的型号有 GP 和 GP-X 型，GP 型为外滤面刮刀卸料多室转鼓式真空过滤机，GP-X 型为外滤面绳索卸料多室转鼓式真空过滤机。例如，代号 GP2-1 型过滤机，其中 2 表示过滤面积为 $2m^2$，1 表示转鼓直径为 1m。

**4. 转鼓式真空过滤机的形式**　转鼓式真空过滤机除了常用的多室式外滤面过滤机外，还有多种形式，下面简单介绍单室式和内部给液式两种。

（1）单室式转鼓真空过滤机　是将空心轴内部分隔成对应于各工作区的几个室，空心轴外部用隔板焊成与转鼓内壁接触的两个部分：一部分通真空，另一部分通压缩空气，空心轴固定不转动，当转鼓旋转时与空心轴各室相连通，形成不同的工作区。单室式转鼓真空过滤机不分室、不用分配阀，所以结构简单，机件少；但转鼓内壁要求精确加工，否则不易密合而引起真空泄露。这种设备的真空度较低，适用于悬浮液中固体含量较少、形成滤饼较薄的场合。

（2）内部给液式转鼓真空过滤机　过滤面在转鼓的内侧，因而加料、洗涤、卸渣等均在转鼓内进行。这种设备结构紧凑，外部简洁，不需另设料液槽，可减轻设备自重，没有料液搅拌器，只需一套传动装置，对于易沉淀的悬浮液非常适用。缺点是工作情况不易观察、检修不便。

# 第五节　固-液萃取分离设备

固-液萃取，即用溶剂把固体物料中的某些可溶组分提取出来，使之与固体的不溶部分（或称为惰性物）分离的过程。被萃取的物质在原固体中，可能以固体形式存在，也可能以液体形式（如挥发油或植物油）存在。

固-液萃取在制药工业中应用广泛，尤其是在中草药等植物药中提取有效成分，固-液萃取起着重要作用。而中草药有效成分的提取、分离和研究，是发掘和提高中医药学的一个重要方面。在制药工业中，过滤操作时滤饼或其他沉淀物的洗涤，实质上也是固-液萃取的一种形式。洗涤是用一种溶剂从固体物料中除去可溶性的杂质，以提高固体产品的纯度。

一般来说，固-液萃取速度是缓慢的。因此，当设计萃取器时，必须从速度方面充分加以研讨。由于固体内部的移动速度是等速的，所以很久以来都试图将扩散理论应用于固-液萃取中去，或者是借助于简单的溶解，或者是由于化学反应形成一种可溶解形式把固体基块中的一种或几种组分溶解出来，所以固-液萃取应根据被萃取物料的特性（如颗粒状还是植物细胞组织、粒度大小、被萃取组分的性质等）和对萃取液的工艺要求来选用不同的方法和设备。下面就以药材的萃取为例介绍如下。

## 一、浸渍设备

浸渍法是将一定量经切割或粉碎的药材置于浸取器中，注入一定量的溶剂，使固-液接触，经过一定时间，使欲萃取组分充分溶解，然后借助于浸取器假底（即筛孔底或栅状底）和滤布或其他方法使药液和药渣分离，放出浸取所得药液（即萃取相）。

为了强化浸渍，浸渍器可增设搅拌器、泵等机械以及加热装置，如夹套和蛇管等。必要时可通蒸汽加热浸渍，以水为溶剂的浸渍亦可用直接蒸汽加热，在常温下的浸取称为冷浸，在加热 50~60℃ 下的浸取称为热浸，将溶液加热到沸腾状况下浸取亦称煮提或煎煮。在无机械动力循环装置时，药材以筐篮悬于浸取器的上部，这样浸出的浓溶液因密度较大而下沉，溶剂或稀溶液上浮造成自然下沉，溶剂或稀溶液上浮造成自然对流、提高萃取速度。

图 6-10 为一常用浸渍器。将药材放在浸渍器 1 中，加水后用假底 2 下面的加热盘管 3 加热。为了强化浸取可用泵 5 使浸渍液经导管 8 循环。浸渍完成后，借助于三通阀 6，使出口管 4 与导管 7 相通，将浸渍所得药液送到贮罐或蒸发器进行

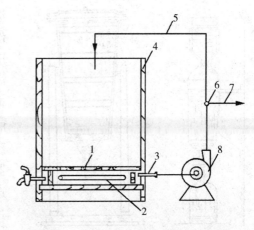

1. 假底；2. 加热盘管；3. 出口管；4. 浸渍器；
5/7. 导管；6. 三通阀；8. 泵
**图 6-10　浸渍器示意图**

浓缩。

图6-11（a）为一带搅拌器的立式浸渍器，图6-11（b）为一卧式带搅拌器的浸渍器，图6-11（c）为一转筒型浸渍器。器内的假底是为浸渍完成后滤出浸渍液用。浸渍完毕后，药渣所吸着的药液可借压榨法回收。当药渣中有挥发性溶剂时，可在密闭式浸渍器内，通以直接蒸汽，使溶剂气化，经导气管导入冷凝器冷凝回收。

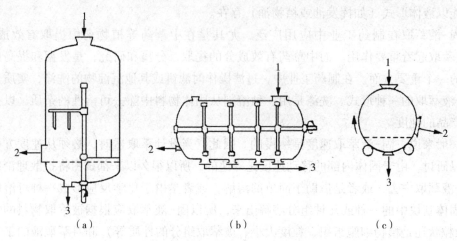

（a）　　　　　　　　　（b）　　　　　　　　　（c）

1. 固体和溶剂；2. 固体；3. 溶液

图6-11　搅拌式浸渍器

浸渍法一般所用溶剂量较大，所得药液浓度较稀。此法简单便易行，但萃取效率较低。浸渍法不适宜贵重和有效成分含量低的药材的提取。

## 二、渗漉设备

渗漉法是使溶剂流过不动的固体颗粒层来进行萃取的方法。进行渗漉的设备称渗漉器，如图6-12所示。渗漉法通常是在颗粒层的上部添加溶剂，自上而下流过固体层，渗漉液从渗漉器的底部流出。但有时由于操作上的需要，溶剂亦可自下而上流过颗粒层，渗漉法可在常压或加压下进行。图6-12（b）为可翻倒的圆锥形渗漉器；图6-13为可翻倒的圆筒形渗漉器。遇溶剂后易膨胀的药材宜选用圆锥形渗漉器，这样可减缓药材膨胀对器壁的压力。但锥度大的渗漉器，溶剂不易均匀流过，故不膨胀的药材选用圆筒形渗漉器。物料装入量一般不超过渗漉器容量的2/3。渗漉筒可用铝、不锈钢、陶瓷、玻璃、木材等制作。

当处理的物料粒子较细、渗漉阻力较大时，为加大渗漉速度，可采用加压渗漉

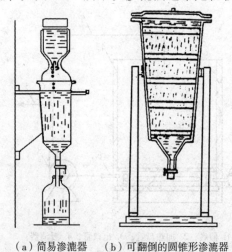

（a）简易渗漉器　　（b）可翻倒的圆锥形渗漉器

图6-12　可翻倒的圆锥形渗漉器

法。图 6-13 为可加压的渗漉器，其特点为上下各有一可紧密密封的上盖和底盖，有一锥形的假底，过滤面积大。其水平假底可随底盖打开，便于卸渣。装料后上部放一筛板式分布器使溶剂均匀分布。渗漉法的步骤大致如下。

**1. 润湿膨胀** 取药材粉末，置一混合器中加规定量溶剂（一般每 kg 药材加 0.6~0.8L 溶剂），拌匀，密闭一定时间，使物料均匀润湿并膨胀。

**2. 填装** 将润湿好的药材分次投入渗漉筒中，每次加入的物料铺平并均匀挤压，不应使其中留有较大的空隙，以防止溶剂通过时产生沟流、短路等不均匀现象。在较高的渗漉筒中，必要时在不同的高度上装几个筛孔板，如图 6-12（b）所示，使溶剂更均匀地通过药材。

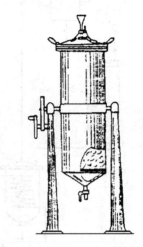

**3. 浸渍** 在渗漉器下面放一接收器，打开下部旋塞，从上部加入一定量溶剂，排出药材层中的空气，空气排净后，关闭底部旋塞，将接收的溶剂倒回渗漉筒，并添加溶剂，使溶剂没过药材表层数厘米。浸渍 24~28

图 6-13 可倾倒的圆筒型渗滤器

小时，目的是使欲萃取溶质溶解和扩散达到平衡，尽量发挥溶剂的效用，使最初的渗漉液有较高的浓度。

**4. 渗漉** 浸渍足够时间后，打开下部旋塞，开始以一定速度渗漉，并在药材上面不断补充溶剂，使溶剂液面始终没过药材的柱层。至欲萃取组分基本提净后，停止渗漉。渗漉液（即萃取相）根据情况经澄清、过滤、浓缩等处理，或直接用于制剂或调剂。压力式渗漉器如图 6-14 所示。

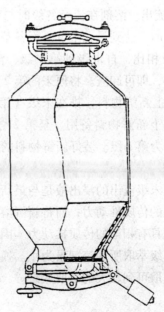

图 6-14 压力式渗漉器

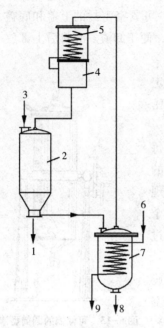

1. 残渣出口；2. 渗滤器；3. 物料进口；
4. 回收溶剂贮器；5. 冷凝器；6. 蒸汽入口；
7. 渗滤液贮器（兼蒸发器）；8. 产品出口；
9. 冷凝水出口

**图6-15 单级渗滤和浓缩联合装置**

在制药生产中，为得到浓度高的渗滤液和减少溶剂回收时间和费用，常采用渗滤液套用法，即把最初所得高浓度的渗滤液另器收集，经检验合格后制成成品，而后收集的稀渗滤液，作为另一批药材的渗滤溶剂使用，依次继续进行下去。

另外，制药生产中还经常采用渗滤提取和溶剂回收（浓缩）的联合装置。这样使设备紧凑和连续。图6-15为单级渗滤和浓缩的联合装置。其工作过程为回收的溶剂再以一定的流速从3流入到渗滤器1中，如此循环，直到将物料中欲萃取组分基本提净。

在单级渗滤萃取中，物料中溶质不断减少，传质推动力逐渐降低，如果要将溶质全部提出，所需溶剂的数量很大，花费时间颇长，而所得大部分是稀溶液，不甚经济，比较经济合理的是多级逆流接触式萃取。

## 三、多级逆流接触萃取及其设备

图6-16为多级逆流接触萃取的流程示意图。图中表示用六只萃取器进行五级逆流萃取。五级萃取器依次排列，内装物料，新鲜溶剂由一端加入（如图6-16（a）表示由1号器加入溶剂），依次流过各级，自第末级（即图中第5级）成为浓溶液流出。溶剂在流经各级时与物料进行多次接触萃取，故溶液浓度逐级增高，自末级流出时，达到最大浓度。而各萃取器所装物料的溶质含量则随操作的进行均不断降低，各级相比，自末级到第1级，溶质含量递减，操作一定时间后，第1级的溶质首先被提净，即可卸渣。将原来的第2级变为第1级，第3级变为第2级……将第6号空萃取器装上新鲜物料，排在末级（第五级），继续操作。同时将卸渣后物第1号萃取器，重新装上新鲜物料备用。至第2号萃取器的溶质提净后，卸渣、装料备用。而第3号萃取器变为第1级。装好新鲜物料的第1号萃取器即为末级。如此使操作　直进行下去。

在此多级萃取系统中，从末级流出的浸出液是与最新鲜物料接触而得，这样既可得相当浓的浸出液，又维持较大的传质推动力；而将新鲜溶剂（纯溶剂）加到第1级，尽管物料溶质浓度已很低，尚可具有相当的传质推动力。因此在多级逆流萃取中，提取单位溶质所消耗的溶剂量比较单级萃取所用溶剂量为小。换言之，以一定量的溶剂，萃取一定量的物料时，多级逆流萃取可到较大的萃取效果。

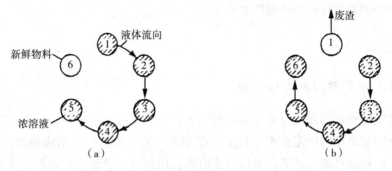

**图 6-16 固-液多级逆流接触萃取流程示意图**

图 6-17 为带有溶剂回收装置的多级逆流接触萃取装置流程图。操作方法如上所述。图中为四个萃取器进行三级逆流萃取。

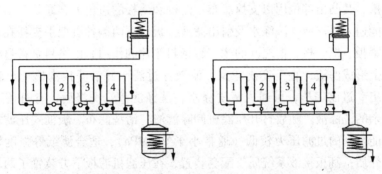

a-第4萃取器卸渣、装料          b-第一萃取器卸渣、装料

**图 6-17 带溶剂回收装置的固-液多级逆流接触萃取流程**
**●关闭的旋塞 □开启的旋塞**

在上述多级萃取器中，固体物料并未从一级流入另一级，只是不断依次移动各级的次序，只有溶剂和固体物料在一个萃取器内同时逆向流动连续式逆流萃取。

# 第六节 典型设备规范操作

分离操作是制药工业中重要的单元操作之一，而药品在实际生产中所用原料的多样化导致被分离的混合物种类的多种多样，其性质千差万别，分离的要求和方法也不尽相同。制药工业常见的分离操作多是均相分散体系混合物的分离，方法有蒸馏、吸收、萃取等。对于非均相体系的混合物，通常利用分散相和连续相物理性质（如密度、颗粒形状、颗粒尺寸等）的差异采用机械的方法分离，如沉降分离、过滤分离、离心分离。对应的机械设备为有沉降式离心机、过滤式离心机、分离式离心机。

沉降式离心机适用于固体含量少、颗粒较细、不易过滤的悬浮液；过滤式离心机转速一般为 1000~2000rpm/min，分离因数不大，适用于易过滤的晶体和较大颗粒悬浮液的分离；分离式离心机转速较大，一般在 4000rpm/min 以上，适用于乳浊液的分离和悬浮液的增浓或澄清。以下就制药企业中常用且典型的管式分离机和三足式离心机为例，介绍其生产中的规范操作和使用注意事项。

## 一、过滤设备

### (一) BS 系列型板框式压滤机

板框式压滤机作为固液分离设备有很悠久的历史，板框式压滤机是很成熟的脱水设备，在欧美国家早期的污泥脱水项目上应用很多。板框压滤机的结构简单，操作方便，稳定，过滤面积选择范围灵活，单位过滤面积占地较少，过滤推动力大，所得滤饼含水率低，对物料的适应性强，适用于各种物料。以 BS420 型板框式压滤机为例，对工作原理、设备特点等进行介绍。

**1. 工作原理** BS 系列型板框压滤机由交替排列的滤板和滤框构成一组滤室。滤板的表面有沟槽，其凸出部位用以支撑滤布。滤框和滤板的边角上有通孔，组装后构成完整的通道，能通入悬浮液、洗涤水及引出滤液。板、框两侧各有把手支托在横梁上，由压紧装置压紧板、框。板、框之间的滤布起密封垫片的作用。由供料泵将悬浮液压入滤室，在滤布上形成滤渣，直至充满滤室。滤液穿过滤布并沿滤板沟槽流至板框边角通道，集中排出。过滤完毕，可通入清洗涤水，洗涤滤渣。洗涤后，有时还通入压缩空气，除去剩余的洗涤液。随后打开压滤机卸除滤渣，清洗滤布。板框式压滤机为一板一框式结构，能承受的过滤压力较低（通常小于 0.6MPa），适合滤纸等强度较低且经常更换的过滤介质；翻板接液系统属于配套装置，在压滤机滤板下方装置了两块协调工作的翻板，在过滤过程中两个翻板面处于闭合状态，可将过滤过程中的滴漏液或冲洗滤布或滤板时的冲洗水导入旁边的积液槽，以保证滤饼不被二次污染。

**2. 设备特点** BS 系列型板框式压滤机适合的悬浮液的固体颗粒浓度一般为 10% 以下，操作压力一般为 0.3~1.6MPa，特殊的可达 3MPa 或更高。过滤面积可以随所用的板框数目增减。板框通常为正方形，滤框的内边长为 200~2000mm，框厚为 16~80mm，过滤面积为 $1~1200m^2$。板与框用手动螺旋、电动螺旋和液压等方式压紧。板和框用木材、铸铁、铸钢、不锈钢、聚丙烯和橡胶等材料制造。

**3. 技术参数** BS 系列型板框式压滤机技术参数见表 6-2。

表 6-2 BS 系列型板框式压滤机技术参数表

| 型号 | 过滤面积 ($m^2$) | 滤室总容量 (L) | 滤板外框尺寸 (mm) | 滤室数量 (pcs) | 外形尺寸 (mm) | 过滤压力 (MPa) | 整机质量 (kg) |
|---|---|---|---|---|---|---|---|
| BS2/420-U | 2 | 31 | 420×420 | 9 | 1552×820×795 | 0.6 | 470 |
| BS3/420-U | 3 | 45 | 420×420 | 13 | 1796×820×795 | 0.6 | 500 |
| BS4/420-U | 4 | 59 | 420×420 | 17 | 2040×820×795 | 0.6 | 540 |
| BS5/420-U | 5 | 76 | 420×420 | 22 | 2345×820×795 | 0.6 | 580 |
| BS6/420-U | 6 | 90 | 420×420 | 26 | 2589×820×795 | 0.6 | 620 |

**4. 操作方法**

（1）操作前准备工作 ①将所有板移至推板一端，若滤板短缺时，应增加后再开机；检查滤板是否歪斜，中心是否对齐。②检查油位液位是否位于液位计 2/3 处，缺油应及时加油。

（2）操作步骤 ①按下"启动"按钮，启动油泵。②按下"压紧"按钮，活塞推动压紧板，将框、板压紧，达到液压工作压力后，旋紧锁紧螺母，锁紧保压。③按"关闭"按钮，停止油泵工作。④打开进料口阀门，开启进料泵进行过滤。⑤打开进料口压缩空气，鼓动隔膜，压榨滤饼，并进一步降低滤饼的含湿量。⑥启动油泵，按下"压紧"按钮，待锁紧螺母松动后，将锁紧螺母旋至前端。⑦按下"松开"按钮，活塞带动压紧扳至合适的位置。⑧关闭电机，停止油泵，移动各板、框，卸渣。

**5. 维护保养**

（1）做好运行记录，对设备的运转情况及所出现的问题记录备案，有故障应及时维修，禁止带故障操作。

（2）停机时应清除残渣，使压滤机保持清洁。

（3）对电气控制系统，每月要进行 1 次绝缘性能试验和动作可靠性试验，及时发现问题，消除隐患，对动作不灵活或动作准确性差的元件应及时修理或更换。

（4）经常检查滤板间密封面的密封性，只有可靠的密封，才能保证过速压力，才能正常过滤。

（5）经常检查油箱液面，以及各种阀、油路连接处的密封性。

（6）注意各部连接零件有无松动，应随时予以紧固调整。

（7）相对运动的零件，必须保持良好的润滑清洁。

（8）拆下的滤板应平整摆放，防止弯曲变形。

**6. 注意事项**

（1）液压油充入油箱，必须达到规定油面。

（2）必须按规定的数量放置滤板。禁止在少于规定数量板的情况下开闸操作。

（3）料浆泵及其进口阀、洗涤水泵及其进口阀、压缩空气进口阀在同一时间内只允许开启其中之一。

（4）安装滤布必须平整，不许折叠，新滤布使用前应先缩水。

（5）滤板在主梁移动时，施力应均衡，防止碰撞，以免损坏手把。

（6）清洗滤板时，应保持表面清洁。

（7）新机器安装使用后，油缸机端有移位现象，这是正常的。

（8）过滤操作开始时，应慢慢打开进料阀，过一段时间再把进料阀全打开。

（9）油缸压力调节禁止超过 31.5MPa。

（10）绝对禁止活塞退到底或进到底停机。

**7. 故障排除** BS420 型板框式压滤机故障排除方法见表6-3。

表 6-3　BS 系列型板框式压滤机故障排除方法

| 故障特征 | 产生原因 | 排除方法 |
|---|---|---|
| 压滤机板框磨损严重 | 物料厚度不够，水分太多，致使板框与板框在过滤时直接摩擦受损 | 在螺杆泵进泥区域增设了一根进料回流管，增加物料的厚度，使之符合物料的质量要求 |
| 螺杆泵转速不稳 | 螺杆返回首页管道被杂物堵住或螺杆泵备用时间长，物料管被堵死 | 螺杆泵运行时保持进料管通畅，定期清除管内拥堵物料 |
| 变频电机运行异常 | 电机受变频器控制，而变频器又受 PLC 信号控制。PLC 信号是来自安装在管道上检测压力的扩散硅压力变送器，其内部的元件易受现场高强度振动而损坏，影响变频电机正常运行 | 用耐振防潮的电容式压力变送器替代之 |
| 板框间渗水 | 液压低；滤布褶皱和滤布上有孔；密封表面有块状物 | 增加液压、更换滤布或者使用尼龙刮刀清除密封表面的块状物 |

## （二）GF/GQ 型管式分离机

根据《管式分离机型式和基本参数》的规定：管式分离机分为两种形式，即 GF-分离型和 GQ-澄清型。GF-75 型管式分离机主要用于分离乳浊液，多种混合液体，特别是在两相比重差甚微的液-液-固的三相分离中也常常用到。

**1. 结构原理**　GF/GQ 型管式分离机的主要部件为机身部件、传动部件、张紧轮部件、转鼓部件、进液轴承座部件、集液盘部件等。转鼓部件由三部分组成：上盖、带空心轴的底盖和管状的转鼓。转鼓内沿轴向装有对称的四片翅片，使进入转鼓的液体很快地达到转鼓的转动角速度，被澄清的液体从转鼓上端出液口排出，进入积液盘再流入槽、罐等容器内。固体则留在转鼓上，待停机后再清除。转鼓及主轴以挠性连接悬挂在主轴皮带轮上，主轴皮带轮与其他部件组成为机头部分。主轴上端支承在主轴皮带轮的缓冲橡皮块上，而转鼓用连接螺母悬于主轴下端。转鼓底盖上的空心轴插入机架上的一滑动轴承组中，滑动轴承组靠手柄锁定在机身上；该滑动轴承装有减震器，可在水平面内浮动。只要将转鼓与主轴间的连接螺母拧松，即可把转鼓从离心机中卸出。电动机装在机架上部，带动压带轮及平动皮带转动而使转鼓旋转。

**2. 设备特点**　GF/QF 型管式分离机具有极高的分离因数和最大直径的转鼓；采用了密闭式的大孔机身，高速传动部件被安全罩封盖，保证了本机的安全性；本机与物料接触的零件均采用不锈钢制作，易于清洗和消毒；机身筒体可绕中心轴旋转。卸料时可将四个固定的螺栓松开，摇动减速箱手柄，使机身筒体绕中心轴旋转至接近水平位置，可轻松地将转鼓水平抽出，放在专用的工作台上，进行拆卸和清洗。装配时按卸料时的反顺序操作。此装置大大地减轻工人的劳动强度。

**3. 技术参数**　GF/QF 型管式分离机技术参数见表 6-4。

表 6-4　GF/QF 型管式分离机技术参数表

| 设备性能 | 型号 | |
|---|---|---|
| | GF75 | GQ75 |
| 转鼓内径（mm） | 75 | 75 |
| 转鼓有效高度（mm） | 450 | 450 |
| 转鼓有效容积（L） | 2.67 | 2.67 |
| 转鼓工作转速（rpm/min） | 21000 | 21000 |
| 最大分离因数 | 22500 | 22500 |
| 进料喷嘴直径（mm） | 3、5、7 | 3、5、7 |
| 进料口压力（MPa） | >0.05 | >0.05 |
| 生产能力（水通过能力）（L/h） | 670 | 670 |
| 电动机（kW） | 1.5 | 1.5 |
| 启动方式 | 全压 | 全压 |

注：①GF 为分离型；GF 为澄清型。②GF75 型和 GQ75 型主要参数相差无几，主要区别在于 GF75 型适用于分离浮浊液或混合液体比重差异甚微的液-液分离或少量杂质的液-液-固的三相分离；而 GQ75 则适用于固液两相比重差较大的悬浮液的固液分离。

**4. 安装调试**　本机的安装调试分为四个部分：整体机器的安装，电源的连接，主轴、转鼓、集液盘的安装，进液轴承座的安装。

（1）机器的整体安装　基础平面应保持相对水平，机器的重心应尽量保持与基础的重心重合，安装机器时用重锤法校正，使机身的上下孔在一条垂直线上。

（2）电源的连接　①按要求接线，操纵开关的位置应便于观察、便于操作。②核对电路电压，使之与电动机的铭牌要求相符。③核对运转方向转鼓，转鼓的传动方向，从上向下看为顺时针运转。

（3）主轴、转鼓、集液盘的安装　①将锁紧套上旋，并使其固定在上部位置。②将主轴上的锁止螺钉卸下，套上主轴螺帽，从锁紧套的下端穿入并上移依顺序安装缓冲器、下联结座、上联结座、锁止螺钉并锁紧。③将主轴上窜，使其卡紧在轴心座的圆锥面上，从而使主轴固定在上部。④将转鼓装入机身，注意底轴部分应装入进液轴承内的滑动轴承。⑤依次安装集液盘、液盘盖。⑥拧下转鼓上的护帽，并将该护帽随手拧在机身上，用手轻拍主轴，同时用另一只手把它接住，以防与转鼓碰撞，检查转鼓与主轴的结合处，确认干净后，用手将主轴与转鼓结合，拧上主轴螺帽，用专用扳手将其旋紧。⑦检查上部传动销是否在缓冲器的两个孔内，转动转鼓观察安装是否正确，确认无撞击声。⑧旋下锁紧套与液盘盖锁紧，安装完毕。

（4）进液轴承座安装　进液轴承座安装在机身下部，它可以根据生产工艺的要求，每次分离结束后拆卸清洗，也可定期清洗。①将组装好的进液轴承座，装入底盘中心孔中，将固定螺栓拧紧。②更换滑动轴承（内径磨损 1mm）及弹簧时，将进液轴承座拆下，用专用扳手将压帽卸下，即可更换。

**5. 操作方法**　主要包括操作前的准备工作、开机操作、停机操作三个部分。

（1）操作前的准备工作　①当液体中所含的杂质或固相物百分率低于 5%时，该机发挥最理想的分离效果，如果百分率高于 5% 时建议先做澄清处理。②进料一般由高槽进料，如果黏度大的液体，也可用泵进料。③物料经喷嘴进入分离机的压力，视物料的性质而定，但至少要向上喷到转鼓的一半，如果压力太低，则部分液体将不进入转鼓而由下部的进液轴承座中的溢流口流出，如果压力太高，则影响分离质量还会引起机器的振动。④进料管的内径应足够大，可以用阀门控制，操作者可根据流速和产量来定。⑤分离机备有三种直径不同的喷嘴，喷嘴的选择取决于物料的分离质量，如果要求分离质量高而生产量小时，使用小的喷嘴，反之亦然。

（2）开机操作　①接通分离机的电动运转电源，等待约 80 秒，转鼓即可达到工作转速。电机的启动电源一般在 30A 左右。②机器全速后，方可打开进料阀门，先把阀门开小，待澄清的液体流出集液盘的接嘴后，将阀门开到预先测定的流量，进行液体的澄清，在分离过程中最后好不要中途停止加料。③分离操作中，观察出液体流量是否正常，观察澄清度是否满足澄清要求，待到出液口的液体开始变混时，停机排渣。

（3）停机操作　①停机前必需先关掉进料阀门，等到集液盘不流液体时，方可停机。停机方法：断开电源，自由停机。②排渣与清洗转鼓与装配的顺序相反，取下转鼓带上保护帽，放在固定架上，用专用扳手拆开转鼓的底轴，用拉钩取出三翼板。用刮板、铲子将转鼓内的沉渣及固相物清除，用水清洗干净。③转鼓的装配，将三翼板装入转鼓内时，注意将三翼板拨至转鼓的顶部（并将其定位标记与转鼓定位标记对正），旋上底轴，用底轴扳手将底轴定位，使底轴上的标记靠近转鼓上对位标记，如果不对位，说明结合处有异物，需要松开清除。如果超过对位标记 10mm，需要更换密封垫。

**6. 维护保养**　涨紧轮部件及主轴传动部件中的高速轴承的润滑采用高速润滑，2~3 个月加注 1 次；进液滑动轴承系自润滑轴承，每次使用时，旋转油杯使用少量的润滑油进入轴承内表面；每周 1 次取下滑动轴承组予以清洗并检查各个部件。检查拟合平面的磨损情况，保证拟合平面的平滑接触。在每次完成生产任务后，必须及时清洗进料管、出料管、积液盘等接触物料的部件，按规定工艺拆装转鼓，及时清洗或消毒。

**7. 注意事项**　转鼓头部与主轴的结合面一定要有良好的配合，要注意保护转鼓头部的端平面、内止口及螺纹。每次装配时必须认真检查，要求配合完好无损、清洁；每次拆下的旋转零件都应认真检查，有不符合要求的，应予以修理或调换，否则就不要予以装配；用专用工夹具拆装端盖，装上时对准记号，用柔性锤子敲击扳手；转鼓拆下后必须清洗干净，筒壁上的剩余残渣会影响平衡和正常使用；运行一段时间要检查一下轴承中是否有污物，如有及时拆下清洗干净，再按规定装机；在任何情况下要保证旋转零件不受碰撞或强烈振动，防止划伤、变形以免影响旋转部分的机械精度和使用寿命；当转鼓、机头、下轴承等重要部件有一段时间内停止使用，必须妥善保管；拆卸皮带时，涨紧曲柄需自然返回，安装时逆时针就位；拆机头销子时，必须用小锤子在带记号一端轻轻敲击，安装时相反；机头轴承处一周加适量润滑油；单独启动电机必须卸去皮带；在转鼓装在主轴上并旋紧连接螺母前不得启动离心机；皮带没有压紧装好前不得启动离心机；且没有装好下轴承组件前不得启动离心机；在装转鼓前，必须用手检查下轴承中滑动轴承是否灵活，并注上润滑油；在启动离心机之前，必须用手转动转鼓使其旋转，如出现摇晃大或碰擦，必须找出原因，排除故障，否则不得启动离心机；未装上保护螺套、罩壳不得启动电动机。

**8. 故障排除** GF75/Q75 型管式分离机故障及排除见表 6-5。

表 6-5 GF75/Q75 型管式分离机故障及排除表

| 故障 | 检查部件 | 消除方法 |
|---|---|---|
| 机器的震动（在机身中部测量机器的震动剧烈程度>7.1） | 检查转鼓与主轴的结合处<br>检查主轴是否弯曲 | 用细油石将压痕，划伤精心修复，用 V 块将转鼓两端架起，用百分表在主轴的最外端测量主轴径向跳动，任意方向装配均在 0.15mm 以内<br>用顶针将主轴两端的中心孔顶起，用百分表检查各部件径向跳动 0.05mm 以内 |
| | 检查转鼓底轴上的轴套是否损坏 | 严重磨损更换新件。 |
| | 检查进液轴承座中的滑动轴承是否损坏 | 滑动轴承与轴承之间的间隙达 0.1mm 应更换新件 |
| | 检查弹簧是否损坏或疲劳 | 进液轴承座中弹簧损坏应立即更换 |
| | 检查转鼓与底轴的对应标记是否相对应 | 位置差达 20mm，应更换密封垫，使之重新定位 |
| | 检查缓冲器是否损坏 | 更换 |
| | 检查主轴上端的锁止螺钉是否松动 | 拧紧 |
| | 转股本身的平衡精度破坏原因：拆装变形，清洗碰撞，使用变形。 | 重校正转鼓平面（一般应回生产厂家进行） |
| | 检查涨紧轮部件在运转中的振动情况 | 调整 |
| | 检查主轴传动部件中高速轴承的运转情况 | 耳听：损坏时有砂架刮磨的尖叫声<br>手摸：小皮带轮温度很高<br>表试：用百分表测量，机器振动发现不规则振动，而且震动很大。 |
| 转鼓转速下降按 ZBJ7708-89（管式分离机技术条件）规定空载允许降速 1%，负载允许 3% | 检查电源电压是否达到要求 | 排除 |
| | 检查电机转速是否达到要求 | 修理后或更换 |
| | 检查是否有残余物料将转鼓出液口堵塞 | 清洗 |
| | 检查传动带是否严重磨损<br>表面上有油污使传动带打滑 | 更换 |
| | 检查主轴与转鼓是否松动 | 拧紧 |

## 二、离心设备

### （一）SS 型三足式离心机

三足式离心机是用途最为广泛的离心机，从第一台离心机开始，至今仍在全世界范围内广受欢迎，其造价低廉、抗震性好、结构简单、操作方便，广泛用于化工、轻工、纺织、食品、制药、冶金、矿山、稀土、环保等行业，该机符合 GMP 规范设计，以 SS 型三足式离心机为例介绍。SS 型三足式离心机为人工上部卸料；间歇操作的过滤式离心机，适合分离含固相颗粒 ≥0.01mm 的悬浮液，固相颗粒可为粒状、结晶状或纤维状等形态，也可用于纱束、纺织品等的脱水之用。

**1. 工作原理**　SS 型三足式离心机是一种分离机械，其作用是将固体和液体的混合液（液体和液体）进行分离，从而分别得到固体和液体、液体和液体，为了适应工业生产需要，离心机通过高速旋转，产生强大的离心力，其离心分离系数通常是重力加速度的上百倍、上千倍、上万倍，因此分离速度很快。但是由于不同的物料性质差异很大，所以形成了各种不同规格的离心机，一般固体和液体进行分离的离心机转速在3000 转以下，颗粒更细、密度差更小的混合液则需要在转速为 8000～30000 的离心机进行分离。

**2. 设备特点**　SS 型三足式离心机采用三点悬挂式结构。机身外壳及装在机身上的主轴和转数，由三根吊杆挂在三只支柱的球面座上，吊杆上装有缓冲弹簧，这种支撑方式使转鼓内胆装料不均而处于不平衡状态时能自动进行调整，减轻主轴和轴承的动力负荷，获得稳定的运转，离心机由装在外壳侧面的电动机通过三角皮带驱动。装有转鼓的主轴垂直安装在一对滚动轴承内，轴承座与盘成一体。转鼓由带孔的圆柱形鼓壁、拦液板和转鼓三部分组成。

外壳侧面装有刹车手柄，受刹车装置控制，离心机起步是由电机通过电机起步轮带动传动工作。

**3. 技术参数**　SS 型三足式离心机主要技术参数见表 6-6。

表 6-6　SS 型三足式离心机主要技术参数

| 项目<br>型号 | 转鼓内径<br>（mm） | 有效容积<br>（L） | 额定转速<br>（rpm/min） | 分离因数 | 电机型号及功率<br>（kW） | 重量<br>（kg） |
|---|---|---|---|---|---|---|
| SS300 | 300 | 18 | 1390 | 556 | Y90S-4/1.1 | 100 |
| SS450 | 450 | 22 | 1670 | 700 | Y90L-4/1.5 | 180 |
| SS550 | 550 | 32 | 1450 | 588 | Y100L1-4/2.2 | 250 |
| SS600 | 600 | 42 | 1500 | 750 | Y100L2-4/3.0 | 580 |
| SS800 | 800 | 98 | 1200 | 643 | Y132S-4/5.5 | 1320 |
| SS1000 | 1000 | 140 | 1000 | 560 | Y132M-4/7.5 | 1530 |
| SS1200 | 1200 | 200 | 850 | 487 | Y160M-4/1.1 | 2040 |
| SS1500 | 1500 | 410 | 800 | 306 | Y160L-4/1.5 | 4080 |
| SSC315 | 315 | 9.4 | 3000 | 1536 | Y90S-2/1.5 | 150 |

**4. 操作方法**　操作过程包括三个步骤：开机前的准备工作、开机操作、停机操作。

（1）开机前的准备工作　①三足式离心机周围是否清洁，不允许有妨碍运行的因素存在。②检查流程是否正确。③检查各连接件及地脚螺栓是否完整紧固。④检查三足式离心机的密封性，必要时重新连接。⑤检查接地线是否齐全紧固。

（2）开机操作　①打开三足式离心机密封盖。②在三足式离心机内铺上规定的滤布。③开启放料阀门，将物料放至三足式离心机内。④关闭密封盖，并旋紧螺丝。⑤启动三足式离心机，进行离心操作。

（3）停机操作 ①离心结束，停止电动机。②开启三足式离心机密封盖，卸出滤布及滤饼。③关闭三足式离心机密封盖，离心结束。④长期停止工作，应彻底排净三足式离心机内滤液。

**5. 操作中的维护保养及注意事项** 离心操作中，密封盖封闭严密才能启动电动机，否则料液会甩出离心机，造成事故；电机电流不得超过额定电流；工作中发现异常声音，应立即停车检查处理；经常保持设备及其周围的卫生。为确保离心机正常运转，使用6个月后应加油保养1次。①轴承处运转润滑情况、有无磨损现象。②制动装置中的部件是否有磨损情况。③离心机内部有无破裂，吊杆销子是否折断。④轴承有无磨损现象。⑤轴承密封有无漏油现象。

**6. 故障排除** 三足式离心机常见故障及排除方法见表6-7。

表6-7 三足式离心机常见故障及排除方法

| 一般故障 | 产生原因 | 排除方法 |
|---|---|---|
| 震动 | 安装不水平或装料不均匀 | 安装要水平，注意装料均匀 |
| | 主轴拼帽松动 | 拧紧主轴螺帽 |
| | 减震弹簧折断 | 拆换减震弹簧 |
| 响声 | 各传动部位有松动 | 拧紧各传动部位 |
| | 轴承磨损过度或断裂 | 检查轴承，必要时更换轴承 |
| 拦液及泡液 | 装料过多 | 按额定量装料 |
| | 超过额定转速 | 不要超过额定转速 |

### （二）SGZ 型系列全自动离心机

离心机是利用离心力，分离液体与固体颗粒或液体与液体的混合物中各组分的机械。离心机主要用于将悬浮液中的固体颗粒与液体分开，或将乳浊液中两种密度不同、又互不相溶的液体分开，如从牛奶中分离出奶油；它也可用于排除湿固体中的液体，如用洗衣机甩干湿衣服；特殊的超速管式分离机还可分离不同密度的气体混合物；利用不同密度或粒度的固体颗粒在液体中沉降速度不同的特点，有的沉降离心机还可对固体颗粒按密度或粒度进行分级。以 SGZ 型系列全自动离心机为例对使用，技术参数等进行介绍。

**1. 工作原理** SGZ 型系列全自动离心机属于三足式全自动刮离心机，是一种刮下部卸料、间歇操作的过滤设备。物料由上部加入转鼓，在离心力场的作用下，液相穿过过滤介质排出机外，固相物截留在转鼓内，转鼓降速后用刮料器刮落从离心机下部排出。SGZ 型系列全自动离心机具有运转平稳、操作方便等特点，可按使用要求设定程序，自动完成进料。

**2. 设备特点** SGZ 型系列全自动离心机为三足式刮下部卸料、间歇操作、程序控制的过滤式自动离心机，可按使用要求设定程序，由液压、电气控制系统自动完成进料、分离、洗涤、脱水、卸料等工序，可实现远、近距离操作。该机采用窄刮低速卸料，因此除广泛用于含粒度 0.05~0.15mm 固相颗粒的悬浮液分离外，特别适宜热敏感性强、不允许晶粒破碎、操作人员不宜接近的物料的分离。该机具有自动化程序高、处理量大、分离效果好、运转稳定、操作方便等优点。

**3. 技术参数** SGZ 型系列全自动离心机主要技术参数见表 6-8。

表 6-8 SGZ 型系列离心机主要技术参数表

| 型号 | SGZ-800 | SGZ-1000 | SGZ-1250 |
|---|---|---|---|
| 转鼓直径（mm） | 800 | 1000 | 1250 |
| 工作容积（L） | 100 | 150 | 280 |
| 装料限重（kg） | 140 | 200 | 400 |
| 转速（rpm/min） | 1200 | 1000 | 850 |
| 分离因数 | 643 | 560 | 506 |
| 电机功率（kW） | 7.5 | 11 | 22 |
| 外形尺寸（mm） | 2000×1400×1700 | 2250×1700×2000 | 2600×2000×2700 |

**4. 操作方法**

（1）启动电源按钮，冲氮电磁阀门打开进行冲氮置换，转鼓开始转动。

（2）当离心机至设定的加料转速时（第一速度段），进料阀打开开始进料，同时将一部分液相滤出。进料流量可通过进料阀面板前的手动阀门进行调节，以物料进入转鼓内均匀为原则，防止加料不均匀产生振动。加料量由料程控制器进行测定，待加料达到限定量后，关闭进料阀。

（3）加料时必须注意 滤饼的容积和重量都不能超过规定。当滤饼密度较大时，必须保证其滤饼重量不得大于规定的装料重量，以免出现危险；当滤饼密度较小时，必须保证其滤饼体积不得大于规定的装料容量，以免料浆溢出，在调试时应按所分离物料的滤饼的密度，对料程控制器进行必要的调整。加料完毕，离心机进入第二加速时段。

（4）离心机在第二速度时段运行，对滤饼进行分离。

（5）打开洗涤阀，对滤饼进行洗涤，同时将一部分洗涤液滤出（洗涤时间根据工艺要求而定）。洗涤液流量也可通过洗涤阀面板前的手动阀门进行调节。

（6）待洗涤完毕，便可进入脱液阶段，具体脱液时间视各物料脱水要求及脱水性能而定。

（7）当滤饼脱液达到预期要求后，电机降至低速运转。开始刮料过程。刮料顺序为：刮刀向内旋转-→刮刀下降-→刮刀上升-→刮刀向外旋转刮料结束，刮刀恢复上方位置。

**5. 维护保养**

（1）定期保养。与其他医疗仪器保养一样，除对电路、电子线路和机械转动部分的常规检查维修外，还需注意各种指示灯有无损坏和老化（亮度不够）。

（2）保持离心杯对称平衡检查。离心机尽管有二级减震装置，如离心腔内放置的样本管不平衡，也会引起离心机抖动移位。停机复位后，要认真检查仪器是否正常。

（3）盖门栓检查。离心机盖门栓，要经常检查，保持灵活，防止强行的开或关。

当出现接触不良时，应及时修理更换。对常见故障，平时要加强注意观察，及时排除。

（4）使用记录。做好离心机工作状态和每次工作时间的登记工作，记录仪器故障原因和排除方法及时间，确保仪器处于较好的工作状态。

**6. 注意事项**

（1）不同吸水性能的物料应分别脱水。

（2）新安装的脱水机或新连接的电线须确保电机正确旋转。

（3）当物料因严重不均匀而摇晃时，请立即关闭电源开关，重新分布物料，然后将其脱水。

（4）不要使物料过载。特别是在移除非物料的其他物品时要特别注意。

（5）全自动离心机运转时，请勿将手伸入脱水机的内笼区域。

**7. 故障排除** SGZ 型系列全自动离心机故障排除见表 6-9

表 6-9 SGZ 型系列全自动离心机故障排除参考表

| 故障特征 | 产生原因 | 排除方法 |
|---|---|---|
| 机器不能启动 | 开关损坏或没被激活 | 更换开关或重新安装 |
| | 刮刀没在初始位置 | 使刮刀复位 |
| 过载保护 | 主电机过热，风冷电机不工作 | 修复或更换风冷点击 |
| 机器运转时发生强烈震动 | 转鼓内掉入金属异物，产生不平衡，引起震动 | 去除金属异物 |
| | 滤网或滤布破损，引起进料时部分漏料，产生不平衡，引起震动 | 重新调换滤布或滤网 |
| | 轴承损坏 | 更换轴承 |

## 三、真空过滤设备

转鼓真空过滤机是连续式过滤机的一种。构造与转筒真空过滤机相似，操作原理也相同。以负压作为过滤推动力，过滤面在圆柱形转鼓表面进行连续过滤机。这种过滤机最初用于制碱和采矿工业，后来应用扩展到化工、煤炭和污泥脱水等部门。以 G2/1 刮刀式转鼓真空过滤机为例，对工作原理、设备构成和工艺流程等进行介绍。

**1. 工作原理** 分配阀的动盘固定在转鼓轴颈上，与转鼓同步旋转。动盘端面有一圈孔，每个孔与转鼓上对应的一个滤室相连；阀座不转动，其内侧端面上开有几条弧形槽，分别与外侧的接管连通。阀座与动盘贴合，各弧形槽顺序与动盘上的孔相通，旋转的滤室即可与固定的真空或压缩空气系统顺序连接，使过滤操作循坏进行。

**2. 设备构成和工艺流程** 本设备有一水平转鼓，鼓壁开孔，鼓面上铺以支撑板和滤布，构成过滤面。过滤面下的空间分成若干隔开的扇形滤室。各滤室有导管与分配阀相通。转鼓每旋转一周，各滤室通过分配阀轮流接通真空系统和压缩空气系统，按顺序完成过滤、洗渣、吸干、卸渣和过滤介质（滤布）再生等操作。在转鼓的整个过滤面上，过滤区约占圆周的 1/3，洗渣和吸干区占 1/2，卸渣区占 1/6，各区之间有过渡段。过滤时转鼓下部沉浸在悬浮液中缓慢旋转。沉没在悬浮液内的滤室与真空系统连通，滤液被吸出过滤机，固体颗粒则被吸附在过滤面上形成滤渣。滤室随转鼓旋转离开悬浮液后，继续吸去滤渣中饱含的液体。当需要除去滤渣中残留的滤液时，可在滤室旋转到转鼓上部时，喷洒洗涤水。这时滤室与另一真空系统接通，洗涤水透过滤渣层置换颗粒之间残存的滤液。滤液被吸入滤室，并单独排出，然后卸除已经吸干的滤渣。这时滤室与压缩空气系统连通，反吹滤布松动滤渣，再由刮刀刮下滤渣。压缩空气（或蒸汽）继续反吹滤布，可疏通孔隙，使之再生。如果悬浮液中的颗粒较重，沉降速度很快，则宜采用悬浮液在转鼓上方加料的结构或内滤面转鼓真空过滤机。如果悬浮液中的固体颗粒很细或形成可压缩性滤渣，则应在转鼓过滤面上预先吸附一层固体助滤物，或在悬浮液中混入一定量的固体助滤物，使滤渣较为疏松，可提高过滤速度。

**3. 技术参数** G-2/1 刮刀式转鼓真空过滤机技术参数见表 6-10。

表 6-10 G-2/1 刮刀式转鼓真空过滤机技术参数表

| 型号 | 过滤面积（m²） | 转鼓直径（mm） | 转鼓宽度（mm） | 转鼓转速（rpm/min） | 传动功率（kW） | 外形尺寸（mm） |
|---|---|---|---|---|---|---|
| G-2/1 | 2 | 1000 | 700 | 0.1~2 | 1.1 | 1540×1700×1300 |

**4. 操作方法**

（1）启动前应仔细检查。储液槽内、搅拌架、转鼓、折带装置各导辊间不应有无关的物品；滤布是否铺接妥善；各减速电机接线是否正确。

（2）启动转鼓，由低速到高速注意转动方向要正确（从分配头方向看，转鼓旋向应为顺时针方向）。

（3）启动螺旋辊，注意旋转方向，螺旋辊的旋向应与转鼓反向。

（4）启动搅拌，注意运动中不应有异常声响。

（5）启动真空系统。

**5. 维护保养**

（1）外低温环境工作结束后，将真空泵至冷凝器中的存水放干净，以防低温结冰损坏设备。

（2）真空过滤机的冷凝器，加热器应定期清洁，否则会影响效率，缩短寿命。

（3）正在运行的真空滤油机需要中断时，应在断开加热电源5分钟后才能停止油泵运行，以防油路中局部油品受热分解产生烃类气体。

（4）滤油机放置不用时，应将真空泵内的污油放尽并注入新油。

**6. 注意事项**

（1）当转鼓过滤机用于料浆密度大的物料时，应注意到两个支承轴承受较大的向上的浮力作用。

（2）当转鼓的浸沉角度较大时，应检查转鼓两端轴承的密封面是否发生泄漏。

（3）当料浆中固相物密度大而颗粒分布广、有大颗粒存在时，应经常检查搅拌器运转是否正常，是否发生料槽底部有较厚沉积层的现象。

（4）经常检查分配盘的密封面是否出现较大磨损，如发现密封不对，或者设备出现较大的噪声时，表明密封出现磨损，应当修复或者更换，也有可能出现分配盘压紧弹簧压紧力太小的问题。

（5）转鼓的支承轴在驱动箱端有通气口，对于封闭的转鼓，此通气口必须畅通，如果发生阻塞，可能会引起转鼓失稳。

（6）有滤饼洗涤过程时，应经常检查所有喷嘴均能正常工作，不应发生阻塞，而且洗涤水量应得到正确控制，不应出现有较多洗涤水沿着滤饼流失的现象。

**7. 故障排除**　刮刀式转鼓真空过滤机故障排除方法见表6-11。

表 6-11　G-2/1 刮刀式转鼓真空过滤机故障排除方法

| 故障特征 | 产生原因 | 排除方法 |
| --- | --- | --- |
| 真空度低抽滤速度慢 | 真空管道出现渗漏 | 采取补漏 |
| 卸料不干净 | 刮刀磨损 | 修复或更换 |
| 切换阀不切换 | 气压小于 0.3MPa | 调节气压使其大于 0.3MPa |
| 排液罐不排液 | 中间隔板焊接脱落，漏真空 | 重新焊接 |
| 处理量波动大 | 滑台过低或滑台节数之间不在同一直线 | 调整滑台 |
| 滤布打皱 | 刮刀压力过大，受力不均 | 减轻并调整 |
| | 压布辊高低不一或表面不平整 | 调整或更换 |

## 四、连续逆流提取设备

连续逆流提取主要应用于制药、食品、农产品、保健品等行业，广泛适用于各类中药、天然植物有效成分提取（单提、混提），适用于各种溶媒（水或乙醇、石油醚、丙酮等有机溶剂），是提取车间建设、新药及新产品开发、教学、科研及实验研究等方面应用的理想提取设备。

**1. 工作原理**　ND 系列连续逆流提取机组的设计基于高效的连续逆流浸出原理，待提取固体物料（中药材或天然植物）从送料器上部料斗加入，由螺旋送料器不断地送至浸出舱低端，浸出舱中螺旋推进器将固体物料平稳地推向高端过程中，有效成分被连续地浸出，残渣由高端排渣机构排出；同时溶剂从浸出舱高端进入，渗透固体物料走向低端过程中浓度不断加大，提取液经浸出舱底端固-液分离机构导出。在整个提取过程中，计算机全程自动控制，固体物料和溶媒始终保持相对运动并均匀受热、连续更新不断扩散的界面；始终保持理想的料-液浓度差（梯度）；有效成分提尽率大，提取速度快。

**2. 结构特征**　ND 系列连续逆流提取机组主体提取设备由倾斜式单/双螺旋结构浸出舱（带加热夹层）、物料定量送料器、溶媒定量加入器、连续固-液分离器、连续排渣器及传动机构等，以及配套的提取过程智能控制系统等构成。配套设备有输送器、挤压器、过滤器、冷凝器、蒸发器、换热器、平台、储罐、管道、泵、阀等。

**3. 技术参数**　ND 系列连续逆流提取机组主要技术参数见表6-12。

表 6-12　ND 系列型连续逆流提取机组主要技术参数

| 规格型号 | ND-50 | ND-100 | ND-150 | ND-200 | ND-300 | ND-400 | ND-000 |
|---|---|---|---|---|---|---|---|
| 生产能力（L/h） | 125 | 250 | 275 | 500 | 625 | 750 | 2500 |
| 夹套内压力（MPa） | <0.09 | | | | | | |
| 罐内压力（MPa） | 常压 | | | | | | |
| 罐内温度（℃） | 0~100 | | | | | | |
| 功率（kW） | 3~4 | | | | | | |
| 物料运行时间（min） | 30~120 | | | | | | |
| 出液时间（min） | 8~15 | | | | | | |
| 药材粒度（mm） | 5（左右） | | | | | | |
| 外形尺寸（m） | 15×2×3 | 15×2×3 | 15×2×3 | 15×2×3 | 15×2×3 | 15×2×3 | 15×2×3 |

**4. 设备特点**

（1）连续逆流动态提取，保持较大的连续浓度梯度，增加了有效成分的溶解、溶出及扩散速度。

（2）有效成分提取速度快，提取率及效率较高，节约原料；提取液质量稳定可控、均一性好。

（3）出液系数小、减少溶媒用量，提取生产线中蒸发浓缩器的蒸发负荷就可减半。节省大量的能耗。

（4）可低温浸出，物料受热均匀，不破坏热敏性物质的有效成分，减少了无用成分的溶出。

（5）连续逆流提取时，药渣连续均匀通过管道被隔离排放，符合药品生产环境的要求。

（6）整机占地空间小，便于清洗及维护，符合 GMP 认证要求。

**5. 操作方法**　ND 系列连续逆流提取机组结合了计算机智能控制等技术，对提取生产过程进行控制，并对重要工艺参数进行在线分析与优化控制，使整个提取生产过程达到高效、稳定、可控、节能，消除了人工操作的不稳定性，有效地提高产品的质量。变传统的模糊生产为全程数据跟踪和智能控制，由计算机数字化、智能化控制替代传统的凭经验手工操作。计算机智能控制系统主要有过程测控子系统、软测量子系统、过程分析子系统、生产管理子系统、实验管理子系统、远程监控子系统等功能系统，按用户需求选择配置。

**6. 维护保养**

（1）压缩空气管路应经常除水、调压后才能使用，以保证控制阀和气缸的正常工作。

（2）各气缸的进出口应按有足够长的耐压软管，保证气缸动作灵活。

（3）全面检查电汽线路、控制系统是否正确，控制箱中针型阀开度必须合适，应使出渣门缓慢平衡打开，为避免由于排渣门开启时自有利重而产生的冲力使气缸活塞杆受损。

（4）检查投料门，排渣门工作是否正常，是否顺利到位。

（5）全面检查设备其他各机件、仪表是否完整无损，动作灵敏，各汽路是否畅通。

（6）检查各汽路及汽路安全装置，要保证设备工作压力不得超压。

（7）检查投料门与排渣门的密封性能，可通过调整橡胶密封圈及调节螺钉来达到。

（8）随时检查疏水器是否畅通，及时清除污垢，在安装疏水器时要加管道视镜和旁通。

（9）检查管路上的阀门、输水阀、放液阀、排污阀是否完好。

（10）检查打液泵是否运行正常，有没有不安全的因素。

（11）当本设备带压操作时或设备内残余压力尚未泄放完之前，严禁开启投料门及排渣门。

（12）清洁灯镜、视镜，并保持干净。

（13）每班使用后，应清扫各部位附着的药物及杂质，设备保持清洁。

**7. 注意事项**

（1）所有减速机的润滑油均在规定的刻度线，低于规定刻度线应及时添加。主机轴承及挤榨机轴承应定期加黄油，注意观察提取设备的运行，发现卡死应立即停机检查，查出原因并解决后方可开机。

（2）提取设备投料应均匀连续，不允许断断续续；提取过程中随时观看溶剂的液面，确保液面在正常高度；经常观察逆流提取筒体末端出渣处的视镜，发现有堵料或有堵料的趋势应及时调整掏料器的转速，增加掏料器的转速。

（3）经常观察提取设备出渣口的药渣的含水情况，太湿应降低转速，太干燥应加快转速（加快转速前应停止掏料机、主机 5 分钟，5 分钟后再开启掏料器、主机，并加快挤榨机的转速）。

（4）不允许硬质的东西及其他影响提取设备运行物质掉进主机内，发现应及时停机取出。不允许常温或者低温排渣，温度控制 60℃ 以上为好，温度过低，物料为硬化，易导致提取设备卡死。当天的物料应及时排出，不允许隔夜排渣，隔夜排渣容易卡死挤榨机。若采用有机溶剂提取时，应关闭提取设备所有观察孔，确保无泄漏。

（5）若采用有机溶剂提取时，在预热溶剂时应把温度控制在沸点以下进入筒体；进入筒体采用夹套加热，达到提取所需温度；所有输料泵，不允许空转；夹套蒸汽不允许超压加热，工作压力应<0.1MPa；提取暂储罐物料的转移应采用小流量连续输送，这样有利于充分冷却；采用有机溶剂提取时应开启冷凝装置。

**8. 故障排除**

（1）连续逆流超声波提取机在运用过程中会导致提取的数据不稳定的情况，原因是在安装的过程中，管道振动大或存在改变流态装置。解决方法是将其中的一个传感器改装在远离振动源的地方或移至改变流态装置的上游。

（2）提取数字误差会偏大，主要原因是在水平管道的顶部和底部的沉淀物干扰超声波信号。解决方法将传感器装在管道两侧。

（3）工作效率问题传感器是好的，但流速偏低或没有流速，可能是由于管道外的油漆、铁锈未清除干净。解决方法新清除管道，安装传感器。

（4）读取的流量数有时候会有增加的情况，原因是传感器位置过于靠近控制阀下游。当部分关闭阀门时，流量计测量的实际是控制阀门缩径流速提高的流速，因口径缩小而流速增加。解决方法将传感器远离控制阀门，传感器上游距控制阀 30D 或将传感器移至控制阀上游距控制阀 5D。

（5）在超声波提取机工作正常时突然不读取了，原因可能是被测介质发生变化。解决方法改变测量方式。

# 第七章 干燥设备 ▷▷▷▷

干燥泛指从湿物料中除去湿分（水或其他液体）的各种操作。就制药工业而言，无论是原料药生产的精干包环节，还是制剂生产的固体造粒，其物料中都含有一定量的湿分，需要依据加工、储存和运输等工艺要求除去其中部分湿分以达到工艺规定的湿分含量。工程上将除去物料中湿分超过工艺规定部分的操作称为去湿。常用的去湿方法有机械去湿法和加热去湿法等。

加热去湿法是通过加热使湿物料中的湿分汽化逸出，以获得规定湿分含量的固体物料。这种方法处理量大，去湿程度高，普遍为生产所采用，但能量消耗大。制药工业中，将加热去湿法称为供热干燥，简称为干燥。

由于干燥是利用热能去湿的操作，有湿分的相变化，能量消耗多。因此，制药生产中湿物料一般都先用沉降、压滤或离心分离等机械方法除去其中的部分湿分，再用干燥法去除剩余的湿分而制成合格的产品。

## 第一节 干燥过程的能量衡算

利用热空气作为干燥介质的干燥过程，先将空气预热到适当温度，然后送入干燥器，在干燥器中热空气供给湿物料中水分汽化所需的热量而本身温度降低，湿含量增加，干燥过程结束后，废气从干燥器的另一端排出。因此，应通过干燥器的物料衡算和热量衡算计算出湿物料中水分汽化量、空气用量和所需热量，为合理而又经济地设计干燥工艺，以及选择空气输送设备、加热设备、干燥器、其他辅助设备提供相应的科学依据。

### 一、物料衡算

对于干燥器的物料衡算，通常已知的条件是单位时间（或每批）物料的质量、物料在干燥前后的含水量、进入干燥器湿空气的状态（主要指湿度，温度等）等。

#### （一）水分蒸发量

图 7-1 是连续逆流干燥器的物料参数示意图，以秒为计算基准。图中，$q_{mdg}$ 为绝干空气消耗量，单位：kg 绝干空气/s；$q_{md}$ 为绝干物料流量，单位：kg 绝干物料/s；$H_i$、$H_o$ 为进出干燥器热空气的湿度，单位：kg 水/kg 绝干空气；$x_i$、$x_o$ 为进出干燥器物料的干基含水量，单位：kg 水/kg 绝干物料。

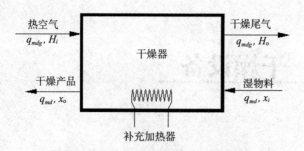

**图 7-1  连续逆流干燥器的物料参数**

对干燥器进行物料衡算（对水分进行衡算）

则
$$q_{mdg}H_i + q_{md}x_i = q_{mdg}H_o + q_{md}x_o \quad （公式7-1）$$

设干燥过程中水分的蒸发量为 $q_{Mw}$，单位 kg 水/s，则

$$q_{mw} = q_{mdg}(H_o - H_i) = q_{md}(x_i - x_o) \quad （公式7-2）$$

此外
$$q_{mw} = q_{mi} - q_{mo} \quad （公式7-3）$$

### （二）空气消耗量

湿空气进出干燥器前、后，其中绝干空气质量是恒定的，由于湿物料中蒸发出来的水分被热空气带走，故空气中水蒸气的增加量等于物料中水分的减少量，即

$$q_{mdg} = \frac{q_{mw}}{H_o - H_i} \quad （公式7-4）$$

因为湿空气消耗量 $q_{mg}$，单位：kg 绝干空气/s

$$q_{m_g} = q_{mdg}(1 + H_i) \quad （公式7-5）$$

单位水分绝干空气消耗量 $q_{mdg}'$，单位：kg 绝干空气/kg 水分

$$q'_{mdg} = \frac{q_{mdg}}{q_{mw}} = \frac{1}{H_o - H_i} \quad （公式7-6）$$

上式表明，单位空气消耗量仅与空气的 $H_i$ 和 $H_0$ 有关，而与干燥过程无关。由于 H 为温度和相对湿度的函数，对同一种类、相同质量物料干燥来说，夏季的温度、湿度均比冬季高，故夏季的空气消耗量比冬季大。因此，选择输送空气的风机设备室，需按全年中最大空气消耗量作为依据。

### （三）干燥产品流量

干燥产品流量 $q_{mo}$，单位：kg 物料/s，可根据如下公式计算：

$$q_{mi}(1 - w_i) = q_{mo}(1 - w_o) = q_{md} \quad （公式7-7）$$

故

$$q_{mo} = q_{mi}\frac{1 - w_i}{1 - w_o} \quad （公式7-8）$$

式中：$w_i$、$w_o$ 为进出干燥器的湿基含水量。

### 二、热量衡算

干燥过程通常包括空气预热和湿物料干燥两部分。通过对干燥器的热量衡算可以确定物料干燥时所消耗的热量及空气的进出状态，为选择空气预热器、干燥器和计算热效率等提供数据。

下面以图 7-2 所示的连续干燥系统进行热量衡算。图中各符号意义如下：

$q_{mdg}$ 绝干空气流量，单位：kg/s。

$t_{gi}$、$t_g$ 为空气进、出预热器的温度，单位：℃。

$h_i$、$h$ 为空气进、出预热器的比焓，单位：kJ/kg。

$t_g$、$t_{go}$ 为空气进、出干燥器的温度，单位：℃。

$h$、$h_o$ 为空气进、出干燥器的比焓，单位：kJ/kg。

$H_i$、$H_o$ 为空气进、出干燥器的湿度，单位：kg/kg。

$x_i$、$x_o$ 为物料进、出干燥器时的干基含水量，单位：kg/kg。

$t_{mi}$、$t_{mo}$ 为物料进、出干燥器时的温度，单位：℃。

$\Phi_p$ 为空气在预热器中获得的热流量，单位：kJ/s。

$\Phi_a$ 为向干燥器中补充的热流量，单位：kJ/s。

$\Phi_L$ 为干燥器的热流量损失，单位：kJ/s。

$q_{md}$ 为绝干物料的流量，单位：kg/s。

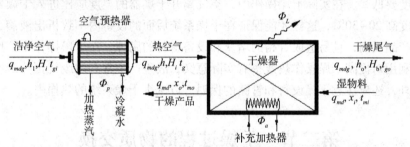

图 7-2　连续干燥过程的热量衡算参数

### （一）对预热器进行热量衡算

预热器将空气从 $t_{gi}$ 加热到 $t_g$ 所的热流量 $\Phi_p$ 为

$$\Phi_p = q_{mdg}(h - h_i) = q_{mdg}(1.01+1.88H_i)(t_g - t_{gi}) \qquad （公式 7-9）$$

### （二）对干燥器进行热量衡算

带入干燥器的热量来自两部分：一是预热后的热空气在干燥器中放出的热流量 $\Phi_e$，一是干燥器内加热器提供的补充热流量 $\Phi_a$；干燥器所消耗的热量有三个方面：加热物料消耗的热流量 $\Phi_m$；蒸发水分消耗的热流量 $\Phi_w$ 和干燥器的热流量损失 $\Phi_L$。根据能量守恒定律，有

$$\Phi_e + \Phi_a = \Phi_m + \Phi_w + \Phi_L \qquad （公式 7-10）$$

其中

$$\varPhi_e = \varPhi_p - q_{mdg}\ (h_o - h_i) = q_{mdg}\ (h - h_i)\ - q_{mdg}\ (h_o - h_i) = q_{mdg}\ (h - h_o)$$

（公式 3-38）

$$\varPhi_a = q_{mdg}\ (h_o - h)\ + q_{md}\ (h_{mo} - h_{mi})\ + \varPhi_L$$ （公式 7-11）

### （三）干燥系统总的热量衡算

干燥系统消耗的总热量由 $\varPhi_a$ 和 $\varPhi_p$ 两部分组成。

$$\varPhi = \varPhi_a + \varPhi_p = q_{mdg}\ (h_o - h_i)\ + q_{md}\ (h_{mo} - h_{mi})\ + \varPhi_L$$ （公式 7-12）

### 三、干燥器的热效率

干燥器的热效率 $\eta$ 通常被定义为：

$$\eta = \frac{\text{干燥系统中气化水分所消耗的热量}}{\text{向干燥系统加入的总热量}} \times 100\%$$ （公式 7-13）

即

$$\eta = \frac{\varPhi_w}{\varPhi_a + \varPhi_p}$$ （公式 7-14）

干燥系统的热效率越高表示热利用率越好。若空气离开干燥器的温度较低而湿度较高，则可提高干燥操作的热效率。但是空气湿度增加，使物料与空气间的推动力减小。一般来说，对于吸水性物料的干燥，空气离开干燥器的温度应高些，而湿度则应低些，即相对湿度要低些。在实际干燥操作中，空气离开干燥器的温度应比进入干燥器时的绝热饱和温度高 20~30℃，这样才能保证在干燥系统后面的设备内不致析出液滴，否则可能使干燥产品反潮，且易造成管路的堵塞和设备材料的腐蚀。在干燥操作中，废气中热量的回收利用对提高干燥操作热效率有实际意义，故生产中常利用废气预热冷空气或冷物料。此外，还应注意干燥设备和管路的保温，以减少干燥系统的热损失。

# 第二节　干燥过程的物质交换

干燥过程既包含了传热过程又含有传质过程。比如，在对流干燥过程中，干燥介质（如热空气）将热传递到湿物料表面，湿物料表面上的湿分即行汽化，并通过表面处的气膜向气流主体扩散；与此同时，由于物料表面上湿分汽化的结果，使物料内部和表面之间产生湿分差，因此物料内部的湿分以气态或液态的形式向表面扩散，进而在表面汽化、扩散，达到干燥的目的。

要使干燥过程能够进行，必须使物料表面的水汽（或其他蒸气）的分压大于干燥介质中水汽（或其他蒸气）的分压：两者的压差愈大，干燥进行得愈快，所以干燥介质应及时地将汽化的水汽带走，以便保持一定的汽化水分推动力。若压差为零，则无水汽传递，干燥操作也就停止了。

## 一、物料中水分的性质

固体物料的干燥过程不仅涉及气、固两相间的传热和传质，而且还涉及物料中的湿分以气态或液态的形式自物料内部向表面的传递问题。湿分在物料内部的传递主要与湿物料的结构有关，即使在同一种物料中，有时所含水分的性质也不尽相同。因此，用干燥方法从物料中除去水分的难易程度因物料结构不同，即物料中湿分的性质不同而不同。

## （一）结合水分和非结合水分

根据物料与水分结合力的不同，可将物料中所含水分分为结合水分与非结合水分。

**1. 结合水分** 这种水分是借化学力或物理化学力与固体相结合的。由于这类水分结合力强，其蒸汽压低于同温度下纯水的饱和蒸气压，从而使干燥过程的传质推动力较小，除去这种水分较难。它包括物料中的结晶水、吸附结合水分、毛细管结构中的水分等。

（1）物料中的结晶水 这部分水与物料分子间有准确的数量关系，靠化学力相结合，属于用干燥方法不可以去除的水分。

（2）吸附结合水分 这部分水分与物料分子间无严格的数量关系，靠范德华力相结合。一般的干燥方法只能去除部分吸附结合水分。

（3）毛细管结构中的水分 当物料为多孔性或纤维状结构，或为粉状颗粒等结构时，其间的水分受毛细管力的作用。用干燥和机械方法可以除去一部分这类水分。

（4）以溶液形式存在于物料中的水分 固体物料为可溶物时，水分可以溶液形式存在。

干燥方法可以除去大部分这种水分。

**2. 非结合水分** 非结合水分通常包括物料表面的水分、颗粒堆积层中较大空隙中的水分等，这些水分与物料是机械结合。物料中非结合水分与物料的结合力弱，其蒸汽压与同温度下纯水的饱和蒸气压相同，因此非结合水分的汽化与纯水的汽化相同，在干燥过程中较易除去。

物料中结合水和非结合水的划分可参见图 7-3。物料含水量在相对湿度接近 100% 时，结合水分与非结合水分的测定比较困难。根据它们的特点，可将平衡曲线外推至相对湿度为 100% 处，间接得出物料中结合水的含量 $X'$，如图 7-3 虚线部分所示。物料的总含水量 $X$ 为结合水分与非结合水分之和。

## （二）自由水分与平衡水分

根据物料在一定干燥操作条件下，物料中所含水分能否被除去来划分，可将物料中的水分分为自由水分和平衡水分。

**1. 自由水分** 在干燥操作条件下，物料中能够被去除的水分称为自由水分。由图 7-3 可知，自由水分包括物料中的全部非结合水分和部分结合水分。

**2. 平衡水分** 当某物料与一定温度和相对湿度的不饱和湿空气接触时，由于湿物料表面水的蒸汽压大于空气中水蒸气分压，湿物料的水分向空气中气化，直到物料表面水的蒸汽压与空气中水蒸气分压相等为止。此时，物料中的水分与空气处于动平衡状态，即物料中的水分不再因与空气接触时间的延长而增减，此时物料中所含的水分称为该空气状态下物料的平衡水分。

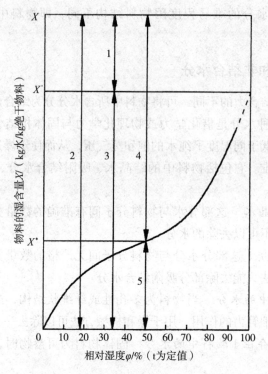

1. 非结合水；2. 总水分；3. 结合水；4. 自由水；5. 平衡水分

**图7-3 固体物料中水分性质示意图**

这里所讨论的平衡水分是指在干燥操作条件下的平衡水分，即在实际干燥操作过程中，干燥后物料的最终含水量一般都会高于或趋近平衡水分值，即平衡水分是干燥操作条件下物料中剩余的最小极限水分量。图7-3表明，平衡水分属于物料中的结合水分。

自由水分和平衡水分的划分与物料的性质有很大的关系，也与空气的状态密切相关。同一干燥条件下，不同物料的平衡曲线不同；同一种物料，空气温度 $t$ 和湿度 $H$ 不同时，自由水分值和平衡水分值亦不相同，它们都可以用实验的方法测得。物料的总含水量 $X$ 也为自由水分与平衡水分之和。

研究一定条件下药物的平衡含水量，对药物的干燥工艺参数选择、贮藏和保质都具有指导性意义。

综上所述，结合水分与非结合水分、自由水分与平衡水分是对物料含水量的两种不同的划分方法。结合水分与非结合水分只与物料特性有关而与空气状态无关；自由水分与平衡水分不仅与物料特性有关，而且还与干燥介质的状况有关。图7-3是在等温下，固体物料中这些水分之间的关系。

## 二、干燥特性曲线

干燥过程的核算内容除了确定干燥的操作条件外，还需要确定干燥器的尺寸、干燥时间等，因此，必须知道干燥过程的干燥速率。干燥机理和干燥过程比较复杂，通常干燥速率是从实验测得的干燥曲线中求得。根据物料在生产中的干燥条件，干燥可分为恒定条件的干燥与非恒定条件的干燥。所谓恒定条件的干燥是指在干燥过程中，各干燥条件的工艺参数（不包括物料）不随时间变化而变化。为了简化影响因素，干燥实验往往是选在恒定条件下进行的。

### （一）干燥曲线

运用实验的方法，在恒定的干燥条件下，测出物料的含水量 $x$ 或水分蒸发量 $q_{mw}$、物料的表面温度 $t$ 随干燥时间 $\tau$ 的变化数据。测定时，干燥介质（热空气）的温度、湿度、流速及物料的接触方式在整个干燥过程中均保持恒定不变。随着干燥时间的延续，水分不断被汽化，湿物料质量逐渐减少，直至物料质量不再变化，物料中所含水分基本为平衡水分。整理不同时间测取的数据可绘制成图 7-4 所示的曲线，称为干燥曲线。

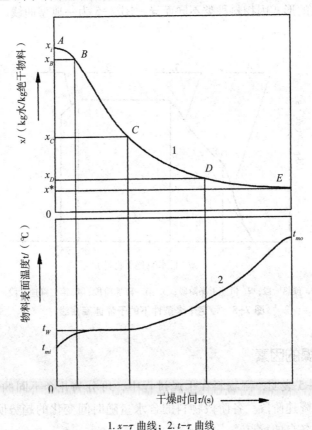

1. $x$-$\tau$ 曲线；2. $t$-$\tau$ 曲线
**图 7-4　恒定干燥条件下的干燥曲线示意图**

### （二）干燥速率曲线

在单位时间内、单位干燥面积上汽化的水分质量称为干燥速率，用 $U$ 表示，即

$$U = \frac{dW}{Ad\tau}$$
（公式 7-15）

式中：$U$ 表示干燥速率，单位：kg 水／（m² · s）；$W$ 表示物料实验操作中汽化的水分，单位：kg；$A$ 表示干燥面积（即物料与空气的接触面积），单位：m²；$\tau$ 表示干燥时间，单位：s。

由于 $dW = -m_d dx$ 故：

$$U = \frac{dW}{Ad\tau} = \frac{-m_d dx}{Ad\tau}$$
（公式 7-16）

式中：$m_d$ 为干燥操作中湿物料中绝干物料的质量，单位：kg；上式中的负号表示 $x$ 随干燥时间的增加而减小，$dx/d\tau$ 即为图 7-4 中干燥曲线上任意一点的斜率。因此由图 7-4 中的干燥曲线及其各点的斜率可得到干燥速率 $U$ 随物料含水量 $x$ 变化的干燥速率曲线，如图 7-5 所示。

干燥速率曲线的形式因物料种类不同而异，图 7-5 为一典型曲线。

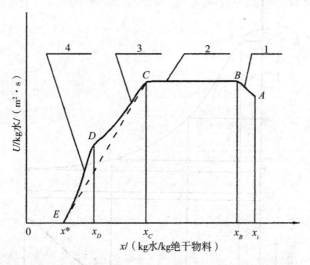

1. 预热阶段；2. 恒速干燥阶段；3. 第一降速阶段；4. 第二降速阶段

**图 7-5　恒定干燥条件下的干燥速率曲线**

### 三、影响干燥的因素

图 7-3 和图 7-5 表明，湿物料在干燥过程中，可分为几个不同的干燥阶段：预热阶段、恒速阶段和降速阶段。各阶段物料的含水量随时间变化的趋势明显不同，因此，每个阶段也表现出各自的特点。

**1. 物料预热阶段**　图 7-5 中 $A$ 点表示物料进入干燥器时含水量 $x_i$、温度 $t_{mi}$。在恒定的干燥条件下，热空气温度为 $t_g$，湿度为 $H_i$，物料被加热，水分开始汽化，气固两相间进行热量、质量传递，到达 $B$ 点前，物料表面温度随时间增加而升高，干燥速率也随时间而增加。$AB$ 段称为干燥预热阶段。

**2. 恒速干燥阶段**　到达 $B$ 点时，物料含水量降至 $x_B$，此时物料表面充满非结合水分，此时物料表面蒸汽压等于同温度下纯水的蒸汽压，空气传给物料的热量，全部用于汽化这些水分，物料表面温度始终保持空气的湿球温度 $t_w$（不计湿物料受辐射传热的影响），传热速率保持不变，直至曲线上的 $C$ 点。一般来说，到达 $C$ 点前，汽化的水分为非结合水分。$BC$（包括 $C$ 点）段称为恒速干燥阶段。

在恒速干燥阶段中，气化的水分应为非结合水分，因此干燥速率的大小主要取决于空气的性质即取决于物料表面水分的气化速率，所以恒速干燥阶段又称为表面气化控制阶段。

**3. 降速干燥阶段** 干燥操作中，当干燥速率开始减小时，干燥速率曲线上出现一转折点，即图 7-4 曲线上的 $C$ 点，该点称为临界点，该点对应的湿物料的含水量降到 $x_c$，称为临界含水量。随后物料表面出现局部结合水分被去除，物料内部的水分不能及时扩散传递到表面的情况，致使物料表面不能继续维持全部湿润。干燥过程进行到 $C$ 点后，水分汽化量减少，干燥速率逐渐减小，物料表面温度稍有上升，到达 $D$ 点时，全部物料表面都不含非结合水。$CD$ 段称为第一降速干燥阶段。

过了 $D$ 点后，物料表面温度开始升高，物料中结合水分及剩余非结合水分的汽化则由表面开始向内部移动，空气传递的热量必须达到物料内部才能使物料内部的水分汽化，干燥过程的传热、传质途径增加，阻力加大，水分由内部向表面传递的速率越来越小，干燥速率进一步下降，到达 $E$ 点时速率降为零，物料的含水量降至该空气状态下的平衡含水量 $x^*$，再继续干燥已不可能降低物料的含水量。$DE$ 段称为第二降速阶段。

需要说明的是，以上干燥过程是为取得干燥数据而制定的，干燥时间可以延续至物料干燥到平衡含水量 $x^*$。但在实际干燥时，干燥时间不可能如上述那样长。物料的含水量 $x$ 也不可能达到平衡含水量 $x^*$，只能接近平衡含水量，因此，最终物料的干燥速率也不等于零。

由以上讨论可知，在干燥过程中，物料一般都要经历预热阶段、恒速干燥阶段和降速干燥阶段。在恒速干燥阶段，干燥速率不仅与物料的性质、状态、内部结构、物料厚度等物料因素有关，还与热空气的参数有关，此时物料温度低，干燥速率最大；在降速干燥阶段，干燥速率主要取决于物料的性质、状态、内部结构、物料厚度等，而与热空气的参数关系不大。干燥过程又称为内部扩散控制阶段，此时，空气传给湿物料的热量大于气化所需的热量，故物料表面温度不断升高，干燥的速率越来越小，蒸发同样量的水分所需的时间加长。

干燥过程阶段的划分是由物料的临界含水量 $x_c$ 确定的，$x_c$ 是一项影响物料干燥速率和干燥时间的重要特性参数。$x_c$ 值越大，则干燥进入降速阶段越早，蒸发同样的水分量时间越长。临界含水量 $x_c$ 值的大小，因物料性质、厚度和干燥速率的不同而异。在一定干燥速率下，物料愈厚，$x_c$ 愈高。根据固体内水分扩散的理论推导表明，扩散速率与物料厚度的平方成反比。因此，减薄物料厚度可有效地提高干燥速率。了解影响 $x_c$ 值的因素，有助于选择强化干燥的措施、开发新型的高效干燥设备、提高干燥速率。物料临界含水量值通常由实验测定或查阅有关手册来获取。

## 四、干燥时间的计算

在恒定干燥条件下，物料从初始含水量 $x_i$ 干燥至最终含水量 $x_o$，经与实际条件相同的实验测得干燥特性曲线后，干燥时间 $\tau$ 可直接从图中查得。若缺少干燥特性曲线图，可采用计算方法求得。求算干燥时间 $\tau$ 分恒速干燥阶段和降速干燥阶段进行。其中干燥预热阶段的时间很短，一般将其并入恒速干燥阶段考虑；第一降速干燥阶段和第二降速干燥阶段一并作为降速干燥阶段考虑。

## （一）恒速干燥时间

恒速干燥时间（$\tau_1$），因恒速干燥阶段的干燥速率等于临界干燥速率 $U_c$，则 $U_c$ 可写为

$$U_c = -\frac{m_d dx}{A d\tau} \qquad （公式 7-17）$$

分离变量积分得

$$\int_0^{\tau_1} d\tau = \int_{x_i}^{x_c} -\frac{m_d}{U_c A} dx \qquad （公式 7-18）$$

则

$$\tau_1 = \frac{m_d}{U_c A}(x_i - x_c) \qquad （公式 7-19）$$

## （二）降速干燥时间

降速干燥时间（$\tau_2$），物料在降速阶段的干燥速率 $U$ 不是常数，它随着物料含水量 $x$ 变化。对变量分离积分得

$$\tau_2 = \int_{x_c}^{x_0} -\frac{md}{A} \frac{dx}{U} \qquad （公式 7-20）$$

当通过与实际条件相同的实验获得干燥速率 $U$ 与物料干基含水量 $x$ 的数量关系后，公式 7-20 中积分项可以采用图解积分法求取。具体方法是以 $X$ 为横坐标，$1/U$ 为纵坐标，在直角坐标系上绘制出曲线，如图 7-6 所示，用图解法求出阴影部分的面积即为积分项的值。代入式 7-20 就可以求出降速阶段的干燥时间 $\tau_2$。

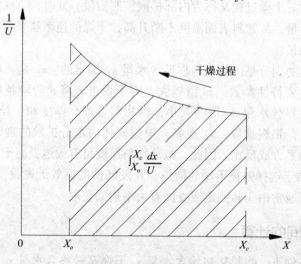

**图 7-6　图解积分法**

用图解积分法求得的干燥时间，结果较为准确，但必须知道干燥速率 $U$ 与物料干基含水量 $x$ 的数量关系，当缺乏这一关系的完整数据，而仅通过部分实验知道一些关键点的数据时，可以用解析方法，近似求算 $\tau_2$ 值。这种方法是假定在降速阶段，物料干燥速率 $U$ 与干基含水量 $x$ 呈线性关系，这样 $U$ 和 $x$ 的关系可写成 $U = ax + b$，微分得 $dU = adx$，带入公式 7-20 得：

$$\tau_2 = \frac{md}{aA} \int_{U_0}^{U_c} \frac{dU}{U} = \frac{md}{aA} \ln \frac{U_c}{U_0}$$

式中：$U_0$ 物料的干燥速率，单位：$kg/(m^2 \cdot s)$；$\alpha$ 干燥曲线降速干燥阶段的斜率。

根据干燥曲线中的 CE 段，可得：

$$a = \frac{U_c}{x_c - x^*} \quad 或 \quad a = \frac{U_0}{x_0 - x^*}$$

将上述式子变换带入，得：

$$\tau_2 \frac{m_d}{A} \cdot \frac{x_c - x^*}{U_c} ln \frac{x_c - x^*}{x_0 - x^*} \qquad （公式 7-21）$$

物料在干燥器中的停留时间为：

$$\tau = \tau_1 + \tau_2 \qquad （公式 7-21）$$

对于间歇式干燥，若每批卸料时间为 $\tau_3$，则每批物料干燥操作时间为：

$$\tau = \tau_1 + \tau_2 + \tau_3 \qquad （公式 7-22）$$

# 第三节  干燥器的选择

生产中的干燥方法多种多样，相应的干燥设备也是种类繁多。制药生产中的干燥与其他行业的干燥相比，尽管干燥机理基本相同，但由于其行业的特殊性，有其自身的特殊要求和限制。因此，实际生产中如何根据物料的特性和工艺要求，正确地选择干燥设备就显得尤为重要。

## 一、干燥分类

日常生活中的物资成千上万，需要干燥的物质种类繁多，所以生产中的干燥方法亦是多种多样，从不同角度考虑也有不同的分类方法。

按操作压力的不同，干燥可分为常压干燥和减压（真空）干燥。常压干燥适合对干燥没有特殊要求的物料干燥；减压（真空）干燥适合于特殊物料的干燥，如热敏性、易氧化和易燃易爆等物料的干燥。

按操作方式可分为连续式干燥和间歇式干燥。连续式的特点是生产能力大，干燥质量均匀，热效率高，劳动条件好；间歇式的特点是品种适应性广，设备投资少，操作控制方便，但干燥时间长，生产能力小，劳动强度大。

按供给热能的方式，干燥可分为对流干燥、传导干燥、辐射干燥和介电干燥等。干燥设备通常就是根据这种分类方法进行设计制造的。

**1. 对流干燥**  利用加热后的干燥介质，常用的是热空气，将热量带入干燥器内并传给物料，使物料中的湿分汽化，形成的湿气同时被空气带走。这种干燥是利用对流传热的方式向湿物料供热，又以对流方式带走湿分，空气既是载热体，也是载湿体。此类干燥目前应用最为广泛，其优点是干燥温度易于控制，物料不易过热变质，处理量大；缺点是热能利用程度低。典型的如气流干燥、流化干燥、喷雾干燥等都属于这类干燥方法。

**2. 传导干燥**  让湿物料与设备的加热表面相接触，将热能直接传导给湿物料，使物料中湿分汽化，同时用空气将湿气带走。干燥时设备的加热面是载热体，空气是载湿体。传导干燥的优点是热能利用程度高，湿分蒸发量大，干燥速度快；缺点是当温度较高时易使物料过热而变质。典型干燥设备有转鼓干燥、真空干燥、冷冻干燥等。

**3. 辐射干燥**  利用远红外线辐射作为热源，向湿物料辐射供热，湿分汽化带走湿气。这种方式是用电磁辐射波作为热源，空气作为载湿体，其优点是安全、卫生、效率高；缺点是耗电量较大、设备投入高。这类干燥设备有红外线辐射干燥。

**4. 介电干燥**  在微波或高频电磁场的作用下，湿物料中的极性分子（如水分子）、离子产生偶极子转动和离子传导等为主的能量转换效应，辐射能转化为热能，湿分汽化，同时用空气带走汽化的湿分，最终达到干燥的目的。其加热方式不是由外而内，而是内外同时加热，在一定深度层与表面之间，物料内部温度高于表面温度，从而使温度梯度和湿分扩散方向一致，可以加快湿分的汽化，缩短干燥时间。这类干燥设备有微波干燥。

## 二、干燥器的分类

将上述这些干燥方式应用在实际生产中，结合被干燥物料的特点，机械制造厂家就研发了许多不同种类适合于干燥各种物料的干燥设备。以下分别按不同的类别加以叙述。

**1. 按操作压力**  可分为常压干燥和减压（真空）干燥。减压（真空）干燥可降低湿分气化温度，提高干燥速度，尤其适用于热敏性、易氧化、易燃易爆或终态含水量极低物料的干燥。

**2. 按操作方式**  可分为连续操作和间歇操作。前者适用于大规模连续化生产，后者适用小批量、多品种的间歇生产，是药品干燥过程经常采用的形式。

**3. 按被干燥物料的形态**  可分为块状、片状、带状、粒状、粉状、溶液、膏糊状或浆状物料干燥器等。

**4. 按结构形式**  可分为箱式、隧道式、转筒式、气流式干燥器等。

**5. 按传热方式**  分为传导干燥器、对流干燥器、辐射干燥器和介电加热干燥器，以及由上述两种或三种方式组成的联合干燥器。

（1）热传导干燥器  热量经加热壁以热传导方式传给湿物料，使其中的湿分气化，再将产生的蒸气排除。

（2）对流干燥器　利用载热体以对流传热的方式将热量传递给湿物料，使其中的湿分气化并扩散至载热体中而被带走。在对流干燥过程中，干燥介质既是载热体，又是载湿体。此法的优点是容易调控干燥介质的温度，防止物料过热。但因为有大量的热会随干燥废气排走而导致热效率较低（30%~50%）。

（3）辐射干燥器　利用辐射装置发射电磁波，湿物料因吸收电磁波而升温发热，致使其中的湿分气化并加以排除。干燥过程中，由于电磁波将能量直接传递给湿物料，所以传热效率较高。辐射干燥具有干燥速度快、使用灵活等特点，但在干燥过程中，物料摊铺不宜过厚。

以上三种方法的共同点在于传热与传质的方向相反。干燥中，热量均由湿物料表面向内部传递，而湿分均由湿物料内部向表面传递。由于物料的表面温度较高，此处的湿分也将首先气化，并在物料表面形成蒸气层，增大了传热和传质的阻力，所以干燥时间较长。

（4）介电干燥器　介电干燥又称为高频干燥，是将被干燥物料置于高频电场内，在高频电场的交变作用下，物料内部的极性分子的运动振幅将增大，其振动能量使物料发热，从而使湿分气化而达到干燥的目的。一般情况下，物料内部的含湿量比表面的高，而水的介电常数比固体的介电常数大，因此，物料内部的吸热量较多，从而使物料内部的温度高于其表面温度。此时，传热与传质的方向一致，因此，干燥速度较快。

通常将电场频率低于300MHz的介电加热称为高频加热，在300MHz~300GHz的介电加热称为超高频加热，又称为微波加热。由于设备投资大、能耗高，故大规模工业化生产应用较少。目前，介电加热常用于科研和日常生活中，如家用微波炉等。

### 三、干燥器的选择原则

干燥是制药生产过程中不可或缺的基本单元操作，不同的品种、剂型、设备、环境及操作方法，干燥情况往往有很大差别，因而干燥器的选择十分重要。干燥器的选择受多种因素影响和制约，制药干燥设备不仅要满足化工设备强度、精度、表面粗糙度及运转可靠性等要求，还要从结构考虑可拆卸、易清洗、无死角、避免污染物渗入，不仅要满足干燥操作要求，还要满足 GMP 的要求，以确保药品本身质量。正确的步骤必须从被干燥物料的性质和产量，生产工艺要求和特点，设备的结构、型号及规格，环境保护等方面综合考虑，进行优化选择。根据物料中水分的结合性质，选择干燥方式；依据生产工艺要求，在实验基础上进行热量衡算，为选择预热器和干燥器的型号、规格，以及确定空气消耗量、干燥热效率等提供依据；计算得出物料在干燥器内的停留时间，确定干燥器的工艺尺寸。

#### （一）干燥器的基本要求和选用原则

保证产品质量要求，如湿含量、粒度分布、外表形状及光泽等；干燥速率大，以缩短干燥时间，减小设备体积，提高设备的生产能力；干燥器热效率高，干燥是能量消耗较大的单元操作之一，在干燥操作中能的利用率是技术经济的一个重要指标；干燥系统的流体阻力要小，以降低流体输送机械的能耗；环境污染小，劳动条件好；操作简便、安全、可靠，对于易燃、易爆、有毒物料，要采取特殊的技术措施。

### （二）干燥器选择的影响因素

选择干燥器前首先要了解被干燥物料的性质特点，因此必须采用与工业设备相似的设备来做试验，以提供物料干燥特性的关键数据，并探测物料的干燥机制，为选择干燥器提供理论依据。通过经验和有针对性的试验，应了解以下内容：工艺流程参数；原料是否经预脱水及将物料供给干燥器的方法；原料的化学性质；干产品的规格和性质等。

**1. 物料形态影响**　根据被干燥物料的物理形态，可以将物料分为液态料、滤饼料、固态可流动料和原药材等。表7-1列出了物料形态和部分常用干燥器的对应选择关系，可供参考。

表7-1　物料的选择与干燥器的适配关系

| 干燥器 | 物料形态 | | | | | | | | | 原药材 |
|---|---|---|---|---|---|---|---|---|---|---|
| | 固态可流动料 | | | 液态料 | | 滤饼料 | | | | |
| | 溶液 | 浆料 | 膏状物 | 离心滤饼 | 过滤滤饼 | 粉料 | 颗粒 | 结晶 | 扁料 | |
| 厢式干燥器 | × | × | × | √ | √ | √ | √ | √ | √ | √ |
| 带式干燥器 | × | × | × | × | × | × | √ | √ | √ | √ |
| 隧道干燥器 | × | × | × | × | × | × | √ | √ | × | √ |
| 流化床干燥器 | × | × | × | √ | √ | √ | × | √ | × | × |
| 喷雾干燥器 | √ | √ | × | × | × | × | × | × | × | × |
| 闪蒸干燥器 | × | × | × | √ | √ | √ | √ | × | × | × |
| 转鼓干燥器 | × | √ | √ | × | × | × | × | × | × | × |
| 真空干燥器 | × | × | × | √ | √ | √ | √ | √ | √ | √ |
| 冷冻干燥器 | × | × | × | × | √ | √ | √ | √ | √ | √ |

注：√表示物料形态与干燥器适配；×表示物料形态与干燥器不适配。

**2. 物料处理方法**　在制定药品生产工艺时，被干燥物料的处理方法对干燥器的选择是一个关键的因素。有些物料需要经过预处理或预成形，才能使其适用在某种干燥器中干燥。

如使用喷雾干燥就必须要将物预先料液态化，使用流化床干燥前最好将物料进行制粒处理；液态或膏状物料不必处理即可使用转鼓干燥器进行干燥，对温度敏感的生物制品则应设法使其保持活性状态，采用冷冻干燥。

**3. 温度与时间**　药物的有效成分大多数是有机物及有生物活性的物质，它们的显著特点就是对温度比较敏感。高温会使有效成分发生分解、降活甚至完全失活；但低温又不利于干燥。所以，药品生产中的干燥温度、时间与干燥设备的选用关系密切。一般来说，对温度敏感的物料可以采用快速干燥、真空或真空冷冻干燥、低温慢速干燥、化学吸附干燥等。表7-2列出了一些干燥器中物料的停留时间。

表7-2 干燥器中物料的停留时间

| 干燥器 | 干燥器内的典型停留时间 | | | | |
|---|---|---|---|---|---|
| | 1~6 秒 | 0~10 秒 | 10~30 秒 | 1~10 分钟 | 10~60 分钟 |
| 厢式干燥器 | - | - | - | √ | √ |
| 带式干燥器 | - | - | - | √ | √ |
| 隧道干燥器 | - | - | - | - | - |
| 流化床干燥器 | - | - | √ | √ | - |
| 喷雾干燥器 | √ | √ | - | - | - |
| 闪蒸干燥器 | √ | - | - | - | - |
| 转鼓干燥器 | - | √ | √ | - | - |
| 真空干燥器 | - | - | - | - | √ |
| 冷冻干燥器 | - | - | - | - | √ |

注：√表示物料在该干燥器内的典型停留时间。

**4. 生产方式** 若干燥前后的工艺均为连续操作，或虽不连续，但处理量大时则，应选择连续式的干燥器；对数量少、品种多、连续加卸料有困难的物料干燥，则应选用间歇式干燥器。

**5. 干燥量** 干燥量包括干燥物料总量和湿分蒸发量，它们都是重要的生产指标，主要用于确定干燥设备的规格、型号。但若多种类型的干燥器都能适用时，则可根据干燥器的生产能力来选择相应的干燥器。

干燥设备的最终确定通常是对设备价格、操作费用、产品质量、安全、环保、节能和便于控制、安装、维修等因素综合考虑后，提出一个合理化的方案，选择最佳的干燥器。

# 第四节 常用干燥设备

在制药工业中，由于被干燥物料的形状、性质的不同，生产规模和产品要求各异，所以实际生产中采用的干燥方法和干燥器的型式也各不相同。干燥器的种类较多，本节重点介绍制药生产中常用的几种干燥设备。

## 一、厢式干燥器

厢式干燥器是一种间歇式干燥器，一般小型的称为烘箱，大型的称为烘房。根据物料的性质、形状和操作方式，厢式干燥器又分为如下几种形式。

## （一）水平气流厢式干燥器

图7-7为制药生产中常用的水平气流厢式干燥器。它主要由许多长方形的浅盘、箱壳、通风系统（包括风机、分风板和风管等）等组成。干燥的热源多为蒸汽加热管道，干燥介质为自然空气及部分循环热风，小车上的烘盘装载被干燥物料，料层厚度一般为10~100mm。新鲜空气由风机吸入，经加热器预热后沿挡板均匀地进入各层挡板之间，在物料上方掠过而起干燥作用；部分废气经排出管排出，余下的循环使用，以提高热利用率。废气循环量可以用吸入口及排出口的挡板进行调节。空气的速度由物料的粒度而定，应使物料不被带走为宜。这种干燥器结构简单，热效率低，干燥时间长。

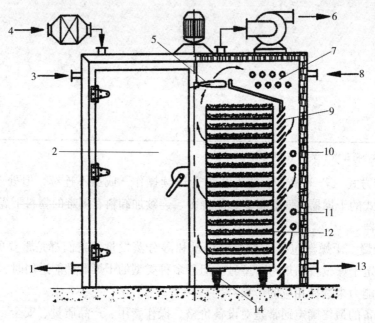

1、13-冷凝水；2. 干燥器门；3、8. 加热蒸气；4. 空气；5. 循环风扇；6. 尾气；7. 上部加热管；
9. 气流导向板；10. 隔热器壁；11. 下部加热管；12. 干燥物料；14. 载料小车

**图7-7　水平气流厢式干燥器**

## （二）穿流气流厢式干燥器

对于颗粒状物料的干燥，可将物料放在多孔的浅盘（网）上，铺成一薄层，气流垂直地通过物料层，以提高干燥速率。这种结构称为穿流厢式干燥器，如图7-8所示。从图中可看出两层物料之间有倾斜的挡板，从一层物料中吹出的湿空气被挡住而不致再吹入另一层。这种干燥对粉状物料适当造粒后也可应用。气流穿过网盘的流速一般为0.3~1.2m·s$^{-1}$。实验表明，穿流气流干燥速度比水平气流干燥速度快2~4倍。

厢式干燥器主要缺点是物料不能很好地分散，产品质量不稳定，热效率和生产效率低，干燥时间长，不能连续操作，劳动强度大，物料在装卸、翻动时易扬尘，环境污染严重。

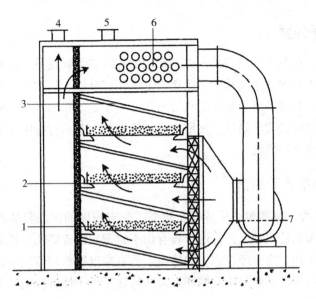

1. 干燥物料；2. 网状料盘；3. 气流挡板；4. 尾气排放口；5. 空气进口；6. 加热器；7. 风机

**图7-8　穿流气流厢式干燥器**

### （三）真空厢式干燥器

若所干燥的物料热敏性强、易氧化及易燃烧，或排出的尾气需要回收以防污染环境，则在生产中往往使用真空厢式干燥器（图7-9）。其干燥室为钢制外壳，内部安装有多层空心隔板1，分别与进气多支管7和冷凝液多支管3相接。干燥时用真空泵抽走由物料中气化的水汽或其他蒸气，从而维持干燥器中的真空度，使物料在一定的真空度下达到干燥。真空厢式干燥器的热源为低压蒸汽或热水，热效率高，被干燥药物不受污染；设备结构和生产操作都较为复杂，相应的费用也较高。

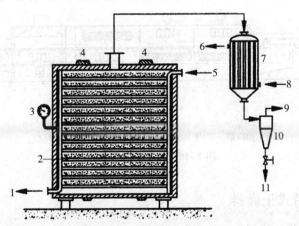

1、11-冷凝水；2. 真空隔板；3. 真空表；4. 加强筋；
5. 加热蒸气；6、8. 冷却剂；7. 冷凝器；9. 抽真空；10. 气-水分离器

**图7-9　真空厢式干燥器**

### 二、带式干燥器

带式干燥器，在制药生产中是一类最常用的连续式干燥设备，简称带干机。其基本工作原理是将湿物料置于连续传动的运送带上，用红外线、热空气、微波辐射对运动的物料加热，使物料温度升高，其中的水分汽化而被干燥。根据带干机的结构，可分为单级带式干燥机、多级带式干燥机、多层带式干燥机等。制药行业中主要使用的是单级带式干燥机和多层带式干燥机。

#### （一）单级带式干燥器

图7-10是典型的单级带式干燥器示意图。一定粒度的湿物料从进料端由加料装置被连续均匀地分布到传送带上，传送带具有用不锈钢丝网或穿孔不锈钢薄板制成网目结构，以一定速度传动；空气经过滤、加热后，垂直穿过物料和传送带，完成传热传质过程，物料被干燥后传送至卸料端，循环运行的传送带将干燥料自动卸下。整个干燥过程是连续的。

由于干燥有不同阶段，干燥室往往被分隔成几个区间，这样每个区间可以独立控制温度、风速、风向等运行参数。例如，在进料口湿含量较高区间，可选用温度、气流速度都较高的操作参数；中段可适当降低温度、气流速度；末端气流不加热，用于冷却物料。这样不但能使干燥有效均衡地进行，而且还能节约能源，降低设备运行费用。

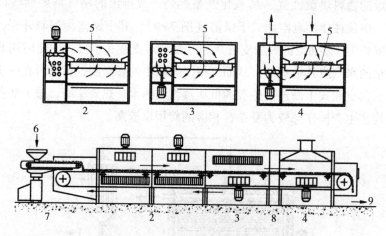

1. 加热器；2. 上吹；3. 下吹；4. 冷却；5. 传送网带；
6. 加料端；7. 摆动加料装置；8. 隔离段；9. 卸料端

**图7-10　单级带式干燥器**

#### （二）多层带式干燥器

多层带式干燥器的传送带层数通常为3~5层，多的可达15层，上下相邻两层的传送方向相反。传送带的运行速度由物料性质、空气参数和生产要求决定，上下层可以速度相同，也可以不相同，许多情况是最后一层或几层的传送带运行速度适当降低，这样可以调节物料层厚度，达到更合理地利用热能。

多层带式干燥器工作时，热空气仍以穿流流动进入干燥室。简单结构的多层带式机，只有单一流的热空气由下而上依次通过各层，物料自上而下依次由各层传送带传送，并在传送中被热空气干燥，见图7-11。

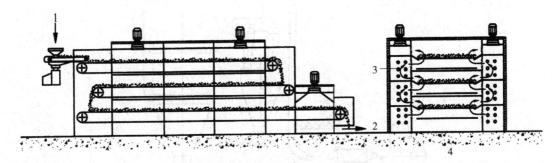

1. 加料端；2. 卸料端；3. 加热器；4. 断面图

**图7-11　多层带式干燥器结构图及断面图**

多层带式干燥器的优点是物料与传送带一起传动，同一带上物料的相对位置固定，都具有相同的干燥时间；物料在传送带上转动时，可以使物料翻动，而受震动或冲击不大，物料形状基本不受影响，却能更新物料与热空气的接触表面，保证物料干燥质量的均衡，因此特别适合于具有一定粒度的成品药物干燥；设备结构可根据干燥过程的特点分段进行设计，既能优化操作环境，又能使干燥过程更加合理；可以使用多种能源进行加热干燥，如红外线辐射和微波辐射、电加热器、燃气等，进一步改装甚至可以进行焙烤加工。带干机的缺点是被干燥物料状态的选择性范围较窄，只适合干燥具有一定粒度、没有黏性的固态物料，且生产效率和热效率较低，占地面积较大，噪声也较大。带式干燥器适用于干燥颗粒状、块状和纤维状的物料。

### 三、气流干燥器

气流干燥是将湿态时为泥状、粉粒状或块状的物料，在热气流中分散成粉粒状，一边随热气流输送，一边进行干燥。对于能在气体中自由流动的颗粒物料，均可采用气流干燥方法除去其中单位水分。可见，气流干燥是一种热空气与湿物料直接接触进行干燥的方法。气流干燥器是工业上常用的对流干燥器。

### （一）气流干燥装置及其流程

一级直管式气流干燥器是气流干燥器最常用的一种，基本流程如图7-12所示。干燥管下部有笼式破碎机，其作用是使加料器送来的滤饼等泥状物料进行破碎，同时使物料与热空气剧烈搅拌，可除去总含水量的50%~80%。当物料含水量较多、加料有困难时，可送回一部分干燥产品粉末与湿物料混合；对于散状湿物料则不必使用破碎机。湿物料通过螺旋加料器5进入干燥器，经加热器3加热的热空气，与湿物料在干燥管4内相接触，物料在干燥管内被上升的热气流分散并呈悬浮状，热空气将热能传递给湿物料表面，直至湿物料内部。与此同时，湿物料中的水分从湿物料内部以液态或气态扩散到湿物料表面，并扩散到热空气中，达到干燥目的。干燥后的物料经旋风除尘器 6 和袋式除尘器 9 回收。

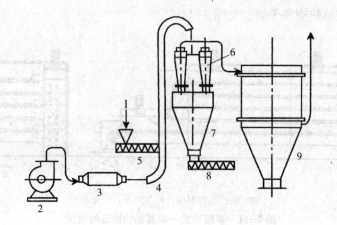

1. 湿料；2. 风机；3. 加热器；4. 干燥；
5. 螺旋加料器；6. 旋风除尘器；7. 储料斗；8. 螺旋出料器；9. 袋式除尘器

**图 7-12　一级直管式气流干燥器**

### （二）气流干燥器的特点

气流干燥器适用于干燥非结合水分及结团不严重又不怕磨损的颗粒状物料，尤其适用于干燥热敏性物料或临界含水量低的细粒或粉末物料。

**1. 干燥效率高，生产能力强**　首先，气流干燥器中气体的流速较高，通常为 20～40m·s$^{-1}$，被干燥的物料颗粒被高速气流吹起并悬浮其中，因此气固间的传热系数和传热面积都很大。其次，由于气流干燥器中的物料被气流吹散，同时在干燥过程中被高速气流进一步粉碎，颗粒的直径较小，物料的临界含水量可以降得很低，从而缩短了干燥时间。对大多数物料而言，在气流干燥器中的停留时间只需 0.5～2 秒，最长不超过 5 秒。所以可采用较高的气体温度，以提高气固间的传热温度差。由此可见，气流干燥器的传热速率很高、干燥速率很快，所以干燥器的体积也可小些。

**2. 热损失小，热效率高**　由于气流干燥器的散热面积较小，热损失低，一般热效率较高，干燥非结合水分时，热效率可达 60% 左右。

**3. 结构简单，造价低**　活动部件少，易于建造和维修，操作稳定，便于控制。

气流干燥器有许多优点，但也存在着一些缺点：由于气速高，以及物料在输送过程中与壁面的碰撞、物料之间的相互摩擦，整个干燥系统的流体阻力很大，因此动力消耗大。干燥器的主体较高，约在 10m 以上。此外，对粉尘回收装置的要求也较高，且不宜于干燥有毒的物质。尽管如此，气流干燥器仍是目前制药工业中应用最广泛的一种干燥设备。

### 四、流化床干燥器

流化床干燥又称沸腾床干燥，是固体流态化技术在干燥过程中的应用。流化床干燥器的基本工作原理是利用加热的空气向上流动，穿过干燥室底部的分布床板，床板上面有湿物料；当气流速度被控制在某一区间值时，床板上的湿物料颗粒就会被吹起，但又不会被吹走，处于似沸腾的悬浮状态，即流化状态，这种床层称为流化床或沸腾床。气流速度区间的下限值称为临界流化速度，上限值称为带出速度。处于流化状态时，颗粒在热气流中上下翻动互相混合、碰撞，与热气流进行传热和传质，达到干燥的目的。流化床干燥器适用于粉粒状物料的干燥。

各种流化干燥器的基本结构都由原料输入系统、热空气供给系统、干燥室及空气分布板、气-固分离系统、产品回收系统和控制系统等部分组成。

流化床干燥器的优点：①由于物料和干燥介质接触面积大，同时物料在床层中不断地进行激烈搅动，表面更新机会多，所以传热传质效果好，体积传热系数很大，通常可达 $2.3\sim7.0kW/(m^3 \cdot K)$。设备生产能力高，可以实现小设备大生产的要求。②流化床内纵向返混激烈，流化床层温度分布均匀，对含表面水分的物料，可以使用比较高的热风温度。③流化干燥器内物料干燥速度大，物料在设备中停留时间短，适用于某些热敏性物料的干燥。④在同一个设备中，可以进行连续操作，也可以进行间歇操作。⑤物料在干燥器内的停留时间，可以按需要进行调整。对产品含水量要求有变化或物料含水量有波动的情况更适用。⑥设备简单，投资费用较低，操作和维修方便。

流化床干燥器的缺点：①对被干燥的物料颗粒度有一定的限制，一般要求不小于 $30\mu m$，不大于6mm。②当物料的湿含量高而且黏度大时，一般不适用。③对易粘壁和结块的物料，容易发生设备的结壁和堵床现象。④流化干燥器的物料纵向返混剧烈，对单级连续式流化床干燥器，物料在设备中停留时间不均匀，有可能未经干燥的物料随着产品一起排出。

制药行业使用的流化床干燥装置。从其类型来看，主要分为单层流化床干燥器、多层流化床干燥器、卧式多室流化床干燥器、塞流式流化床干燥器、振动流化床干燥器、机械搅拌流化床干燥器等。

### （一）单层圆筒流化床干燥器

单层圆筒流化床干燥器的基本结构，见图7-13。其结构简单，干燥器工作时，空气经空气过滤器2过滤，由鼓风机3送入加热器4加热至所需温度，经气体分布板9喷入流化干燥室8，将由螺旋加料器7抛在气体分布板上的物料吹起，形成流化工作状态。物料悬浮在流化干燥室经过一定时间的停留而被干燥，大部分干燥后的物料从干燥室旁侧卸料口排出，部分随尾气从干燥室顶部排出，经旋风分离器10和袋滤器回收。

该干燥器操作方便，生产能力大。但由于流化床层内粒子接近于完全混合，物料在流化床停留时间不均匀，所以干燥后所得产品湿度也不均匀。如果限制未干燥颗粒由出料口带出，则须延长颗粒在床内的平均停留时间，解决办法是提高流化层高度，但是压力损失也随之增大。因此，单层圆筒流化床干燥器适用于处理量大、较易干燥或干燥程度要求不高的粒状物料。

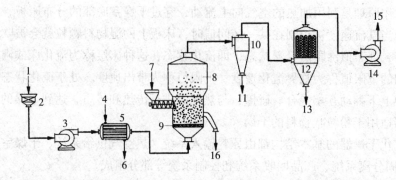

1. 空气；2. 空气过滤器；3. 鼓风机；4. 加热蒸气；5. 加热器；6. 冷凝水；7. 加料斗；8. 流化干燥室；
9. 气体分布板；10. 旋风分离器；11. 粗粉回收；12. 袋滤器；13. 细粉回收；14. 抽风机；15. 尾气；
16. 干燥产品

**图7-13　单层流化床干燥器**

## （二）多层圆筒流化床干燥器

　　多层流化床可改善单层流化床的操作状况，见图7-14。湿物料从顶部加入，逐渐向下移动，干燥后由底部排出。热气流由底部送入，向上通过各层，从顶部排出。物料与气体逆向流动，虽然层与层之间的颗粒没有混合，但每一层内的颗粒可以互相混合，所以停留时间分布均匀，可实现物料的均匀干燥。气体与物料的多次逆流接触，提高了废气中水蒸气的饱和度，因此热利用率较高。

　　多层圆筒流化床干燥器适合于对产品含水量及湿度均匀有很高要求的情况。其缺点为结构复杂，操作不易控制，难以保证各层流化稳定及定量地将物料送入下层。此外，由于床层阻力较大所导致的高能耗也是其缺点。

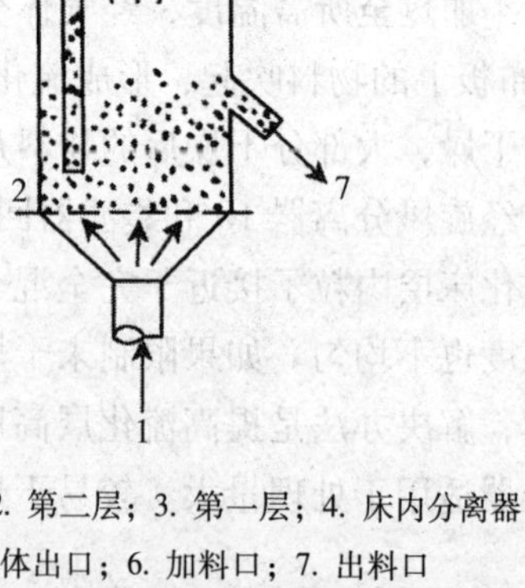

## （三）卧式多室流化床干燥器

　　在制药生产中应用较多的还有卧式多室流化床干燥器，见图7-15。工作时，在终端抽风机16作用下，空气被抽进系统，经过滤后，用高效列管式空气加热器5加热，再进入干燥器，经由支管分别送入各相邻的分配小室，各小室可对热空气流量、温度按物料在不同位置的干燥要求通过可调风门19进行适当调节。另外，在负压的作用下，导入一定量的冷空气，过滤后送入最后一室，用于冷却产品，部分冷空气用于其他小室调节温度和湿度。进入各小室的热、冷空气向上穿过气体分布板18，物料从干燥室的入料口进

1. 热空气；2. 第二层；3. 第一层；4. 床内分离器；
5. 气体出口；6. 加料口；7. 出料口

**图7-14　多层流化床干燥器**

入流化干燥室 8，在穿过分布板的热、冷空气吹动下，形成流化床，以沸腾状横向移至干燥室的另一端，完成传热、传质的干燥过程，最后由出料口排出。

　　由于干燥的不同阶段对热空气的流量和温度要求不同，为使物料在干燥过程中能合理地利用热空气来干燥物料及物料颗粒能均匀通过流化床，在干燥室内，通常用垂直室间挡板 9 将流化床分隔成多个小室（一般 4~8 室），挡板下端与分布板之间的距离可以调节，使物料能逐室通过。干燥室的上部有扩大段，流化沸腾床若向上延伸到这部分，则截面扩大，空气流速降低，物料不能被吹起，大部分物料得以和空气分离，部分细小物料随分离的空气被抽离干燥室，用旋风分离器 13 进行回收，极少量的细小粉尘由细粉回收室 15 回收。

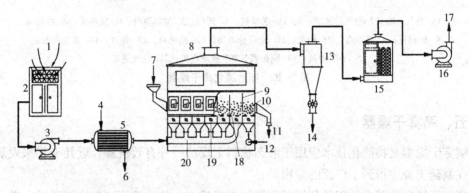

1. 空气；2. 空气过滤器；3. 鼓风机；4. 加热蒸气；5. 空气加热器；6. 冷凝水；7. 加料器；
8. 多室流化干燥室；9. 空间挡板；10. 流化床；11. 干燥物料；12. 冷空气；13. 旋风分离器；
14. 粗粉回收；15. 细粉回收室；16. 抽风机；17. 尾气；18. 气体分布板；19. 可调风门；20. 热空气分配管

**图 7-15　卧式多室流化床干燥器**

　　卧式多室流化床干燥器结构简单，操作方便，易于控制，适用性广，不但可用于各种难以干燥的粒状物料和热敏性物料，也可用于粉状及片状物料的干燥。干燥产品湿度均匀，压力损失也比多层床小，不足的是热效率要比多层床低。

## （四）振动流化床干燥器

　　为避免普通流化床的沟流、死区和团聚等情况的发生，人们将机械振动施加于流化床上，形成振动流化床干燥器，见图 7-16。振动能使物料流化形成振动流化态，可以降低临界流化气速，使流化床层的压降减小，调整振动参数，可以使普通流化床的返混基本消除，形成较理想的定向塞流。振动流化床干燥器的不足是噪音大，设备磨损较大，对湿含量大、团聚性较大的物料干燥不是很理想。

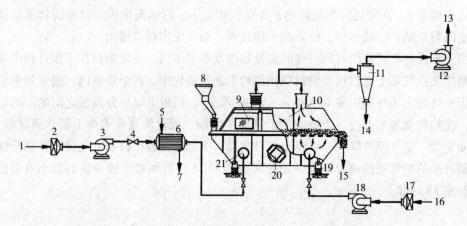

1、16-空气；2、17-空气过滤器；3、18-送风机；4. 阀门；5. 加热蒸气；6. 加热器；7. 冷凝水；
8. 加料机；9. 观察窗；10. 挡板；11. 旋风分离器；12. 抽风机；13. 尾气；14. 粉尘回收；
15. 干燥物料；19. 隔振簧；20. 震动电机；21. 空气进口

图 7-16　振动流化床干燥器

## 五、喷雾干燥器

　　喷雾干燥器是将流化技术应用于液态物料干燥的一种有效设备，近几十年来发展迅速，在制药工业中得到了广泛的应用。

　　喷雾干燥器的基本原理是利用雾化器，将悬浮液、乳浊液等液态物料经雾化器分散成粒径为 $10\sim60\mu m$ 的雾滴，将雾滴抛掷于温度为 $120\sim300℃$ 的热气流中。由于高度分散，这些雾滴具有很大的比表面积和表面自由能，其表面的湿分蒸气压比相同条件下平面液态湿分的蒸气压要大。热气流与物料以逆流、并流或混合流的方式相互接触，通过快速的热量交换和质量交换，使湿物料中的水分迅速气化，而达到干燥的目的。干燥后产品的粒度一般为 $30\sim50\mu m$。喷雾干燥装置的示意图，见图 7-17。喷雾干燥的物料可以是溶液、乳浊液、混悬液，或是黏糊状的浓稠液。干燥产品可根据工艺要求制成粉状、颗粒状、团粒状或空心球状。由于喷雾干燥时间短，通常为 $5\sim30$ 秒，所以特别适用于热敏性物料的干燥。

　　喷雾干燥的设备有多种结构和型号，但工艺流程基本相同，通常经过四个过程：①溶液喷雾。②空气与雾滴混合。③雾滴干燥。④产品的分离和收集。喷雾干燥器主要由空气加热系统、物料雾化系统、干燥系统、气固分离系统和控制系统组成。不同型号的设备，其空气加热系统、气固分离系统和控制系统区别不大，但雾化系统和干燥系统则有多种配置，雾化器是喷雾干燥器的重要部件，喷雾优劣将影响产品质量。对雾化器的一般要求为结构简单、操作容易、所产生的雾滴均匀、生产能力大、能量消耗低等。常用的雾化器有三种基本类型。

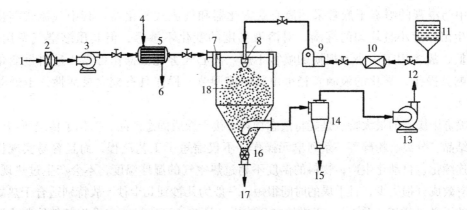

1. 空气；2. 空气过滤器；3. 送风机；4. 加热蒸气；5. 加热器；6. 冷凝水；7. 热空气分布器；8. 压力喷；
9. 高压液泵；10. 无菌过滤器；11. 贮液罐；12. 尾气；13. 抽风机；14. 旋风分离器；15. 粉尘回；
16. 星形卸料器；17. 干燥成品；18. 喷雾干燥室

**图 7-17　喷雾干燥装置示意图**

### (一) 压力式雾化器

压力式雾化器是用泵将液浆在高压（3000~20000kPa）下通入喷嘴，液体在喷嘴内的螺旋室中高速旋转，然后从出口的小孔处呈雾状喷出。压力式雾化器适用于一般黏度的液体，动力消耗较少，大约每千克溶液消耗 4~10W 能量，但必须有高压液泵，由于喷孔小，易被堵塞及磨损而影响正常雾化，喷嘴往往要用耐磨材料制作，压力式雾化器操作弹性小，产量可调节范围较窄。

### (二) 离心式雾化器

将料液从高速旋转的离心盘中部输入，圆盘上有放射形叶片，一般圆盘转速为 4000~20000rpm/min，圆周速度为 100~160m/s。液体在离心力的作用下而被加速，到达周边时被高速甩出，形成薄膜、细丝或液滴，并即刻受周围热气流的摩擦、阻碍与撕裂等作用而形成雾滴。离心式雾化器操作简单，适用范围广，由于转盘没有小孔，因此适用于高黏度或含固体的料液干燥而不易堵塞，操作弹性大，动力消耗小，多用于大型喷雾干燥。但离心式雾化器的结构复杂，机械加工费用高，制作和安装技术要求高，雾滴较粗，喷距（喷滴飞行的径向距离）较大，因此干燥器的直径较大，常用于中药提取液的干燥。

### (三) 气流式雾化器

气流式雾化器是用表压为 100~700kPa 的压缩空气压缩料液，使其以 200~300m/s 甚至更高的速度从喷嘴喷出，靠气液两相间的速度差所产生的摩擦力使料液分成雾滴。气流式雾化器动能消耗大，每千克料液需要消耗 0.4~0.8kg 的压缩空气（100~700kPa 表压），但其结构简单，制造容易，磨损小，对高、低黏度的物料，甚至含少量杂质的物料均可雾化，且操作弹性大。

中药浸膏的喷雾干燥常采用离心式雾化器和气流式雾化器。其中气流式雾化器能产生出粒度小且均匀的雾滴，对溶液黏度的变化不敏感，但其压缩空气费用高、效率低，故多用于中小型规模的喷雾干燥。离心式雾化器操作可靠，进料量变化时不影响其操作，雾化的液滴直径可由其转速调节，操作具有较大灵活性，干燥器直径较大。

喷雾干燥器的最大特点是能将液态物料直接干燥成固态产品，简化了传统所需的蒸发、结晶、分离、粉碎等一系列单元操作，不仅缩短了工艺流程，而且容易实现机械化、连续化、自动化生产；物料的温度不超过热空气的湿球温度，不会产生过热现象，物料有效成分损失少，且干燥的时间很短，一般为几秒到几十秒，故特别适合于热敏性物料的干燥（逆流式除外）；干燥的产品疏松、易溶，可通过改变操作条件控制或调节产品指标，如颗粒直径、粒度分布、物料最终湿含量等，根据工艺要求，可将产品制成粉末状或空心球形灯；操作环境粉尘少，控制方便，可减轻劳动强度，改善劳动条件；缺点是单位产品耗能大，热效率和体积传热系数都较低，设备体积大，结构较为复杂，一次性投资较大，经常发生黏壁现象而影响产品质量等。

# 第五节　典型设备规范操作

干燥是传热与传质同时发生的分离过程，被干燥的物料状态、物理物性各不相同，至今还没有能够适应所有物料的干燥设备。因此选择干燥设备时重要的是要根据具体条件，综合考虑选择合适的干燥设备，选取最有利且可行的型式与干燥条件。现有的干燥设备中，常见以下设备。

## 一、气流干燥设备

### （一）QG 系列脉冲式气流干燥机

QG 系列脉冲式气流干燥机是规模生产的干燥设备。气流干燥能从易于脱水的颗粒、粉末状物料，迅速除去水分（主要是表面水分）。在气流干燥中，由于物料在干燥器内停留时间短，使干燥成品的品质达到理想的控制。

**1. 结构原理**　QG 系列脉冲式气流干燥机安装有分散作用的风机，特别适合热敏物料的气流干燥作业。高速飞旋的风机叶轮，能把湿的、结块的物料解碎，直到分散，在分散过程中同时搅拌、混合，然后物料和热气流平行地流动。如果处理量大或者成品要求干至 15% 以下时，可采用二级气流干燥。

**2. 设备特点**　QG 系列脉冲式气流干燥机是规模生产的干燥设备，它采用瞬间干燥的原理，利用载热空气的快速运动，带动湿物料，使湿物料悬浮在热空气中。这样强化了整个干燥过程，提高了传热传质的速率。经过气流干燥的物料，非结合水分几乎可以全部除去，并且所干燥的物料，不会产生变质现象，产量可比一般干燥机干燥有显著提高，用户可在短期内取得较高的经济效益。

（1）该设备干燥强度大，设备投资省，设备容积小，是其他干燥设备所无法比拟的。

（2）该设备自动化程度高，产品质量好，可实现自动化，产品不与外界接触，污染小。

（3）该设备成套供应，热源自由选择。基本型由空气过滤器、加热器、加料器、干燥管、风机、旋风分离器等组成。用户可根据需要添置除尘器或其他辅助设备。

（4）该设备加热方式选择上气流干燥，具有较大的适应性。用户可以根据所在地区的条件选用蒸汽、电、导热油、热风炉加热。又可根据物料耐热温度（或热风温度）选择≤150℃时，选用蒸汽加热；≤200℃时，电加热（或蒸汽加热电补偿）或导热油加热；≤300℃时，燃煤热风炉加热；≤600℃时，燃油热风炉加热。干燥时间短，适用于热敏性物料，成品不与外界接触，无污染，质量好。

（5）该设备基本型为气流干燥设备，适用于松散状、黏性小、成品为颗粒及粉末的物料干燥操作。同时可根据产品特性的需要，选择负压气流干燥形式和正压形式的干燥方法。

**3. 技术参数** QG 系列脉冲式气流干燥机技术参数见表 7-3。

**表 7-3 QG 系列脉冲式气流干燥机技术参数**

| 设备性能 | | 型号 | | | | |
|---|---|---|---|---|---|---|
| | | QG-50 | QG-100 | QG-250 | QG-500 | QG-1500 |
| 水分蒸发量 | kg（h） | 50 | 100 | 250 | 500 | 1500 |
| 空气过滤器 | 面积（m²） | 4 | 6 | 18 | 36 | 60 |
| | 台数 | 1 | 1 | 1 | 2 | 2 |
| | 更换时间（h） | 200（滤袋） | 200（滤袋） | 200（滤袋） | 200（滤袋） | 200（滤袋） |
| 加热器 | 面积（m²） | 30 | 43 | 186 | 365 | 940 |
| | 耗用蒸（kg） | 120 | 235 | 450 | 972 | 2430 |
| | 工作压力（MPa） | 0.6~0.8 | 0.6~0.8 | 0.6~0.8 | 0.6~0.8 | 0.6~0.8 |
| 通风机 | 型号 | 9-19-4.5 | 9-26-4.5 | 9-19-9 | 9-19-9 | 9-26-6.3 |
| | 台数 | 1 | 1 | 1 | 2 | 4 |
| | 功率（kW） | 7.5 | 11 | 18.5 | 37 | 125 |
| 加料器 | 输送量 kg/h | 150 | 290 | 725 | 1740 | 4350 |
| | 控制方式 | 电磁调速电机 | 电磁调速电机 | 电磁调速电机 | 电磁调速电机 | 电磁调速电机 |
| | 功率（kW） | 0.6 | 1.1 | 3 | 3 | 7.5 |
| 旋风分离器 | 型号 | CLK-350-400 | CLK-500-450 | ZF12.5 | ZF12.5 | |
| | 效率（%） | 98 | 98 | 98 | 98 | |
| | 数量 | 2 | 2 | 2 | 3 | |
| 袋滤器 | 数量 | 1 | 1 | 1 | 1 | |
| | 耗水量（L/h） | 3.6~20.0 | | | | |

**4. 操作方法**

（1）开机前检查　开机前先检查各设备控制点、机械传动点有无异常情况，蒸汽、压缩空气有无到位。一切准备就绪，开始开机。

（2）开机顺序　开启控制电源，开启引风机（待引风机启动完成），开启鼓风机→开启蒸汽阀门→待进风温度升至130℃以上，出风温度升至70℃以上→开启加料机→开启加料调速器电源，缓慢调节调速器调速旋钮。转速由出风温度确定，出风温度一般控制为60~70℃。出风温度高，加料速度可以适当加快，出风温度低，加料速度适当减慢。出风温度可以在实际生产中通过产品终水分加以改变。开启除尘喷吹开关，开机完成。1#卸料器和2#卸料器在出料时开启，在开启振动筛，维持正常运转。

（3）关机顺序　首先关闭加料器，让设备再运行5分钟后（视设备气流管道内有无物料而定），关闭蒸汽阀→关闭鼓风机→关闭引风机→待设备内无料后关闭卸料器→关振动筛→让除尘喷吹再继续喷吹半小时左右，再关闭喷吹开关→关闭控制柜电源，然后清理现场。

**5. 维护保养**　①交接班时注意交接机器使用情况，如有问题及时处理。②检查各易堵位置或检查口处有无堵料现象，如果有应立即排除。③工作过程中应经常检查风机轴承、减速器、电机等驱动部件的升温情况，升温不得超过环境温度的20℃。④定期检查易损件，如发现不合格，应及时修复或更换。定时检查传动件和紧固件，链条松动及时调整，螺钉松动应立即紧固。⑤干燥机每半年应做1次保养，每年做1次检修。

**6. 注意事项**　①生产过程中注意蒸汽压力高低，进风温度不能低于130℃；保证锅炉压力不能低于0.5MPa。②出风温度如果降低，要将加料速度减慢。③除尘用的压缩空气压力不得低于0.5MPa，生产过程要一直开启喷吹。④不要将异物掉入螺旋加料器。⑤注意各电机电流情况，引风机≤60A、鼓风机≤12A、加料机≤6A。⑥经常检查各传动部位有无异常、轴承部位升温情况等。⑦根据实际情况定期用皮锤敲击旋风分离器和布袋除尘器，以便清除壁上的积料；⑧布袋除尘器内，视布袋使用时间进行检查清理，一般1个月1次；⑨振动筛内的杂质物要随时清理，勤检查，一定要做到筛物料通畅。

## （二）CT-C-I型热风循环烘箱

CT-C-I型热风循环烘箱适用于制药、化工、食品等行业物料及产品的加热、固化、干燥脱水等作业，如制药企业中的原料药、中药材、中药饮片、浸膏、粉剂、颗粒、冲剂、水丸、包装瓶等。CT-C-I型热风循坏烘箱配用低噪音、耐高温轴流风机和自动控温系统，整个循环系统全封闭，在节约能源方面，到了国内外先进水平，为企业提高了经济效益。

**1. 工作原理**　该设备是利用蒸汽或电加热为热源，用轴流风机经散热器通过对流空气加热，在箱体内热风空气循环流通，加热空气即热空气直接与待干燥物料接触，通过烘盘与物料层进行热量的传递，新鲜空气从进风口不断补充并加热进入烘箱、烘盘，再从排湿口排出，这样不断循环补充加热，排出湿热空气来保持箱内适当的相对湿度，强化了传质传热过程，热风在箱内循环，起到了节约能源的效果，为高效节能通用干燥设备。

**2. 结构特征**　CT-C-I 型热风循环烘箱由机座、驱动系统、混合桶及电器控制系统等部件组成，见图 7-18。

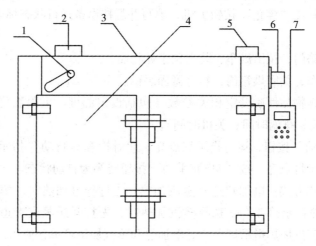

1. 循环手柄；2. 出风口；3. 加热装置；4. 烘箱门；5. 进风口；6. 风机；7. 控制面板

**图 7-18　热风循环烘箱结构示意图**

**3. 技术参数**　CT-C-I 型热风循环烘箱技术参数见表 7-4。

**表 7-4　CT-C-I 型热风循环烘箱技术参数**

| 设备性能 | 型号 | | |
|---|---|---|---|
| | CT-C-I | 风机功率（kW） | 0.45 |
| 产量（kg/次） | 120 | 加热功率（kW） | 12 |
| 温度范围（℃） | 50~120 | 蒸汽压力（MPa） | 0.2~0.8 |
| 工作室尺寸 | 170×100×147 | 蒸汽用量（kg/h） | 20 |
| 外形尺寸（mm） | 226×l20 ×223 | 烘盘尺寸（mm） | 460×640×45 |

**4. 设备特点**　CT-C-I 型热风循环烘箱外形美观、操作方便；箱体内不留焊疤，器内外进行抛光，墙板式装配便于清洗；电脑控制化温度显示；门封采用医用硅胶，密封情况良好；拉车盘圆角光洁。

**5. 操作前的准备**

（1）检查上　班次设备运行记录，如有故障及时处理。

（2）检查烘箱内有无上班遗留物，清除其内部杂物、异物。

（3）打开压力表蒸汽阀门，检查蒸汽压力是否符合要求。

（4）打开排放管疏水器旁路阀，再打开送蒸汽阀门，排放管道内冷凝水及清扫管道。

（5）检查阀门、管道是否有泄漏并及时排除，然后关闭蒸汽总阀门，关闭排放管疏水器旁路阀。

（6）接通电源，按正常生产设定相关参数，按"启动"按钮，检查电机转向是否正确，转动中有无异常声响，及时排除相应故障。

（7）按"电加热""蒸汽加热"按钮，检查电磁阀是否灵活、启闭是否可靠。

（8）检查测温探头、温控仪是否正常工作，各指示灯是否正常。

（9）设备良好按"停止"按钮关机，填写并悬挂设备运行状态标志牌。

**6. 操作步骤**

（1）打开烘箱门，拉出烘车，装上预干燥物品。

（2）推入烘车，关闭烘箱门，扣好紧固手柄。

（3）按预干燥物品性质设定相关参数（包括设定温度、上限温度、下限温度、风机延时、恒温时间、排温时间、关机时间）。

（4）按"启动"按钮，运行指示灯点亮。此时检查"自动"指示灯是否点亮，如果是"手动"指示灯点亮，按"自动/手动"按钮转换为自动状态。

（5）选择加热方式：电加热还是蒸汽加热。①选择电加热时，按"电加热"按钮即可，此时电加热指示灯亮。②选择蒸汽加热时，先打开送蒸汽管道阀门，再按"蒸汽"按钮，此时蒸汽加热指示灯亮。③电加热和蒸汽加热可单独使用，可同时使用，可相互转换。

（6）将排湿手柄放在适当位置。

（7）物品烘干后，将电加热和蒸汽加热关闭，关闭送蒸汽管道阀门，打开出汽管道疏水器旁路阀门，排放冷凝水。

（8）将排湿手柄置于全湿位置，风机继续运行一段时间（根据烘箱温度，通常约10分钟）后，待温度降至室温左右，按"停止"按钮，关闭风机。

（9）打开烘箱门，拉出烘车，取出干燥物品。

**7. 清洁方法**

（1）将烘车及烘盘移至清洗间。

（2）用抹布蘸饮用水擦洗烘车，直至烘车表面无残留物痕迹。

（3）用利刀清除烘盘表面大量可见的残留物，并用饮用水冲洗或加饮用水浸泡10~20分钟（视具体品种而定）后冲洗，直至烘盘表面无残留物痕迹。

（4）再用纯化水冲洗一遍。

（5）用抹布蘸75%乙醇溶液擦洗烘盘消毒，并将已消毒烘盘置于烘车上。

（6）用抹布蘸饮用水擦洗烘箱内左右各叶片及箱顶内壁（每个品种结束后清洗一次，并在烘箱内温度降到适宜时清洗）。

（7）用拖把将烘车轨道及烘箱底部清洁干净。

（8）用湿抹布将设备外部及控制箱擦洗干净。

（9）将烘车推入烘箱中，关闭箱门；打开蒸汽阀门及鼓风，干燥烘盘。关闭蒸汽阀门及鼓风。

（10）清理现场，经检验合格后挂上设备清洁状态标志，填写清洁记录。

**8. 维护保养**

（1）定期检查电器系统中各元件、控制回路的绝缘电阻及接零的可靠性，以确保用电安全。

（2）设备保持清洁，干燥箱内积粉应及时清扫干净。

（3）定期检查设备的阀门开关是否控制灵敏，发现问题及时修复。

（4）定期检查设备的进气管，排水管是否畅通，检查自控系统是否运行正常，发现问题及时维护或更换。

（5）检查推车车轮是否损坏并及时更换已损零件。

**9. 注意事项**

（1）设备使用时应严格按照标准规程操作。

（2）温度指示与风机是否正常工作，否则应及时更换或维修。

（3）操作人员每天班前班后对烘箱进行检查。检查内容包括：确认部件、配件齐全；确认管路无跑、冒、滴、漏；保持其设备内外干净无油污、灰尘、铁锈、杂物。

（4）使用中出现异常时，应关闭电源与汽源，待检查维修好后，方可重新进行操作。

（5）使用设备后应及时清洁，保持箱体内外（包括支架、箱门）整洁、无可见残留物、无油污。

（6）严禁将潮湿或腐蚀性物品、重物品放于箱体上盖。

（7）设备平时应保持整洁、干燥，每两周应大擦洗一次，特别是对平时不易清洁到的地方，如缝隙。

（8）以维修人员为主，每3个月对烘箱进行整体检查，维修更换损件。

（9）维修工作完毕后应对烘架及整个烘箱进行彻底清理。

（10）烘箱每半年检修1次，指定专人对烘箱进行维修保养。

**10. 故障排除**　CT-C-I型热风循环烘箱故障原因及排除方法见表7-5。

表 7-5　CT-C-I 型热风循环烘箱故障原因及排除方法

| 故　障 | 原　因 | 排除方法 |
|---|---|---|
| 温度低 | 蒸汽压力太低<br>疏水器失灵<br>排湿阀处在常开状态<br>风机转向不正确<br>显示仪表不正确<br>没有采取保温措施 | 按要求提高蒸汽压力<br>疏水器有杂物阻塞<br>关闭排湿阀<br>电源线两相任意对调<br>检查热电阻是否固定良好，接线是否正确<br>必要时用标准电阻箱校验温度仪 |
| 温度不匀 | 百叶窗叶片调整不当<br>烘箱门未关严 | 调整百叶片的位置<br>关好烘箱门 |
| 风机噪声大 | 风机或电机螺栓松动<br>风机叶片碰壳，轴承磨损<br>电机缺相运转 | 检查并排除<br>检查并排除<br>检查线路及电器开关 |
| 干燥速度太慢 | 箱内温度太低<br>排湿选择不当<br>风量太小<br>热量散失 | 见故障第一条<br>调整排湿阀开度<br>检查风机及风管有无漏风和叶片是否有杂物吸入<br>检查需保温部位是否进行保温 |

### （三）DGG-9036A 型水平式循环通风高温烘箱

DGG-9036A 型水平式循环通风高温烘箱是制药、食品行业常用的烘干设备，其外壳一般采用薄钢板制作，表面烤漆，工作室采用优质的结构钢板制作。外壳与工作室之间填充硅酸铝纤维。加热器安装底部，也可安置顶部或两侧。温度控制仪表采用数显智温控能表，PID 调节与报警装置相连接。使烘箱的操作更简便、快捷和有效。

**1. 结构原理** DGG-9036A 型水平式循环通风高温烘箱箱体由角钢、薄钢板制成。外壳与工作室间填充玻璃纤维用于保温与隔热。加热系统装置在工作室的顶部。水平式循环通风，使之箱内的温度更加均匀，烘干箱能有效地避免工作室内存在的梯度温差及温度过冲现象，且能提高工作室内的温度均匀性。通过电能使加热管加热，并通过电机通过风道送风使烘箱内部温度达到均匀。利用热能加热物料，气化物料中的水分。除去物料中的水分需要消耗一定的热能。通常是利用空气来干燥物料，空气预先被加热送入干燥器，将热量传递给物料，气化物料中的水分形成水蒸气，并随空气带出干燥器。物料经过加热干燥，能够除去物料中的结合水分，达到产品或物料所要求的含水率。

**2. 设备特点**

（1）本机温控系统采用微电脑单片机技术，系统具有控温、定时和超温报警等功能。

（2）合理风道和循环系统，使工作室内温度均匀度变化小。

（3）采用双屏高亮度数码管显示，示值准确直观，性能优越，触摸式按键设定调节。

（4）内胆均为镜面不锈钢材料制成，半圆形四角设计使清洁更方便。

（5）工作室内搁架可随用户的要求任意调节高度及搁架的数量。

（6）采用进口电机及风叶，具有空气对流微风装置，内腔空气可以更新循环。

（7）箱门具备大视角观察玻璃窗，便于用户观察，采用纳米材料门封条及保温材料令整机性能体现更优越。

**3. 技术参数** DGG-9036A 水平式循环通风高温烘箱技术参数见表7-6。

**表 7-6 DGG-9036A 型水平式循环通风高温烘箱技术参数**

| 设备性能 | 技术参数 |
| --- | --- |
| 温度范围（℃） | 10～300 |
| 恒温波动度（℃） | ±1 |
| 温度分辨率（℃） | 0.1 |
| 定时范围（min） | 0～9999 |
| 电源要求 V（Hz） | 220/50 |
| 输入功率（W） | 970 |
| 内形尺寸（mm） | 300×300×350 |
| 外形尺寸（mm） | 445×470×705 |
| 烘箱内胆材质 | 不锈钢 |

**4. 操作方法**

（1）运用前必需留意所用电源电压能否符合。运用时，必须将电源插座接地线按规则停止接地。

（2）在通电运用时，切忌用手触及箱左侧空间的电器局部，不可用湿布擦抹或用水冲洗，检验时应将电源切断。

（3）电源线不可缠绕在金属物上，不可设置在低温或湿润的中央，避免橡胶老化致使漏电。

（4）放置箱内物品切勿过挤，必须留出气体对流的空间，使湿润气体能在风顶上减速逸出。

（5）室内温度调理器之金属管道切勿撞击免得影响灵活度。

（6）在无防爆安装的枯燥箱内，请勿放入易燃物品。

（7）每次用完后，须将电源局部切断，常常保持箱内外清洁。

**5. 维护保养**

（1）指定专人对热风烘箱进行维护保养。

（2）操作人员每天班前班后对烘箱进行检查：①确认部件、配件齐全。②确认管路无跑、冒、滴、漏。③保持其设备内外干净无油污、灰尘、铁锈、杂物。

（3）每3个月对烘箱进行整体检查，维修更换损件。

（4）工作完毕对烤盘及整个烘箱进行彻底清场。

（5）使用中出现异常时，应关闭电源，待维修好后，方可重新进行烘箱。

（6）整机每半年检修1次。

**6. 注意事项**

（1）烘箱应安放在室内干燥和水平处，防止腐蚀和振动。

（2）要注意安全用电，根据烘箱耗电功率安装足够容量的电源闸刀。选用足够的电源导线，并应有良好的接地线。

（3）带有电接点水银温度计式温控器的烘箱，应将电接点温度计的两根导线分别接至箱顶的两个接线柱上。另将一支普通水银温度计插入排气阀中（排气阀中的温度计是用来校对电接点水银温度计和观察箱内实际温度用的），打开排气阀的孔。调节电接点水银温度计至所需温度后紧固钢帽上的螺丝，以达到恒温的目的。但必须注意调节时切勿将指示钮旋至刻度尺外。

（4）当一切准备工作就绪后方可将试品放入烘箱内，然后连接并开启电源，红色指示灯亮表示箱内已加热。当温度达到所控温度时，红灯熄灭绿灯亮，开始恒温。为了防止温控失灵，还必须核查。

（5）放入试品时应注意排列不能太密。散热板上不应放试品，以免影响热气流向上流动。禁止烘焙易燃、易爆、易挥发及有腐蚀性的物品。

（6）当需要观察工作室内样品情况时，可开启外道箱门，透过玻璃门观察。但箱门以尽量少开为好，以免影响恒温。特别是当工作在200℃以上时，开启箱门有可能使玻璃门骤冷而破裂。

（7）有鼓风的烘箱，在加热和恒温的过程中必须将鼓风机开启，否则影响工作室温度的均匀性和损坏加热元件。

（8）工作完毕后应及时切断电源，确保安全。

（9）烘箱内外要保持干净。

（10）使用时，温度不要超过烘箱的最高使用温度。

（11）为防止烫伤，取放试品时要用专门工具。

## 二、流化干燥设备

ZLG系列型振动流化床干燥机适用于颗粒粗大或颗粒不规则而不易流化的产品，或因为要使颗粒保持完整而要求较低流化速度的产品及易于黏结、对温度敏感的产品干燥和含结晶水物料的表面水的脱湿。

**1. 工作原理**　ZLG系列型振动流化床干燥机由布料系统、进风过滤系统、加热冷却系统、主机、分离除尘系统、出料系统、排风系统、控制系统等组成。工作时，由布料器将物料加入振动流化床干燥机干燥室，物料在干燥室中与热风、冷风相遇，形成流化态，进行传热、传质，完成干燥并冷却，少量物料细粉被风夹带，进入旋风分离器。在离心力的作用下，物料沿筒壁沉降，被分离下来。微量未被旋风分离器分离的细粉进入布袋除尘器，被捕集被回收，湿空气排空。控制系统是通过进出风口的测压、测温点的变送器信号送到分散控制系统。其中热风进风处温度需实现远程控制，控制蒸汽比例调节阀，从而控制进风温度在设定范围内。系统主要部位控制、显示信号（包括温度、风压等）在仪表柜上显示。

**2. 结构特点**　ZLG系列型振动流化床干燥机主要分为上盖、箱体、进风口、观察窗及测温孔等。其中上盖与流化床板之间构成物料的流化室湿空气由引风口引出，测温孔用来检测流化室内的温度。物料的运行情况可以由观察窗监视。箱体为充气室，热风由进风口进入，形成一定压力，以使通过流化床的气体分布均匀，该处的风温可以用测温的传感器检测。由于非正常操作掉入箱体的物料可以排出清除。设备特点如下：①干燥系统主机截面设计，充分考虑物料流化并减少粉尘夹带，干燥效率高。②干燥系统采用了旋风分离器和布袋除尘器二级分离、除尘进行物料回收，收粉率高，有效降低物料的损耗，使系统更环保。③对传统的主机进行了结构改进，使用寿命长、振动小、噪声低、布料均匀。④流态化匀称，无死角和吹穿现象，可以获得均匀的干燥及冷却产品。⑤料层厚度、物料停留时间及全振幅变更均可实现无级调节，确保产品干燥要求。⑥对物料表面损伤小，可用于易碎物料干燥，物料颗粒不规则时不影响工作效果。⑦主机配有振动电机旋转装置，物料的停留时间大范围可调，确保产品的干燥质量。⑧设备过滤部位材质采用不锈钢材料制作，并做酸洗钝化处理，结构过渡圆滑，主机设卫生级快开人孔及排污球阀，方便清洗检修。⑨干燥主机上、下床体有保温层，保温效果好，设备热损失较小；主机床板，刚性好，开孔率合理，有效避免了漏料问题的产生。⑩出风管线，根据风量的不同，在某些部位按变径设计，确保细粉不会沉留集聚；整个系统在微负压下操作，密闭，不会有粉尘飞扬，工作环境清洁；设备核心外购件，均为信誉度高的名牌或知名品牌，确保系统运行稳定。

**3. 技术参数**　ZLG系列型振动流化床干燥机主要技术参数见表7-7。

表7-7　ZLG系列型振动流化床干燥机主要技术参数

| 设备性能 | | 型号 | | | | | | | | | |
|---|---|---|---|---|---|---|---|---|---|---|---|
| | | ZLG 3×0.30 | ZLG 3×0.45 | ZLG 6×0.45 | ZLG 6×0.60 | ZLG 6×0.75 | ZLG 9×0.60 | ZLG 9×0.75 | ZLG 12×0.75 | ZLG 15×0.75 | ZLG 18×0.80 |
| 床体 | A1 （mm） | 300 | 300 | 600 | 600 | 600 | 900 | 900 | 1200 | 1500 | 1800 |
| | B2 （mm） | 3000 | 4500 | 4500 | 6000 | 7500 | 6000 | 7500 | 7500 | 7500 | 8000 |
| 外形 | A | 5005 | 5005 | 5005 | 6510 | 6510 | 6510 | 8010 | 8010 | 8010 | 8520 |
| | B | 5005 | 5005 | 6510 | 6510 | 8010 | 8010 | 8010 | 8520 | 8570 | 9100 |
| | C | 890 | 1116 | 1286 | 1286 | 1286 | 1830 | 1830 | 2400 | 2850 | 3250 |
| 振动电机功率 （kW） | | 0.37×2 | 0.75×2 | 1.1×2 | 1.1×2 | 1.1×2 | 2.2×2 | 2.2×2 | 3×2 | 4×2 | 5.5×2 |
| 重量（kg） | | 1240 | 1570 | 1967 | 2743 | 2886 | 3540 | 4219 | 5223 | 6426 | 8600 |
| 水分蒸发量 （kg/h） | | 30~50 | 45~70 | 90~150 | 120~200 | 150~250 | 180~300 | 220~370 | 300~500 | 370~620 | 450~700 |

**4. 操作方法**

（1）启动程序　①调节振动电机的激振力，以使机器达到需要的振幅。②启动引风机，启动给风机，并注意给风、引风机转向对否。③调整各参数达到要求值，并稳定在一定范围以内。④启动振动电机。

（2）操作注意事项　机器启动后，正常工作前的注意事项：①启动时应注意机器的运行情况，如有异常应立即停机检查。②如与辅机接触摩擦，应立即停机予以调整。③连接螺栓如松动，产生异常声音时，应立即停机检查，重新紧固松动的螺钉。④注意两台电机的转向，应符合要求。⑤振幅应符合规定（全振幅）。⑥干燥机在正常工作情况下，应按确定的振幅值作垂直水平方向均匀振动，不得产生前后振幅不一致或左右晃动现象，否则应仔细检查振动电机的激振力是否相同，配重铁是否松动。⑦启动、停机时机器振幅较大是正常现象，不必调整。

（3）给料　启动给料机，使物料均匀地布满流化床板上。

（4）停机程序　①停止给料，使机内物料全部处理完毕。②停止振动电机。③关闭其他附属设备。

（5）各参数的调整

1）被处理物料在机内停留时间的调整，被处理物料在机内停留时间的调整有以下两种方法。

改变机器的振幅：改变机器的振幅靠调整振动电机的激振力来实现，也就是调整振动电机两个偏心块的安装角度，要注意的是调整振动电机的激振力时必需两台同时调整，而且所调的激振力必须相同，避免因机器偏振而影响机器的使用寿命。

改变激振角：改变激振角，靠改变电机的安装角度来实现，该安装角度由固定法兰和电机座法兰安装配孔，因而电机座法兰每向左或向右转动一孔位置安装，则激振角改变，但这一调整方法往往是在调整振幅至额定值仍不能满足要求时才采用的。应该注意的是，无论采用哪种方法调整，调整后，各部位的连接螺栓均应重新予以紧固。

2）风量的调整：调整风量是用以调整被处理物料的流化状态，流化状态的好坏对物料的处理效果和耗能指标的影响很大，在整个工作过程中自始至终都应予以控制。所谓形成良好的流化状态是指被处理物料在介质的作用下，具有了液体的某些性质，物料层高度增加，具有了液体的流动性，直观观察时，物料层上表层界限清楚，机内可见度良好，引风部分粉尘夹带少；相反，如被处理物料床层高度无变化，体积不膨胀，不具有液体的流动性质。或物料层与热风之间已无明显界限，气固难以分清，机内可见度低，粉尘夹带大等，则分别表示给风量过小或过大，应予调整。风量调整的标准是进料口和出口即不排出热风也不吸入冷风。实验方法用手感或纸片均可。进风或引风量的大小是靠进风或引风阀门的开度来控制。

3）给料量的调整：依照上述风量的调整方法调好后开始给料，而给料的情况如何对物料处理的好坏也有很大的影响。给料均匀、连续，并使之均匀地散布在整个流化床上，是获得理想干燥状态的重要操作条件。给料的同时依然要进行风量的调整。开始给料时，由于物料尚未能布满整个床面，此时有热风偏流敷粉夹带较多的现象，待物料布满床面并进一步调整风量后，此现象就可消除。物料布满床面，达到要求的料层高度，此时床层压降趋于稳定。这时就可以确定给风量和引风量，将给风量、引风阀门的螺栓拧紧，并记下其开度值。同时也将给料机的给料量定好并予以保持。

（6）运转时的检查项目　正常运转时，定期检查下述项目：①给料是否均匀，连续。②进、出料口是否有冷风吸入或热风排出。③应随时检测介质温度，物料温度和振动电机温度。④观察物料的流化状态。⑤与辅助机件间隙及辅机工作状态。⑥螺栓、螺帽是否松动，如有松动需及时紧固。⑦振动状态及噪音是否符合规定，观察有无振动异常及声音异常。⑧观察隔振簧的工作情况，发现龟裂及时停车、更换。⑨检查旋风除尘器的密封情况和排料状况，收集到的物料能否及时排出。

**5. 注意事项**　①每班检查设备主体、附属设备是否异常，固定螺栓是否松动。②每班干燥结束对外部设备进行清扫，保证设备清洁无积尘、无油污、无杂物。③按照工艺要求清理设备内部，清洁后按技术要求检测。④每班要求清理旋风引风机内物料。⑤每班检查蒸汽总管处疏水阀前温度是否正常，如温度较低说明过滤器堵塞而需立即更换。⑥ 1#盘管疏水阀加 DN20 旁通阀，在设备运行时每年冬季 11 至次年 3 月份室外环境低于 0℃时，将旁通阀开 1/4。

**6. 维护保养**　①清扫：定期打开观察窗及积料排出口，清除滞留在流化床板上的物料及掉入箱体里的物料。流化床网板如有堵塞，应予处理。水洗时，洗后应将设备及时烘干除掉水分，以免设备锈蚀并影响下次的物料处理效果。②定期加油：振动电机应定期维护保养及加润滑油。③更换隔振橡胶簧：检查隔振橡胶簧的工作情况，当隔振簧出现老化龟裂或安装高度低于 105mm 时，应予更换。另外，因安装高度低或老化龟裂时，应将全部隔振簧一起更换，每组橡胶簧自由高度误差不大于3mm。更换橡胶簧的方法：橡胶簧必须一起更换，另外更换时只能采用一种方式。更换中起吊成推顶时必须保持机体重心平衡，如千斤顶的升起量保持相同，并在最小转矩的情况下更换。更换橡胶簧须经严格检查。④更换软接管：软接管发生破损时，应予以更换，以免造成给风量的波动，影响物料处理效果。更换时，重新安装方法参见安装说明。

### 三、喷雾干燥设备

喷雾干燥是液体干燥工艺和干燥工业中广泛应用的方法之一，适用于将溶液、乳液、悬浮液和糊状液体制成粉状、颗粒状固体产品。因此，当成品的颗粒大小分布、残留水分含量、堆积密度和颗粒形状等有一定要求时，选择LPG高速离心喷雾干燥器是比较合适的。

**1. 结构原理**　LPG高速离心喷雾干燥器从干燥塔顶部导入热风，同时将料液送至塔顶部，通过雾化器喷成雾状液滴。这些液滴群的表面积很大，与高温热风接触后水分迅速蒸发，在极短的时间内便成为干燥产品，从干燥塔底排出热风与液滴接触后温度显著降低，湿度增大，它作为废气从排风机抽出，废气中夹带的微粒用分离装置回收。

**2. 设备特点**　①干燥速度快，料液经雾化后表面积大大增加，在热风气流中瞬间就可蒸发95%~98%的水分，完成干燥时间仅需数秒钟，特别适用于热敏性物料的干燥。②产品具有良好的均匀度、流动性和溶解性，产品纯度高、质量好。

**3. 技术参数**　LPG高速离心喷雾干燥器技术参数见表7-8。

**表7-8　LPG高速离心喷雾干燥器技术参数**

| 设备性能 | 型号 | | | | |
|---|---|---|---|---|---|
| | LPG-5 | LPG-25 | LPG-50 | LPG-150 | LPG-200-2000 |
| 入口温度 | 140~350（可控） | | | | |
| 出口温度（℃） | 80~90 | | | | |
| 水分最大蒸发量（kg/h） | 5 | 25 | 50 | 150 | 200~2000 |
| 离心喷雾头传动形式 | 压缩空气传动 | 机械传动 | | | |
| 最高转速（rpm/min） | 25000 | 18000 | 18000 | 15000 | 8000~15000 |
| 喷雾盘直径（mm） | 50 | 120 | 120 | 150 | 180~240 |
| 热源 | 电 | 蒸汽+电 | 蒸汽+电，燃油、煤气、热风炉 | | |
| 电加热最大功率（kW） | 9 | 36 | 72 | 99 | |
| 外形尺寸（长×宽×高）（m） | 1.8×0.93×2.2 | 3×2.7×4.26 | 3.5×3.5×4.8 | 5.5×4×7 | 按实际情况确定（非标设备） |
| 干粉回收（%） | ≥95 | | | | |

**4. 操作方法**

（1）设备运行前准备　①检查整机各部件安装是否正确。②检查加热器和进风管道的连接、出风管和旋风分离器之间的连接是否密封。③关闭干燥室的门，检查是否密封。④检查旋风分离器下部接头的密封器是否脱落，把密封圈放置好后再旋紧收料器，并检查旋风分离器的连接处密封是否夹紧。⑤负压调节蝶阀是否打开，不要把蝶阀关闭。否则损坏电加热器和进风管道，这一点必须引起注意。⑥离心风机旋转方向是否正确，运转是否正常。⑦当预热时，禁止安装电动喷头。应用堵板封住洞口，严防冷风从顶部进入。⑧检查送料系统是否正常，并准备配制好的料液（料液的配比要根据物料的性质而定，应具有良好的流动性）。⑨设备在使用前必须进行充分的清洗，并根据要求来决定是否消毒。

（2）设备的启动　①接通总电源。②将温度表调整到预定的进口温度。③开启风机。④接通电加热器，检查是否漏电，如正常即可进行筒身预热。⑤在进口温度达到200℃时，这段时间不能少于30分钟，再开启全部负荷，使加热器用最大工作能力达到预选的进口温度，预选的进口温度不能超过400℃。⑥接通电动雾化器的电机冷却水，通水循环。当干燥室进口温度达到设定的温度时，即拿掉洞口盖板，把雾化器装好。启动雾化器。转速由低到高。达到要求转速。⑦雾化器启动后迅速加入料液。

（3）料浆的雾化干燥　①配制好的料浆要保证不结块、不结丝、不黏结。干燥物料的性质应保证有良好的流动性。②启动雾化器后速度由低逐步升高，达到预定转速后，加料液，料液由喷头甩出雾化，进液量必须从小到大，调节进料量，直至出口温度符合要求，稳定为止。③应注意，在料液进入干燥室时，温度显示有滞后，故调节料液流量时速度要慢，要保证雾化稳定，不要有较大的波动。④干燥成品的温度及湿度，取决于出口湿度。在运行过程中保证出口温度为一个常数是极为重要的，这主要取决于加料量的大小。当加料量调整好以后，通常出口温度是不变的。⑤当产品湿度太高，可减少加料量，以提高出口温度；产品湿度太低，可增加进料量，以降低出口温度。⑥当料液的固体含量和黏度发生变化时，将会影响出口温度。⑦对于要求温度较低的热敏性物料的干燥，可增加进料量，以降低出口温度，但产品的湿度也相应提高。⑧干燥成品被收集在旋风分离器下部的收料器中，在尚未充满前就应提前调换。⑨对于易于吸湿的产品，旋风分离器和引风管道应用绝热材料包起来，这样可以避免成品回潮。

（4）停机　①当料液即将完毕时，关闭塔底与旋风分离器下部的收料器。②将进料管中加入清水，送入离心喷头，初步清洗雾化盘和进料管道，这时水量应立即调小，保持出口温度不变，这一点很重要，否则会造成干燥室内剩余粉末含湿量增加。③卸下旋风分离器下部的收料筒，收完剩余产品，换上空的收料瓶。④为了清洗雾化盘和进料管道，用较大进水量运行15分钟。⑤关闭加热器，慢慢停止供水，停止喷头旋转。⑥取出雾化喷头，打开干燥塔门，清扫干燥室及喷雾头附近积粉。⑦打开风机蝶阀，使风机继续运转，直至干燥室进口温度降到80℃时，关闭风机开关，风机停止工作。⑧对取出的雾化器进行彻底清洗。⑨若设备在运行中发生意外事故或必须突然停机时，应首先停止供料，然后关掉加热器和离心风机。

**5. 维护保养** ①对喷雾干燥机的各部件进行不定期检查、调整，需要润滑的部件和部位一定要及时添加润滑油。②保持喷雾干燥机的清洁，如有污垢要及时进行清理。③在干燥机使用的时候，打开电源后要观察油泵是否能够正常供油，出现异常要立刻关机，对油泵进行维修，待正常供油后方可使用。④喷雾的喷头在运转过程中如果出现杂声和振动的情况，可能是喷雾盘内有残留杂质，这时应立即关机，把杂质清理干净后再继续使用。⑤系统风管在清洗时要确保每一个部位都清洗干净。⑥在对设备进行清洗时，尤其要注意除湿机、气扫装置及进风风机等部件，防止在清洗的时候，设备内有水流进入。⑦拆卸组装雾化盘的时候，一定要小心不能把主轴碰弯，重新安装的时候，雾化盘的左旋螺母一定要拧紧，以免松动影响使用。⑧对压力表、真空计、温度计、流量计等常进行检查，检验其运行是否灵敏和数据可靠。⑨除此之外，每次开机前都要检查阀门管道是否有泄漏的现象；风机、电控箱接地是否安全。

**6. 注意事项** ①使用蒸汽前必须彻底排净汽凝水，蒸汽开启时要缓慢进行，进汽不能太急，特别是冬天，以防止突然热胀而损坏加热器或其他部件。②配电柜及电器设备严禁进水。③高温罐内料液距罐口至少 30cm，以防料液溢出烫伤。④使用酸、碱时注意眼睛和皮肤的防护。⑤高温罐、均质机、输送管道等设备部件在停车后必须清洗，上班前必须杀菌消毒，一般消毒方法用沸水或蒸汽消毒。

### 四、沸腾干燥设备

沸腾干燥是使物料在搅拌和气流作用下形成流态化，在大面积气固两相接触中，物料水分快速蒸发，高湿度废气被吸出机外，物料达到干燥要求的干燥方法。适用于制药、食品行业的制品制造。以 FG120 沸腾干燥机为例，叙述其使用，操作，技术参数等。

**1. 结构原理** FG120 沸腾干燥机由过滤器、除湿器、加热器、检测装置、进风管、进风阀、旁路冷风装置及控制系统组成，具有使空气经净化加热后，由风机吸入，经多孔网板进入床内；物料在搅拌和气流作用下形成流态化，在大面积气固两相接触中，物料水分快速蒸发，高湿度废气被吸出机外，物料达到干燥要求的作用。

**2. 设备特点**

（1）流态化干燥、物质传递快。

（2）在封闭负压状态下操作，无粉尘飞扬。

（3）采有防静电过滤材料，操作安全。

（4）设备无死角，清洗彻底，无交叉污染，加热可采用蒸汽或电热。

（5）采用抗静电过滤材料，滤袋升降以气动方式操作，操作安全，符合 GMP 要求。

**3. 技术参数** FG120 沸腾干燥机技术参数见表 7-9。

表7-9　FG120沸腾干燥机技术参数表

| 设备性能 | 技术参数 |
| --- | --- |
| 直径（mm） | 1200 |
| 容积（L） | 420 |
| 最大生产能力（千克/批） | 140 |
| 最小生产能力（千克/批） | 80 |
| 蒸汽耗量（千克/批） | 211 |
| 压缩空气量（m³/min） | 0.6 |
| 风机功率（kW） | 18.5 |
| 温度（℃） | 23～120℃（自动调节） |
| 物料收率（%） | >99 |
| 终湿含量（%） | ~0.2 |
| 主机高度（mm） | 3300 |

**4. 操作方法**

（1）查看设备的使用记录，了解设备的运行情况，确认设备能否正常运行。

（2）检查设备的清洁情况，进行必要的清洁。

（3）打开蒸汽疏水阀及蒸汽电磁阀的旁通阀，慢慢开启蒸汽进汽阀，使换热器、管道内残留冷凝水、残留物迅速排出。

（4）关闭蒸汽疏水阀及电磁阀的旁通阀，观察进气压力应为0.3～0.61MPa，压力过高或过低时应通知设备部予以调整。

（5）将一般压缩空气管连接到控制柜上气源三大件的进口，检查油雾器油位，如不足，应补充规定的植物油。

（6）接通控制柜电源。

（7）将清洁干净的布袋上好，物料投入料斗，将物料车推入主机相应位置。

**5. 维护保养**

（1）捕集袋一定要拴紧压牢，如有内滑现象，立即处理以防跑料。每班必须仔细检查捕集袋是否完好，如有破裂、针孔泄漏等情况，立即处理或者更换。定时清洗捕集袋，保证透气率。

（2）定期清洗初、中、亚高效过滤器，以免堵塞气流，影响沸腾。

（3）主机密封时，应上下对好法兰盘，使其结合紧密，在顶升和下落时切勿将手、头、脚等伸入容器内或放在法兰盘上和顶圈边缘。

（4）经常检查主机各部位密封胶条是否完好，如有破损，立即更换。

（5）经常检查喷枪各部位密封圈是否完好，以保证正常喷雾。

（6）三联件的油雾器要定期加注洁净食用油，分水过滤器要定期放水。

（7）监视电流、电压指示是否正常，风机、空压机是否运转良好。

**6. 注意事项**

（1）造粒结束时，应首先关沸腾制粒干燥机加热装置，停止燃气机运行，然后关闭喷枪阀门，更换喷枪，拧下喷嘴并冲洗干净。

（2）随后依次开启送风机、抽风机，接着打开加热开关开始升温。当出料口温度达到设定温度时（一般为130℃左右），启动料泵和除尘系统。

（3）在日常生产过程中，开动设备前应进行必要的准备工作。首先检查各个装置的轴承和密封部分连接处有无松动，各个机械部件的润滑油状况，以及各个水、风、浆管阀口等是否处于所需位置。

（4）如遇紧急情况，必须立即关停设备，应首先关停送风机和料泵。如果突遇停电，应拉出燃气机，使塔体自然降温，然后打开排污阀，排尽料浆管道内浆料，并清洗设备。

（5）然后接通电源检沸腾制粒干燥机检查电压和仪表是否正常，最后检查料浆搅拌桶内料浆的量及浓度等情况，若出现问题应及时排除。

（6）当进口温度减低到100℃以下后可以停止送风机和抽风机的运行，接着清理干燥塔和除尘器内余料，关闭除尘器及气锤沸腾制粒干燥机，最后关闭沸腾制粒干燥机总电源，完成生产操作。

（7）当泵压达到2MPa后，打开喷枪开始造粒。设备运行后，应及时观察雾化情况及沸腾制粒干燥机料泵工作状况，沸腾制粒干燥机若出现沸腾制粒干燥机堵枪现象需立即清洗或更换喷嘴。

### 五、带式干燥设备

带式干燥设备相对于喷雾干燥机、真空烘箱、冷冻干燥机、微波真空干燥机设备优势为可在25~150℃真空条件下能够实现连续进料、连续出料，适用于中药浸膏、颗粒、粉末、丸剂等药品及生物制品的低温干燥。同时可在线自动清洗，符合《药品生产质量管理规范》的要求，以LWJ-I型履带式全自动干燥机为例，介绍其工作原理及操作使用注意事项。

**1. 工作原理** 以干燥软胶囊为例说明LWJ-I型履带式全自动干燥机的工作原理。将经过第一次干燥后的软胶囊（胶皮含水量30%~40%）经加料口加入机器内，加料口由匀料装置使软胶丸均匀平铺在输料带上，以缓慢的速度向前运动，不会损坏软胶囊，使干燥后的软胶囊光亮美观。同时转轮除湿系统将干燥的空气以一定的速度均匀吹入输料系统内，软胶囊是由上向下输送，干燥风是由下向上逆行吹过。软胶囊内的水分被干空气吸出带走，湿空气在吸气口被吸走，由除湿系统处理成干空气，以便循环利用，这样软胶囊很快被干燥，干燥好的胶丸由输出口进入特制的不锈钢容器内，送到粒丸至检丸。

**2. 结构特征** LWJ-I型履带式全自动干燥机主要由带双面铰链连接的可开启封盖、圆柱状壳体，装于壳体上的多个带灯视镜、可调速喂料泵、新型不黏履带、履带可调速驱动系统、真空设备、冷凝器、横向摆动喂料装置、一组全自动温控系统、加热板、收集粉碎装置、收集罐、清洗装置等组成。低温真空履带式干燥机的干燥处理量和履带面积可按照需要进行设计和制造，可以在不改变干燥机壳体的前提下，通过增加壳体内的履带层数来达到，同时只需相应加大真空设备的排量和温控单元的容量即可，控制系统几乎无须做任何改动。多层式低温真空履带干燥机更有利于提高设备的经济性和使用效益。

**3. 技术参数** LWJ-I 型履带式全自动干燥机主要技术参数见表 7-10。

**表 7-10 LWJ-I 型履带式全自动干燥机主要技术参数**

| 设备性能 | | 技术参数 |
|---|---|---|
| 干燥能力 | 对刚定型胶囊（粒/小时） | 约 15000 |
| | 对 1 次干燥后的胶囊（粒/小时） | 约 25000 |
| 干燥周期 | 对刚定型胶丸（h） | 8~12 |
| | 对 1 次干燥后的胶丸（h） | 4~8 |
| 干燥成品含水率（%） | | ≤4 |
| 工作电源（V/Hz） | | 380/50 |
| 履带速度（m/min） | | 0.15 |
| 整机功率（kW） | | 10.0 |
| 长×宽×高（mm） | | 2400×1620×2150 |
| 整机重量（kg） | | 1100 |

**4. 设备特点** 全套工艺自动化、管道化、连续化；实现真空条件下连续进料、连续出料；真空状态下完成干燥、粉碎、制粒；生产运行成本是真空烘箱、喷雾干燥器的1/3，是冷冻干燥设备的 1/6；操作工人最多两名，大大降低了人力成本；干燥温度可根据物料工艺要求（25~150℃）调整；热敏性物料不变性、不染菌；30~60 分钟开始连续出干粉，出干粉率 99%；能解决高黏度、难干燥的各种液体及固体物料干燥；在线自动清洗，无染菌机会，符合 GMP 的要求。

**5. 操作方法** 在确保设备各部分运转正常的情况下，进行以下操作：①拧动控制面板上"电源"开关至"开"位，如果返馈电相序正确无误，则控制电源指示灯和再生系统温控仪指示灯亮，并可启动运行；如果返馈电缺相或相序不正确，虽然控制面板上的电源指示灯和再生系统温控仪指示灯有时也会亮，但此时便会发出连续报警声，并且除湿电机不能运行，这时必须断开电闸，检查并排除缺相现象或调换返馈电三相电源中任意两相电源。②如果返馈电相序正确无误，则控制电源指示灯和再生系统温控仪指示灯亮，同时控制面板上"湿度显示"上方的仪表"电有"，此时可观察到输料系统入口处的实时相对湿度。与此同时，控制面板上再生系统温控仪也"燃亮"。③按下再生系统"开"按钮，中间继电器吸合，转轮电机和再生风机电机开始工作，同时加热器根据温控仪设定的温度开始加热，直至达到设定除湿机再生加热温度，开始由温控仪控制调节保持恒定的再生加热温度。④当再生系统连续工作 15~30 分钟后，按下除湿系统"开"按钮，除湿风机开始工作，除湿机处于除湿状态。⑤打开制冷温度控制开关，此时可观察到除湿系统出口（即输料系统入口）空气温度，如空气温度超过温度控制仪的设定温度，制冷机组将自动开始工作。温度控制仪设定回差应控制在 3~4℃，不能过低。⑥拧动输料系统开关，相应指示灯亮，调整变频调速频率，透过观察窗观察输料速度大小，调整至合适速度后（依据软胶囊软硬度而定），此时可进行下一步。⑦将1次干燥后用酒精清洗干净的软胶囊由加料口加入输料系统中。⑧观察输料系统的运行，数小时后干燥好的胶囊由出料口排出，此时可将此批胶囊送至捡丸室捡丸。⑨关闭机器时，先关闭输料系统，其顺序为先按下变频器"STOP"按钮，再拧动输料系统开关关闭输料系统，然后按下除湿系统"关"按钮，除湿系统停止工作，按下再生系统"关"按钮，则中间继电器释放，所有加热器和除湿风机停止工作，此时转轮电机和再生风机继续运行，同时时间继电器开始延时，时间继电器的延时时间可任意设定，一般设定12分钟为宜，待延时时间到，则转轮电机和再生风机停止工作。⑩关闭制冷系统开关，最后关闭电源开关。

**6. 维护保养**　定期检查减速机内是否缺少润滑油（一般需每日添加1次）；定期检查输送带是否太松，是否走偏，及时调整；转轮干燥机使用寿命很长，但经过较长时间（如经过1年或数年），如发现除湿效果太差应随时维修。

**7. 注意事项**　以下是在操作过程中尤其需要注意的事情。

（1）干燥室内温度不得超过25℃。

（2）送入的软胶囊不宜太软，最好经过1次干燥。

（3）输料系统前、后门及进料出料门在干燥过程中不要经常打开，以免湿空气进入，影响干燥效果。

（4）用酒精清洗后的软胶囊必须将酒精挥发干净后，方可进入本机进行最终干燥。

（5）系统安装时要求再生后空气的排出管道进行保温，管路不应过长，并向出口方向有不小1%的坡度，如不能按此要求安装时，应在管道最低点设置冷凝水排出口，同时根据管道压头设置水封弯，以防湿空气从排水口溢出。

（6）允许使用电压在额定工作电压的±10%范围内，如不在此范围应使用交流稳压电源。

（7）控制面板上的加热按钮为除湿机第二组加热器开关，一般情况下不宜使用。

**8. 故障排除**　LWJ-I型履带式全自动干燥机故障及排除见表7-11。

表7-11　LWJ-I型履带式全自动干燥机故障及排除

| 现象 | 故障原因 | 排除方法 |
| --- | --- | --- |
| 整机不工作 | 电源插头接触不良 | 换新插头 |
| | 空气开关没合上 | 合上空气开关 |
| 除湿机不工作 | 除湿系统短路 | 参照结构图，检查线路，修好后再开机 |
| | 除湿机接触器短路 | 检查更换接触器 |
| 除湿效果差 | 除湿转轮容量饱和 | 拆换新除湿转轮 |
| | 除湿机加热器烧坏 | 更换加热器 |
| | 整机有泄漏 | 检查并密封 |
| 减速机噪音大 | 减速机缺润滑油 | 加润滑油 |
| | 减速机内太脏 | 清洗减速机 |

续表

| 现象 | 故障原因 | 排除方法 |
|---|---|---|
| 输送带走偏 | 轴承座松动 | 调整螺栓并拧紧紧固螺钉 |
|  | 轴承座位置不正 | 调整轴承座位置 |
| 链条拉断 | 链条太紧或太松 | 调整张紧轮松紧 |
| 温控仪显示故障 | 传感器或温控仪坏 | 找厂家维修更换 |
| 变频器显示故障 | 变频器坏 | 找厂家维修更换 |

## 六、冷冻干燥设备

真空冷冻干燥技术，又称升华干燥，广泛应用于药品、生物制品、化工及食品工业，是对热敏性物质如抗生素、疫苗、血液制品、酶激素及其他生物组织等的制剂制备。以 FD-1A-50 冷冻干燥机为例，介绍如下。

**1. 结构原理**

（1）设备构成　冷冻干燥器系由制冷系统、真空系统、加热系统、电器仪表控制系统所组成，主要部件为干燥箱、凝结器、冷冻机组、真空泵、加热/冷却装置等构成。

（2）工作原理　冷冻干燥器的工作原理是将被干燥的物品先冻结到三相点温度以下，然后在真空条件下使物品中的固态水分（冰）直接升华成水蒸气，从物品中排除，使物品干燥。物料经前处理后，被送入速冻仓冻结，再送入干燥仓升华脱水，之后在后处理车间包装。真空系统为升华干燥仓建立低气压条件，加热系统向物料提供升华潜热，制冷系统向冷阱和干燥室提供所需的冷量。本设备采用高效辐射加热，物料受热均匀；采用高效捕水冷阱，并可实现快速化霜；采用高效真空机组，并可实现油水分离；采用并联集中制冷系统，多路按需供冷，工况稳定，有利节能；采用人工智能控制，控制精度高，操作方便。

**2. 设备特点**　①台式设计，紧凑，占用台面小。②外形美观，人体工学设计，操作方便。③原装进口全封闭压缩机，高效可靠，噪音低。④冷阱开口大，具有样品预冻功能。⑤冷阱为全不锈钢，冷阱内无盘管，光洁耐腐蚀。⑥专利设计导流筒，提高冷阱有效面积，快速冻干。⑦原装进口充气阀，可充干燥氮气或惰性气体。⑧透明钟罩式干燥室，安全直观。⑨国际标准真空接口，可与多种真空泵联用。⑩数字显示温度及真空度。

**3. 技术参数**　FD-1A-50 型冷冻干燥器技术参数见表 7-12。

表 7-12　FD-1A-50 型冷冻干燥器技术参数

| 设备性能 | 技术参数 |
|---|---|
| 冷凝温度（℃） | -50 |
| 真空度（Pa） | <10 |
| 冻干面积（L/m²） | 0.12 |
| 盘装物料（L） | 1.2 |

| 设备性能 | 技术参数 |
|---|---|
| 捕水能力（kg/h） | 3 |
| 样品盘（mm） | 200×4 层 |
| 电源要求（V/Hz） | 220/50 |
| 功率（W） | 850 |
| 主机尺寸（mm） | 380×600×345 |

**4. 操作方法**

（1）开机操作　①连好总电源线，打开右侧黄色总电源开关。此时"冷阱温度"显示窗开始显示冷阱的温度。②按下"制冷机"开关，制冷机开始运转，冷阱温度逐渐降低。为使冷阱且有充分吸附水分的能力，预冷时间应不少于 30 分钟。③按下"真空计"开关，此时真空度显示为"999"。④预冷结束后，将已准备好的待干燥的物品置于干燥盘中，再将有机玻璃筒罩上。⑤按下快速充气阀（位于左侧前面板）上的不锈钢按片，听到咔嚓声后，将快速充气阀接嘴拔出来，以自动密封。⑥按下"真空泵"开关，真空泵开始工作，真空度显示"999"，直到 1000Pa 以下，方可显示实际真空度，冷冻干燥进程开始。

注：待干燥物品置于机器内前，必须冷冻结实；在真空泵开始工作时，用力下压有机玻璃罩片刻，有利于密封。

（2）关机操作　①将快速充气阀接嘴，插入快速充气阀座，同时关"真空泵"电源开关，使空气缓慢进入冷阱。②关"真空计""制冷机"和总电源开关，同时拔掉电源线。③提起有机玻璃罩，将物品取出、保存，冷冻干燥过程结束。④冷阱中的冰化成水后，需将水从快速充气阀出口排出，操作与充气类同。⑤清理冷阱内的水分和杂质，妥善保养设备。

**5. 维护方法**

（1）电器部分每半年 1 次。

1）在断电的情况下，打开盖板用螺丝刀对电控箱内部各端子接线螺丝进行检查并扭紧；如果不定期维护，很容易因机器震动而造成电气元件松动，而导致电流过大而损坏零件，或形成断路。

2）查看内部电源线是否有破损，对破损的电源线进行包扎或更换。

3）用油漆刷清除电箱内灰尘。

（2）机械部分：每年 1 次对紧固螺丝进行检查并紧固。

（3）机器外观：每年 1 次进行清理检查，对脱漆部位用同色油漆进行补漆。

（4）每天 1 次检查自动排水，水是否正常排出，如动作不顺，须按下自动排水器按钮，进行清洗。

（5）每天 1 次检查蒸发压力计，运转状态下，蒸发压力计应指示在 3.55kg/cm$^2$。即指示在蓝色范围是最佳状态。

（6）每月1次卸下自动排水器进行清洗，可使动作不良的发生率降到最低。

（7）每月1次检查放空阀、电磁阀的灵敏度、密封是否良好。

（8）每周1次用吸尘器，刷子或喷嘴清扫散热网。清扫前方通风口。

**6. 注意事项**

（1）用冷冻干燥机制备样品应尽可能扩大其表面积，其中不得含有酸碱物质和挥发性有机溶剂。

（2）样品必须完全冻结成冰，如有残留液体会造成气化喷射。

（3）注意冷冻干燥机冷阱约为零下65℃，可以做低温冰箱使用，但必须戴保温手套操作防止冻伤。

（4）启动真空泵以前，检查出水阀是否拧紧，充气阀是否关闭，有机玻璃罩与橡胶圈的接触面是否清洁无污物，良好密封。

（5）一般情况下，该冷冻干燥机不得连续使用超过48小时。

（6）样品在冷冻过程中，温度逐渐降低，可以将样品取出回暖一段时间后继续干燥，以缩短干燥时间。

# 第八章　蒸发设备 ▷▷▷▷

　　将含有不挥发性溶质的溶液加热至沸腾，使溶液中的部分溶剂汽化为蒸汽并被排出，从而使溶液得到浓缩的过程称为蒸发，能够完成蒸发过程的设备称为蒸发设备。蒸发操作在制药过程中应用广泛，其目的主要是将稀溶液蒸发浓缩到一定浓度直接作为制剂过程的原料或半成品；通过蒸发操作除去溶液中的部分溶剂，使溶液增浓到饱和状态，再经冷却析晶从而获得固体产品；蒸发操作还可以除去杂质，获得纯净的溶剂。

　　制药生产中使用各种水在不同剂型药品中作为溶剂、包装容器洗涤水等，这些水统称为工艺用水，蒸馏水器主要用于制备蒸馏水及重蒸水等以供制药生产使用。

## 第一节　蒸发操作

　　蒸发过程属于传热过程，多利用饱和水蒸气作为加热介质，通过间壁式或混和式换热的形式，将混合溶液加热至沸腾，利用混合溶液中溶剂的易挥发性和溶质的难挥发性，使溶剂汽化变为蒸汽并被移出蒸发器，而溶质继续留在混合溶液中的浓缩过程。需要蒸发的混合溶液主要为水溶液，中药制药过程中也经常用乙醇作为溶剂提取中药材中某些有效成分或用酒沉除去水提取液中的某些杂质，故乙醇溶液的蒸发在制药过程中也普遍存在，此外还有其他一些有机溶液的蒸发。

### 一、蒸发过程

　　蒸发过程能够顺利完成必需有两个条件：①要有热源加热，使混合溶液达到并保持沸腾状态，常用的加热介质为饱和水蒸气，又称加热蒸汽、生蒸汽或1次蒸汽；②要及时排除蒸发过程中溶液因不断沸腾而产生的溶剂蒸汽，也称二次蒸汽，否则蒸发室里会逐渐达到气液相平衡状态，致使蒸发过程无法继续进行。

　　单效蒸发通常是指蒸发过程产生的二次蒸汽直接进入冷凝器被冷凝蒸发的过程。如果前一级蒸发器产生的二次蒸汽直接用于后一效蒸发器的加热热源，同时自身被冷凝，这种蒸发过程称为多效蒸发。

　　**1. 单效蒸发的工艺流程**　单效蒸发过程的设备主要有加热室和分离室，其加热室的结构主要有列管式、夹套式、蛇管式及板式等类型。蒸发过程的辅助设备包括冷凝器、冷却器、原料预热器、除沫器、贮罐、疏水器、原料输送泵、真空泵、各种仪表、接管及阀门等。

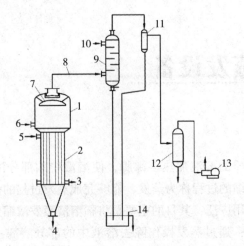

1. 分离室；2. 加热室；3. 冷凝水出口；4. 完成液出口；5. 加热蒸汽入口；6. 原料液进口；7. 除沫器；
8. 二次蒸汽；9. 混合冷凝器；10. 冷却水进口；11. 气液分离器；12. 缓冲罐；13. 真空泵；14. 溢流水箱

**图 8-1　水溶液单效减压蒸发的工艺流程图**

水溶液单效减压蒸发的工艺流程图见图 8-1。饱和水蒸气通入加热室，将管内混合溶液加热至沸腾，从混合溶液中蒸发出来的溶剂蒸汽夹带部分液相溶液进入分离室，在分离室中气相和液相由于密度的差异而分离，液相返回加热室或作为完成液采出，而气相从分离室经除沫器进入冷凝器，经与冷却水逆流接触冷凝为水，冷凝水与冷却水一起从气压腿排出，而冷凝器中的不凝气体从冷凝器顶部由真空泵抽出。

**2. 蒸发过程的分类**　蒸发过程按蒸发室的操作压力不同可以分为常压蒸发和减压蒸发（真空蒸发）；蒸发过程按产生的二次蒸汽是否作为下一级蒸发器的加热热源分为单效蒸发和多效蒸发；根据进料方式不同，也可将蒸发过程分为连续蒸发和间歇蒸发。

**3. 蒸发过程的特点**　蒸发过程的实质就是热量的传递过程，溶剂汽化的速率取决于传热速率，因此传热过程的原理与计算过程也适用于蒸发过程。但蒸发过程乃是含有不挥发性溶质的溶液的沸腾传热过程，与普通传热过程相比有如下特点。

（1）**两侧都有相变化的恒温传热过程**　进行蒸发操作时，一侧壁面是饱和水蒸气不断冷凝释放出大量的热，而饱和蒸汽的冷凝液多在饱和温度下排出；另一侧壁面是混合溶液处于沸腾状态，溶剂不断吸收热量，由液态变为二次蒸汽。因此，蒸发过程是属于两侧都有相变化的恒温传热过程。

（2）**随溶液沸点的变化影响较大**　被蒸发的混合溶液由易挥发性的溶剂和难挥发性的溶质两部分组成，因此，溶液的沸点受溶质含量的影响，其值比同一操作压力下纯溶剂的沸点高，而溶液的饱和蒸汽压比纯溶剂的低。沸点升高是指在相同的操作压力下，混合溶液的沸点与纯溶剂沸点的差值；影响沸点升高的因素包括溶液中溶质的浓度、加热管中液柱的静压力及流体在管道中的流动阻力损失等，一般溶液的浓度越高，沸点升高越高。当加热蒸汽的温度一定时，蒸发溶液的传热温度差要小于蒸发纯溶剂的传热温度差，溶液的浓度越高，该影响越大。

（3）**雾沫夹带问题**　蒸发过程中产生的二次蒸汽被排出分离室时会夹带许多细小

的液滴和雾沫，冷凝前必需设法除去，否则会损失有效物质，并且也会污染冷凝设备。一般蒸发器的分离室要有足够的分离空间，并加设除沫器除去二次蒸汽夹带的雾沫。

（4）节能降耗问题　蒸发过程一方面需要消耗大量的饱和蒸汽来加热溶液使其处于沸腾状态，而其冷凝液多在饱和温度下排出；另一方面又需要用冷却水将蒸发产生的二次蒸汽不断冷凝；同时完成液也是在沸点温度下排出的；还要考虑过程的热损失问题。因此，应充分利用二次蒸汽的潜热，全方位考虑整个蒸发过程的节能降耗问题。

### 二、单效蒸发量

单效蒸发过程中，若想核算加热蒸汽的消耗量及加热室的传热面积，首先需要计算单位时间内二次蒸汽的产生量即单效蒸发量，一般由生产任务给出原料液的进料量、原料液的浓度及完成液的浓度，对溶质进行物料衡算就可以得到单效蒸发量。单效蒸发计算的流程见图8-2，因蒸发过程处理的混合溶液多数为水溶液，故以下计算过程以水溶液的蒸发过程为例。

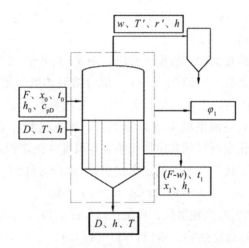

**图8-2　单效蒸发计算示意图**

由于溶质为不挥发性物质，在蒸发前后其质量不变，对溶质进行物料衡算，以 $W$ 表示单效蒸发量，单位为 kg/h，即

$$Fx_0 = (F-W)x_1 \qquad \text{（公式 8-1）}$$

$$W = F\left(1 - \frac{x_0}{x_1}\right) \qquad \text{（公式 8-2）}$$

式中：$F$ 为原料液的质量流量，单位：kg/h；$x_0$ 为原料液中溶质的质量分率；$x_1$ 为完成液中溶质的质量分率。

若工艺条件给出原料药及完成液的体积流量和密度，则通过质量流量的衡算式可以计算水分的蒸发量。

$$W = q_{v0}\rho_0 - q_{v1}\rho_0 \qquad \text{（公式 8-3）}$$

式中：$q_{v0}$ 为原料液的体积流量，单位 $m^3/h$；$\rho_0$ 为原料液的密度，单位：$kg/m^3$；$q_{v1}$

为完成液的体积流量，单位 $m^3/h$；$\rho_1$ 为完成液的密度，单位：$kg/m^3$。

由公式 8-2 及公式 8-3 可计算出单效蒸发量 $W$。

### 三、加热蒸汽消耗量

蒸发过程中，常用饱和水蒸气作为加热热源，因饱和水蒸气的温度与其饱和蒸汽压成正比，且饱和水蒸气冷凝时会放出大量的热量，这些热量主要用于将混合溶液加热至沸腾并保持沸腾状态。一般在工艺条件设计中应给出原料液的进料温度、定压比热容、加热蒸汽的温度或压力、蒸发室或冷凝器的操作压力等，由热量衡算计算加热蒸汽消耗量 D。如图 8-2 所示，对整个蒸发器进行热量衡算。

$$Dh_v + Fh_0 = Wh_w + (F-W)\,h_1 + Dh_1 + \Phi_L \tag{8-4}$$

$$\Phi = D\,(h_v - h_1) = W\,(h_w - h_1) + F\,(h_1 - h_0) + \Phi_L \tag{8-5}$$

式中：$W$ 为单效蒸发量，kg/h；$D$ 为加热蒸汽消耗量，kg/h；$F$ 为原料进料量，kg/h；$h_v$ 为加热蒸汽的焓，kJ/kg；$h_1$ 为冷凝水的焓，kJ/kg；$h_w$ 为二次蒸汽的焓，kJ/kg；$h_0$ 为原料液的焓，kJ/kg；$h_1$ 为完成液的焓，kJ/kg；$\Phi_L$ 为蒸发器的热损失，kJ/h；$\Phi$ 为蒸发器的热流量，kJ/h 或 kW。

若加热蒸汽的冷凝液在其饱和温度下排出，则 $h_v - h_1 = r$；二次蒸汽的气相和液相的焓差可用其汽化潜热近似表示，即 $h_w - h_1 = r'$。混合溶液的焓值可以查该溶液的焓浓图，如 NaOH 水溶液的焓浓图可以查阅其他相关教材，对于制药工业中涉及的溶液的蒸发操作，因溶质成分复杂，其溶液的焓浓图数据匮乏。考虑到混合溶液的浓缩热不大可忽略，此时溶液焓值的变化也可以用其定压比热容与温度变化之积近似表示，并且计算时用原料液的定压比热容来代替完成液的定压比热容，即 $h_1 - h_0 = C_{p0}\,(t_1 - t_0)$，则

$$Dr = Wr' + FC_{p0}\,(t_1 - t_0) + \Phi_L \tag{公式 8-6}$$

式中：$r$ 为饱和水蒸气的汽化潜热，单位：kJ/kg；$r'$ 为二次蒸汽的汽化潜热，单位：kJ/kg；$C_{p0}$ 为原料液的定压比热容，单位：kJ/（kg℃）；$t_1$ 为完成液的温度，单位：℃；$t_0$ 为原料液的进料温度，单位：℃。

一般完成液排出蒸发室的温度近似等于混合溶液的沸点温度，即 $t_1$ 为溶液的沸点温度。溶液的沸点一般高于相同操作压力下纯溶剂的沸点，其差值称为溶液的沸点升高，溶液的沸点温度可以直接测量，也可由下式计算

$$t_1 = T' + \Delta \tag{公式 8-7}$$

式中：$t_1$ 为溶液的沸点，单位：℃；$T'$ 为二次蒸汽的温度，单位：℃；$\Delta$ 为溶液的沸点升高，单位：℃。

二次蒸汽的温度由蒸发室的操作压力决定，而蒸发室的操作压力近似等于冷凝器的压力，对于水溶液的蒸发过程，二次蒸汽的温度可以由蒸发室的操作压力直接查饱和水蒸气表获得。原料液的定压比热容可由下式计算

$$C_{p0} = C_{pw}\,(1 - x_0) + C_{pB}x_0 \tag{公式 8-8}$$

式中：$C_{pw}$ 为纯溶剂的定压比热容，单位：kJ/（kg℃）；$C_{pB}$ 为纯溶质的定压比热容，单位：kJ/（kg℃）。

若原料液经预热器预热到沸点进料，即 $t_0 = t_1$，并且当热损失可以忽略时，式8-5改写为

$$Dr = W'r \qquad \text{（公式 8-9）}$$

则令

$$e = \frac{D}{W} = \frac{r'}{r} \qquad \text{（公式 8-10）}$$

式中：$e$ 称为单位蒸汽消耗量，表示加热蒸汽的利用程度，也称蒸汽的经济性。由于饱和蒸汽的汽化潜热数值随压力的变化不大，所以 $e$ 近似等于1，即单效蒸发时，消耗 1kg 的加热蒸汽，可以获得约 1kg 的二次蒸汽。在实际蒸发操作过程中，由于原料的预热及热损失等原因，$e$ 应大于1，也即单效蒸发的能耗很大，经济性较差。

### 四、蒸发室的传热面积

蒸发过程也属于传热过程，因此传热过程的热负荷计算及传热速率方程也适用于蒸发过程，即

$$\varPhi = Dr = KA\Delta t_m \qquad \text{（公式 8-11）}$$

$$A = \frac{Dr}{K\Delta t_m} \qquad \text{（公式 8-12）}$$

式中：$A$ 为加热室的传热面积，单位：$m^2$；$K$ 为加热室的总传热系数，单位：$W/m^2℃$；$\Delta t_m$ 为平均传热温度差，单位：$℃$。

蒸发过程属于两侧都有相变化的恒温传热过程，平均传热温度差可用下式计算

$$\Delta t_m = T - t_1 \qquad \text{（公式 8-13）}$$

式中：$T$ 为加热蒸汽的温度，单位：$℃$。

总传热系数 $K$ 是设计和计算蒸发器重要因素之一，影响蒸发过程中总传热系数 $K$ 的因素有溶液的种类、浓度、物性及沸点温度等；加热室壁面的形状、位置及垢阻；加热蒸汽的温度压力等。因此 $K$ 值多取经验值或估算值，表 8-1 列出部分蒸发设备传热系数 $K$ 的经验值范围，总传热系数 $K$ 也可由公式计算获得。

如果蒸发器的加热管为圆形管，则蒸发器的传热系数 $K$ 的计算公式如下

$$\frac{1}{K} = \frac{1}{\alpha} + \frac{d_o}{\alpha_i d_i} + \frac{b d_o}{\lambda d_m} + R_i \frac{d_o}{d_i} + R_o \qquad \text{（公式 8-14）}$$

若蒸发器加热室两侧的传热面积近似相等，则蒸发器的传热系数 K 的计算公式如下

$$\frac{1}{K} = \frac{1}{\alpha_o} + \frac{1}{\alpha_i} + R_i + R_o + \frac{b}{\lambda} \qquad \text{（公式 8-15）}$$

式中：$\alpha_i$、$\alpha_o$ 为加热管内、外的给热系数，单位：$W/m^2℃$；$R_i$、$R_o$ 为加热管内、外的污垢热阻，单位：$m^2℃/W$；$d_i$、$d_o$ 为加热管内径及外径，单位：m；$d_m$ 为加热管内径、外径的平均值，单位：m；$\lambda$ 为加热壁面的导热系数，单位：$W/m℃$；$b$ 为加热壁面的厚度，单位：m。

表 8-1    不同蒸发器的传热系数 $K$ 值的范围

| 蒸发器的类型 | | 传热系数 $K$（$W/m^2°C$） |
|---|---|---|
| 刮板式（溶液黏度 mPa·s） | 1~5 | 5800~7000 |
| | 100 | 1700 |
| | 1000 | 1160 |
| | 10000 | 700 |
| 外加热式（长管型） | 自然循环 | 1160~5800 |
| | 强制循环 | 2300~7000 |
| | 无循环膜式 | 580~5800 |
| 内部加热式（标准式） | 自然循环 | 580~3500 |
| | 强制循环 | 1160~5800 |
| 升膜式 | | 580~5800 |
| 降膜式 | | 1200~3500 |

【例 8-1】用单效蒸发器将原料液浓度为 5% 的溶液浓缩至 25%，原料进料量为 2000kg/h，进料温度为 20℃，原料液的定压比热容为 3.5kJ/(kg·℃)。加热用饱和蒸汽的绝压为 200kPa，蒸发室内的平均操作压力为 40kPa（绝压），估计沸点升高 8℃，蒸发器的传热系数为 2000W/($m^2$·℃)，热损失为 3%。试求：

（1）水分蒸发量。

（2）加热蒸汽消耗量。

（3）蒸发器的传热面积和生蒸汽的经济性。

解：（1）水分蒸发量

$$W=F\left(1-\frac{x_o}{x_1}\right)=2000\times\left(1-\frac{0.05}{0.25}\right)=1600\text{kg/h}$$

（2）加热蒸汽消耗量    由附录查得加热蒸汽压力 200kPa（绝压）时，加热蒸汽的温度 $T=120.2℃$，气化热 $r=2204.5$kJ/kg；蒸发室的操作压力为 40kPa（绝压）时，加热蒸汽的温度 $T''=75℃$，二次蒸汽的气化热 $r'=2312.2$kJ/kg，则溶液沸点：

$$t_1=T'+\Delta=75+8=83℃$$

$$Dr=W'+FC_{po}\ (t_1-t_0)\ +\Phi_L$$

$$Dr=Wr'+FC_{p0}\ (t_1-t_0)\ +3\%Dr$$

$$D=\frac{Wr'+FC_{po}\ (t_1-t_0)}{0.97\times2204.5}$$

$$=\frac{1600\times2312.2+2000\times3.5\times\ (83-20)}{0.97\times2204.5}=1936.3\text{kg/h}$$

（3）蒸发器的传热面积和生蒸汽的经济性

$$\Delta t_m=T-t_1=120.2-83=37.2℃$$

$$A=\frac{Dr}{K\Delta t_m}=\frac{\dfrac{1936.3}{3600}\times2204.5\times1000}{2000\times37.2}=15.94\text{m}^2$$

$$e = \frac{D}{W} = \frac{1936.3}{1600} = 1.21$$

答：水分蒸发量为 1600kg/h；加热蒸汽消耗量 1937kg/h；蒸发器的传热面积为 15m$^2$；生蒸汽的经济性为 1.21。

# 第二节　常用蒸发设备

蒸发浓缩是将稀溶液中的溶剂部分汽化并不断排除，使溶液增浓的过程。蒸发过程多处在沸腾状态下，因沸腾状态下传热系数高，蒸发速率快。

能够完成蒸发操作的设备称为蒸发器（蒸发设备），属于传热设备，对各类蒸发设备的基本要求是：应有充足的加热热源，以维持溶液的沸腾状态和补充溶剂汽化所带走的热量；应及时排除蒸发所产生的二次蒸汽；应有一定的传热面积以保证足够的传热量。

根据蒸发器加热室的结构和蒸发操作时溶液在加热室壁面的流动情况，可将间壁式加热蒸发器分为循环型（非膜式）和单程型（膜式）两大类。蒸发器按操作方式不同又分为间歇式和连续式，小规模多品种的蒸发多采用间歇操作，大规模的蒸发多采用连续操作，应根据溶液的物性及工艺要求选择适宜的蒸发器。

## 一、循环型蒸发器

在循环型蒸发器的蒸发操作过程中，溶液在蒸发器的加热室和分离室中做连续的循环运动，从而提高传热效果、减少污垢热阻，但溶液在加热室滞留量大且停留时间长，不适宜热敏性溶液的蒸发。按促使溶液循环的动因，循环型蒸发器分为自然循环型和强制循环型。自然循环型是靠溶液在加热室位置不同，溶液因受热程度不同产生密度差，轻者上浮重者下沉，从而引起溶液的循环流动，循环速度较慢（0.5~1.5m/s）；强制循环型是靠外加动力使溶液沿一定方向做循环运动，循环速度较高（1.5~5m/s）但动力消耗高。

**1. 中央循环管型蒸发器**　中央循环管型蒸发器属于自然循环型，又称标准式蒸发器，见图 8-3，主要由加热室、分离室及除沫器等组成。中央循环管型蒸发器的加热室与列管换热器的结构类似，在直立较细的加热管束中有一根直径较大的中央循环管，循环管的横截面积为加热管束总横截面积的 40%~100%。加热室的管束间通入加热蒸汽，将管束内的溶液加热至沸腾汽化，加热蒸汽冷凝液由冷凝水排出口经疏水器排出。由于中央循环管的直径比加热管束的直径大得多，在中央循环管中单位体积溶液占有的传热面积比加热管束中的要小得多，致使循环管中溶液的汽化程度低，溶液的密度比加热管束中的大，密度差异造成了溶液在加热管内上升而在中央循环管内下降的循环流动，从而提高了传热速率，强化了蒸发过程。在蒸发器加热室的上方为分离室，也叫蒸发室，加热管束内溶液沸腾产生的二次蒸汽及夹带的雾沫、液滴在分离室得到初步分离，液体从中央循环管向下流动从而生产循环流动，而二次蒸汽通过蒸发室顶部的除沫器除沫后排出，进入冷凝器冷凝。

中央循环管型蒸发器的循环速率与溶液的密度及加热管长度有关，密度差越大，加热管越长，循环速率越大。通常加热管长 1~2m，加热管直径 25~75mm，长径比 20~40。

中央循环管型蒸发器的结构简单、紧凑，制造较方便，操作可靠，有"标准"蒸发器之称。但检修、清洗复杂，溶液的循环速率低（小于 0.5m/s），传热系数小。中央循环管型蒸发器适宜黏度不高、不易结晶结垢、腐蚀性小且密度随温度变化较大的溶液的蒸发。

**2. 外加热式蒸发器** 外加热式蒸发器属于自然循环型蒸发器，其结构如图 8-4 所示，主要由列管式加热室、蒸发室及循环管组成。加热室与蒸发室分开，加热室安装在蒸发室旁边，特点是降低了蒸发器的总高度，有利于设备的清洗和更换，并且避免大量溶液同时长时间受热。外加热式蒸发器的加热管较长，长径比为50~100。溶液在加热管内被管间的加热蒸汽加热至沸腾汽化，加热蒸汽冷凝液经疏水

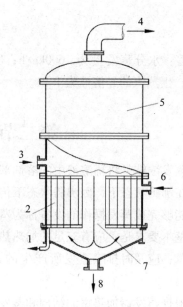

1. 冷凝水出口；2. 加热室；3. 原料液进口；
4. 二次蒸汽；5. 分离室；6. 加热蒸汽进口；
7. 中央循环管；8. 完成液出口
**图 8-3 中央循环管式蒸发器**

器排出，溶液蒸发生产的二次蒸汽夹带部分溶液上升至蒸发室，在蒸发室实现气液分离，二次蒸汽从蒸发室顶部经除沫器除沫后进入冷凝器冷凝。蒸发室下部的溶液沿循环管下降，循环管内溶液不受蒸汽加热，其密度比加热管内的大，形成循环运动，循环速率可达 1.5m/s，完成液最后从蒸发室底部排出。外加热式蒸发器的循环速率较高，传热系数较大（一般 1400~3500W/m²℃），并可减少结垢。外加热式蒸发器的适应性较广，传热面积受限较小，但设备尺寸较高，结构不紧凑，热损失较大。

**3. 强制循环型蒸发器** 在蒸发较大黏度的溶液时，为了提高循环速率，常采用强制循环型蒸发器，其结构见图 8-5。强制循环型蒸发器主要由列管式加热室、分离室、除沫器、循环管、循环泵及疏水器等组成。与自然循环型蒸发器相比，强制循环型蒸发器中溶液的循环运动主要依赖于外力，在蒸发器循环管的管道上安装有循环泵，循环泵迫使溶液沿一定方向以较高速率循环流动，通过调节泵

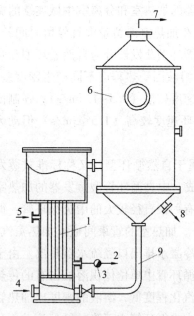

1. 加热室；2. 冷凝水出口；3. 疏水器；
4. 原料液进口；5. 加热蒸汽入口；6. 分离室；
7. 二次蒸汽；8. 完成液出口；9. 循环管
**图 8-4 外加热式蒸发器**

的流量来控制循环速率，循环速率可达 1.5~5m/s。溶液被循环泵输送到加热管的管内并被管间的加热蒸汽加热至沸腾汽化，产生的二次蒸汽夹带液滴向上进入分离室，在分离室二次蒸汽向上通过除沫器除沫后排出，溶液沿循环管向下再经泵循环运动。

强制循环型蒸发器的传热系数比自然循环的大，蒸发速率高，但其能量消耗较大，每平方米加热面积耗能 0.4~0.8kW。强制循环蒸发器适于处理高黏度、易结垢及易结晶溶液的蒸发。

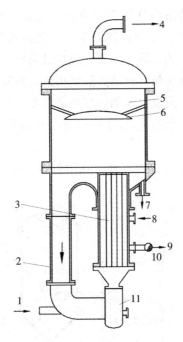

1. 原料液进口；2. 循环管；3. 加热室；4. 二次蒸汽；5. 分离室；6. 除沫器；
7. 完成液出口；8. 加热蒸汽进口；9. 冷凝水出口；10. 疏水器；11. 循环泵

图 8-5 强制循环型蒸发器

## 二、单程型蒸发器

单程型（膜式）蒸发器的基本特点是溶液只通过加热室 1 次即达到所需要的浓度，溶液在加热室仅停留几秒至十几秒，停留时间短，溶液在加热室滞留量少，蒸发速率高，适宜热敏性溶液的蒸发。在单程型蒸发器的操作中，要求溶液在加热壁面呈膜状流动并被快速蒸发，离开加热室的溶液又得到及时冷却，溶液流速快，传热效果佳，但对蒸发器的设计和操作要求较高。

**1. 升膜式蒸发器** 在升膜式蒸发器中，溶液形成的液膜与蒸发产生二次蒸汽的气流方向相同，由下而上并流上升，在分离室气液得到分离。升膜式蒸发器的结构见图 8-6，主要由列管式加热室及分离室组成，其加热管由细长的垂直管束组成，管子直径为 25~80mm，加热管长径比为 100~300。原料液经预热器预热至近沸点温度后从蒸发器底部进入，溶液在加热管内受热迅速沸腾汽化，生成的二次蒸汽在加热管中高速上升，溶液则被高速上升的蒸汽带动，从而沿加热管壁面成膜状向上流动，并在此过程中不断蒸发。为了使溶液在加热管壁面有效地成膜，要求上升蒸汽的气速应达到一定的值，在常压下加热室出口速率不应小于 10m/s，一般为 20~50m/s，减压下的气速可达到 100~160m/s 或更高。气液混合物在分离室内分离，浓缩液由分离室底部排出，二次蒸汽在分离室顶部经除沫后导出，加热室中的冷凝水经疏水器排出。

在设计升膜式蒸发器时，要满足溶液只通过加热管 1 次即达到要求的浓度。加热管的长径比、进料温度、加热管内外的温度差、进料量等都会影响成膜效果、蒸发速率及溶液浓度等。加热管过短，溶液浓度达不到要求；过长，在加热管子上端出现干壁现象，加重结垢现象且不易清洗，影响传热效果。加热蒸汽与溶液沸点间的温差也要适当，温差大，蒸发速率较高，蒸汽的速率高，成膜效果好一些，但加热管上部易产生干壁现象且能耗高。原料液最好预热到近沸点温度再进入蒸发室中进行蒸发，如果将常温下的溶液直接引入加热室进行蒸发，在加热室底部需要有一部分传热热面用来加热溶液使其达到沸点后才能汽化，溶液在这部分加热壁面上不能呈膜状流动，从而影响蒸发效果。

升膜式蒸发器适于蒸发量大、稀溶液、热敏性及易生泡溶液的蒸发；不适于黏度高、易结晶结垢溶液的蒸发。

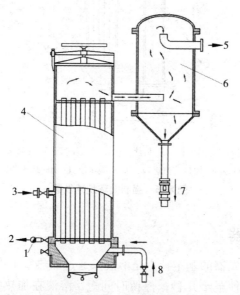

1. 疏水器；2. 冷凝水出口；3. 加热蒸汽进口；4. 加热室；
5. 二次蒸汽；6. 分离室；7. 完成液出口；8. 原料液进口
图 8-6 升膜式蒸发器

**2. 降膜式蒸发器** 降膜式蒸发器的结构如图 8-7 所示，其结构与升膜式蒸发器大致相同，也是由列管式加热室及分离室组成，但分离室处于加热室的下方，在加热管束上管板的上方装有液体分布板或分配头。原料液由加热室顶部进入，通过液体分布板或分配头均匀进入每根换热管，并沿管壁呈膜状流下的同时被管外的加热蒸汽加热至沸腾汽化，气液混合物由加热室底部进入分离室分离，完成液由分离室底部排出，二次蒸汽由分离室顶部经除沫后排出。在降膜式蒸发器中，液体的运动是靠本身的重力和二次蒸汽运动的拖带力作用，溶液下降的速度比较快，因此成膜所需的汽速较小，对黏度较高的液体也较易成膜。

降膜式蒸发器的加热管长径比100~250，原料液从加热管上部至下部即可完成浓缩。若蒸发1次达不到浓缩要求，可用泵将料液进行循环蒸发。

降膜式蒸发器可用于热敏性、浓度较大和黏度较大的溶液的蒸发，但不适宜易结晶结垢溶液的蒸发。

**3. 升-降膜式蒸发器** 当制药车间厂房高度受限制时，也可采用升-降膜式蒸发器，见图8-8，将升膜蒸发器和降膜蒸发器装置在一个圆筒形壳体内，也是将加热室管束平均分成两部分，蒸发室的下封头用隔板隔开。原料液由泵经预热器预热近沸点温度后从加热室底部进入，溶液受热蒸发汽化生产的二次蒸汽夹带溶液在加热室壁面呈膜状上升。在蒸发室顶部，蒸汽夹带溶液通过加热管束顶部的液体分布器，向下呈膜状流动并再次被蒸发，气液混合物从加热室底部进入分离室，气液分离，完成液从分离室底部排出。

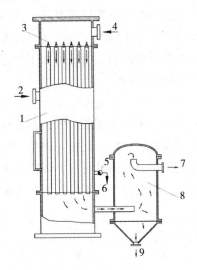

1. 加热室；2. 加热蒸汽进口；3. 液体分布装置；
4. 原料液进口；5. 疏水器；6. 冷凝水出口；
7. 二次蒸汽；8. 分离室；9. 完成液出口

**图8-7 降膜式蒸发器**

**4. 刮板搅拌式蒸发器** 刮板搅拌式蒸发器是通过旋转的刮板使液料形成液膜的蒸发设备，图8-9为分段加热的刮板搅拌式蒸发器，主要由分离室、夹套式加热室、刮板、轴承、动力装置等组成。夹套内通入加热蒸汽加热蒸发筒内的溶液，刮板由轴带动旋转，刮板的边缘与夹套内壁之间的缝隙很小，一般为0.5~1.5mm。原料液经预热后沿圆筒壁的切线方向进入，在重力及旋转刮板的作用下在夹套内壁形成下旋液膜，液膜在下降时不断被夹套内蒸汽加热蒸发浓缩，完成液由圆筒底部排出，产生的二次蒸汽夹带雾沫由刮板的空隙向上运动，旋转的带孔刮板也可把二次蒸汽所夹带的液沫甩向加热壁面，在分离室进行气液分离后，二次蒸汽从分离室顶部经除沫后排出。

刮板搅拌式蒸发器的蒸发室是一个圆

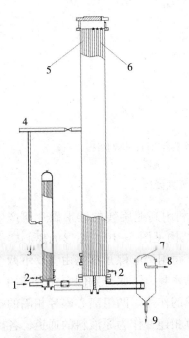

1. 原料液进口；2. 冷凝水出口；3. 预热器；
4. 加热蒸汽进口；5. 升膜加热室；6. 降膜加热室；
7. 分离室；8. 二次蒸汽出口；9. 完成液出口

**图8-8 升-降膜式蒸发器**

筒，圆筒高度与工艺要求有关，当浓缩比较大时，加热蒸发室长度较大，此时可选择分段加热，采用不同的加热温度来蒸发不同的液料，以保证产品质量。加大圆筒直径可相应地加大传热面积，但也增加了刮板转动轴传递的力矩，增加了功率消耗，一般圆筒直径为300~500mm。

刮板搅拌式蒸发器采用刮板的旋转来成膜、翻膜，液层薄膜不断被搅动，加热表面和蒸发表面不断被更新，传热系数较高。液料在加热区停留时间较短，一般几秒至几十秒，蒸发器的高度、刮板导向角、转速等因素会影响蒸发效果。刮板搅拌式蒸发器的结构比较简单，但因具有转动装置且多真空操作，对设备加工精度要求较高，并且传热面积较小。刮板搅拌式蒸发器适用浓缩高黏度液料或含有悬浮颗粒的液料的蒸发。

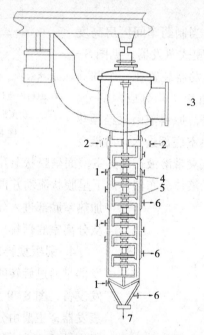

1. 加热蒸汽；2. 原料液进口；3. 二次蒸汽出口；4. 刮板；
5. 夹套加热；6. 冷凝水出口；7. 完成液出口

**图8-9　刮板搅拌式蒸发器**

**5. 离心薄膜式蒸发器**　离心式薄膜蒸发器是利用高速旋转的锥形碟片所产生的离心力对溶液的周边分布作用而形成薄薄的液膜，结构见图8-10。杯形的离心转鼓内部叠放着几组梯形离心碟片，转鼓底部与主轴相连。每组离心碟片都是由上、下两个碟片组成的中空的梯形结构，两碟片上底在弯角处紧贴密封，下底分别固定在套环的上端和中部，构成一个三角形的碟片间隙，起到夹套加热的作用。两组离心碟片相隔的空间是蒸发空间，它们上大下小，并能从套环的孔道垂直相连并作为原液料的通道，各离心碟片组的套环叠合面用O形密封圈密封，上面加上压紧环将碟组压紧。压紧环上焊有挡板，它与离心碟片构成环形液槽。

蒸发器运转时原料液从进料管进入，由各个喷嘴分别向各碟片组下表面喷出，并均匀分布于碟片锥顶的表面，液体受惯性离心力的作用向周边运动扩散形成液膜，液膜在碟片表面被夹层的加热蒸汽加热蒸发浓缩，浓缩液流到碟片周边就沿套环的垂直通道上升到环形液槽，由吸料管抽出作为完成液。从碟片表面蒸发出的二次蒸汽通过碟片中部的大孔上升，汇集后经除沫再进入冷凝器冷凝。加热蒸汽由旋转的空心轴通入，并由小通道进入碟片组间隙加热室，冷凝水受离心作用迅速离开冷凝表面，从小通道甩出落到转鼓的最低位置，并从固定的中心管排出。

离心薄膜式蒸发器是在离心力场的作用下成膜的，料液在加热面上受离心力的作用，液流湍动剧烈，同时蒸汽气泡能迅速被挤压分离，成膜厚度很薄，一般膜厚 0.05～0.1mm，原料液在加热壁面停留时间不超过一秒，蒸发迅速，加热面不易结垢，传热系数高，可以真空操作，适用热敏性、黏度较高的料液的蒸发。

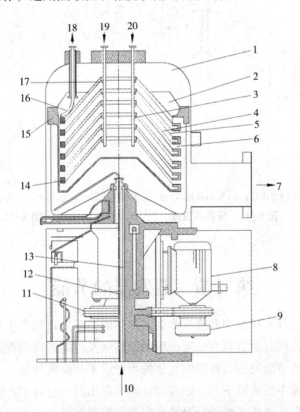

**图 8-10　离心式薄膜蒸发器结构**

1. 蒸发器外壳；2. 浓缩液槽；3. 物料喷嘴；4. 上碟片；5. 下碟片；6. 蒸汽通道；7. 二次蒸汽出口；8. 电机；9. 液力联轴器；10. 加热蒸汽进口；11. 皮带轮；12. 排冷凝水管；13. 进蒸汽管；14. 浓液通道；15. 离心转鼓；16. 浓缩液吸管；17. 清洗喷嘴；18. 完成液出口；19. 清洗液进口；20. 原料液进口

## 三、板式蒸发器

板式蒸发器的结构见图 8-11、图 8-12，主要由长方形加热板、机架、固定板及压紧板、螺栓、进出口组成。在薄的长方形不锈钢板上，用压力机压出一定形状的花纹作为加热板，每块加热板上都有一对原料液及加热蒸汽的进出口，将加热板装配在机架上，加热板四周及进出口周边都由密封圈密封，加热板的一侧流动原料液，另一侧流动加热蒸汽从而实现加热蒸发过程。一般四块加热板为一组，在一台板式蒸发器中可设置数组，以实现连续蒸发操作。

板式蒸发器的传热系数高，蒸发速率快，液体在加热室停留时间短、滞留量少，板式蒸发器易于拆卸及清洗，可以减少结垢，并且加热面积可以根据需要而增减。但板式蒸发器加热板的四周都用密封圈密封，密封圈易老化，容易泄露，热损失较大，应用较少。

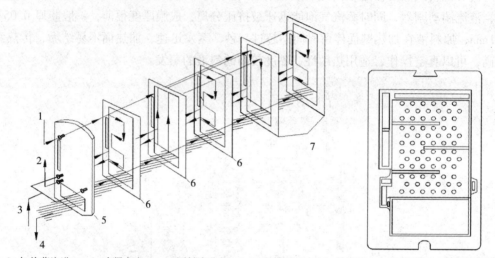

1. 加热蒸汽进口；2. 冷凝水出口；3. 原料液进口；4. 二次蒸汽出口；5. 压紧板；6. 加热板；7. 密封橡胶圈

图 8-11　板式蒸发器　　　　　　　　　图 8-12　板式蒸发器板片

# 第三节　蒸发器的节能

蒸发过程需要消耗大量的饱和蒸汽作为加热热源，蒸发过程产生的二次蒸汽又需要用冷却水进行冷凝，同时也需要有一定面积的加热室及冷凝器以确保蒸发过程的顺利进行。因此蒸发过程的节能问题直接影响药品的生产成本和经济效益。

蒸发过程的节能主要从以下几方面考虑：充分利用蒸发过程中产生的二次蒸汽的潜热，如采用多效蒸发；加热蒸汽的冷凝液多在饱和温度下排出，可以将其加压使其温度升高再返回该蒸发器代替生蒸汽作为加热热源；将加热蒸汽的冷凝液减压使其产生自蒸过程，将获得的蒸汽作为后一效蒸发器的补充加热热源。

## 一、多效蒸发计算

在单效蒸发过程中，每蒸发 1kg 的水都要消耗略多于 1kg 的加热蒸汽，若要蒸发大量的水分必然要消耗更大量的加热蒸汽。为了减少加热蒸汽的消耗量，降低药品的生产成本，对于生产规模较大、蒸发水量较大、需消耗大量加热蒸汽的蒸发过程，生产中多采用多效蒸发操作。

**1. 多效蒸发的原理**　　多效蒸发是指将前一效产生的二次蒸汽引入后一效蒸发器，

作为后一效蒸发器的加热热源，而后一效蒸发器则为前一效的冷凝器。多效蒸发过程是多个蒸发器串联操作，第一效蒸发器用生蒸汽作为加热热源，其他各效用前一效的二次蒸汽作为加热热源，末效蒸发器产生的二次蒸汽直接引入冷凝器冷凝。因此，多效蒸发时蒸发 1kg 的水，可以消耗少于 1kg 的生蒸汽，使二次蒸汽的潜热得到充分利用，节约了加热蒸汽，降低了药品成本，节约能源，保护环境。

多效蒸发时，本效产生的二次蒸汽的温度、压力均比本效加热蒸汽的低，所以，只有后一效蒸发器内溶液的沸点及操作压力比前一效产生的二次蒸汽低，才可以将前一效的二次蒸汽作为后一效的加热热源，此时后一效为前一效的冷凝器。

要使多效蒸发能正常运行，系统中除一效外，其他任一效蒸发器的温度和操作压力均要低于上一效蒸发器的温度和操作压力。多效蒸发器的效数，以及每效的温度和操作压力主要取决于生产工艺和生产条件。

**2. 多效蒸发的流程**　多效蒸发过程中，常见的加料方式有并流加料、逆流加料、平流加料及错流加料。下面以三效蒸发为例，来说明不同加料方式的工艺流程及特点，若多效蒸发的效数增加或减少时，其工艺流程及特点类似。

（1）并流加料多效蒸发　最常见的多效蒸发流程为并流（顺流）加料多效蒸发，三效并流（顺流）加料的蒸发流程见图 8-13。三个传热面积及结构相同的蒸发器串联在一起，需要蒸发的溶液和加热蒸汽的流向一致，都是从第一效顺序流至末效，这种流程称为并流加料法。在三效并流蒸发流程中，第一效采用生蒸汽作为加热热源，生蒸汽通入第一效的加热室使溶液沸腾，第一效产生的二次蒸汽作为第二效的加热热源，第二效产生的二次蒸汽作为末效的加热热源，末效产生的二次蒸汽则直接引入末效冷凝器冷凝并排出；与此同时，需要蒸发的溶液首先进入第一效进行蒸发，第一效的完成液作为第二效的原料液，第二效的完成液作为末效的原料液，末效的完成液作为产品直接采出。

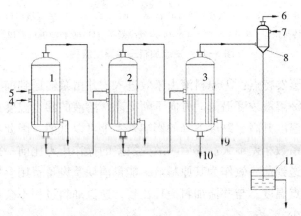

1. 效蒸发器；2. 二效蒸发器；3. 三效蒸发器；4. 加热蒸汽进口；5. 原料液进口；6. 不凝气体排出口；
7. 冷却水进口；8. 末效冷凝器；9. 冷凝水出口；10. 完成液出口；11. 溢流水箱

**图 8-13　并流加料三效蒸发流程**

并流加料多效蒸发具有如下特点：①原料液的流向与加热蒸气流向相同，顺序由一效到末效。②后一效蒸发室的操作压力比前一效低,溶液在各效间的流动是利用效间的压力差,而不需要泵的输送,可以节约动力消耗和设备费用。③后一效蒸发器中溶液的沸点比前一效低,前一效溶液进入后一效可产生自蒸发过程,自蒸发指因前一效完成液在沸点温度下被排出并进入后一效蒸发器,而后一效溶液的沸点比前一效低,溶液进入后一效即可呈过热状态而自动蒸发的过程,自蒸发可产生更多的二次蒸汽,减少了热量的消耗。④后一效中溶液的浓度比前一效的高,而溶液的沸点温度反而低一些,因此各效溶液的浓度依次增高,而沸点反而依次降低,沿溶液流动的方向黏度逐渐增高,导致各效的传热系数逐渐降低,故对于黏度随浓度迅速增加的溶液不宜采用并流加料工艺,并流加料蒸发适宜热敏性溶液的蒸发过程。

（2）逆流加料蒸发流程　三效逆流加料的蒸发流程见图 8-14,加热蒸汽的流向依次由一效至末效,而原料液由末效加入,末效产生的完成液由泵输送到第二效作为原料液,第二效的完成液也由泵输送至第一效作为原料液,而第一效的完成液作为产品采出,这种蒸发过程称为逆流加料多效蒸发。

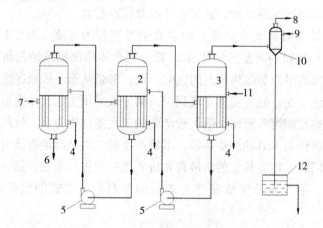

1. 效蒸发器; 2. 二效蒸发器; 3. 三效蒸发器; 4. 冷凝水出口; 5. 泵; 6. 完成液出口; 7. 加热蒸汽进口;
8. 不凝气体排出口; 9. 冷却水进口; 10. 末效冷凝器; 11. 原料液进口; 12. 溢流水箱

**图 8-14　逆流加料三效蒸发流程**

逆流加料多效蒸发特点:①原料液由末效进入,并由泵输送到前一效,加热蒸汽由一效顺序至末效。②溶液浓度沿流动方向不断提高,溶液的沸点温度也逐渐升高,浓度增加、黏度上升与温度升高、黏度下降的影响基本上可以抵消,因此各效溶液的黏度变化不大,各效传热系数相差不大。③后一效蒸发室的操作压力比前一效低,故后一效的完成液需要由泵输送到前一效作为其原料液,能量消耗及设备费用会增加。④各效的进料温度均低于其沸点温度,与并流加料流程比较,逆流加料过程不会产生自蒸发,产生的二次蒸汽量会减少。

逆流加料多效蒸发适宜处理黏度随温度、浓度变化较大的溶液的蒸发,不适用热敏性溶液的蒸发。

（3）平流加料多效蒸发　平流加料三效蒸发的流程见图 8-15,加热蒸汽依次由一效至末效,而每一效都通入新鲜的原料液,每一效的完成液都作为产品采出。平流加料蒸发流程适合于在蒸发过程中易析出结晶的溶液。溶液在蒸发过程中若有结晶析出，不便于各效间输送，同时还易结垢影响传热效果，故采用平流加料蒸发流程。

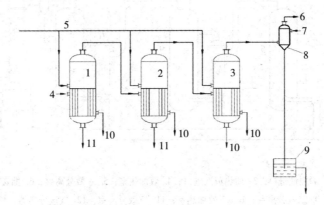

1. 效蒸发器；2. 二效蒸发器；3. 三效蒸发器；4. 加热蒸汽入口；5. 原料液入口；6. 不凝气体排出口；
7. 冷却水进口；8. 末效冷凝器；9. 溢流水箱；10. 冷凝水排出口；11. 完成液排出口

**图 8-15 平流加料三效蒸发流程**

（4）错流加料多效蒸发 错流加料三效蒸发流程见图 8-16，错流加料的流程中采用部分并流加料和部分逆流加料，其目的是利用两者的优点，克服或减轻两者的缺点，一般末尾几效采用并流加料以利用其不需泵输送和自蒸发等优点。

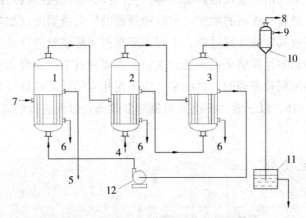

1. 效蒸发器；2. 二效蒸发器；3. 三效蒸发器；4. 原料液进口；5. 完成液出口；6. 冷凝水出口；
7. 加热蒸汽进口；8. 不凝气体排出口；9. 冷却水进口；10. 末效冷凝器；11. 溢流水箱；12. 泵

**图 8-16 错流加料三效蒸发流程**

三效蒸发设备流程见图 8-17，可用于中药水提取液及乙醇液的蒸发浓缩过程。可以连续并流蒸发，也可以间歇蒸发，可以得到较高的浓缩比，浓缩液的相对密度可大于 1.1。

在实际的蒸发过程中，选择蒸发流程的主要依据是物料的特性及工艺要求等，并且要求操作简便、能耗低、产品质量稳定等。采用多效蒸发流程时，原料液需经适当的预热再进料，同时，为了防止液沫夹带现象，各效间应加装气液分离装置，并且及时排放二次蒸汽中的不凝性气体。

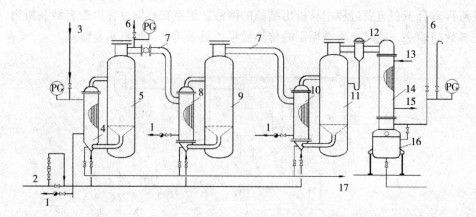

1. 冷凝水出口；2. 原料液进口；3. 加热蒸汽进口；4. 效加热室；5. 一效分离室；6. 抽真空；7. 二次蒸汽；
8. 二效加热室；9. 二效分离室；10. 三效加热室；11. 三效分离室；12. 气液分离器；13. 冷却水进口；
14. 末效冷凝器；15. 冷凝水出口；16. 冷凝液接收槽；17. 完成液出口

**图 8-17　三效蒸发设备流程简图**

**3. 多效蒸发的计算**　多效蒸发过程的计算与单效蒸发的计算类似，也是利用物料衡算、热量衡算和总传热速率方程等，但多效蒸发的计算过程更复杂一些，多效蒸发的效数越多，计算过程越繁杂。多效蒸发过程需要计算的内容包括各效的蒸发量、各效排出液的浓度、加热蒸汽消耗量及传热面积等。生产任务会提供原料药的流量、浓度、温度及比定压热容；最后完成液的浓度；末效冷凝器的压力或温度；加热蒸汽的压力或温度等。为了简化多效蒸发的计算过程，工程上多根据实际经验进行适当的假设，并采用试差法来计算，得到的计算结果也多是近次值，需要通过生产实践或实验对计算结果进行适当调整。若要得到较准确的计算结果，应采用相应的计算机软件来计算。多效蒸发计算的流程见图 8-18，以三效并流蒸发为例对多效蒸发过程进行估算。

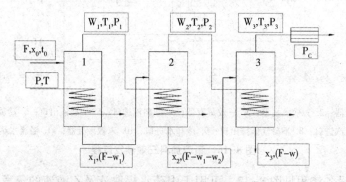

**图 8-18　三效并流加料计算示意图**

（1）通过物料衡算计算总蒸发量及各效排出液的浓度　因蒸发过程中溶质量不变，故对整个蒸发系统的溶质进行衡算得

$$Fx_0 = (F - W)\, x_3 \qquad\qquad (公式 8\text{-}16)$$

或

$$W = F\left(1 - \frac{x_0}{x_3}\right) \qquad\qquad (公式 8\text{-}17)$$

总蒸发量等于各效蒸发量之和，即 $W=W_1+W_2+W_3$ （公式8-18）

对第一效和第二效的溶质进行物料衡算，得

$$Fx_0 = (F-W_1) \ x_1$$ （公式8-19）

$$Fx_0 = (F-W_1-W_2) \ x_2$$ （公式8-20）

式中：$F$ 为原料液质量流量，kg/h；$x_0$ 为原料液中溶质的质量分率；$x_1$、$x_2$、$x_3$ 为各效完成液中溶质的质量分率；$W$ 为总蒸发量，kg/h；$W_1$、$W_2$、$W_3$ 为各效蒸发量，kg/h。

（2）根据经验估算各效的蒸发量 各效蒸发量及排出液的浓度需根据各效的热量衡算及物料衡算获得，也可通过假设估算获得。对于并流加料三效蒸发过程，因有自蒸发现象存在，蒸发量的估算公式为

$$W_1 : W_2 : W_3 = 1 : 1.1 : 1.2$$ （公式8-21）

对于逆流及其他加料过程的多效蒸发，各效蒸发量可假设其近似相等，即

$$W_1 = W_2 = W_2 = \frac{W}{3}$$ （公式8-22）

估算出各效的蒸发量后，再按公式8-19及公式8-20估算出各效排出液中溶质的浓度。

（3）各效溶液的沸点 当各效溶液沸点为未知而热量衡算又需要溶液的沸点时，可用经验方法估算出各效溶液的沸点。假定蒸汽通过各效的压力降相等，相邻两效的压力差为：

$$\Delta p = \frac{p-p_c}{3}$$ （公式8-23）

则第一效蒸发室的操作压力约为

$$p_1 = p - \Delta p$$ （公式8-24）

二效蒸发室的操作压力约为

$$p_2 = p - 2\Delta p$$ （公式8-25）

第三效蒸发室的操作压力 $p_3 = p_c$，由上述方法估算各效的操作压力。

式中：$p$ 为第一效加热蒸汽的压力，Pa；$p_c$ 为冷凝器中蒸汽的压力，Pa；$\Delta p$ 为各效的压力降，Pa；$p_1$、$p_2$、$p_3$ 为一效至末效的操作压力，Pa。

由各效的操作压力查出各效二次蒸汽的温度，再由各效浓度的变化、液柱静压力变化及流动阻力引起的温度差损失估算各效溶液的沸点升高，从而估算各效溶液的沸点温度，计算各效的传热温度差。

（4）各效的传热面积 多效蒸发的各效蒸发器的传热面积相等，结构相同，各效所需的加热蒸汽量及传热面积的计算方式与单效蒸发类似，但计算过程更复杂。由于缺少准确的蒸发水量、溶液的浓度及沸点等数据，实际计算经常采用试差法，借助计算机软件包进行计算。

【例8-2】在三效逆流加料的蒸发器中，每小时将10000kg，浓度为10%的某水溶液浓缩为30%，加热蒸汽的绝对压力为200kPa，末效冷凝器的绝对压力为20kPa，经测定

一效的沸点升高 4℃，二效的沸点升高 7℃，三效的沸点升高 15℃。假设各效间压力降相等，忽略末效至冷凝器间的温度损失。试求：

（1）总蒸发水量及各效蒸发水量。

（2）各效溶液的浓度。

（3）各效的操作压力。

（4）各效溶液的沸点及传热温度差。

解：（1）总蒸发水量及各效蒸发水量

$$W = F\left(1 - \frac{x_0}{x_3}\right) = 10000\left(1 - \frac{10\%}{30\%}\right) = 6666.67 \ （kg/h）$$

逆流时

$$W_1 = W_2 = W_3 = \frac{W}{3} = 6666.67/3 = 2222.22 \ （kg/h）$$

（2）各效溶液的浓度

浓度 $x_3 = 30\%$

$$Fx_0 = （F - W_1）x_1$$

$$x_1 = \frac{Fx_0}{F - W_1} = \frac{10000 \times 10\%}{10000 - 2222.22} = 12.86\%$$

$$Fx_0 = （F - W_1 - W_2）x_2$$

$$x_2 = \frac{Fx_0}{F - W_1 - W_2} = \frac{10000 \times 10\%}{10000 - 2222.22 - 2222.22} = 18.0\%$$

（3）各效的操作压力

设备各效间压力降相等

$$\Delta p = \frac{p - p_c}{3} = \frac{200 - 20}{3} = 60 \ （kPa）$$

一效的操作压力　　　$p_1 = p - \Delta p = 200 - 60 = 140 \ （kPa）$

二效的操作压力　　　$p_2 = p - 2\Delta p = 200 - 120 = 80 \ （kPa）$

三效的操作压力 20kPa

（4）各效溶液的沸点及传热温度差　通过各效蒸发器的操作压力查饱和水蒸气表，将各效的沸点温度计传热温度差列见表 8-2。

表 8-2　各效的沸点温度计传热温度差

| | 加热蒸汽 | 第一效 | 第二效 | 第三效 |
|---|---|---|---|---|
| 蒸汽的压力（kPa） | 200 | 140 | 80 | 20 |
| 蒸汽的温度（℃） | 120.2 | 109.2 | 93.2 | 60.1 |
| 溶液沸点升高（℃） | | 4 | 7 | 15 |
| 溶液的沸点（℃） | | 113.2 | 100.2 | 75.1 |
| 传热温度差（℃） | | 7 | 9 | 18.1 |

【例 8-3】某药厂有一套并流三效蒸发的生产系统，现将质量分率为 5% 的某水溶液浓

缩至30%，已知原料液的质量流量为5000kg/h，原料液的定压比热容为3.44kJ/（kg·℃），原料液以进料温度为27℃加入第一效蒸发器，第一效加热蒸气的绝对压力为160kPa，末效冷凝器的绝对压力为14kPa，各效的传热系数分别为$K_1=2900$W/（m²·℃），$K_2=2700$W/（m²·℃），$K_3=2500$W/（m²·℃），各效由液柱静压力而引起的沸点升高分别为$\Delta''_1=0.5$℃，$\Delta''_2=1.0$℃，$\Delta''_3=1.5$℃，各效由流体流动阻力而引起的沸点升高分别为$\Delta'''_1=\Delta'''_2=\Delta'''_3=0.5$℃，因溶液浓度变化而引起的沸点升高按公式$\Delta'_t=94.62x_i^2-12.15x_i+1.27$（℃），忽略热损失，忽略浓缩热效应。试求：总蒸发量$W$，第一效加热蒸气消耗量$D$和蒸发器各效的传热面积$A$。

解：（1）总水分蒸发量及各效蒸发水量的估算

由题意可知$x_0=5\%$，$x_3=30\%$，则总蒸发水量

$$W=F\left(1-\frac{x_0}{x_3}\right)=5000\times\left(1-\frac{5\%}{30\%}\right)=4166.667（kg/h）$$

对于三效并流蒸发，各效的蒸发水量可进行如下估算

$$W=W_1+W_2+W_3$$
$$W_1:W_2:W_3=1:1.1:1.2$$

联立解得各效的蒸发水量

$$W_1=1262.626kg/h；W_2=1388.889kg/h；W_3=1515.151kg/h$$

（2）各效完成液浓度的计算

已知$F=5000$kg/h，$x_3=30\%$，根据各效溶质的物料衡算得

$$x_1=\frac{Fx_0}{F-W_1}=\frac{5000\times5\%}{5000-1262.626}=6.7\%$$

$$x_2=\frac{Fx_0}{F-W_1-W_2}=\frac{5000\times5\%}{5000-1262.626-1388.889}=10.6\%$$

（3）因溶液沸点升高而引起的传热温度差损失及总有效温度差的计算

各效由溶液浓度变化而引起的沸点升高

$\Delta'_1=94.62x_1^2-12.15x_1+1.27=94.62\times(0.067)^2-12.15\times0.067+1.27=0.881（℃）$

$\Delta'_2=94.62x_2^2-12.15x_2+1.27=94.62\times(0.106)^2-12.15\times0.106+1.27=1.045（℃）$

$\Delta'_3=94.62x_3^2-12.15x_3+1.27=94.62\times(0.3)^2-12.15\times0.3+1.27=6.141（℃）$

则因浓度变化引起的总的传热温度差损失

$$\sum_{i=1}^3\Delta'_t=\Delta'_1+\Delta'_2+\Delta'_3=0.881+1.045+6.141=8.067（℃）$$

因液柱静压力而引起的总的传热温度差损失$\sum_{i=1}^3\Delta''_i=3$℃，因流体流动阻力引起的总的传热温度差损失$\sum_{i=1}^3\Delta'''_i=1.5$℃。

已知第一效的加热蒸汽的绝对压力为160kPa，末效冷凝器的绝对压力为14kPa，由饱和水蒸气表查得第一效的加热蒸汽的温度$T_1=113$℃，末效冷凝器的温度$T'_K=$

51.86℃，则总的有效温度差

$$\Delta t = (T_1 - T'_K) - (\sum_{i=1}^{3}\Delta'_i + \sum_{i=1}^{3}\Delta''_i + \sum_{i=1}^{3}\Delta'''_i) = (113 - 51.86) - (8.067 + 3 + 1.5) = 48.573 \ ℃$$

（4）各效溶液的有效温度差

已知 $K_1 = 2900W/\ (m^2 \cdot ℃)$，$K_2 = 2700W/\ (m^2 \cdot ℃)$，$K_3 = 2500W/\ (m^2 \cdot ℃)$，按各效传热面积相等的原则初步分配各效溶液的有效温度差

$$\Delta t_1 = \frac{\frac{1}{K_1}}{\sum_{i=1}^{3}\frac{1}{K_i}}\Delta t = \frac{\frac{1}{K_1}}{\frac{1}{K_1}+\frac{1}{K_2}+\frac{1}{K_3}}\Delta t$$

$$= \frac{\frac{1}{2900}}{\frac{1}{2900}+\frac{1}{2700}+\frac{1}{2500}}\times 48.573 = 15.019 \ （℃）$$

用同样的方法可计算出 $\Delta t_2 = 16.132℃$；$\Delta t_3 = 17.422℃$。

（5）各效溶液的沸点 $t$ 和加热蒸汽温度 $T$，$T_1 = 113℃$

$$t_1 = T_1 - \Delta t_1 = 113 - 15.019 = 97.981 \ （℃）$$

$$T_2 = t_1 - \Delta'_1 - \Delta''_1 - \Delta'''_1 = 97.981 - 0.881 - 0.5 - 0.5 = 96.100 \ （℃）$$

用同样的方法可计算出 $t_2 = 79.968℃$；$T_3 = 77.423℃$；$t_3 = 60.001℃$。

查饱和水蒸气表得不同温度下的汽化潜热

$$T_1 = 113℃，r_1 = 2224.2kJ/kg$$

$$T_2 = 96.100℃，r_2 = 2268.2kJ/kg$$

$$T_3 = 77.425℃，r_3 = 2311.6kJ/kg$$

$$T'_K = 51.86℃，r_k = 2373.8kJ/kg$$

（6）核算各效蒸发水量和第一效加热蒸汽的消耗量

$$W = W_1 + W_2 + W_3$$

$$W_1 r_2 = W_2 r_3 + (Fc_{p0} - W_1 c_{pw})\ (t_2 - t_1)$$

$$W_2 r_3 = W_3 r_k + (Fc_{p0} - W_1 c_{pw} - W_2 x_{pw})\ (t_3 - t_2)$$

将已知数据代入以上三式，并取 $c_{pw} = 4.187kJ/\ (kg \cdot ℃)$，得：

$$W_1 + W_2 + W_3 = 4166.667$$

$$2268.2W_1 = 2311.6W_2 + (5000\times3.44 - 4.187W_1) \times (79.968 - 97.981)$$

$$2311.6W_2 = 2373.8W_3 + [5000\times3.44 - 4.187\ (W_1 + W_2)\ ] \times (60.001 - 79.968)$$

联立解得 $W_1 = 1341.850kg/h$；$W_2 = 1406.906kg/h$；$W_3 = 1417.911kg/h$。

原料液进料液温度 $t_0 = 27℃$，通过热量衡算计算第一效的加热蒸汽的消耗量

$$Dr_1 = W_1 r_2 + Fc_{p0}\ (t_1 - t_0)$$

$$2224.2D = 1341.850\times2268.2 + 5000\times3.44\times (97.981 - 27)$$

$$D = 1917.\ 299kg/h$$

计算到此处应验算已求得的 $W_i$ 值与（1）中各效蒸发水量估算值之间的相对误差，但根据经验知第一次结果往往不符合要求，故暂不验算，先试算传热面积。

（7）计算蒸发器的传热面积

$$A_1=\frac{Dr_1}{K_1\Delta t_1}=\frac{1917.299\times10^3\times2224.2}{3600\times2900\times15.019}=27.197\ (\text{m}^2)$$

$$A_2=\frac{W_1r_2}{K_2\Delta t_2}=\frac{1341.850\times10^3\times2268.2}{3600\times2700\times16.132}=19.410\ (\text{m}^2)$$

$$A_3=\frac{W_2r_3}{K_3\Delta t_3}=\frac{1406.906\times10^3\times2311.6}{3600\times2500\times17.422}=20.741\ (\text{m}^2)$$

相对误差

$$\delta'=\left|\frac{A_{\min}-A_{\max}}{A_{\min}}\right|=\left|\frac{19.410-27.197}{19.410}\right|=0.4012=40.12\%>3\%$$

相对误差大于允许值，故需要进行重复计算。重复计算时，需要调整相关参数。由传热面积的计算公式可知，要调整的是 $\Phi_i$、$K_i$ 及 $\Delta t_i$ 三项。其中 $\Phi_i$ 取决于加热蒸汽用量及其状态；$K_i$ 取决于溶液性质、蒸发器结构及溶液运动的方式，受这些因素的影响两者可调整的范围不大。因此，一般采取调整 $\Delta t_i$ 值，即重新分配各效的有效温度差，使各效传热面积相等或相近。

（8）重新分配各效的有效温度差

$$\Delta t'_1=\frac{A_1\Delta t}{\sum\limits_{i=1}^{3}A_i\Delta t_i}$$

$$=\frac{27.197\times48.573}{27.197\times15.019+19.410\times16.134+20.741\times17.422}\times15.019=18.321\ (\text{℃})$$

同样方法可以计算出 $\Delta t'_2=14.044℃$；$\Delta t'_3=16.208℃$

（9）重新计算各效完成液中溶质的质量分率

$$x_1=\frac{Fx_0}{F-W_1}=\frac{5000\times5\%}{5000-1341.850}=6.8\%$$

$$x_2=\frac{Fx_0}{F-W_1-W_2}=\frac{5000\times5\%}{5000-1341.850-1406.906}=11.1\%$$

$$x_3=30\%$$

（10）重新计算因溶液的沸点升高而引起的传热温度差损失

$$\Delta'_1=94.62x_1^2-12.15x_1+1.27=94.62\times(0.068)^2-12.15\times0.068+1.27=0.881\ (\text{℃})$$

$$\Delta'_2=94.62x_2^2-12.15x_2+1.27=94.62\times(0.111)^2-12.15\times0.111+1.27=1.087\ (\text{℃})$$

$$\Delta'_3=94.62x_3^2-12.15x_3+1.27=94.62\times(0.3)^2-12.15\times0.3+1.27=6.141\ (\text{℃})$$

$$\sum_{i=1}^{3}\Delta'_i=\Delta'_1+\Delta'_2+\Delta'_3=0.881+1.087+6.141=8.109\ (\text{℃})$$

再次核算总的有效温度差

$$\Delta t' = (T_1 + T'_K) - \left( \sum_{i=1}^{3} \Delta'_i + \sum_{i=1}^{3} \Delta''_i + \sum_{i=1}^{3} \Delta'''_i \right)$$

$$= (113 - 51.86) - (8.109 + 3 + 1.5) = 48.531 \ (℃)$$

由于 $\Delta t'_1 + \Delta t'_2 + \Delta t'_3 = 18.321 + 14.044 + 16.208 = 48.573℃$，与 $48.531℃$ 相差不大，仅需作小量的变动即可。为此，故调整为

$$\Delta t'_1 = 18.309℃$$

$$\Delta t'_2 = 14.033℃$$

$$\Delta t'_3 = 16.189℃$$

需要注意的是，若参数变动量较大时，为了提高原料液的温度，需加入更多的热量。变动的原则是，提高第一效温度差，降低后两效温度差。

（11）重新计算各效溶液的沸点 $t$ 和加热蒸气温度 $T$

$$t_1 = T_1 - \Delta t'_1 = 113 - 18.309 = 94.691 \ (℃)$$

$$T_2 = t_1 - \Delta'_1 - \Delta''_1 - \Delta'''_1 = 94.691 - 0.881 - 0.5 - 0.5 = 92.810 \ (℃)$$

同理计算出

$$t_2 = 78.777℃$$

$$T_3 = 76.190℃$$

$$t_3 = 60.001℃$$

查饱和水蒸气表得

$$T_1 = 113℃, \ r_1 = 2224.2kJ/kg$$

$$T_2 = 92.810℃, \ r_2 = 2276.3kJ/kg$$

$$T_3 = 76.190℃, \ r_K = 2373.8kJ/kg$$

$$T'_K = 51.86℃, \ r_k = 2373.8kJ/kg$$

（12）重新计算各效的蒸发水量和第一效加热蒸汽消耗量

$$W_1 + W_2 + W_3 = 4166.667$$

$$2276.3W_1 = 2313.7W_2 + (5000 + 3.44 - 4.187W_1) \times (78.777 - 94.691)$$

$$2313.7W_2 = 2373.8W_3 + [5000 \times 3.44 - 4.187(W_1 + W_2)] \times (60.001 - 78.777)$$

联立解得

$$W_1 = 1347.298kg/h$$

$$W_2 = 1405.023kg/h$$

$$W_3 = 1414.346kg/h$$

计算第一效的加热蒸汽的消耗量

$$Dr_1 = W_1r_2 + Fc_{p0}(t_1 - t_0)$$

$$2224.2D = 1347.298 \times 2276.3 + 5000 \times 3.44 \times (94.691 - 27)$$

$$D = 1902.320kg/h$$

对各效蒸发量进行验算见表8-3，由表中结果可知最大相对误差 $\delta = 0.41\% < 3\%$。

**表 8-3 各效蒸发量的校正值及其相对误差**

| 各效蒸发量 | 第二次校正值（kg/h） | 第三次校正值（kg/h） | 相对误差（取绝对值）（$\delta$） |
|---|---|---|---|
| $W_1$ | 1341.850 | 1347.298 | 0.41% |
| $W_2$ | 1406.906 | 1405.023 | 0.13% |
| $W_3$ | 1417.911 | 1414.346 | 0.25% |

（13）再次核算蒸发器的传热面积

$$A_1=\frac{Dr_1}{K_1\Delta t_1'}=\frac{1902.320\times10^3\times2224.2}{3600\times3900\times18.309}=22.136\ (\text{m}^2)$$

$$A_2=\frac{W_1r_2}{K_2\Delta t_2}=\frac{1347.298\times10^3\times2276.3}{3600\times2700\times14.033}=22.484\ (\text{m}^2)$$

$$A_3=\frac{W_2r_3}{K_3\Delta t_3'}=\frac{1405.023\times10^3\times2313.7}{3600\times2500\times16.189}=22.311\ (\text{m}^2)$$

相对误差

$$\delta'=\left|\frac{A_{min}-A_{max}}{A_{min}}\right|=\left|\frac{22.136-22.484}{22.136}\right|=\frac{0.348}{22.136}=\frac{0.348}{22.136}=0.0157=1.57\%<3\%$$

相对误差值小于允许值，不再需要进行重复计算，取各效传热面积为 22.50m²。由以上计算得出总蒸发量、第一效的加热蒸汽消耗量和蒸发器传热面积分别为

$$W=4166.67\text{kg/h}$$
$$D=1902.32\text{kg/h}$$
$$A=22.05\text{m}^2$$

多效蒸发过程的计算比较复杂，上面的例题仅介绍了多效蒸发计算的一般原则。实际应用中，因加料流程的不同，具体的计算方法也不同，需要应用相关的基本关系灵活解决，也可利用相应的计算机软件进行计算。

**4. 多效蒸发与单效蒸发的比较**

（1）溶液的温度差损失 在单效蒸发和多效蒸发过程中，溶液的沸点均有升高并使传热温度差损失的现象。若在加热生蒸汽及冷凝器的压力相同的条件下，由于多效蒸发的各效蒸发器中都有因浓度变化、加热管内液柱静压力及流动阻力损失而引起的沸点升高，使蒸发器的每一效都有传热温度差损失，导致多效蒸发的总传热温度差损失比单效蒸发的总传热温度差损失要大一些。效数越多，各效的操作压力越低，溶液的沸点升高越明显，传热温度差损失越大。

（2）经济效益 采用多效蒸发可以降低生蒸汽的用量，提高了生蒸汽的经济性，效数越多，生蒸汽的经济性越高，若蒸发水量较大宜采用多效蒸发。但二次蒸汽的蒸发量随着效数增加而减少，而各效蒸发器的结构及传热面积相同，效数越多，设备投资越多，但后面几效的蒸发量反而变少，所以多效蒸发的效数一般 3~5 效为宜。

## 二、冷凝水自蒸发的应用

各效加热蒸汽的冷凝液多在饱和温度下排出，这些高温冷凝液的残余热能可以用来

预热原料液或加热其他物料，也可采用以下流程进行自蒸发来利用冷凝水的残热，将加热室排出的高温冷凝水送至自蒸发器中减压，减压后的冷凝水因过热产生自蒸发过程，见图8-19。自蒸发产生的低温蒸汽一般可与本效产生的二次蒸汽一同送入下一效的加热室，作为下一效的加热热源，由此冷凝水的部分显热得以回收再利用，提高了蒸汽的经济性。

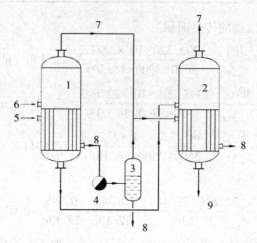

1、2. 蒸发器；3. 自蒸发器；4. 疏水器；5. 加热蒸汽入口；6. 原料液进口；
7. 二次蒸汽出口；8. 冷凝水出口；9. 完成液出口

**图 8-19  冷凝水自蒸发的流程图**

总之，充分利用各效加热蒸汽冷凝液的残余热量，可以减少加热蒸汽的消耗量，降低能耗，提高产品的经济效益，并且冷凝水自蒸发的设备和流程比较简单，现已被生产广泛采用。

### 三、低温下热泵循环的蒸发器

饱和蒸汽的汽化潜热随蒸汽温度的变化不大，因此溶液蒸发所产生的二次蒸汽的热焓并不比加热蒸汽的低，仅因二次蒸汽的压力和温度都低而不能合理利用。若将蒸发器产生的二次蒸汽通过压缩机压缩，提高其压力及温度，使二次蒸汽的压力达到本效加热蒸汽的压力，然后将其送入本效蒸发器加热室中作为加热蒸汽循环使用，这样无须再加入新鲜的加热蒸汽，即可使蒸发器能正常工作，这种蒸发过程称为热泵蒸发。

热泵蒸发的流程见图8-20，由蒸发室产生的二次蒸汽被压缩机沿管1吸入压缩机中，在压缩机内二次蒸汽被绝热压缩，其压力及温度升高至加热室所需的压力和温度后，二次蒸汽从压缩机沿管4进入加热室，在加热室中蒸汽冷凝放出的热量将壁面另一侧的溶液加热蒸发同时自身被冷凝，冷凝水从加热室经疏水器排出，不凝气体用真空泵从蒸发室内抽出。

热泵蒸发可以实现二次蒸汽的再利用，可大幅度节约生蒸汽的用量，操作时仅需在蒸发的初始阶段采用生蒸汽进行加热，一旦蒸发操作达到稳定状态，就只采用压缩的二次蒸汽作为加热热源，而无须再补充生蒸汽，从而达到节能降耗的目的。热泵蒸发适于

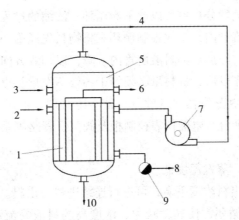

1. 加热室；2. 加热蒸汽进口；3. 原料液进口；4. 二次蒸汽；5. 分离室；6. 空气放空口；
7. 压缩机；8. 冷凝水排出口；9. 疏水器；10. 完成液出口

**图 8-20　热泵蒸发器操作简图**

沸点升高较小、浓度变化不大的溶液的蒸发，若溶液的浓度变化大、沸点升高较高，因压缩机的压缩比不宜太高，即二次蒸汽的温升有限，传热过程的推动力变小，则热泵蒸发的效率降低、经济性差，甚至不能满足蒸发操作的要求。热泵蒸发所使用的压缩机的热力学效率为 25%~30%，同时将高温的二次蒸汽压缩对压缩机的要求较高，压缩机的投资费用较大、维护保养复杂，二次蒸汽中应避免雾沫夹带，这些缺点也限制了热泵蒸发过程的应用。热泵蒸发过程适用在二次蒸汽的压缩比不大的情况下使用，热泵蒸发可提高蒸发器的热利用率，节能效果明显。

# 第四节　典型设备规范操作

## 一、循环式蒸发器

强制循环蒸发器是依靠循环泵的外力使液体进行循环。它的加热室有卧式和立式两种结构，液体循环速度的大小由泵调节，这种蒸发器适用于易结晶、易结垢溶液的浓缩。强制循环蒸发器可分单效、双效、三效、四效及多效强制循环蒸发器。SY 系列强制循环蒸发器既是在真空低温条件下运作的，具有料液流速快、蒸发快、不易结垢等特性。强制循环蒸发器适用于黏度大、浓度高、易结垢物料的浓缩，广泛用于医药、化工结晶的加工浓缩等生产中。

**1. 工作原理**　蒸发器根据分离室循环料液进出口的位置不同，它又可以分为正循环强制蒸发器及逆循环强制蒸发器，循环料液进口位置在出口位置上部的称为正循环，反之为逆循环，相比之下，逆循环强制蒸发器具有更多优点。它依靠外加力-循环泵使液体进行循环。它的加热室有卧式和立式两种结构，加热器的加热管均采用不锈钢，一效加热蒸汽为生蒸汽，二效加热器为一效结晶室分离出来的二次蒸汽作为热源，料液由二效蒸发分离器进入经下部锥底强制循环泵抽至二效加热器底部进入，从加热器上部出来以切线方向进入二效蒸发分离室,以此不断循环。浓缩的过程当中,从回流管部分物料不断慢慢转至一效加流管内,一效强制循环泵将物料先经第一台加热器管内上升通过弯头进入另一台加热器,经加热的料液由管内下降,以切线方向进入蒸发分离室,提高气液分离效果;正常操作以后,进料量必须等于各效蒸发量及出料量之和。

**2. 设备结构**　由各效蒸发器、各效分离器、冷凝器、循环泵、效间泵、真空及排水系统、分汽缸、操作平台、电器仪表控制柜及阀门、管路等系统组成。

**3. 设备特点**

(1) 采用真空浓缩,蒸发温度低。

(2) 调整好进料与出料浓度平衡,可进行连续进料与出料。

(3) 采取料液强制循环,使黏度较大、浓度高的料液易流动蒸发,不易结垢、浓缩时间短。

(4) 设备采取物料强制循环真空蒸发,减少停留时间,提高热效率,延长了设备运作周期,全部采用不锈钢材料,与物料接触部分采用抛光处理,外部采用酸洗或亚光处理。加热器与蒸发室分开,便于清洗及更换管子,同时减少厂房高度。

(5) 蒸发分离结晶室上部为直立筒体,下部为锥形底以利晶浆排出。二次蒸汽由顶部排出,经汽液分离器进入冷凝器,蒸发室锥形底部与循环泵连接。

(6) 汽水分离器主要作用是防止蒸发过程中形成的细微液滴,被二次蒸汽夹带逸出。对汽液进行分离,可减少料液的损失,同时防止污染管道及冷却水。结构主要是在二次蒸气流经的通道上,设置若干挡板,使带有液滴的二次蒸汽,多次突然改变方向,同时与挡板碰撞,由于液滴惯性较大,在突然改变流向时,便从气流中甩去,从而达到与气体分离。冷凝器的主要作用是将真空蒸发时所产生的体积庞大的二次蒸汽,经冷却水作用冷凝成液体,使浓缩顺利进行,还有就是分离二次蒸汽及冷却水中的不凝缩气体,便于抽真空装置抽出,以减轻真空系统的容积负荷,保证达到所需的真空度。其结构主要由混合室、气液分离器、气压腿等组成。

(7) 液体循环速度大小由泵调节,这种蒸发器适用于易结晶、易结垢溶液的浓缩。

**4. 设备性能**

(1) 全套系统设计合理美观、运行稳定、高效节能、蒸汽耗量低;浓缩比大、强制循环式,使黏度较大的料液容易流动蒸发,浓缩时间短。

(2) 特殊设计经简单操作可实现切换改效,以适应不同产品的生产。

(3) 蒸发温度低,热量得到充分利用,料液受热温和,适用热敏性物料的浓缩。

(4) 蒸发器通过强制循环,在管内受热均匀,传热系数高,可防止"干壁"的现象。

(5) 料液进入分离器再分离,强化了分离效果,使整体设备具有较大的操作弹性。

(6) 整套设备结构紧凑,占地面积小,布局简单流畅,代表了大型成套蒸发设备的发展方向。

(7) 连续进出料、料液的液位与所需浓度可实现自控。

(8) 缺点是能源消耗较大。

**5. 技术参数** SY 系列强制循环式蒸发器的技术参数见表 8-4。

SY 系列强制循环式蒸发器的水分蒸发量如下。

SY01-N 单效强制循环式蒸发器：水分蒸发量（L/h）：1000、1500、2000。

SY02-N 双效强制循环式蒸发器：水分蒸发量（L/h）：4000、5000、8000。

SY03-N 三效强制循环式蒸发器：水分蒸发量（L/h）：6000、8000、12000、15000、18000、36000。

SY04-N 四效强制循环式蒸发器：水分蒸发量（L/h）：8000、12000、15000、18000、36000、50000。

SY05-N 五效强制循环式蒸发器：水分蒸发量（L/h）：10000、15000、20000、36000、50000、65000。

SY 系列强制循环式蒸发器的技术参数见表 8-4。

表 8-4 SY 系列强制循环式蒸发器的技术参数

| 设备性能 | 型号 | | | | |
|---|---|---|---|---|---|
| | SY01-N | SY02-N | SY03-N | SY04-N | SY05-N |
| 水分蒸发量（kg/h） | 1000~2000 | 4000~8000 | 6000~36000 | 8000~50000 | 10000~65000 |
| 进料浓度（%） | 可根据物料性质定制 | | | | |
| 出料浓度（%） | 可根据物料性质定制 | | | | |
| 蒸汽压力（MPa） | 0.5~0.8 | | | | |
| 蒸汽耗量（蒸发量）（kg/kg） | 0.65 | 0.38 | 0.28 | 0.23 | 0.19 |
| 蒸发温度（℃） | 45~90 | | | | |
| 杀菌温度（℃） | 90~110 | | | | |
| 冷却水耗量（T/T）（进水温度20℃、出水温度40℃） | 28 | 11 | 8 | 7 | 6 |

**6. 注意事项** 蒸发器减速机润滑油为 40# 机油，其加油量应在指示高度内。油量过多会引起搅拌而发热，油量过少会导致偏心，使轴泵油膜破坏而发热导致温度升高。

**7. 保养维修**

（1）开始使用时，在 1 个月之内更换两次润滑油，以后润滑油 3~4 个月内更换 1 次。

（2）打开底封头后，拧开转子 U 型槽底部螺栓，每 4 个月检查刮板更换刮板。

（3）每两个月打开底轴承，检查底轴承磨损情况，必要时更换底轴承。

（4）根据物料性质应定期用温水或溶剂浸泡、清洗内筒体。

（5）每 1 个月向机械密封腔内加注密封液 1 次，密封液为 20# 机械油。

## 二、旋转薄膜蒸发器

GXZ 系列高效旋转薄膜蒸发器（亦称为刮板蒸发器）是一种通过旋转刮板强制成膜、可在真空条件下进行成膜蒸发的新型高效蒸发器，它传热系数大、蒸发强度高、过流时间短、操作弹性大，尤其适用热敏性物料、高黏度物料、易结晶、含颗粒物料的蒸发浓缩、脱气脱溶、蒸馏提纯。

**1. 工作原理** 物料从加热区的上方径向进入蒸发器，经布料器分布到蒸发器加热壁面，然后旋转的刮膜器将物料连续均匀地加到加热面上，并且刮成厚薄均匀的液膜，并以螺旋状向下推进。在此过程中，旋转的刮膜器保证连续和均匀的液膜产生高速湍流，并阻止液膜在加热面结焦、结垢，从而提高传总系数。轻组分被蒸发形成蒸气流上升，经汽液分离器到达和蒸发器直接相连的外置冷凝器，重组分从蒸发器底部的锥体排出。一个独特的布料器不仅具有将物料均匀地流向蒸发器内壁，防止物料溅到蒸发器内部喷入蒸气流，还具有防止刚进入的物料在此处闪蒸，有利于泡沫的消除，物料只能沿着加热面蒸发。在刮膜蒸发器的上部配有一个依据物料特性设计的离心式分离器，将上升蒸气流中的液滴分离出来并返回布料器。

**2. 设备特点** 旋转薄膜蒸发器具备常规膜式蒸发器所不能比拟的特点。

（1）极小的压力损失 在高效旋转薄膜蒸发器中，物料流与二次蒸发气流是两个独立的通道：物料是沿蒸发筒体内壁（强制成膜）顺膜而下；而由蒸发面蒸发出的二次蒸汽则从筒体中央的空间几乎无阻碍地离开蒸发器，因此压力损失（或阻力降）是极小的。

（2）可实现真正真空条件下的操作 由于二次蒸汽由蒸发面到冷凝器的阻力极小，使得整个蒸发筒体内壁的蒸发面维持较高的真空度（可达-100kp），几乎等于真空系统出口的真空度，由于真空度的提高，有效降低了被处理物料的沸点。

（3）高传热系数 由于设备的高压，蒸发强度大，增大了与热介质的温度差；使呈湍流状态的液膜，降低了热阻；同时抑制物料在壁面上结焦、结垢，也提高了蒸发筒壁的传热系数；因此高效旋转薄膜蒸发器的总传热系数可高达 $8000KJ/h.m^2℃$，因此其蒸发强度很高。

（4）低温蒸发 由于蒸发筒体内能维持较高的真空度，被处理物料的沸点大大降低，因此特别适合热敏性物料的低温蒸发。

（5）过流时间短 物料在蒸发器内的过流时间很短，约10秒左右；对于常用的活动刮板而言，其刮动物料的端面有导流的沟槽，其斜角通常为45℃，改变斜角的角度，可改变物料的过流时间，物料在刮板的刮动下，螺旋下降离开蒸发段。缩短过流时间，有效防止产品在蒸发过程中的分解、聚合或变质。

（6）可利用低"品位"蒸汽 蒸汽是常用的热介质，由于降低了物料的沸点，在保证相同温度差的条件下，就可降低加热介质温度，利用低"品位"的蒸汽，有利于能量的综合利用。

（7）适应性强 由于独特的结构设计，使该产品可处理一些常规蒸发器不易处理的高黏度、含颗粒、热敏性及易结晶的物料。

（8）操作维修方便 由于旋转薄膜蒸发器操作条件适用宽泛、弹性大，从而运行工况稳定，且维护工作量小、维修方便。

**3. 技术参数** GXZ系列高效旋转薄膜蒸发器的技术参数见表8-5。

表 8-5　GXZ 系列高效旋转薄膜蒸发器的技术参数

| 有效蒸发面积 (m²) | 尺寸 | | | | | | | | 设备 | | | |
|---|---|---|---|---|---|---|---|---|---|---|---|---|
| | 设备总高 A | 加热筒身高 B | 加料分离筒 C | 筒身外径 D | 安装支座高 E | 电机减速机 F | 支座孔距 (G) | 公称直径 (Dn) | 电机功率 (kW) | 压力 | | 总重 (约) (kg) |
| | | | | | | | | | | 夹套 (MPa) | 内筒 (MPa) | |
| 0.5 | 2205 | 800 | 500 | 273 | 1365 | 680 | 480 | 210 | 1.50 | 0.4 | <-0.095 | 460 |
| 1 | 3990 | 1500 | 500 | 278 | 1795 | 1445 | 541 | 219 | 2.2 | 0.4 | <-0.095 | 680 |
| 2 | 4470 | 1830 | 755 | 462 | 2455 | 1565 | 843 | 400 | 3.0 | 0.4 | <-0.095 | 1100 |
| 4 | 5490 | 2630 | 844 | 712 | 3511 | 1565 | 1003 | 600 | 5.5 | 0.4 | <-0.095 | 1950 |
| 6 | 6275 | 2890 | 844 | 912 | 3817 | 1944 | 1236 | 800 | 7.5 | 0.4 | <-0.095 | 2980 |
| 8 | 6910 | 3658 | 844 | 916 | 4587 | 1909 | 1236 | 800 | 7.5 | 0.4 | <-0.095 | 3550 |
| 10 | 6960 | 3658 | 900 | 1112 | 4542 | 1918 | 1567 | 1000 | 7.4 | 0.4 | <-0.095 | 4880 |
| 12 | 7460 | 3658 | 1003 | 1316 | 4985 | 1998 | 1909 | 1200 | 11 | 0.4 | <-0.095 | 6300 |

**4. 操作方法**

（1）正常开车　①先开启真空泵，打开抽真空阀。②开进料泵，打开进料阀，把料液打进设备中。③接通电源，启动旋转薄膜蒸发器的电机，观察电机转动方向是否正确。④缓慢打开蒸汽阀，让蒸汽进入夹套，从旁通阀排除夹套内不凝性气体后，再接通疏水器。⑤从底部视镜观察出料情况，严禁在设备内部充满液体情况下运转。⑥系统稳定 5 分钟后，取样分析物料水分，调节进料阀开启量大小使物料水分达到预定指标。

（2）正常停车　①先关蒸汽阀。　②关闭进料阀。③待蒸发器中料液放净后，关闭出料阀。④停电机。⑤停真空泵，打开真空放气阀，使系统处于常压状态。

（3）紧急停车（下列情况要紧急停车）　①突然停电或突然跳闸。②蒸汽减压阀失灵，压力超过规定压力。③进料突然断料。④机械有异常撞击声。

**5. 安全及注意事项**

（1）严禁在无料液或满料液情况下开动电机搅拌。

（2）严禁反向运转。

（3）严禁在运转过程触摸转动部件。

（4）注意用电安全，不用湿手按动电钮。

**6. 维护保养**

（1）减速机润滑油为 220# 减速机油，其加油量应在指示高度内。油量过多会引起搅拌而发热，油量过少会导致偏心，使轴泵油膜破坏而发热导致温度升高。开始使用时在 1 个月之内更换二次润滑油，以后润滑油 3~4 个月内更换 1 次。

（2）打开底封头后，拧开转子 U 型槽底部螺栓，每 4 个月检查刮板更换刮板。

（3）每 2 个月打开底轴承，检查底轴承磨损情况，必要时更换底轴承。

（4）根据物料性质应定期用温水或溶剂浸泡、清洗内筒体。

（5）每 1 个月向机械密封腔内加注密封液 1 次。

### 三、降膜蒸发器

DX 型降膜蒸发器适用于料液的低温蒸发，可实现连续进、出物料，物料受热时间短，蒸发温度低，料液在设备内通过 1 次即可达到所需浓度要求。对产品的色泽、风味和营养成分影响很小，特别适用于热敏性物料的蒸发。

**1. 设备构成** DX 型降膜蒸发器由降膜加热室、冷凝器、分离室、热压泵、出料泵、蒸汽冷凝水泵、真空泵、蒸汽调节阀、测量仪表、机架、电气控制箱及工艺管线等构成。

**2. 工作原理** 待处理料液由降膜室顶部经过布膜装置均匀地分配于降膜管内壁，料液以自身的重力和二次蒸蒸汽流的作用成膜状自上而下流动，同时与降膜管外壁加热蒸汽发生热交换而蒸发，蒸发后的料液及二次蒸汽进入分离室进行气液分离，经过出料泵送出，如果料液浓度达不到要求，通过柱塞阀调节蒸汽量的大小，保证出口料液的浓度。增大蒸汽调节阀的进汽量直至料液浓度达到要求为止。如果液体浓度超过要求，减少蒸汽调节阀的进汽量直至料液浓度达到要求为止。二次蒸汽进入板式冷凝器，用冷却水进行冷却。不凝性气体由真空泵吸出，同时保证系统在真空下工作。

**3. 设备特点**

（1）降膜加热室采用不锈钢结构，降膜室下部安装易拆卸的法兰，便于检查降膜管，降膜室下端设有视镜，观察蒸汽冷凝水的情况。

（2）降膜室顶部采用喷淋进料，强制布膜装置，物料均匀地在降膜管内壁形成膜层，避免"焦管"现象。

（3）降膜室下管板，分离室上部设有清洗喷头，可使其彻底清洗。

（4）通过柱塞阀调节蒸汽量的大小，保证出口料液的浓度。

（5）机架采用优质不锈钢方管制造。

（6）冷凝室采用列管式冷凝器，冷却水可循环使用。

**4. 技术参数** DX 型降膜蒸发器的技术参数见表 8-6。

表 8-6　单效降膜蒸发器的技术参数

| 设备性能 | 技术参数 |
|---|---|
| 水分蒸发量（kg/h） | 300~2000 |
| 物料处理量（L/h） | 500~6000 |
| 进料浓度 | 根据物料性质设定 |
| 出料浓度 | 根据物料性质设定 |
| 蒸发温度（℃） | ≤65~70 |
| 进料温度（℃） | 根据物料性质设定 |
| 进水温度（℃） | 25 |
| 冷却水耗量（T/h） | 30~50 |
| 蒸汽压力（MPa） | ≥0.8 |
| 蒸汽耗量（T/h） | 300~2000 |
| 电机功率（kW） | 根据设计而定 |

### 5. 操作方法

（1）调试　调试前将设备内外清洗干净。水泵、真空泵按相应的使用说明书注入润滑油。水泵、真空泵、卫生泵单独试车确定转向，检查电机电流不大于额定电流，空机运转正常，方可进行系统调试。将设备系统充满水，进行水密性试验，查找泄漏处。确定水泵、真空泵、卫生泵运转正常后，整个系统无泄漏，可先用水试车（试车参照操作程序）程序。

（2）操作　①打开卫生泵、真空泵冷却水阀门，待各泵溢出水口出水后方可启动。②用热水对设备进行循环杀菌10~20分钟（开冷凝水泵，蒸汽使温度达到90℃以上）。③将板式冷凝器的冷却水阀门打开，关闭其他阀门，启动水泵、真空泵，当分离室真空度达到-0.08MPa时，打开进料阀，启动进料泵，打开蒸汽旁通阀，将蒸汽冷凝水排出，再打开热压泵蒸汽阀门，启动冷凝水泵。④调节各阀门，使各参数稳定在规定的技术参数范围内。⑤当分离室有物料后，打开出料阀。将出料阀调整到分离室内有物料。料液浓度通过调节阀调整阀门开启度大小，保证料液的浓度。⑥连续工作7~8小时或一批原料生产结束后，必须清洗设备，其顺序按水（10分钟）、2%氢氧化钠溶液（20分钟）、水（10分钟）、2%硝酸溶液（10分钟）、水（10分钟）进行清洗，并开启出料泵、冷凝水泵。⑦清洗完毕后，关闭热压泵的蒸汽阀门，关闭冷却水阀门及所有泵，切断电源。⑧打开降膜室上盖，检查手孔是否清洗干净，如发现结垢，用钢丝绒清理干净。⑨生产过程中，如遇到停电，应首先关闭热压泵蒸汽阀门，然后关闭板式冷凝器进水阀门。

### 6. 常见故障　常见故障产生原因及排除方法见表8-7。

表8-7　常见故障产生原因及排除方法

| 常见故障 | 产生原因 | 排除方法 |
|---|---|---|
| 真空度低，蒸发温度高 | 系统密封处损坏 | 更换系统密封圈 |
| | 冷却水量不足 | 检查冷却水量 |
| | 真空泵磨损 | 检查真空泵 |
| 降膜加热管"焦管" | 进料不足或短时间断料 | 加大进料量 |
| | 降膜加热室顶部布膜器堵塞 | 排除堵塞物 |
| | 物料浓度过高 | 减低物料浓度 |
| 出料困难不连续或不出料 | 泵盖或泵的进料管路漏气 | 检查泵盖或进料管路 |
| | 泵的机械密封损坏 | 更换泵的机械密封 |
| 出料浓度低 | 热压泵蒸汽压力低 | 提供蒸汽压力 |
| | 进料量大 | 减少进料量 |
| | 降膜加热管内壁结垢 | 清洗管路 |
| | 冷却水排除困难 | 检查冷凝水泵 |

## 四、真空蒸发器

WZI型系列外循环式真空蒸发器，是一种在真空系统下操作的自然循环型蒸发器。

该型蒸发器有一效、二效、三效系列规格强制外循环蒸发器。该设备广泛应用于医药、食品、化工、轻工等行业的水或有机熔煤溶液的蒸发浓缩，特别适用于热敏性物料（例如中药生产的水、醇提取液，抗生素发酵液等），可在真空条件下进行低温连续浓缩，以确保产品质量。如回收酒精，并提高酒精浓度等。

**1. 设备结构及原理** 该设备由列管式加热器、蒸发罐、循环管及其他附属设备所组成。料液在加热器的管内被加热至沸点后，部分水汽化，使热能转换为向上运动的动能；同时由于加热管内气-液混合物和循环管中未沸腾的料液之间产生了重度差，在膨胀动能和重度差的诱导下，产生了料液的自然循环（料液在加热管内的循环速度小于1m/s），料液受热量愈多，沸腾愈好，其循环速度也就愈大。由于是在真空作用下蒸发，其料液的蒸发温度可以控制在某种程度上 50℃ 以下。蒸发出的二次蒸汽经丝网除沫器和捕液器捕集后，被水力喷射泵的喷水冷凝后带走。蒸发罐内的料液经离心旋转后，沿外循环管回到加热器的下部，进行再循环加热蒸发，如此循环加热蒸发（15～20分钟），当达到要求的浓度时，开始连续出料，与此同时也连续进料，从而构成连续的真空浓缩操作。

**2. 设备特点**

（1）为提高汽液分离的效果，并兼有除沫、防夹带的作用，采用了三级分离，捕集方式：一是汽液切线进入蒸发罐利用离心力和罐内沉降作用；二是蒸发器顶部采用高效气滤式过滤网层；三是增设撞击式捕液器，从而防止了料液被二次蒸汽夹带的损失，即使对易产生泡沫的料液（如含皂类中药液）也能达到满意的分离效果。

（2）为便于清洗，在加热器顶部设置了快开式顶盖。在蒸发罐内气滤式过滤网的上部设置了环形喷淋清洗水管，并在蒸发罐体上设置人孔以便对罐内进行清洗。

（3）为便于在操作中的观察，在加热器顶部及蒸发罐体上均设置了灯孔与视镜。

（4）WZI 型蒸发器与国内常用的升膜式、降膜式、升-降膜式蒸发器相比，WZI 型属循环型蒸发器，料液的浓缩比大，而且管内不易结垢。

**3. 技术参数** WZI 型系列外循环式真空蒸发器的技术参数见表8-8。

**表 8-8 WZI 型系列外循环式真空蒸发器的技术参数**

| 序号 | 项目 | 单位 | WZI-2000 型 | WZI-1500 型 | WZI-1000 型 | WZI-750 型 | WZI-500 型 | WZI-250 型 |
|---|---|---|---|---|---|---|---|---|
| 1 | 蒸发量 | kg·$H_2O$/h | 2000～2200 | 1500～1700 | 1000～1200 | 750～800 | 500～600 | 250～300 |
| 2 | 罐内真空度 | Pa | −90000 | −90000 | −90000 | −90000 | −90000 | −90000 |
| 3 | 加热面积 | m² | 22 | 17.6 | 11 | 8 | 5.4 | 3.0 |
| 4 | 蒸汽压力 | MPa（表压） | 0.05～0.2 | 0.05～0.2 | 0.05～0.2 | 0.05～0.2 | 0.05～0.2 | 0.05～0.2 |
| 5 | 耗气量 | kg/h | 2000～2200 | 1500～1700 | 1100～1200 | 700～800 | 550～600 | 300～350 |
| 6 | 冷却水压力 | MPa（表压） | 0.25～0.3 | 0.25～0.3 | 0.25～0.3 | 0.25～0.3 | 0.25～0.3 | 0.25～0.3 |
| 7 | 加热器直径 | mm | 600 | 500 | 400 | 400 | 300 | 200 |
| 8 | 蒸发罐直径 | mm | 1400 | 1200 | 1000 | 950 | 800 | 500 |
| 9 | 捕液器直径 | mm | 650 | 550 | 500 | 400 | 400 | 300 |

**4. 操作方法**

（1）进料前检查装置　进料前应检查真空系统是否完好、各管路是否连接正常、管路间阀门及检测仪表是否完好。

（2）装置抽真空　保持蒸发室的真空度与用户的真空系统的真空度一致。

（3）装置进料　开启进料阀门，物料溶液从进料罐被吸入加热器和蒸发器。当溶液进料液位上升到蒸发室底部视镜的 2/3 时，关闭进料阀门，结束加料；开启冷却水进、出口阀门，使装置的冷却系统开始工作。

（4）加料预热　蒸发待冷却系统正常工作后，可以开始对加热器和蒸发器内物料进行蒸发操作。随着溶液不断蒸发，装置内物料不断减少，所以应及时补充溶液。

（5）蒸发情况检查　可通过装置内所带的密度计等检测仪表检查蒸发情况，也可以进行取样检查。

（6）冷凝液的排放　观察受液桶视镜，当冷凝液液位上升到视镜位置的 2/3 时，开启放空阀和排水阀门进行排放冷凝液。冷凝液排放结束后，各阀门应恢复到正常工作时的操作位置。

（7）装置出料　装置出料时应先关闭进蒸汽阀门和抽真空阀门，开启放空阀，使装置系统处于常压状态。然后开启出料阀，放出成品物料。

**5. 维修与保养**　装置使用一段时间后可能出现溶液在管壁上结垢等现象，此时应对设备内进行清洗维护。装置停机时，先吸取适量清水工作半小时，放出污水，再吸进清水适量，关闭真空阀，最后排干清水，同时使设备处于常压状态下。

# 第九章　固体制剂生产设备 ▷▷▷▷

　　固体制剂与其他制剂相比，具有物理、化学稳定性好，以及便于服用及携带方便等特点，并且在制备过程中生产成本相对较低，适宜大规模生产。因此，固体制剂目前在临床上应用广泛，常见的固体剂型包括散剂、颗粒剂、片剂、胶囊剂、丸剂、膏剂等。在固体制剂的生产过程中，设备的应用水平将直接决定了物料的成形程度及最终所得制剂质量的好坏，因此生产设备的选择是十分重要的。

　　固体制剂生产过程中，一般需要将药物粉末与其他辅助成分等充分混合，再进行剂型所需操作等，最后制得所需的固体制剂。因此，固体制剂生产涉及物料干燥设备、粉碎设备、混合设备、颗粒制造设备、成型设备及包装设备等。

## 第一节　丸剂成型设备

　　丸剂是指药物细粉或药材提取物加适宜的胶黏剂或辅料制成的球形或类球形的制剂，一般供口服应用。按辅料的种类，丸剂可分为蜜丸、水丸、糊丸、蜡丸及浓缩丸等。丸剂可以从小到油菜籽大小的微丸到每丸重达 9g 的大蜜丸，因此其制备方法各不相同。常用的丸剂的制备方法有塑制法和泛制法。

### 一、塑制法制丸过程

　　塑制法是指药材细粉加适宜的黏合剂，混合均匀，制成软硬适宜、可塑性较大的丸块，再依次制丸条、分粒、搓圆而成丸粒的一种制丸方法。塑制法多用于蜜丸、糊丸、蜡丸、浓缩丸、水蜜丸的制备。

　　**1. 原辅料的准备**　原辅料的准备是指按照处方将所需的药材挑选清洁、炮制合格、配齐称量、干燥、粉碎、过筛。蜂蜜经炼制，使蜜丸在胃肠道中逐渐溶蚀释药，故作用持久，常用作塑制法制丸的胶黏剂。使用时，须按照处方药物的性质，炼成程度适宜的炼蜜备用。一般嫩蜜适用于含较多油脂、黏液质、胶质、糖、淀粉、动物组织等黏性较强的药材制丸；中蜜适用于黏性中等的药材制丸，绝大部分蜜丸采用中蜜；老蜜适合于黏性差的矿物性和纤维性药材制丸。

　　**2. 制丸材、分粒和搓圆**　药物细粉混合均匀后，加入适量胶黏剂，充分混匀，制成湿度适宜、软硬适度的可塑性软材，即丸块，中药行业称之为"合坨"，是塑制法的关键。丸块的软硬程度及黏稠度，直接影响丸粒成型和在贮存中是否变形。优良的丸块应能随意塑型而不开裂，手搓捏而不黏手，不黏附器壁。生产一般用捏合机进行。丸块取出后应立即搓条；若暂时不搓条，应以保湿盖好，防止干燥。

将丸块制成粗细适宜的条形以便于分粒。制备小量丸条可用搓条板。但是由于搓条板所制取的丸条重量不精确，从而可能导致最终的丸重偏差较大，目前搓条板已被机器代替，只是用于教学中给学生实验的演示。制丸条时，将丸块按每次制成丸粒数称取一定质量，置于搓条板上，手持上板，两板对搓，施以适当压力，使丸块搓成粗细一致且两端齐平的丸条，丸条长度由所预定成丸数决定。大量生产时可用制丸条机。

**3. 干燥**　一般成丸后应立即分装，以保证丸药的滋润状态。有时为了防止丸剂的霉变，可进行干燥。

## 二、塑制法制丸设备

将药物细粉混合均匀后，加入适当的辅料，制成丸剂，分为手工和机械两种方法，随着中药现代化、规模化的发展，中药蜜丸的生产也越来越科学化、机械化。

**1. 捏合机**　捏合机是由一对互相啮合和旋转的桨叶所产生强烈剪切作用而使半干状态的物料迅速反应从而获得均匀的混合搅拌。捏合机可以根据需求设计成加热和不加热形式，它的换热方式通常有电加热、蒸汽加热、循环热油加热、循环水冷却等。捏合机由金属槽及两组强力的 S 形桨叶构成，槽底呈半圆形，两组桨叶转速不同，且沿相对方向旋转，根据不同的工艺可以设定不同的转速，最常见的转速为 28~42rpm/min。由于桨叶间的挤压、分裂、搓捏及桨叶与槽壁间的研磨等作用，可形成不黏手、不松散、湿度适宜的可塑性丸块。丸块的软硬程度以不影响丸粒的成型及在储存中不变形为度。

**2. 丸条机**　丸条机应用于大量生产时丸条的制备，分为螺旋式和挤压式两种，丸条机的设备结构见图 9-1。螺旋式丸条机工作时，丸块从漏斗加入，由轴上叶片的旋转将丸块挤入螺旋输送器中，丸条即由出口处挤出。出口丸条管的粗细可根据需要进行更换。挤压式出条机工作时，将丸块放入料筒，利用机械能推进螺旋杆，使挤压活塞在交料筒中不断前进，筒内丸块受活塞挤压由出口挤出，呈粗细均匀状，可通过更换不同直径的出条管来调节丸粒质量。目前在企业生产过程中，一般都在丸条机模口处配备丸条微量调节器，以便于调整丸条直径，来控制丸重，从而达到保证丸粒的重量差异在药典规定范围内的目的。

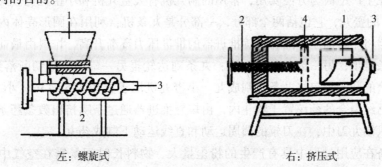

左：螺旋式　　　　　　　　　　　右：挤压式

1. 加料口；2. 螺旋杆；3. 出条口；4. 挤压活塞

**图 9-1　丸条机示意图**

**3. 轧丸机**  大量生产丸剂时使用轧丸机,有双滚筒式和三滚筒式,其中以三滚筒式最为常见,其设备结构见图9-2,可用于完成制丸和搓圆的过程。双滚筒式轧丸机主要由两个半圆形切丸槽的铜制滚筒组成。两滚筒切丸槽的刀口相吻合。两滚筒以不同的速度做同一方向的旋转,转速一快一慢,约90rpm/min和70rpm/min。操作时将丸条置于两滚筒切丸槽的刀口上,滚筒转动将丸条切断,并将丸粒搓圆,由滑板落入接收器中。

三滚筒式轧丸机主要结构是三只槽滚筒,呈三角形排列,底下的一只滚筒直径较小,是固定的,转速约为150rpm/min,上面两只滚筒直径较大,式样相同,靠里边的一只也是固定的,转速约为200rpm/min,靠外边的一只定时移动,转速250rpm/min。工作时将丸条放于上面两滚筒间,滚筒转动即可完成分割与搓圆工序。操作时在上面两只滚筒间宜随时揩拭润滑剂,一面软材黏滚筒。其适用于蜜丸的成型,通过更换不同槽径的滚筒,可以制得丸重不同的蜜丸。所得成型丸粒呈椭圆形,药丸断面光滑,冷却后即可包装。但是此设备不适于生产质地较松的软材制丸。

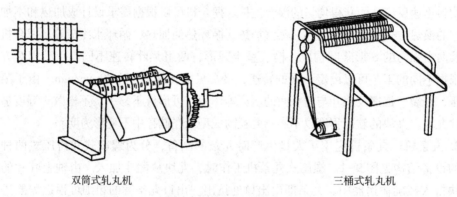

双筒式轧丸机　　　　　　　　　　　　三桶式轧丸机

**图9-2　滚筒式轧丸机示意图**

目前药厂多用联合制丸机,由制丸条和分粒、搓圆两大部分组成,一般采用双光电信号限位控制来协调各部分动作。通过控制第一光电信号来控制丸条的长度,通过第二光电信号来控制丸条的位置,从而达到控制丸重的作用。可1次完成制丸材、轧丸、搓圆的工艺,在生产中极为方便实用,常用的制丸机有大蜜丸机和小蜜丸机。大蜜丸机用于制成3~9g的蜜丸,它包括两个部分,一部分是丸条机:利用在圆形壳体内水平旋转的螺旋推进器将坨料加压,随着螺旋推进器的推进压力逐渐升高,坨料由最前端的模口被压挤成长条推出;另一部分是轧丸机:丸条到达轧辊另一端时,被切断落到轧辊上,利用轧辊凹槽的凸起刃口将丸条轧割成丸。小蜜丸机用于直径3.5~13mm小丸的生产,它工作时将已经混合的药坨置于料斗内,由螺旋推进器通过条嘴挤出数条药条,药条经控制导轮送入制丸刀中,在刀辊的圆周运动和直线运动下制成药丸。

丸剂设备在应用过程中具有产生的粉尘量大、物料长时间暴露在空气中污染概率高、物料损耗大、设备部件及生产环境不易清洗的特点。用于制作丸径小的中药丸的滚筒式搓丸机已经被联合制丸机所取代。

### 三、泛制法制丸过程

泛制法是指在转动的适宜的容器或机械中，将药材细粉与赋形剂交替润湿、撒布，不断翻滚，逐渐增大的一种制丸方法。泛制法主要用于水丸、水蜜丸、糊丸、浓缩丸、微丸的制备。泛制法制丸过程包括原材料的准备、起模、成型、盖面和干燥等过程。

**1. 原辅料的准备**　泛制法制丸时，药料的粉碎程度要求比塑制法制丸时更为细些，一般宜用120目左右的细粉。某些纤维性组成较多或黏性过强的药物（如大腹皮、丝瓜络、灯芯草、生姜、葱、荷叶、红枣、桂圆、动物胶、树脂类等），不易粉碎或不适泛丸时，须先制汁作润湿剂泛丸；动物胶类如龟板胶、虎骨胶等，加水加热熔化，稀释后泛丸；树脂类药物如乳香、没药等，用黄酒溶解作润湿剂泛丸。

**2. 起模**　起模是泛丸成型的基础，是制备水丸的关键。泛丸起模是利用水的湿润作用诱导出药粉的黏性，使药粉相互黏着成细小的颗粒，并在此基础上层层增大而成丸模的过程。起模应选用方中黏性适中的药物细粉，包括药粉直接起模和湿颗粒起模两种。

**3. 成型**　将已筛选均匀的球形模子，逐渐加大至接近成丸的过程。若含有芳香挥发性或特殊气味或刺激性极大的药物，最好分别粉碎后，泛于丸粒中层，可避免挥发或掩盖不良气味。

**4. 盖面**　盖面是指使表面致密、光洁、色泽一致的过程，可使用干粉、清水或清浆进行盖面。盖面是泛丸成型的最后一个环节，作用是使整批投产成型的丸粒大小均匀、色泽一致，提高其圆整度及光洁度。

**5. 干燥**　控制丸剂的含水量在9%以内。一般干燥温度为80℃左右，若丸剂中含有芳香挥发性成分或遇热易分解变质的成分时，干燥温度不应超过60℃。可采用流化床干燥，可降低干燥温度，缩短干燥时间，并提高水丸中的毛细管和孔隙率，有利于水丸的溶解。

### 四、泛制法制丸设备

泛制法多用于水丸的制备，而水丸大生产只能用泛制法，多用手工操作，但具有周期长、占地面积大、崩解及卫生标准难控制等缺点，近年则多用机械制丸。应用泛制法制丸的设备有小丸连续成丸机等。小丸连续成丸机组的设备结构见图9-3，包括进料、成丸、筛选等工序。它由输送、喷液、加粉、成丸、筛丸等部件相互衔接，构成机组。工作时，罐内的药粉由压缩空气运送到成丸锅旁的加料斗内，经过配制的药液存放在容器中，然后由振动机、喷液泵或刮粉机把粉、液依次分别撒入成丸锅内成型。药粉由底部的振动机或转盘定量均匀连续地进入成丸锅内，使锅内的湿润丸粒均匀受粉，逐步坛大。最后，通过圆筛筛选合格丸剂。

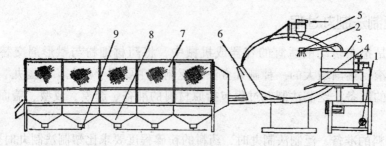

1. 喷液泵；2. 喷头；3. 加料斗；4. 粉斗；5. 成丸锅；6. 滑板；7. 圆筒筛；8. 料斗；9. 吸射器

图 9-3　小丸连续成丸机

# 第二节　片剂成型设备

片剂创用于 19 世纪 40 年代，随着压片机械的出现得以迅速发展。由于片剂的剂量准确，使用、运输和携带方便，价廉、产量高等优点，已无可争议地成为临床应用的首选药物剂型。随着片剂生产技术与机械设备方面的迅速发展，如流化制粒、粉末直接压片、半薄膜包衣、新辅料、新工艺及生产联动化等。随着工艺技术的不断改进，片剂的质量逐渐提高，功能日益多样化，促进了医学事业的进步，为患者带来更多的便利。

## 一、片剂的生产过程

片剂通常系指将药物或中药材提取物、药材提取物加药材细粉或药材细粉与适宜辅料混匀压制而成的圆片状或异形片状的固体制剂。

片剂的生产需要经过以下工艺：原辅料→粉碎→过筛→物料配料→混合→制粒→干燥→压片→包装→储存。

**1. 粉碎与过筛**　粉碎主要是借机械力将大块固体物料碎成适用大小的过程，固体药物粉碎是制备各种剂型的首要工艺。对于药物所需的粉碎度，要综合考虑药物本身性质和使用要求，如当主药为难溶性药物时，必须有足够的细度以保证混合均匀及溶出度符合要求。药物粉碎后，需要通过过筛使粗粉与细粉分离，并通过控制筛孔的大小得到需要的药物粉末。粉碎后药物表面积增大，溶解与吸收加强，生物利用度提高。

**2. 配料混合**　在片剂生产过程中，主药粉与赋形剂根据处方称取后必须经过几次混合，以保证充分混匀。主药粉与赋形剂并不是 1 次全部混合均匀的，首先加入适量的稀释剂进行干混，而后再加入黏合剂和润湿剂进行湿混，以制成松软适度的软材。大量生产时采用混合机、混合筒或气流混合机进行混合。对于小剂量药物，主药与辅料量相差较悬殊，可用等体积递增配研法混合；如果含量波动较大，不易混合，可采用溶剂分散法，即将量小的药物先溶于适宜的溶剂中再与其他成分混合，通常可以混合均匀。

**3. 制粒和干燥**　干燥是利用热能除去含湿的固体物质或膏状物中所含的水分或其他溶剂，获得干燥物品的工艺操作，已制好的湿颗粒应根据主药和辅料的性质于适宜温度（一般控制在 50~60℃）尽快通风干燥。加快空气流速，降低空气湿度或者真空干燥，均能提高干燥速度。干燥后的颗粒往往会粘连结块，应当再进行过筛整粒，整粒时筛网孔径应与制粒用筛网孔径相同或略小。

制粒是把熔融液、粉末、水溶液等物料加工成有一定形状大小的粒状物的操作过程。除某些结晶性药物或可供直接压片的药粉外，一般粉末状药物均需事先制成颗粒才能进行压片，以保证压片过程中无气体滞留，药粉混合均匀，同时避免药粉积聚、黏冲等。制粒的目的在于改善粉末的流动性及片剂生产过程中压力的均匀传递、防止各成分离析及改善溶解性能等目的。

**4. 压片** 压片是片剂成型的关键步骤，通常由压片机完成。压片机的基本机械单元是两个钢冲和一个钢冲模，冲模的大小和形状决定了片剂的形状。压片机工作的基本过程为：填充-压片-推片，这个过程循环往复，从而自动的完成片剂的生产。

**5. 包衣** 片剂包衣是指在素片（或片芯）外层包上适宜的衣料，使片剂与外界隔离。包衣后可达到以下目的：①隔离外界环境，增加对湿、光和空气不稳定药物的稳定性。②改善片剂外观，掩盖药物的不良气味，减少药物对消化道的刺激和不适感。③控制药物释放速度和部位，达到缓释、控释的目的，如肠溶衣，可避开胃中的酸和酶，在肠中溶出。④防止复方成分发生配伍变化。根据使用的目的和方法的不同，片剂的包衣通常分糖衣、肠溶衣及薄膜衣等数种。糖衣层由内向外的顺序为隔离层、粉衣层、糖衣层、有色糖衣层、打光层。包衣层所使用材料应均匀、牢固、与药片不起作用，崩解时限应符合药典片剂项下的规定，不影响药物的溶出与吸收；经较长时期贮存，仍能保持光洁、美观、色泽一致，并无裂片现象。包衣方法有锅包衣法、空气悬浮包衣法、压制包衣法以及静电包衣、蘸浸包衣等。

**6. 包装** 包装系指选用适当的材料或容器、利用包装技术对药物半成品或成品的批量经分（灌）、封、装、贴签等操作，给一种药品在应用和管理过程中提供保护、签订商标、介绍说明，并且经济实效、使用方便的一种加工过程的总称。包装中有单件包装、内包装、外包装等多种形式。药品包装的首要功能是保护作用，起到阻隔外界环境污染及缓冲外力的作用，并且避免药品在贮存期间可能出现的氧化、潮解、分解、变质；其次要便于药品的携带及临床应用。

## 二、制粒方法

制粒过程是固体制剂生产过程中重要的环节，通过制粒能够去掉药物粉末的黏附性、飞散性、聚集性，改善药粉的流动性，使药粉压缩性好，便于压片。根据药物性质和生产工艺的不断革新，研究者开发了一系列制粒方法，主要有湿法制粒、干法制粒、流化床制粒和晶析制粒等。同样，要根据药物的性质选择制粒方法，为压片做好准备。湿法制粒适用于受湿和受热不起化学变化的药物；因其所制成的颗粒有外形美观、成形性好、耐磨性强的特点，因此在医药工业的片剂生产过程中应用最为广泛。当片剂中成分对水分敏感，或在干燥时不能经受升温干燥，而片剂组分中具有足够内在黏合性质时，可采用干法制粒。该法不加任何液体，在粒子间仅靠压缩力使之结合，因此常用于热敏材料及水溶性极好的药物。虽其应用方法简单省时，但是由于压缩引起的活性降低需要引起注意。

**1. 湿法制粒**　湿法制粒是指在粉末中加入液体胶黏剂（有时采用中药提取的稠膏）混合均匀，制成颗粒。湿法制粒是经典的制粒方法，湿法制粒增加了粉末的可压性和黏着性，可防止在压片时多组分处方组成的分离，能够保证低剂量的药物含量均匀。湿颗粒法制造工艺适用于受湿和受热不起化学变化的药物。湿法制粒的生产工艺为：混合-制软材-过筛-干燥。

制颗粒前需先制成软材，制软材是将原辅料细粉置混合机中，加适量润湿剂或黏合剂，混匀。润湿剂或黏合剂用量以能制成适宜软材的最少量为原则。软材的质量，由于原辅料性质的不同，很难定出统一规格，一般以"握之成团、触之即散"为宜。

制备的软材需要通过筛网筛选合适的湿颗粒，颗粒的大小一般根据片剂大小由筛网孔径来控制，一般大片（片重 0.3~0.5g）选用 14~16 目筛，小片（片重 0.3 以下）选用 18~20 目筛制粒。过筛的方法可分为 1 次过筛和多次过筛法。1 次过筛制粒时可用较细筛网（14~20 目），只要通过筛网 1 次即得；也可采用多次制粒法，即先使用 8~10 目筛网，通过 1~2 次后，再通过 12~14 目筛网，这种方法适用于有色的或润湿剂用量不当及有条状物产生或黏性较强的药物。湿颗粒应显沉重，少细粉，整齐而无长条。湿粒制成后，应尽可能迅速干燥，放置过久湿粒也易结块或变形。

**2. 干法制粒**　干法制粒是将粉末在干燥状态下压缩成型，再将压缩成型的块状物破碎制成颗粒。当片剂中成分对水分敏感，或在干燥时不能经受升温干燥，而片剂成分中具有足够内在黏合性质时，可采用干法制粒。制粒过程中，需要将混合物料先压成粉块，然后再制成适宜颗粒，也称大片法。阿司匹林对湿热敏感，其制粒过程采用大片法制粒。干法制粒可分压片法和滚压法。压片法是将活性成分、稀释剂（如必要）和润滑剂混合，这些成分中必须具有一定黏性。在压力作用下，粉末状物料含有的空气被排出，形成相当紧密的块状，然后将大片碎裂成小的粉块。压出的大片粉块经粉碎即得适宜大小的颗粒，然后将其他辅料加到颗粒中，轻轻混合，压成片剂。滚压法与压片法的原理相似，不同之处在于滚压法应用压缩磨压片，在压缩前预先将药物与赋形剂的混合物通过高压滚筒将粉末压紧，排出空气，然后将压紧物粉碎成均匀大小的颗粒，加润滑剂后即可压片。该法使用的压力较大，才能使某些物质黏结，有可能会导致延缓药物的溶出速率，因此该法不适宜于小剂量片的制粒。

**3. 流化床制粒**　流化床制粒是用气流将粉末悬浮，呈流态化，再喷入胶黏剂液体，使粉末凝结成粒。制粒时，在自下而上的气流作用下药物粉末保持悬浮的流化状态，黏合剂液体由上部或下部向流化室内喷入使粉末聚结成颗粒。可在一台设备内完成沸腾混合、喷雾制粒、气流干燥的过程（也可包衣），是流化床制粒法最突出的优点。但是，影响流化床制粒的因素较多，黏合剂的加入速度、流动床温度、悬浮空气的温度、流量和速度等诸多因素均可对颗粒成品的质量与效能产生影响，操作参数比湿法制粒更为复杂。

**4. 晶析制粒**　晶析制粒法是使药物在液相中析出结晶的同时，进行制粒的全新的制粒方法。制备的颗粒是由微细的结晶结聚而成的球形粒子，其颗粒的流动性、充填性、压缩成型性均好，大大改善了粉体的加工工序，因此可少用辅料或不用辅料直接压片。

### 三、制粒设备

药物的性质不一样，制粒采用的方法也就不一样，常用的制粒设备有挤压制粒机、转动制粒机、高速搅拌制粒机、流化床制粒机、压片制粒设备、滚压制粒设备及喷雾干燥制粒设备等。

**1. 挤压制粒机** 挤压制粒机的基本原理是利用滚轮、圆筒等将物料强制通过筛网挤出，通过调整筛网孔径，得到需要的颗粒。制粒前，按处方调配的物料需要在混合机内制成适用于制粒的软材，挤压制粒要求软材必须黏松适当，太黏挤出的颗粒成条不易断开，太松则不能成颗粒而变成粉末。目前，基于挤压制粒而设计的制粒机主要有摇摆式制粒机、旋转挤压制粒机和螺旋挤压制粒机，结构见图9-4。

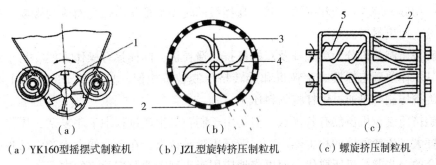

（a）YK160型摇摆式制粒机　（b）JZL型旋转挤压制粒机　（c）螺旋挤压制粒机
1. 七角滚轮；2. 筛网；3. 挡板；4. 刮板；5. 螺杆
**图9-4 挤压式制粒机示意图**

摇摆式制粒机是目前国内常用的制粒设备，结构简单、操作方便，生产能力大且安装拆卸方便，并且有所得颗粒的粒径大小分布较为均匀的优点。但在使用过程中，需要注意安装筛网的松紧作用、材质及效果。由于摇摆式制粒机是通过滚筒对筛网的挤压而得到颗粒的，因此，物料对筛网的摩擦力和挤压力较大，则使用尼龙筛网非常容易破损，需经常更换，而金属筛网则需要注意清洁以防止污染物料。

摇摆式制粒机的主要构造是在一个加料斗的底部用一个七角滚轮，借机械动力做摇摆式往复转动，模仿人工在筛网上用手搓压而使软材通过筛孔而成颗粒。筛网具有弹性，可通过控制其与滚轴接触的松紧程度来调节制成颗粒的粗细。筛网多为金属制成，维生素C、水杨酸钠等药物遇金属会变质、变色，可使用尼龙筛网。摇摆式制粒机工作时七角滚轮由于受到机械作用而进行正反转的运动，筛网不断紧贴在滚轮的轮缘上往复运动，软材被挤入筛孔，将原孔中的原料挤出，得到湿颗粒。工作时，电动机带动胶带轮转动，通过曲柄摇杆机构使滚筒作往复摇摆式转动。在滚筒上刮刀的挤压与剪切作用下，湿物料挤过筛网形成颗粒，并落于接收盘中。摇摆式制粒机虽然工作原理及操作都简单，但对于前期物料的性能有一定的要求，即混合所得的软材要适合制粒、松软得当。太松则不能通过设备挤压形成颗粒，而太软则会使挤出的颗粒成条状不易断开。

影响摇摆式制粒机所制得颗粒质量的因素主要是筛网和加料量。加料过多，或筛网过松，则制得颗粒粗且紧密；加料过少，或筛网较紧，则制得颗粒细且疏松。摇摆式制粒机所制得颗粒成品粒径分布均匀，利于湿颗粒的均匀干燥；而且机器运转平稳、噪声小、易清洗。由于挤压所出的制粒产品水分较高，必须具有后续干燥工艺，为了防止刚挤出的颗粒堆积在一起发生粘连，多对这些颗粒采用高温热风扫式干燥，使颗粒表面迅速脱水，然后再用振动流化干燥。

旋转制粒机适合于黏性较大的物料，可避免人工出料所造成的颗粒破损，具有颗粒成型率高的特点，由底座、加料斗、颗粒制造装置、动力装置、齿条等部分组成。颗粒制造装置为不锈钢圆筒，圆筒两端各备有不同筛号的筛孔，一端孔的孔径比较大，另一端孔的孔径比较小，以适应粗细不同颗粒的制备。圆筒的一端装在固定底盘上，所需大小的筛孔装在下面，底盘中心有一个可以随电动机转动的轴心，轴心上固定有十字形四翼刮板和挡板，两者的旋转方向不同。制粒时，将软材放在转筒中，通过刮板旋转，将软材混合切碎并落于挡板和圆筒之间，在挡板的转动下被压出筛孔而成为颗粒，落入颗粒接受盘而由出料口收集。

螺旋挤压制粒机分为单螺杆及双螺杆挤压造粒机，同样具有操作方便、易于清洗的特点。其工作原理与摇摆式制粒机和旋转挤压制粒机相似，只在转子的形状上有所不同，螺旋挤压制粒机通过螺杆将物料压出。

螺旋挤压制粒机虽然有其优点，但是由于制粒的生产过程中工序复杂、操作工人的劳动强度大、生产环境的粉尘噪声大、清场困难等特点，在企业的大生产中已越来越被高效混合的一步制粒机所取代，而更多地应用于小型企业及实验室的中试。

**2. 转动制粒机**　转动制粒是在物料中加入一定量的黏合剂或润湿剂，通过搅拌、振动和摇动形成颗粒并不断长大，最后得到一定大小的球形颗粒。转动制粒过程分为微核形成阶段-微核长大阶段-微丸形成阶段，最终形成具有一定机械强度的微丸。在微核形成阶段，首先将少量黏合剂喷洒在少量粉末中，在滚动和搓动作用下聚集在一起形成大量的微核，在滚动时进一步压实。然后，将剩余的药粉和辅料在转动过程中向微核表面均匀喷入，使其不断长大，得到一定大小的丸状颗粒。最后，停止加入液体和粉料，使颗粒在继续转动、滚动过程中被压实，形成具有一定机械强度的颗粒。

转动制粒特别适用于黏性较高的物料，主要有圆筒旋转制粒机和倾斜旋转锅两种机型，见图9-5。

转动制粒机又称离心制粒机。物料加入后，在高速旋转的圆盘带动下做离心旋转运动，从而集中到器壁。然后，从圆盘周边吹出的空气流使物料向上运动，而黏合剂从物料层斜面上部的喷入，与物料相结合，靠物料的激烈运动使物料表面均匀润湿，并使散布的粉末均匀附着在物料表面，层层包裹，形成颗粒。颗粒最终在重力作用下落入圆盘中心，落下的粒子重新受到圆盘的离心旋转作用，从而使物料不停地做旋转运动，有利于形成球形颗粒，如此反复操作可以得到所需大小的球形颗粒。颗粒形成后，调整气流的流量和温度可对颗粒进行干燥。

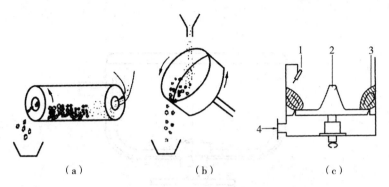

（a）圆筒旋转制粒机　　　（b）倾斜旋转锅　　　（c）离心制粒机。

1. 喷嘴；2. 转盘；3. 粒子层；4. 通气孔

**图9-5　转动制粒机**

转动制粒法的优点是处理量大、设备投资少、运转率高；缺点是颗粒密度不高、难以制备粒径较小的颗粒。在希望颗粒形状为球形、颗粒致密度不高的情况下，大多采用转动制粒。但是由于其同样存在着粉尘及噪声大、清场困难的特点，因此在目前制药企业大型生产中应用较少，多用于实验室的样品中试及教学演示。

**3. 高速搅拌制粒机**　是通过搅拌器混合及高速造粒刀的切割作用而将湿物料制成颗粒的装置，是一种集混合与造粒功能于一体的高效制粒设备，在制药工业中有着广泛应用。高速搅拌制粒机主要由制粒筒、搅拌桨、切割刀和动力系统组成，结构如下图9-6所示。其工作原理是将粉料和黏合剂放入容器内，利用高速旋转的搅拌器迅速完成混合，并在切割刀的作用下制成颗粒。搅拌桨主要使物料上下左右翻动并进行均匀混合，切割刀则将物料切割成粒径均匀的颗粒。搅拌桨安装在锅底，能确保物料碰撞分散成半流动的翻滚状态，并达到充分的混合。位于锅壁水平轴的切割刀与搅拌桨的旋转运动产生涡流，使物料被充分混合、翻动及碰撞，此时处于物料翻动必经区域的切割刀可将团状物料充分打碎成颗粒。同时，物料在三维运动中颗粒之间的挤压、碰撞、摩擦、剪切和捏合，使颗粒摩擦更均匀、细致，最终形成稳定球状颗粒从而形成潮湿均匀的软材。

高速搅拌制粒机工作时，先将原辅料按处方比加入盛料筒，启动搅拌电机将干粉混合1~2分钟，待混合均匀后，加入黏合剂，再将湿物料搅拌4~5分钟即成为软材。启动造粒电机，利用高速旋转的造粒刀将湿物料切割成颗粒。因物料在筒内快速翻动和旋转，使每一部分的物料在短时间内均能经过造粒刀部位而被切割成大小均匀的颗粒。药粉和辅料在搅拌桨的作用下混合、翻动、分散形成大颗粒。然后，大块颗粒被切割刀绞碎、切割，并配合搅拌桨，使颗粒得到强大的挤压、滚动而形成大小适宜、致密均匀的颗粒；部分结合力弱的大颗粒被搅拌器或切割刀打碎，碎片作为核心颗粒经过包层进一步增大，最终形成适宜的颗粒。其中，制粒颗粒目数大小由物料的特性、制料刀的转速和制粒时间等因素制约，改变搅拌桨的结构、调节黏结剂的用量及操作时间可改变制备颗粒的密度和强度。

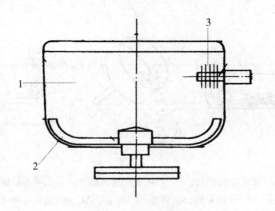

1. 容器；2. 搅拌桨；3. 切割刀

图 9-6　高速搅拌制粒机

在操作高速搅拌制粒机时先将物料按处方比例加入容器内，开动搅拌桨混合干粉，待均匀后加入黏合剂，继续搅拌，使物料制成软材，再打开切割刀，将软材切割成颗粒状。完成制粒后湿颗粒进行干燥，烘干后可直接用于压片，且压片时的流动性通常较好。

搅拌混合制粒是在一个容器内进行混合、捏合和制粒，8~10分钟即可得到大小均匀的制粒，与传统的挤出制粒相比，具有省工序、操作简单、快速等优点，与传统的槽型混合机相比，可节15%~25%的黏合剂用量。槽型混合机所能进行操作的品种无须大的改动，即可应用该设备操作。该方法处理物料量大，制粒又是在密闭容器中进行，工作环境好，设备清洁比较方便，清场容易，能够达到GMP的要求。该设备制成的颗粒大小均匀、质地结实、细粉少，压片时流动性好，压成片后硬度高，崩解、溶出性能也较好。虽然搅拌混合制粒设备存在着高耗能、高耗时的缺点，但是由于工人的劳动强度比其他湿法制粒的设备明显减小，工序工时也相对减少。因此，搅拌混合制粒设备目前为较常用的制粒设备。

**4. 流化床制粒机**　目前，流化床制粒机广泛应用于粉体制粒和粉体、颗粒、丸的肠溶、缓控释薄膜包衣。其工作原理是物料粉末粒子在原料容器（流化床）中受到经过净化后的加热空气预热和混合，呈环流化状态，胶黏剂溶液雾化喷入后，使若干粒子聚集成含有胶粘剂的团粒，由于空气对物料地不断干燥，使团粒中水分蒸发，胶黏剂凝固，此过程不断重复进行，形成均匀的多微孔球状颗粒。

操作时，把物料粉末与各种辅料装入容器中，适宜温度的气流从床层下部通过筛板吹入，使物料呈流化状态并且混合均匀，然后开始均匀地喷入黏合剂液体，粉末开始聚结成粒，经过反复的喷雾和干燥，颗粒不断长大，当颗粒的大小符合要求时即停止喷雾，然后继续送热风将床层内形成的颗粒干燥，最后收集制得颗粒，送至下一步工序。该设备的运转特点是粉末受到下部热空气的作用而流态化，然后定量喷入黏结剂，物料在床层内不断翻滚运动，使粉料在流态化的同时团聚得到颗粒。

流化床制粒装置见图 9-7，主要由容器、气体分布装置（如筛板等）、喷嘴、气固分离装置（如袋滤器）、空气进口和出口、物料排出口组成。盛料容器的底是一个不锈钢板，布满直径 1~2mm 筛孔，开孔率为 4%~12%，上面覆盖一层 120 目不锈钢丝制成的网布，形成分布板。上部是喷雾室，在该室中，物料受气流及容器形态的影响，产生由中心向四周的上下环流运动。胶黏剂由喷枪喷出。粉末物料受胶黏剂液滴的黏合，聚集成颗粒，受热气流的作用带走水分，逐渐干燥。喷射装置可分为顶喷、底喷和切线喷：顶喷装置喷枪的位置一般置于物料运动的最高点上方，以免物料将喷枪堵塞；底喷装置的喷液方向与物料方向相同，主要适用于包衣，如颗粒与片剂的薄膜包衣、缓释包衣、肠溶包衣等；切线喷装置的喷枪装在容器的壁上。流化床制粒装置结构上分成四部分：空气过滤加热部分构成第一部分；第二部分是物料沸腾喷雾

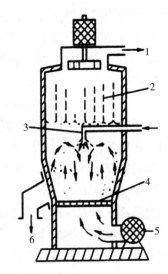

1. 空气出口；2. 袋滤器；3. 喷嘴；
4. 筛板；5. 空气进口；6. 产品出口

图 9-7　流化床制粒装置示意图

和加热部分；第三部分是粉末收集、反吹装置及排风结构；第四部分是输液泵、喷枪管路、阀门和控制系统。该设备需要电力、压缩空气、蒸汽三种动力源。电力供给引风机、输液泵、控制柜。压缩空气用于雾化胶黏剂，脉冲反吹装置、阀门和驱动汽缸。蒸汽用来加热流动的空气，使物料得到干燥。

流化制粒根据处理量和用途不同，有间歇式流化沸腾制粒器和强制循环型流化床制粒器两种作业形式。如果期望得到粒径为数百微米的产品，可采用批次作业方式的间歇式流化沸腾制粒器。该设备的运转特点是先将原料粉流态化，然后定量喷入黏合剂，使粉料在流化状态下团聚形成合适粒径的微粒，原始颗粒的聚并是该过程的主要原理。当处理量较大时，则应选用连续式流化制粒设备，这类装置多由数个相互连通的流化室组成，药粉经过增湿、成核、滚球、包覆、分级、干燥等过程形成颗粒。它是在原料粉处于流态化时连续地喷入黏结剂，使颗粒不断翻滚长大得到适宜粒径后排出机外。可通过优化多室流化床的工艺条件，使颗粒形成的不同阶段都处在最佳操作条件下完成。

流化床制粒机适用于热敏性或吸湿性较强的物料制粒，要求所用物料的密度不能有太大差距，否则难以造成颗粒。在符合要求的物料条件下，流化床制粒机所制得的颗粒外形圆整，多为 30~80 目，因此在压片时的流动性和耐压性较好，易于成片，对于提高片剂的质量相当有利。由于其可直接完成制粒过程中的多道工序，减少了企业的设备投资，并且降低了操作人员的劳动强度。因此，该设备有生产流程自动化，生产效率高、产量大的特点。但是由于该设备动力消耗较大、对厂房环境的建设要求较高，在厂房设计及应用时需注意到这一点。

**5. 压片制粒设备**　压片制粒设备的工作原理是先将物料压成粉块，然后再制成适宜的颗粒（又称大片法）。压片时粉末状物料含有的空气，在压力作用下被排出，形成

相当紧密的块状，再将大片弄成小的粉块。压出的大片粉块经粉碎即得适宜大小的颗粒，然后将剩余的润滑剂加到颗粒中，轻轻混合即可压片。

**6. 滚压制粒设备**　滚压制粒设备主要由加料斗、螺旋推进器、滚筒和筛网等组成，使用压缩磨进行，在进行压缩前预先将药物和赋形剂的混合物通过高压滚筒将粉末压紧，排出空气，然后将压紧物粉碎成均匀大小的颗粒。滚压制粒设备工作时先将干燥后的各种干粉物料从干法制粒机的顶部加入，经滚压形成一定形状的薄片，随后进入轧片机内，在轧片机的双辊挤压下，物料变成片状，片状物料经过破碎、整粒、筛粉等过程，得到需要的粒状产品。颗粒加润滑剂后即可压片。

**7. 喷雾干燥制粒设备**　它是一种将喷雾干燥技术与流化床制粒技术结合为一体的新型制粒技术，其原理是通过机械作用，将原料液用雾化器分散成雾滴，分散成很细的像雾一样的微粒，增大水分蒸发面积，加速干燥过程，并用热空气（或其他气体）与雾滴直接接触，在瞬间将大部分水分除去，使物料中的固体物质干燥成粉末而获得粉粒状产品的一种过程。溶液、乳浊液或悬浮液，以及熔融液或膏状物均可作为喷雾干燥制粒的原料液。根据需要，喷雾干燥制粒设备可得到粉状、颗粒状、空心球或团粒状的颗粒，也可以用于喷雾干燥。

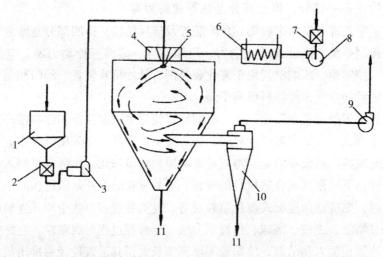

1. 原料罐；2. 过滤器；3. 原料泵；4. 空气分布器；5. 雾化器；6. 空气加热器；
7. 空气过滤器；8. 鼓风机；9. 引风机；10. 旋风分离器；11. 产品

**图 9-8　喷雾干燥制粒设备示意图**

喷雾干燥制粒设备结构见图 9-8，由原料泵、雾化器、空气加热器、喷雾干燥制粒器等部分构成。制粒时原料液经过滤器由原料泵输送到雾化器雾化为雾滴，空气由鼓风机经过滤器、空气加热器及空气分布器送入喷雾干燥制粒器的顶部，热空气与雾滴在干燥制粒器内接触、混合，进行传热与传质，得到干燥制粒产品。

喷雾干燥制粒过程分为三个基本阶段：①第一阶段，原料液的雾化。雾化后的原料液分散为微细的雾滴，水分蒸发面积变大，能够与热空气充分接触，雾滴中的水分得以迅速汽化而干燥成粉末或颗粒状产品。雾化程度对产品质量起决定性作用，因此，原料液雾化器是喷雾制粒的关键部件。②第二阶段，干燥制粒。雾滴和热空气充分接触、混合及流动，进行干燥制粒。干燥过程中，根据干燥室中热风和被干燥颗粒之间运动方向可分为并流型、逆流型和混流型。③第三阶段，颗粒产品与空气分离。喷雾制粒的产品采用从塔底出粒，但需要注意废气中夹带部分细粉。因此在废气排放前必须回收细粉，以提高产品收率，防止环境污染。

雾化器是喷雾制粒的关键部件，要保证溶液的喷雾干燥制粒过程是在瞬间完成的，必须最大限度地雾化分散原料液，增加单位体积溶液的表面积，才能使传热和传质过程加速，利于干燥制粒的进行。雾滴越细，其表面积越大。根据雾滴形成的方式可将雾化器分为气流式雾化器、压力式雾化器和旋转式雾化器。一般情况下，气流式雾化器所得雾滴较细，而压力式和旋转式雾化器所得雾滴较粗。因此，常选用压力式或旋转式雾化器制备较大颗粒产品，而气流式雾化器常用于较细的粉状产品。

喷雾干燥制粒设备具有部件易清洗、生产效率高、操作人员少的特点，并且在整个过程中物料都处于密闭状态，避免了粉尘的飞扬，保证了生产环境的洁净度要求。但是由于喷雾干燥制粒设备装置复杂、耗能高、占地面积大，企业的一次性投资成本较大。喷雾干燥制粒设备中的关键部件雾化器及粉末回收装置价格较高。因此，喷雾干燥制粒设备不是中小制药企业选择制粒设备的首选。

## 四、压片过程与设备

片剂的成型设备称为压片机，通常是将物料摆放于模孔中，用冲头进行压制形成片状的设备。片剂的生产方法有粉末压片法和颗粒压片法两种。粉末压片法是直接将均匀的原辅料粉末置于压片机中压成片状，这种方法对药物和辅料的要求较高，只有片剂处方成分中具有适宜的可压性时才能使用粉末直接压片法；颗粒压片法是先将原辅料制成颗粒，再置于压片机中冲压成片状，这种方法通过制粒过程使药物粉末具备适宜的黏性，大多片剂的制备均采用这种方法。片剂成型是药物和辅料在压片机冲模中受压，当到达一定的压力颗粒间接近到一定的程度时，产生足够的范德华力，使疏松的颗粒结合成了整体的片状。压片机基本结构是由冲模、加料机构、填充机构、压片机构、出片机构等组成。压片机又分为单冲冲撞式压片机、旋转式压片机和高速旋转式压片机等。此外，还有二步（三步）压片机和多层片压片机等。

**1. 电动单冲冲撞式压片机** 电动单冲撞击压片机设备结构见图9-9，由冲模（模圈、上冲、下冲）、饲料装置（饲料靴、加料斗）及调节器（片重调节器、出片调节器、压力调节器）组成。单冲压片机的压片过程是由加料、压片至出片自动连续进行的。这个过程中，下冲杆首先降到最低，上冲离开模孔，饲料靴在模孔内摆动，颗粒填充在模孔内，完成加料。然后饲料靴从模孔上面移开，上冲压入模孔，实现压片。最后，上冲和下冲同时上升，将药片顶出冲模。接着饲料靴转移至模圈上面把片剂推下冲模台而落入接收器中，完成压片的一个循环。同时，下冲下降，使模内又填满了颗粒，开始下一组压片过程；如是反复压片出片。单冲压片机每分钟能压制80~100片。

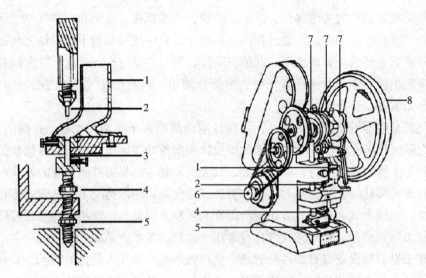

1. 加料斗；2. 上冲；3. 下冲；4. 出片调节器；5. 片重调节器；
6. 电动机；7. 偏心轮；8. 手柄；9. 飞轮
**图 9-9　电动单冲冲撞式压片机**

单冲压片机所制得片剂的质量和硬度（即受压大小）受模孔和冲头间的距离影响，可分别通过片重调节器和压力调节部分调整。下冲杆附有上、下两个调节器，上面一个为调节冲头使与模圈相平的出片调节器，下面一个是调节下冲下降深度（即调节片剂重量）的片重调节器。片重轻时，将片重调节器向上转，使下冲杆下降，增加模孔的容积，借以填充更多的物料，使片重增加；反之，上升下冲杆，减小模孔的容积可使片重减轻。冲头间的距离决定了压片时压力的大小，上冲下降得愈低，上下冲头距离愈近，则压力愈大，片剂越硬；反之，片剂越松。

单冲压片机结构简单，操作和维护方便，可方便地调节压片的片重、片厚及硬度。但是，单冲压片机压片时是一种瞬时压力，这种压力作用于颗粒的时间极短；而且存在空气垫的反抗作用，颗粒间的空气来不及排出，会对片剂的质量产生影响。单冲压片机制得的片剂容易松散，大规模生产时质量难以保证，而且产量也太小。因此，单冲压片机多作为实验室里做小样的设备，用于了解压片原理和教学。

**2. 旋转式压片机**　单冲压片机的缺点限制了其在大规模片剂生产中的应用，目前的片剂生产多使用旋转式压片机，旋转式压片机对扩大生产有极大的优越性。旋转式压片机是基于单冲压片机的基本原理，又针对瞬时无法排出空气的缺点，在转盘上设置了多组冲模，绕轴不停旋转，变瞬时压力为持续且逐渐增减压力，从而保证了片剂的质量。

旋转式压片机的核心部件是一个可绕轴旋转的三层圆盘，上层装有上冲，中层装有模圈，下层装有下冲。圆盘位于绕自身轴线旋转的上下压轮之间，此外还有片重调节器、出片调节器、刮料器、加料器等装置。图 9-10（a）是常见的旋转式多冲压片机的结构示意图，图 9-10（b）为工作原理示意图，图中将圆柱形机器的一个压片全过程展开为平面形式，以更直观地展示压片过程中各冲头所处的位置。

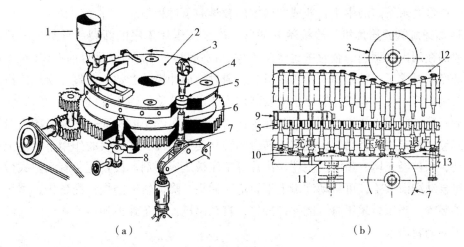

1. 加料斗；2. 旋转盘；3. 上压轮；4. 上冲；5. 中模；6. 下冲；7. 下压轮；8. 片重调节器；
9. 栅式加料器；10. 下冲下行轨道；11. 重量控制用凸轮；12. 上冲上行轨道；13. 下冲上行轨道

图 9-10　旋转式压片机示意图

工作时，圆盘绕轴旋转，带动上冲和下冲分别沿上冲圆形凸轮轨道和下冲圆形凸轮轨道运动，同时模圈做同步转动。此时，冲模依次处于不同的工作状态，分别为填充、压片和退片。处于填充状态时，颗粒由加料斗通过饲料器流入位于其下方置于不停旋转平台之中的模圈中，这种充填轨道的填料方式能够保证较小的片重差异。圆盘继续转动，当下冲运行至片重调节器上方时，调节器的上部凸轮使下冲上升至适当位置而将过量的颗粒推出。通过片重调节器调节下冲的高度，可调节模孔容积，从而达到调节片重的目的。推出的颗粒则被刮料板刮离模孔，并在下一次填充时被利用。接着，上冲在上压轮的作用下下降并进入模孔，下冲在下压轮的作用下上升，对模圈中的物料产生的较缓的挤压效应，将颗粒压成片，物料中空气在此过程中有机会逸出。最后，上下冲同时上升，压成的片子由下冲顶出模孔，随后被刮片板刮离圆盘并滑入接收器。此后下冲下降，冲模在转盘的带动下进入下一次填充，开始下一次工作循环。下冲的最大上升高度由出片调节器来控制，使其上部与模圈上部表面相平。

旋转式压片机的多组冲模设计使得出片十分迅速，且能保证压制片剂的质量。目前，多冲压片机的冲模数量通常为 19、25、33、51 和 75 等，单机生产能力较大。如 19 冲压片机每小时的生产量为 2~5 万片，33 冲为 5~10 万片，51 冲约为 22 万片，75 冲可达 66 万片。多冲压片机的压片过程是逐渐施压，颗粒间容存的空气有充分的时间逸出，故裂片率较低。同时，加料器固定，运行时的振动较小，粉末不易分层，且采用轨道填充的方法，故片重较为准确均一。

目前国内制药企业常用的旋转式压片机为 ZP-33B 型，与 ZP-33 型相比，ZP-33B 型压片设备改善了其前身压力小、噪声高、粉尘大、不能换冲模压制异型片的缺点。设备的生产能力也有进一步提高，可以达到 4~11.8 万片/小时，并且配备了断冲、超压等自我保护系统。但是由于与高速旋转式压片机相比，生产效率低、粉尘大、操作复杂、设备及生产环境清洁困难等缺点，旋转式压片机目前仅仅应用于大企业的生产工艺中试、产量要求不高的中小企业或实验室的教学演示过程中。

**3. 高速旋转式压片机**  传统敞开的压片过程及压片工序的断裂所导致的压片间粉尘和泄漏在国内大型制药企业中也屡见不鲜，而这已经不能再满足目前 GMP 对于压片间的洁净度要求了。随着制药工程的进步，通过增加冲模的套数，装设二次压缩点，改进饲料装置等，旋转式压片机已逐渐发展成为能以高速度旋转压片的设备。以 ZPYG500 系列的高速旋转式压片机为例，设备在工作时，压片机的主电机通过交流变频无级调速器，并经蜗轮减速后带动转台旋转。转台的转动使上下冲头在导轨的作用下产生上下相对运动，颗粒经充填、预压、主压、出片等工序被压成片剂。设备配备有间隙式微小流量定量自动润滑系统，可自动润滑上下轨道、冲头，降低轨道磨损；配备传感器压力过载保护装置，当压力超压时，能保护冲钉，自动停机；配备强迫加料器各种形式叶轮可满足不同物料需求。

但是，高速旋转式压片机由于填料迅速，位于饲料器下的模孔的装填时间不充分，如何确保模圈的填料符合规定是最主要的问题。现在已设计出许多动力饲料方法，这些方法可在机器高速运转的情况下迅速地将颗粒重新填入模圈，这样有助于颗粒的直接压片，并可减少因内部空气来不及逸出所引起的裂片和顶裂现象。

## 五、包衣过程与设备

一般药物经压片后，为了保证片剂在储存期间质量稳定或便于服用、调节药效等，有些片剂还需要在表面包以适宜的物料，该过程称为包衣。片剂包衣后，素片（或片芯）外层包上了适宜的衣料，使片剂与外界隔离，可达到增加对湿、光和空气不稳定的药物的稳定性、掩盖药物的不良气味、减少药物对消化道的刺激和不适感、靶向及缓控释药、防止复方成分发生配伍变化等目的。

合格的包衣应达到以下要求：包衣层应均匀、牢固、与药片不起作用，崩解时限应符合药典片剂项下的规定；经较长时期贮存，仍能保持光洁、美观、色泽一致，并无裂片现象；不影响药物的溶出与吸收。根据使用的目的和方法的不同，片剂的包衣通常分糖衣、薄膜衣及肠溶衣等数种。包糖衣的一般工艺为包隔离层、粉衣层、糖衣层、有色糖衣层、打光。

**1. 喷雾包衣机**  喷雾包衣机设备结构见图 9-11，主要由喷雾装置、铜制或不锈钢制的糖衣锅体、动力部分和加热鼓风吸尘部分。

糖衣锅体的外形也为荸荠形，锅体较浅、开口很大，各部分厚度均匀，内外表面光滑，这种锅体设计有利于片剂的快速滚动，相互摩擦机会较多，而且散热及液体挥发效果较好，易于搅拌；锅体可根据需要采用电阻丝、煤气辅助加热器等直接加热或者热空气加热；锅体倾斜安装，下部与通过带轮与电动机相连，为糖衣锅体提供动力，做回转运动。糖衣锅的转速、温度和倾斜角度均可随意调整。片剂在锅中不断翻滚、碰撞、摩擦，散热及水分蒸发快，而且容易用手搅拌，利用电加热器边包层边对颗粒进行加热，可以使层与层之间更有效的干燥。

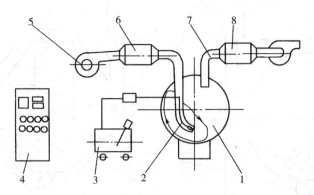

1. 包衣锅；2. 喷雾系统；3. 搅拌器；4. 控制器；5. 风机；6. 热交换器；7. 排风管；8. 集尘过滤器

**图 9-11 喷雾包衣机示意图**

喷雾装置分为"有气喷雾"和"无气喷雾"，有气喷雾是包衣溶液随气流一起从喷枪口喷出，适用于溶液包衣。有气喷雾要求溶液中不含或含有极少的固态物质，黏度较小。一般有机溶剂或水溶性的薄膜包衣材料应用有气喷雾的方法。包衣溶液或具有一定黏性的溶液、悬浮液在压力作用下从喷枪口喷出，液体喷出时不带气体，这种喷雾方法称为无气喷雾法。当包衣溶液黏度较大或者以悬浮液的形式存在时，需要较大的压力才能进行喷雾，因此无气喷雾时压力较大。无气喷雾不仅可用于溶液包衣，也可用于有一定黏度或者含有一定比例的固态物质的液体包衣，如用于含有不溶性固体材料的薄膜包衣以及粉糖浆、糖浆等的包衣。

**2. 高效包衣机** 高效包衣机由包衣机、包衣浆贮罐、高压喷浆泵、空气加热器、吸风机、控制台等主辅机组成。片芯在包衣机洁净密闭的旋转转筒内，不停地做复杂轨迹运动，翻转流畅，交换频繁。恒温包衣液经高压泵，同时在排风和负压作用下从喷枪喷洒到片芯。由热风柜供给的 10 万级洁净热风穿过片芯从底部筛孔经风门排出，包衣介质在片芯表面快速干燥，形成薄膜。

锅型结构高效包衣机的锅型结构大致可以分成间隔网孔式、网孔式、无孔式三类。网孔式高效包衣机如图 9-12（左）所示。它的整个圆周都带有 1.8~2.5mm 圆孔。整个锅体被包在一个封闭的金属外壳内，经过预热和净化的气流通过右上部和左下部的通道进入和排出。当气流从锅的右上部通过网孔进入锅内，热空气穿过运动状态的片芯间隙，由锅底下部的网孔穿过再经排风管排出。这种气流运行方式称为直流式，在其作用下片芯被推往底部而处于紧密状态。热空气流动的途径可以是逆向的，即从锅底左下部网孔穿入，再经右上方风管排出，称为反流式。反流式气流将积聚的片芯重新分散，处于疏松的状态。在两种气流的交替作用下，片芯不断地变换"紧密"和"疏松"状态，从而不停翻转，充分利用热源。

间隔网孔式外壳的开孔部分不是整个圆周，而是按圆周的几个等分部位，见图 9-12。在转动过程中，开孔部分间隔的与风管接通，处于通气状态，达到排湿的效果。这种间隙的排湿结构使热量得到更加充分的利用，节约了能源；而且锅体减少了打孔的范围，制作简单，减轻了加工量。

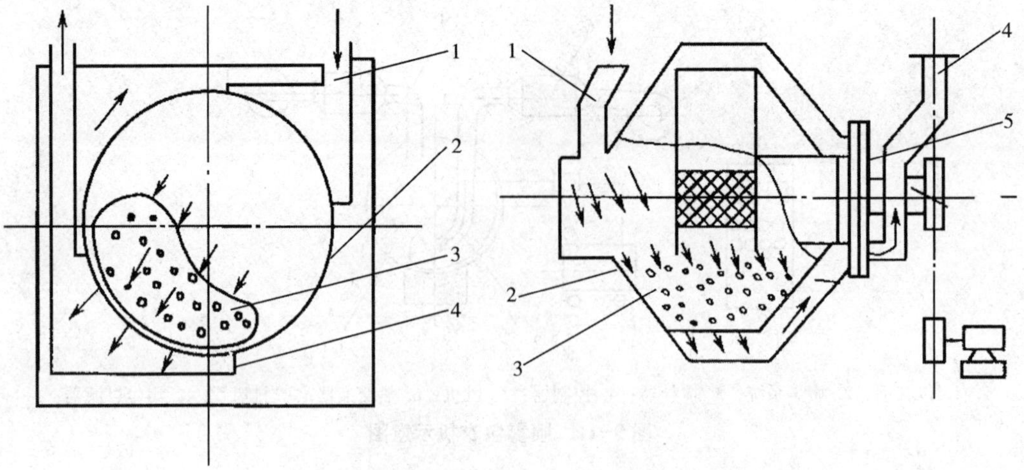

1. 进气管；2. 锅体；3. 片芯；4. 排风管；5. 风门

**图 9-12　高效包衣机示意图**

而无孔式锅体结构则是通过特殊的锅体设计使气流呈现特殊的运行轨迹，在充分利用热源的同时巧妙地排出，锅体上没有开孔，不仅简化了制作工艺，而且锅体内光滑平整，对物料没有任何损伤。

**3. 流化床包衣设备**　流化床包衣设备与流化制粒、流化干燥设备的工作原理相似，通过将包衣液喷在悬浮于一定流速空气中的片剂表面，同时，加热空气使片剂表面溶剂挥发而成膜。不同之处在于干燥和制粒时由于物料粒径较小，比重轻，易于悬浮在空气中，流化干燥与制粒设备只要考虑空气流量及流速的因素；而包衣的片剂、丸剂的粒径大，自重力大，难于达到流化状态，因此流化床包衣设备中加包衣隔板，减缓片剂的沉降，保证片剂处于流化状态的时间，达到流化包衣的目的。

流化式包衣机是一种常用的薄膜包衣设备，具有包衣速度快、对素片形状无要求的优点，但是由于在流化式包衣过程中药片做悬浮运动时，碰撞较强烈，因此成片的颜色不佳且外衣易碎，需要通过在包衣过程中调整包衣物料比例和减小锅速、锅温来解决。

# 第三节　典型设备规范操作

由于制剂的剂型不同，所选择的成型设备也不尽相同，如丸剂的成型设备包含捏合机、丸条机、轧丸机等；片剂的生产设备有制粒机、压片机、包衣机等。在制药企业实际生产过程中，各设备的规范操作就成了该制剂质量好坏的关键。在此，我们仅以生产中常用的典型的固体制剂设备为例，介绍其规范操作流程及使用注意事项。

## 一、制丸设备

制丸机主要用于小型药厂和医院研究部门研制及小批量生产之用，优点是体积小、重量轻、易于更换药丸品种、运行平稳，适合放在工作平台上使用。以 WZM-15 型全自动制丸机为例，叙述其使用、操作、技术参数等。

### （一）WZM-15型全自动制丸机

WZM-15型全自动制丸机主要用于小型药厂和医院研究部门研制及小批量生产之用，优点是体积小、重量轻、易于更换药丸品种、运行平稳，适合放在工作平台上使用。

**1. 工作原理** 将混合或炼制好的药料送入料仓内，在螺旋推进器的挤压下，制出三根直径相同的药条，经过导轮，顺条器同步进入制丸刀轮中，经过快速切磋，制成大小均匀的药丸。将药粉加配料（如水、蜜、提取液或浸膏）混合搅拌均匀后通过制丸机将药物挤压制成条状，通过测速电机、导轮、顺条器后，由成型刀轮切断高速制成药丸。

**2. 结构特征** WZM-15型全自动制丸机由出条和制丸两部分组成，箱式结构，横向出条，构造简单，操作容易，维修方便；出条采用蜗轮减速器，传动平稳可靠；制丸部分的搓丸和切丸机构在一个变速箱内，机件润滑条件良好，切丸速度可以通过无级变速机的旋钮调节，使滚刀可获得6~30rpm/min的转速，直到切丸速度与出条速度匹配；投料口大，压板翻动压料，便于填料，可杜绝棚料现象。料斗以翻板轴为界，分上下两开，清洗时拆开，十分方便；电动加热采用电热管，安全可靠，出条光滑；用酒精点滴药条，制丸刀外侧装有毛刷，可杜绝粘刀现象，酒精装在出条机构的方箱内，通过球阀调节酒精量的大小。

**3. 技术参数** WZM-15型全自动制丸机主要技术参数见表9-1。

表9-1 WZM-15型全自动制丸机技术参数表

| 设备性能 | 技术参数 |
| --- | --- |
| 生产能力（kg/h） | 15* |
| 适用范围（mm） | 4~8 |
| 外形尺寸（mm） | 1038×468×745 |
| 出条电机（rpm/min） | 1910 |
| 制丸调速电机 | YCT90-4B |
| 调速范围（rpm/min） | 200~1200 |
| 电热（W/V） | 150/220 |
| 电压（V） | 380 |
| 重量（kg） | 280 |

注：* 以5mm为标准。

**4. 设备特点** WZM-15D全自动制丸机是制药行业专用的制丸设备，汇集各种全自动制丸机的优点于一机，具有丸形圆、剂量准、崩解快、出条光滑、无棚料、传动平稳、操作简便、故障率低等特点。本机与药物接触部位及整机封闭采用不锈钢材料制作，机壳明亮，易清洗，符合GMP标准规范，并且能制作蜜丸、糊丸、水丸、浓缩丸、水蜜丸、蜡丸等药丸；使用范围广泛，是药厂实验室、制药厂、保健食品厂和医院制剂室等理想的制丸机械。

**5. 操作方法及维护保养** WZM-15D全自动制丸机适用于环境温度-5℃ ~ 40℃、

相对湿度小于90%、电网电压幅值波动<10%额定值、周围无导电尘埃和腐蚀金属气体的室内。安装在阳光充足清洁的厂房中，可不用地脚，垫平即可，为了安全一定要接地线；开车前必须检查变速箱的油位是否达到标准位置；检查料斗上的油杯是否加满食用油；检查制丸机是否对正、拧紧；酒精系统是否畅通，并调整适量。用酒精将导轮、导向架、制丸刀等，做消毒处理。打开电加热；出条部分空运转3~5分钟，无异常即可投料。折断出料条，返回料斗部分，等料条合格后，再开启制丸部分，运行中加料应均匀。如发现出条和制丸不同步时可通过旋钮调节，顺时针制丸快，逆时针制丸慢。丸径大小可以通过更换不同的出条口、制丸刀及导轮来达到；投料时不得将异物投入料斗，不要将手伸入料斗上平面内，以免压板将手压伤。要经常检查各部机件有无异常，发现异常立即停车检查；使用完毕后，断电关闭总开关和其他开关。清洗时先拆下出条口、电热罩。卸机头时，可用钩形扳手（专用），然后抽出支架和推进器。拆开料斗上部分清洗两翻板轴，清洗后涂食用油。再使用时用酒精将各部分除油消毒；减速器内的机油应保持在没油标上，正常工作2~5个月应放掉废油，更换新机油。料斗上的油杯每班加食用油三次，其他敞开齿轮链轮点加适量机油。

**6. 注意事项**

（1）操作时，工作台面应无其他无关物品。制丸机安放在平稳的台面上，在确认电源电压的情况下，电源处应靠近台面，电源插座要有可靠的接地线，严禁用力拉拔电源线，以防止人为翻倒，摔坏制丸机和其他事故发生。

（2）本机使用后，按图示拆下内六角螺丝，以滚轴为界分上下两部分打开，取下四根滚轴，用医用酒精擦洗干净；或者根据制丸需要调换规格不同的滚轴，可按图示安装复位。

（3）在用医用酒精擦洗，调换制丸滚轴和出条离合滚轴时，必须切断总电源，拔出电源插头。

（4）如遇电源线损坏（如裸线外露等），必须使用专用电源线，到当地办事处维修部购买更换；如遇开关或插座失灵，必须停止使用，严禁变更线路继续使用，应及时更换同规格的开头或插座，以免发生机械、人身事故。

（5）制丸机在开机使用中，严禁用手和毛刷或其他工具接触制丸滚轴和出条离合滚轴，以避免扎伤手指，严禁在无上盖壳、齿轮箱盖的保护下，通电加工制丸，避免发生不必要的人身事故。

### （二）ZW-1000型多功能制丸机

ZW-1000型多功能制丸机属于离心式制丸制粒机械，具有起母、造粒（丸）、包衣等三种基本功能。所谓起母、上粉，主要是指粉状药剂加入离心机内，喷入适量的雾化浆液，从而获得球形母粒的过程，母粒尺寸一般为0.2~0.8mm。充填硬胶囊的微丸制剂及各种冲剂也可采用这种方法制备。本机采用高精度的机械传动方式，可连续自动（也可手动）加工成型中药、保健、食品行业生产所需成型的圆状、片状、条状产品。制出的丸剂效果较好，成品药丸大小均匀、颗粒圆滑、饱满光泽。本机还具有抛光、烘干的功能，采用热电烘干工艺，既方便又实用。本机与药物接触的部分及外壳全部采用不锈钢材制造，符合药品生产质量管理规范的标准。

**1. 工作原理** 将机制或手工制得的球形母粒或方形晶核输入离心机中旋转后，适量地喷入雾化的浆液和喷撒粉料，最后获得球度很高的球形颗粒。

**2. 结构特征** 在离心主机的上筒体和转盘之间的环形缝隙处具有过渡曲面，上筒体的顶盖上设有喷枪和挡板的升降机构。转盘和下筒体之间为离心机的通风腔。由鼓风机将空气送入该腔，并经环形缝隙流入造粒腔。在造粒过程中形成的灰尘（带有少量的药粉）经除尘机排出，清洗机器时，从排水阀排出污水。喷浆泵组给喷枪压送浆液，而喷枪的开启与关闭是靠电磁阀来控制的。在喷枪中，浆液的雾化是靠压缩空气喷射形成的，压缩空气的通断是由电磁阀来控制。从几何学角度而言，制粒过程实际上是母粒尺寸的"长大"过程，在放置的转盘上，输入一定量的母粒时，由于离心力和摩擦力及挡板的作用，散状颗粒在转盘和上筒体的过渡曲面上形成涡旋运动的粒子流，使母粒尺寸逐渐"长大"。

**3. 技术参数** ZW-1000 型多功能制丸机主要技术参数见表 9-2。

表 9-2　ZW-1000 型多功能制丸机技术参数表

| 设备性能 | 技术参数 |
|---|---|
| 母料最少输入量（空白粒）（kg） | 5 |
| 球粒最大输出量（kg） | 15~35 |
| 造粒时间（1 次）（min） | 30~80 |
| 最大放大倍数（$k=D/d^*$） | 2 |
| 造粒直径 D（mm） | 0.25~2.5 |
| 电源 V（$H_z$） | 380/50 |
| 压缩空气（0.5MPa）供应量（$m^3/min$） | 大于 1.0 |
| 热风空气温度（℃） | 小于 80 |
| 鼓风量（$m^3/min$） | 不低于 4 |

注：$^*d$ 为母粒（料）输入时直径。

**4. 设备特点** 一机多用，拆洗方便简单；体积小；重量轻；性能稳定；操作简单；清洗方便；省电安全；噪音低；造型美观；与药物接触的部分及外壳全部采用不锈钢材料，符合药品生产质量管理规范标准要求。

**5. 操作方法**

（1）造粒前准备工作　①把喷枪挂在主机的喷枪支杆上正常工作的高度处。在供粉机的料斗内装入粉料。②贮浆桶内注入浆液（黏结剂）。在气控柜上调节喷气压力为 $P=0.2MPa$，将"供风、转盘"频率设置为 0，按下"供风、转盘、喷液（雾）"键，调节喷枪的喷嘴，使喷枪雾化良好，然后锁紧喷嘴。③整机复原到初始状态，将供粉机推到主机旁边，提升料斗对准主机进料口并推至合适位置，然后打开主机上盖的活动板，安装供粉送料嘴。

（2）造粒过程的操作　①打开主机上盖的活动板，在主机内侧加入母粒（不能少于 3kg）②在触摸屏上分别启动供风机和除尘机；在气控柜上，将喷气压力调至0.2MPa，再调节供风频率，使鼓风流量恰好在工艺要求值上。③在触摸屏上，启动喷液（雾），将变频器转速设至 150～200rpm/min，将气控柜喷枪选择开关置于"堵液"位置以便贮液桶的浆液快速回流，观察喷浆泵组的工作是否正常，塑料管内是否有气体活动，当一切都正常，把喷液泵速度调至工艺要求的润湿母粒转速。④按下触摸屏"供风、转盘"键，将转速调至工艺要求值，观察离心机内粒子流的运动情况，并利用气控柜上的"悬臂升降"开关和喷枪支杆上的各个手轮，把喷枪及挡板调到适当的位置和高度，以致达到良好的搅拌状态和喷射角度。此时，可能产生大量粉尘，因此要适度调节好除尘风管上的蝶阀开度。⑤按下触摸屏"喷液"按钮，开始润湿母粒并进一步调节喷枪的喷射方向和角度使母粒处于均匀润湿状态，防止浆液喷到上筒体内壁面和转盘表面上导致母粒黏结成块。⑥待母粒适当的润湿后，按下气控柜上的"供粉"按钮，设置供粉电机频率，将送料杆转速调至工艺要求值。随着母粒尺寸的增大，应逐渐加大供粉量和喷浆量。⑦在造粒过程中，当供粉量过大时，粒子流内粉末增多，颗粒尺寸增长太慢或多余粉料另起母粒，使颗粒尺寸大小不一，此时应加大喷浆流量，或减小供粉量；反之，粒子流太潮，出现黏结团块现象时，说明喷浆量过大，此时，应增大供粉量和加大鼓风量使粒子流快速干燥或减少浆量。⑧造粒过程中注意观察和及时排除喷枪侧部和造粒挡板后壁上的黏结块，如粒子流在盘转表面分布成面时则说明主机的转速不够，应加大转盘的转速；反之，如发生颗粒粉碎严重，则说明转盘的转速过快，应减小其转速。⑨当颗粒尺寸达到预定的要求时或消耗了计划的粉料时，应将气控柜上的"供粉""喷浆"停止开关按下，然后根据粒子流的干湿情况，继续运转主机 1～2 分钟且加大供风量，使颗粒进一步得到抛光和干燥。打开出料口靠转盘的离心力输出颗粒，降低鼓风量和转盘的转速，颗粒出完后，用刷子清理干净转盘表面。至此，制颗粒过程全部结束。⑩起母时，把粉料当做母粒输入主机，然后只喷浆不供粉即可。

**6. 注意事项**  本机适用于环境温度为−5～40℃，相对湿度小于 90%。周围无导电尘埃和腐蚀金属气体，安放在通风、清洁的位置；操作时，工作台面应无其他无关物品。制丸机安放在稳妥的台面上，在确认电源电压的情况下，电源处应靠近台面，电源插座要有可靠的接地线，严禁用力拉拔电源线，以防止人为翻倒，摔坏制丸机和其他事故发生；本机使用后，按图示拆下内六角螺丝，以滚轴为界分上下两部分打开，取下四根滚轴，用医用酒精擦洗干净；或者根据制丸需要调换规格不同的滚轴，可按图示安装复位；再用医用酒精擦洗，调换制丸滚轴和出条离合滚轴时，必须切断总电源，拔出电源插头；制丸机在开机使用中，严禁用手和毛刷或其他工具接触制丸滚轴和出条离合滚轴，以避免扎伤手指，严禁在无上盖壳，齿轮箱盖的保护下，通电加工制丸，避免发生不必要的人身事故；如遇电源线损坏（如裸线外露等），必须使用专用电源线，到当地办事处维修部购买更换。如遇开关或插座失灵，必须停止使用，严禁变更线路继续使用，应及时更换同规格的插头或插座，以免发生机械、人身事故；包衣机器在不使用时，可直接拆洗（按图所示），向顺时针方向旋转，将其拔出即可，放在可靠、清洁的位置待使用，在水丸包衣器轴的外露部分应涂少量清洁的食用油，以防止产生浮锈，严禁直接用水清洗整机或电加热器。本机不使用时，必须放置在干燥、清洁通风处。在电加热器使用过程中，严禁与水接触，以防止导电，造成电击等人身事故。

**7. 故障排除** ZW-1000型多功能制丸机常见故障及排除见表9-3。

表9-3 ZW-1000型多功能制丸机常见故障及排除表

| 本机常见故障 | 产生原因 | 排除方法 |
|---|---|---|
| 本机通电后，电机不运转 | 电源线接触不良或电源插头松动<br>开关接触不良 | 修复电源或调换同规格插头*<br>修理或更换同规格开关* |
| 本机制丸时，轴刀转动或药面粘槽 | 出料挡扳松动，与轴刀最底部产生距离，不能将药丸从轴刀槽内刮落 | 调整到出料板与轴刀槽的最底部距离，（大约0.1mm左右）并将固定螺丝拧紧 |
| 本机工作时，突然电机停止转动 | 电容断路<br>齿轮卡住 | 检查齿轮槽是否有杂物并做好清洁处理 |
| 本机工作时，轴刀有轻微跳动 | 压紧块螺钉松动 | 打开上盖，将6只内六角螺钉均匀拧紧 |
| 本机在运转过程中，产生异常噪音 | 轴刀与机体摩擦部位干燥、无油 | 将数滴清洁食用油注入油眼处<br>各齿轮槽涂少量黄油 |
| 加热器发热失效 | 插头松动或电源线脱落 | 更换同规格插头或修复电源插座 |

注：* 必须切断电源，才能进行修理操作。

## 二、制粒设备

### （一）GZL干式挤压制粒机

湿式造粒法是制粒加工行业中常用的经典工艺方法，配料中需加入水或不同浓度的医用乙醇等润湿剂，再行制成颗粒，然后经长时间的烘干，对产品质量影响很大，生产效率低，而且设备投资大。GZL型干式挤压制粒机利用物料的结晶水直接干挤压成颗粒，简化了工艺，提高了产品的品质。

**1. 工作过程** GZL干式挤压制粒机主要通过轧辊机构和水平送料机构完成制粒。轧辊机构是完成将一定密度的粉料挤压成高密度的条片，动力通过减速器带动主动轴旋转，主动轴通过一组齿轮传动被动轴，使主动轴、被动轴上的轧辊做对挤转动，主动轴是固定的不做水平移动，而被动轴在油缸和物料的反作用力下，做水平移动，直到油缸的推力和物料的反作用力达平衡；水平送料机构由调速电机带动送料螺旋桨以10~32rpm/min转动，以满足各种物料的需要，共同完成制粒任务。

**2. 结构特征** GZL干式挤压制粒机主要由送料螺旋桨、压缩成形、轧辊机构、破碎机组、造粒机组、加压机构、抽真空机构、控制机构及容器等组成。本机由四台变频器控制，分别是整粒破碎、轧轮、压料、送料电机。加压机构通过手动油泵，将油压推给挤压油缸，在整个油压系统上有一套高压控制阀、贮能器及压力继电器。贮能器能吸收系统中的压力波动，压力继电器用来控制油压系统的最高压力，以防止在压力过高时损坏机件。

**3. 技术参数** GZL型干式挤压制粒机的技术参数见表9-4。

表 9-4  GZL 型干式挤压制粒机的技术参数表

| 设备性能 | 技术参数 |
|---|---|
| 轧轮直径（mm） | 200 |
| 轧轮宽度（mm） | 30 |
| 挤压力（T） | 6.2 |
| 压辊转速（rpm/min） | 10~50 |
| 压辊用电机 | 1.1 |
| 垂直压料转速（rpm/min） | 20~250 |
| 垂直压料用电机（kW） | 0.75 |
| 水平输料转速（rpm/min） | 10~62 |
| 水平输料电机（kW） | 0.55 |
| 外形尺寸（mm） | 1000×800×1600 |

**4. 设备特点**  该机制粒过程无须水或乙醇等润湿剂，便可获得稳定的颗粒；它可节省湿式造粒法的中间工艺（润湿、撮合、干燥）大大缩短时间，从而大大提高生产效率；可获得密度高的颗粒；无大气污染等公害问题；结构上完全符合我国制药行业的GMP 的要求；属于小型设计，安装所需面积小。干粉直接制粒，无须任何黏结剂。颗粒的强度可以调整，通过调节轧辊的压力控制颗粒的强度。本机生产能力强、自动化程度高、适合工业化规模生产、造粒成本低。

**5. 操作方法**

（1）调试运行  检查接线无误后，接通控制回路开关，触摸控制屏接通电源，电源指示灯亮启，控制屏发出声音，出现主画面。手动对设备各电机进行调试，首先检查筛粉电机，合上筛粉电机，筛粉电机运行，观察电机运行方向，是否正确，如反向请换相。然后，合上制粒电机主控器，检查制粒电机运行情况，改变频率，调整电机转数。

（2）正常运转  可以对其中的三个变频电机进行转数设置，还可以设置启动间隔（筛粉电机、整粒电机、轧轮电机、压料电机、进料电机各个电机启动之间的间隔时间）。上料时间，上料间隔是对上料的双室隔膜泵的控制。可以对系统的参数进行设置，当所有参数设置完成后，返回主画面，按下"启/停"，系统将自动运行；当系统运行时，我们按下监视键，监视系统各部位运行情况；在监视画面中，可以观察到设备的运行情况。另外，此系统配有自动检测系统，当设备运行状态正常时，状态检测为：正常；当系统有故障发生时，故障指示灯发出声音提示有故障发生，同时在画面中系统状态检测栏中出现：故障，此时我们按下监视画面中的故障键，来随时排除故障。

**6. 注意事项**  干式挤压制粒机的额定产量是指某特定的物料片状物的每小时产量，在干式挤压制粒机产量上，各种物料差别很大，有些物料的每小时产量可超过额定产量，也有些物料的产量要小于额定产量。其实际产量要根据物料性能而定，成品产量以成粒量50%计算；成品粒度通过改变破碎整粒机的筛板孔径可在较大范围调整；主机所用实际功率为所选电机功率的70%；轧辊转速通过改变电机与减速机之间的皮带轮传动比来进行调整。

**7. 故障排除** 如果物料的可压性和流动性较好，但产量较低，硬度不是高就是低，其主要原因可能是：各要素没有选择好，要重新调整；重新检查物料的水分含量有无变动；检查机房里操作温度和湿度有无变化。

油压打不上去，其原因可能是：如果连续工作达一年以上者可考虑各球阀和柱塞封环磨损（检查更换）；如果工作未达到一年时，其原因可能是液压油内可能有脏物停留在阀面上，促使阀关闭不严，高低压串通，处理方法可先用摇泵杆断断续续地打油或时快时慢打油，看看是否将脏物冲走，如还是不行就需要卸开清洗；油路中某处漏油（堵漏；经重新卸洗过的泵，可能由于油路中有气体，则可拧开放气螺丝（油缸上各有一个）或拧松有关接头放气。

轧棍轮处表面严重黏合，在生产过程中有时候会遇到物料黏性比较大，开始运转不久就有物料压黏在轧辊轮表面上，机器上的刮刀无法刮下来，而且越黏越多，越黏越牢，从而引起油压迅速上升，直到触发压力保护器启动，停车，遇到这种情况，可采取以下两种方法：研究采用适于该物料的轧辊轮；涂上防黏油或在物料中掺入润滑剂粉末。

侧面有细粉渗漏：检查侧封板安装是否正确，是否安装到位；检查侧封板是否磨损严重，由于侧封板材料多为聚四氟材料，是易损件，故应定期更换。

### （二）GL5-50型干法制粒机

GL5-50型干法制粒机主要由喂料、搅拌、制粒、传动及润滑系统等组成，在制药、化工、食品工业广泛应用，适用于将湿粉末研成颗粒，烘干后供压制片剂。以GL5-50型干法制粒机为例，叙述结构原理、设备特点、技术参数等。

**1. 结构原理** GL5-50型干法制粒机设备由送料装置、压片装置、制粒整粒装置、升降机构、液压系统、冷却系统、除尘装置、电气控制、过筛装置等部件组成。粉状物料由振动料斗经定量送料器横向送至主加料器，在主加料器搅拌螺旋的作用下脱气并被预压推向两个左右设置的轧辊的弧形槽内，两个轧辊在一对相互啮合的齿轮传动下反向等速运动，粉料在通过轧辊的瞬间被轧成致密的料片，料片通过轧辊后在弹性恢复的作用下脱离轧辊落下，少量未脱落的料片被刮刀刮下，两个轧辊表面轴均布的条状槽防止粉料在被轧辊咬入时的打滑。料片落入破碎整粒机整粒后进入振动筛过筛分级，得到符合要求的颗粒产品，筛下轴粉返回振动料斗循环制粒。

**2. 设备特点**

（1）送料装置 送料装置采用螺杆预压送料，能够持续稳定的将物料供给压辊机构。螺杆的旋转速度采用变频无级调速，具有预压、预排气功能。

（2）压片装置 ①压辊采用特种不锈钢制造，经固溶处理、表面离子氮化处理后、具有耐酸、耐碱、抗氧化、耐腐蚀、高强度、耐磨、耐压，材料符合GMP要求。②运行中压辊有实时电子监控，能够精确的反馈压辊的负载大小。③压辊压力有液压站和电气控制，可自动调节系统压力，保证片的厚度和密度均匀。④压辊通过变频器和变频电动机无级调速。⑤压辊两侧采用无毒四氟乙烯、硅橡胶密封，材料完全符合GMP要求。

采用机械密封，能大大减少四氟乙烯的磨损，减少成品中四氟乙烯的含量。

（3）制粒、整粒装置 ①采用合理设计的制粒刀和整粒转笼来适用于不同的物料，有效地提高成品率。②采用变频调速来改变制粒、整粒速度，整粒范围大大增加。③整粒系统有安全的保护装置和连锁功能。④采用快装式冲孔网，筛网拆装方便，整粒后的颗粒目数能满足用于压片、灌胶囊、冲剂颗粒等不同场合的要求。

（4）升降机构 采用电动油泵装置，在清洗时实现送料装置的升降。

（5）液压系统 采用进口液压元件，保压性能好，使物料在工作过程中的压力基本保持，减少液压系统的故障。

（6）冷却系统 采用冷却水冷却或用制冷机组提供的冷冻水冷却，以保证热敏性物料也可以进行干法制粒，冷却水通过流量控制阀进行调整，确保压辊在设定的温度下进行工作，冷却部分通过旋转接头装置，压辊和轴有轴向、径向密封，能有效防止冷却水泄露。

（7）除尘系统 采用脉冲除尘，除尘效果可靠，有效地防止粉尘飞扬，做到粉尘回收，保护工作环境，节省大面积除尘费用。

**3. 技术参数** GL5-50 型干法制粒机技术参数见表 9-5。

表 9-5 GL5-50 型干法制粒机技术参数表

| 设备性能 | 技术参数 |
| --- | --- |
| 生产能力（kg/h） | 10~50 |
| 压轮直径（mm） | 150 |
| 压轮宽度（mm） | 50 |
| 压片电机功率（kW） | 3 |
| 送料电机功率（kW） | 0.75 |
| 破碎电机功率（kW） | 0.75 |
| 整理电机功率（kW） | 0.75 |
| 电源 V（Hz） | 380/50 |
| 外形尺寸（mm） | 1020×800×1800 |

**4. 操作方法**

（1）清理机器各部位，并将机器周围的地面进行清理。

（2）给机器加注润滑油（脂）。

（3）检查电源是否符合本机要求，检验接地保护是否符合要求。

（4）检查给水、排水系统是否符合要求（给水压力大于 0.15MPa，排水管路畅通无阻）。

（5）接通电源开关，按一下机器给电开关，触摸屏灯亮。

（6）第一次使用机器空载运行10分钟观察各部件是否正常，检查电、水、油系统无泄漏现象。

（7）操作空载试运行，转至手动操作画面，依次起动除尘电机、制粒电机、压片电机、送料电机。机器运行过程中，如有异响或猛烈振动，按急停按钮停机。

（8）操作负载试运行，转至手动画面，将混合好的干粉通过真空上料机构吸入料筒中（没有安装真空上料机可直接人工加料），及时调整油缸压力及压片电机、送料电机转速，使三要素达到最佳组合状态，同时可调节制粒电机转速。通过送料螺杆旋转产生的压力将干粉挤至两压轮中，压轮挤压干粉成片状，经破碎后进入整粒箱中整粒，从而得到大小合适的颗粒。

**5. 维护保养**

（1）压轮表面黏有物料，不能用金属工具强行清除，以免破坏压轮表面。

（2）每生产半年润滑部分清洗更换油和油脂（液压油和齿轮油），每 3 年大修 1 次。

（3）运行 2000 小时，电机轴承清洗（用煤油），换加新油 1 次。

（4）如果设备长时间不用的话，每半个月将设备空运转半小时，特别是液压系统，升降系统，以免密封圈老化。

**6. 注意事项** 制粒机是各饲料企业的主要关键设备，制粒机能否正常运行，直接影响企业的经济效益，因此制粒机的正确操作是十分重要的。首先操作人员工作需认真负责，严格按照制粒机操作规程进行操作，开机、停机必须按程序进行。

（1）保持干燥蒸汽，0.3~0.4kg 压力进入调制器。

（2）调整模辊距离，一般为 0.2~0.5mm，压模能略带压辊转动，不要太紧或太松，过紧会缩短压模寿命，过松压辊会打滑。

（3）原料水分要求一般为 12%~15%，调质后的原料水分为 14%~14.5%，必须均匀进料。

（4）电流按规定负荷控制，绝对不能长时间超负荷生产，这是造成设备损坏的主要原因。

（5）注意正常生产中制粒机电流波动情况，发现异常及时停机检查。

（6）新设备投入生产后，制粒机传动箱连续工作 500 小时应更换机油，以后根据生产情况一般 3~6 个月更换机油 1 次，更换 68 号机油或 100~120#工业齿轮油。

（7）制粒机发生阻机，一定要调松压辊，待压模内壁清理干净后方可重新启动，杜绝在阻塞状态下进行强制启动，更不允许用管钳扳动齿轴，制粒机在正常工作状态，压辊需 2 小时加 1 次润滑油（脂）。

（8）经常检查制粒机易损件磨损情况，避免设备突发故障和环模开裂。

## 三、压片设备

压片机主要用于制药工业的片剂工艺研究。压片机将颗粒状物压制成直径不大于 13mm 的圆形、异形和带有文字、符号，图形片状物的自动连续生产设备。以 GZP-55-旋转式压片机为例，叙述工作原理、结构特征、技术参数等。

**1. 工作原理** 该旋转式压片机基于单冲式压片机的基本原理，同时又针对瞬时无法排出空气的缺点，变瞬时压力为持续且逐渐增减压力，从而保证了片剂的质量。旋转式压片机对扩大生产有极大的优越性，由于在转盘上设置多组冲模，绕轴不停旋转。颗粒由加料斗通过饲料器流入位于其下方的，置于不停旋转平台之中的模圈中。该法采用填充轨道的填料方式，因而片重差异小。当上冲与下冲转动到两个压轮之间时，将颗粒压成片。

**2. 结构特征**　GZP-55-旋转式压片机采用机械和电气元件配置设计，机械部件采用高强度和高刚度的机架结构、特殊加工工艺的转台结构、预压轮和主压轮结构。工作区域采用全封闭透明视窗结构，粉尘污染少，密封性优良。工作室与传动机构完全分开，有效防止交叉感染。与药物接触的零部件均采用不锈钢或经表面特殊处理，压片室内无死角、装卸容易、便于清洁和维护保养，符合药物生产和质量管理规范的 GMP 标准。

**3. 技术参数**　GZP-55-旋转式压片机主要技术参数见表 9-6。

表 9-6　GZP-55 旋转式压片机技术参数表

| 设备性能 | 技术参数 |
|---|---|
| 冲模数 | 55 |
| 冲模类型 | BB |
| 最大主压力（KN） | 100 |
| 最大预压力（KN） | 20 |
| 最大填充深度（mm） | 15 |
| 最大压片直径（mm） | 13（圆形片）、16（异形片） |
| 生产能力（pcs/h） | 396000 |
| 最高转台转速（rpm/min） | 60 |
| 主电机功率（kW） | 7.5 |
| 外形尺寸（mm） | 1370×1170×1800 |

**4. 设备特点**　设备外围罩壳体为全密闭形式，材料采用不锈钢，转台表面覆盖硬化层，能保持转台表面不易磨损，符合 GMP 要求；采用双压式双面出片，冲模数量多，适合大批量片剂生产；配有强迫加料装置，根本改善了颗粒的流动性和充填性，解决了普通压片机重力下料不足、工作台粉尘过多及交叉污染；压力大，预压力连续可调，延长了压制时间；间隙式微小流量自动润滑系统，自动润滑上下轨道和冲头，降低上下轨道及冲头磨损；递进式油脂润滑系统，保证了油脂润滑、清洁、方便、可靠；配有传感器压力保护装置，当压力超压时能保护冲钉自动停机；配有多种安全保护装置；特殊的防油和防尘系统，避免了塞冲，增加了阻尼结构；可编辑控制器和人机界面控制，操作直观简便。

**5. 操作方法**

（1）开机前的检查工作　①机台上是否有异物体，如有应及时取出。②检查配件及模具是否齐全。③准备好接料容量。

（2）操作步骤　①打开右侧门，装上手轮。②装配好冲模，加料器、加料斗。

③转动手轮，空转运行 1~3 圈，检查冲模运动是否正常。④合上操作左侧的电源开关，面板上电源指示灯 H1 点亮，压力显示 P1 显示压片支撑力，转速表 P2 显示"0"，其余件应无指示。⑤转动手轮，检查充填量大小和片剂成型情况。⑥拆下手轮，合上侧门。⑦压片和准备工作就绪，面板上无故障，显示一切正常，开机按动增压点动钮，将压力显示调整所需压力，按动无级调速键调整所需转速。⑧充填量调整，充填调节由安装在机器前面中间两只调节手轮控制。中左调节手轮控制后压轮压制的片重。中右调节手轮按顺时针方向旋转时，充填量减少，反之增加。其充填的大小由测度指示，测度带每转一大格，充填量就增减 1mm，刻度盘每转一格，充填量就增减 0.01mm。⑨粉量的调整，当充填量调好后，调整粉粒的流量。首先松开斗架侧面的滚口闸门，再旋转斗架顶部的滚口闸门，调节料斗口与转台工作面的距离，或料斗上提粉板的开启距离，从而控制粉粒的流量。⑩所有调试完毕后，即可正式生产。

**6. 维护保养**

（1）定期检查维护　上下冲头应活动自如，定期将冲杆孔清理，并保持一层薄薄的油膜；中心润滑系统的润滑应适当，油路畅通；上导轨盘每次清理后应涂上一层油膜。

（2）主传动蜗轮箱的维护　蜗轮蜗杆通过轴承转动，平时一般不需特殊维护，但必须保护周围空气畅通，机器运转时，冷却风机应工作正常；蜗轮箱中的油位应定期检查，运行 2000 小时后，更换 1 次润滑油。润滑油为 L-CKE/P 蜗轮蜗杆油（夏季 680#、冬季 460#）；蜗轮蜗杆的间隙在长期运行后，应重新调节，调整应在机器运转后仍暖热的情况下进行。调整先后试运行 4 小时，温升应小于 35℃。

**7. 注意事项**

（1）机器上的设备零件不可随意拆卸。

（2）可编辑控制器（PLC）、变频器、触摸屏、计算机（PC）上的软件不准随意改动。

（3）冲具需经探伤、检验，必须符合 GMP 冲模具设计要求。

（4）细粉过多和不干燥的物料不要使用。

（5）使用中严禁加压过大（参考最大压力表），当发出不正常的声音和震动，应立即停车。

（6）机器尽量避免空转，空转时必须将厚度手轮调至 4mm 以上。工作中，无填充物料应立即停车。

（7）机器最初运转的 30 小时内，工作容量（含速度和压力）应在 70% 以下。

（8）机器应可靠接地，且不许将电源中线（N）接在机器壳体上，以确保人身安全。

（9）每次停机前，应转动厚度手轮将片厚加大，以防止重载启动，损坏设备。

（10）停止之前，一般将转速降低到低速挡。

## 四、胶囊填充设备

NIP1200 全自动硬胶囊填充机集机、电、气为一体，采用微电脑可编程控制器，触摸面板操作，变频调速，配备电子自动计数装置，能分别自动完成胶囊的就位、分离、充填、锁紧等动作，减轻劳动强度，提高生产效率，符合制药卫生要求。本机动作灵敏、充填剂量准确操作方便，适用于充填各种国产或进口胶囊，是目前制药行业充填胶囊药品的经济实用型设备。

**1. 工作原理** NIP1200 全自动硬胶囊填充机一般采用自动间歇回转运动形式，安装在工作台中央的回转台，每转有 8 次短暂停留时间，回转台将胶囊输送到回转台周围的各个工作站，在各站短暂停留的时间里，播囊、分囊、充填、废囊剔除、锁囊、出囊、清洁模具等各种作业同时自动进行。

**2. 技术参数** NJP1200 全自动硬胶囊填充机技术参数见表 9-7。

表 9-7 **NJP1200 全自动硬胶囊填充机技术参数表**

| 设备性能 | 技术参数 |
|---|---|
| 生产能力（万粒/小时） | 1~2 |
| 电源 V（Hz） | 380/50 |
| 总功率（kW） | 3.1 |
| 适用胶囊 | 0#、1#、2#、3#、4#、5# |
| 机制标准胶囊空气压力 | 0.4~0.6 |
| 空气流量（$m^3$/min） | ≥0.1 |
| 真空度（MPa） | 40 |
| 外形尺寸（L×W×H）（mm） | 1200×720×1600 |
| 整机重量（kg） | 330 |

**3. 操作步骤**

（1）打开电源　按下"电源开关"中的绿色按钮，电源接通。

（2）调节振动强度　缓慢调节"振动强弱调节旋钮"，顺时针方向旋转，此时与"振动支架"联为一体的整理盘开始振动，用手触摸整理盘，凭感觉调整到一定振动强度。

（3）装胶囊壳　将装粉胶囊壳放入"装粉胶囊壳整理盘"内，每次约放 300 粒左右。将胶囊帽盖放入"胶囊帽盖整理盘"内，每次约 300 粒左右。整理盘用有机玻璃板制作，上面钻有许多上大下小漏斗型的圆孔，圆孔直径与胶囊号码直径相对应。此时振动工作台板胶囊壳前后缓慢的移动，从而逐粒进入台板孔内。

（4）整理胶囊朝向　约 30 秒，装粉胶囊壳和胶囊帽盖即掉入圆孔中，开口朝上。如遇个别开口朝下时，可用胶囊帽盖向下轻轻压套，即可套出。

（5）取出胶囊　水平手持装粉胶囊壳接板，在整理盘下部往里轻轻一推，整理盘中的装粉胶囊壳就会往下掉入接板圆孔中，随后取出接板。同样的方法，用胶囊帽盖接板取出胶囊帽盖。

（6）去除余粉　可预先准备一个底面积为 500×500mm、四边高约 10mm 的药粉方盘，内装药粉，将装粉胶囊壳接板平放在药粉方盘中。再将随机配的有机玻璃框罩在装粉胶囊接板上，用小撮斗铲药粉放入框内，用框边一刮，即可装满药粉，并把多余药粉刮掉。

（7）胶囊套合　用随机配的胶囊帽盖套装板放在胶囊帽盖接板上，有对位孔，很容易放置。翻转胶囊帽盖接板，使胶囊开口朝下，套在已装好药粉的装粉胶囊壳接板上，也有对位孔，很容易套合。

（8）罐装完毕　将已套合的胶囊板放入"胶囊戴帽成型板"下面的空腔中，用手向下振动"压杆"并到位，无须当心用力过大，因为有定位机构控制下压高度。取出套合胶囊板，倒出胶囊，灌装完毕。即可循环下一板。

**4. 注意事项**

（1）本设备系振动机械，应常检查各部位螺钉的紧固情况，若有松动，应及时拧紧，以防故障和损坏。

（2）有机玻璃部件（工作台板、药板）应避免阳光直射和接近高温，不得搁置重物，药板必须竖直放置或平放，以免变形和损坏。

（3）电器外壳和机身必须接地，以确保安全，工作完毕切断电源。

（4）每天工作完毕，应清理机上和模具孔内残留药物，保持整机干净、卫生，避免用水冲洗主机。机上模具如需清洗，可松固定螺丝，即可拿下，安装方便。

**5. 故障维修**　NJP1200全自动硬胶囊填充机故障维修见表9-8。

表9-8　NJP1200全自动硬胶囊填充机故障维修表

| 机械故障 | 排除措施 |
| --- | --- |
| 振动不理想 | 调节电压 |
| 簧片螺钉松动 | 拧紧螺钉 |
| 胶囊壳排好在工作台板中，口高出或偏低 | 调节错位板高低及导轨 |
| 胶囊壳倒头太多（超过3%） | 选用合格胶囊壳 |
| 胶囊壳卡在台板上不能下落 | 更换胶囊壳或调节错位板和台板孔位置 |
| 模具不能在轨道中复位，导轨后端压簧卡住或胶囊变形卡住 | 新安装弹簧或顶杆，另将推棒将卡住胶囊推下 |
| 模具中导向板磨损 | 更换新模具或两边定位松动，紧固定位钉 |
| 胶囊变形或潮湿 | 更换好胶囊壳 |

# 第十章　液体制剂生产设备 ▷▷▷▷

液体制剂临床应用广泛，根据临床用药的需求不同，其对制备工艺条件要求也不尽相同。液体制剂系指药物分散在适宜的分散介质中制成的液体形态的制剂。通常是将药物以不同的分散方法和不同的分散程度分散在适宜的分散介质中，制成的液体分散体系，可供内服或外用。液体制剂的理化性质、稳定性、药效甚至毒性等均与药物粒子分散度的大小有密切关系。所以研究液体制剂必须着眼于制剂中药物粒子分散的程度。液体制剂的品种繁多，因此，研究它们的性质和制备工艺就显得格外重要。

## 第一节　液体制剂生产工艺

药物以分子状态分散在介质中，形成均相液体制剂，如溶液剂、高分子溶液剂等；药物以微粒状态分散在介质中，形成非均相液体制剂，如溶胶剂、乳剂、混悬剂等。

均相液体制剂应是澄明溶液；非均匀相液体制剂的药物粒子应分散均匀，液体制剂浓度应准确；口服的液体制剂应外观良好，口感适宜；外用的液体制剂应无刺激性；液体制剂应有一定的防腐能力，保存和使用过程不应发生霉变；包装容器应适宜，方便患者携带和使用。

### 一、液体药剂制备方法

溶液剂的制备通常有三种方法，即溶解法、稀释法和化学反应法。

**1. 溶解法**　溶解法系指将固体药物直接溶于溶剂的方法。其操作较为简便，适用于较稳定的化学药物。制备过程为称重、溶解、过滤、包装、质检等。

**2. 稀释法**　稀释法系指将高浓度溶液或易溶性药物的浓储备液稀释至治疗浓度范围内的方法。用稀释法制备溶液剂时应注意浓度换算，挥发性药物浓溶液稀释过程中应注意挥发损失，以免影响浓度的准确性。

**3. 化学反应法**　化学反应法系指利用化学反应制备溶液的方法，适用于原料药物缺乏的情况。

### 二、液体药剂制备注意事项

有些药物虽然易溶，但溶解缓慢，药物在溶解过程中应采用粉碎、搅拌、加热等措施；易氧化的药物溶解时，宜将溶剂加热放冷后再溶解药物，同时应加适量抗氧剂，以减少药物氧化损失；对易挥发性药物应在最后加入，以免因制备过程而损失；处方中如有溶解度较小的药物，应先将其溶解后再加入其他药物；难溶性药物可加入适宜的助溶剂或增溶剂使其溶解。

## 三、搅拌反应器

溶解、反应设备广泛地用于液体制剂的溶解、稀释等多种传递过程或化学反应过程。为了使分散相在连续相中充分分散，保持均匀的悬浮或乳化，加快溶解，强化相与相之间的传质、传热等，设备上设有搅拌装置及加热装置（如夹套、盘管等）。典型的溶解、反应器以立式搅拌釜为例，其总体结构见图10-1。搅拌反应器主要由搅拌装置、轴封和搅拌罐三大部分组成。

### （一）搅拌反应器安装

搅拌反应器根据容器的形状分为立式和卧式两种；按照搅拌装置的安装位子不同又可分为中心搅拌反应器、偏心搅拌反应器、底搅拌反应器及旁入式搅拌反应器等。普遍使用的立式中心搅拌反应器见图12-1，其特点是将搅拌装置安装在立式设备顶部的中心线上。

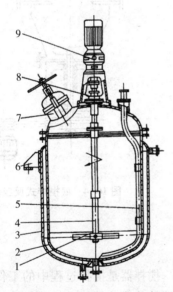

1. 搅拌器；2. 罐体；3. 夹套；4. 搅拌轴；5. 压出管；
6. 支座；7. 入孔；8. 轴封；9. 传动装置

图10-1 立式搅拌釜结构图

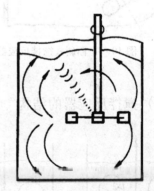

图10-2 偏心式搅拌反应器示意图

按搅拌速度不同可划分为低速、中速和高速搅拌，搅拌轴转速小于100rpm/min的为低速，100~400rpm/min的为中速，大于400rpm/min的为高速。偏心式搅拌反应器见图10-2。搅拌轴心偏离容器中心，使流体在釜内所处的各点压力不同，因而使液层间的相对运动加剧，搅拌效果明显提高，但偏心式搅拌容易引起振动，一般多用于小型设备。

对于简单圆筒形或方形敞开的立式设备，可将搅拌装置直接安装在器壁的上缘，搅拌轴斜插入筒体内，见图 12-3，也称倾斜式搅拌反应器。这类反应器搅拌装置小巧、轻便、结构简单、操作容易、应用广泛；一般使用一层或两层搅拌桨叶；适用于药品的稀释、溶解、分散，调和及 pH 值调整等。

搅拌装置安放在反应器底部的称为底搅拌反应器，见图 10-4。其优点是搅拌轴短而细，轴的稳定性好，降低了安装要求，所需安装、检修的空间比较小。由于传动装置安放在地面基础上，从而改善了罐体上封头的受力状态，而且也便于维修。搅拌装置安装在底部方便了罐体上封头接管的排布与安装，特别是上封头需带夹套时更为有利。底搅拌有利于底部出料，它可使底部出料处得到充分搅动，使输料畅通。大型反应器常采用此种搅拌装置。底搅拌的缺点是轴封困难，另外搅拌器下部至轴封处的轴表面常有固体物料黏积，一旦脱落变成小团物料混入产品中而影响产品的质量，为此常需定量、定温地注入溶剂，以防止颗粒沉积结块，而且检修搅拌反应器及轴封时一般需将釜内物料排净。

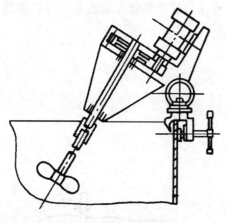

图 10-3　倾斜式搅拌反应器

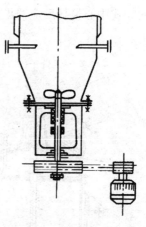

图 10-4　底搅拌式反应器

## （二）搅拌反应器的结构

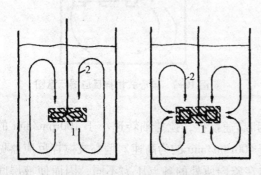

1. 充分混合区；2. 很少混合的缓慢流动

图 10-5　搅拌设备中的宏观混合模型

搅拌器是搅拌过程中的工作件，又称搅拌桨或叶轮。它的功能是提供过程所需要的能量和适宜的流动状态，以达到使物料混匀和乳化的目的。

通过搅拌器自身的旋转把机械能传递给流体，一方面使搅拌器附近区域的流体造成高湍流的充分混合区；另一方面产生一股高速射流推动全部液体沿一定途径在罐内循环流动，见图 10-5。

根据搅拌器所产生的流型可以分为

轴向流和径向流两类。搅拌器常用的搅拌器桨叶结构分为桨式、框式、锚式、涡轮式及推进式等。桨叶分有叶面与旋转平面互相垂直的平直叶及叶面与旋转平面成一倾斜角度（一般45°或60°）的折叶两种，见图10-6。平直叶主要使物料产生切线方向的流动，釜内壁面加挡板可产生一定的轴向搅拌效果，折叶与平直叶相比轴向分流略多。

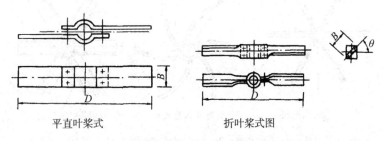

平直叶桨式　　　　　折叶桨式图

$D$：桨叶直径；$B$：桨叶宽度；$\theta$：页面与旋转平面夹角

**图10-6　桨式搅拌器**

在料液层比较高的情况下，为了将物料搅拌均匀常装几层桨叶，相邻两层桨叶常交叉成90°安装。桨式搅拌器的直径约为反应器釜内径的1/3~2/3，这类搅拌桨转速偏低，一般为1~100rpm/min，圆周速度为1.0~5.0m/s。

框式和锚式搅拌器可视为桨式的变形，由水平的桨叶与垂直的桨叶联成一体，成为刚性的框架，结构比较坚固。当这类搅拌器底部形状和反应器釜体底部封头的形状相似时，常称为锚式搅拌器，见图10-7。

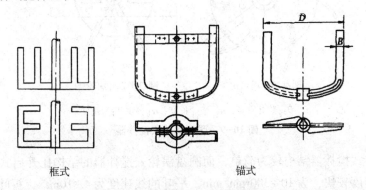

框式　　　　　　　　锚式

$D$：桨叶直径；$B$：桨叶宽度

**图10-7　框式和锚式搅拌器**

为了增大对高黏度物料的搅拌范围以及提高桨叶的刚性，还常常要在框式、锚式搅拌器上加一些立叶和横梁，这将使框式、锚式搅拌器有许多结构的变形。

框式、锚式桨叶的桨宽与桨径之比通常为0.07~0.1，桨高与桨径之比为0.5~1.0，桨径一般为反应器釜内径的2/3~9/10。这类搅拌器的转速不高，一般为1~100rpm/min，速度为1.0~5.0m/s。多用于高黏性液体药剂的制备。

涡轮式搅拌器形式很多，有开启式和圆盘式，桨叶又分为平直叶、弯叶和折叶，见图10-8、图10-9。

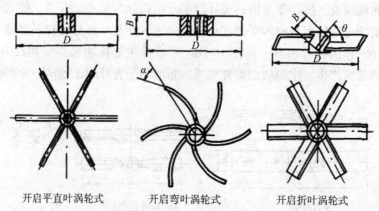

开启平直叶涡轮式　　　　开启弯叶涡轮式　　　　开启折叶涡轮式

D：桨叶直径；B：桨叶宽度；θ：页面与旋转平面夹角；α：桨叶后弯角度

**图 10-8　开启涡轮式搅拌器**

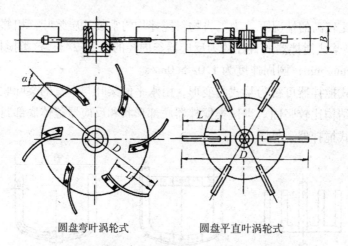

圆盘弯叶涡轮式　　　　　　　圆盘平直叶涡轮式

D：桨叶直径；L：桨叶长度；α：桨叶后弯角度

**图 10-9　圆盘涡轮式搅拌器**

　　开启涡轮式搅拌器结构较为简单，而圆盘涡轮式搅拌器的结构比开启式复杂。这类搅拌器搅拌速度较快，为 10~300rpm/min，平叶的线速度为 4~10m/s，折叶的线速度为 2~6m/s。其通用尺寸，桨径 D：桨叶长 L：桨叶宽 = 20：5：4，搅拌器直径 D 约取反应器釜体内径的 1/3，叶数以 6 叶为好。

　　涡轮式搅拌器能使流体均匀地由垂直方向变成水平方向的流动。自涡轮流出的高速液流沿轮缘的切线方向散开，整个釜内液体得到激烈的搅动，这种搅拌器广泛用于高速溶解和乳化操作。

　　推进式搅拌器也称为旋桨式搅拌器，见图 10-10。这种搅拌器多为整体铸造，加工较复杂。制造时应做静平衡试验。推进式搅拌器的直径 D 取反应器内径的 1/4 ~ 1/3，转速 100~500rpm/min，甚至更高些，切向线速度可达 3~15m/s。一般小直径取高转速，大直径取较低转速。

推进式搅拌器使物料在反应器内的作用以容积循环为主，剪切作用小，上下翻腾效果好。当需要有更大的流速和液体循环时，则应安装导流筒，见图 10-11。除上述类型搅拌器外，还有一些其他形式的搅拌器，如螺杆式、螺带式等。

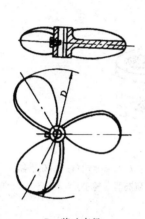

D：桨叶直径

图 10-10　推进式搅拌器

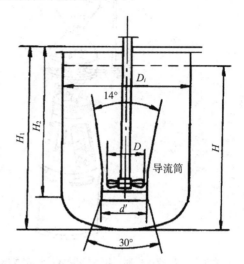

$D_i$：容器直径；$D$：桨叶直径

$H$：液面高度；$H_1$：容器高度

$H_2$：容器直壁高度；$d'$：导流筒直径

图 10-11　推进式搅拌器的导流筒

## 四、机械分散胶体磨

胶体磨属于混合、分散机械，它的作用是把较粗大的固体粒子或液滴分散、细化以便于微粒分散体系的形成，它广泛用于胶体溶液、混悬液、乳浊液等液体药剂的制备过程。

胶体磨是由电动机通过皮带传动带动转齿（或称为转子）与相配的定齿（或称为定子）作相对的高速旋转，其中一个高速旋转，另一个静止，被加工物料通过本身的重量或外部压力（可由泵产生）加压产生向下的螺旋冲击力，透过定、转齿之间的间隙（间隙可调）时受到强大的剪切力、摩擦力、高频振动、高速旋涡等物理作用，使物料被有效地乳化、分散、均质和粉碎，达到物料超细粉碎及乳化的效果。

胶体磨分立式、卧式两种规格，见图 10-12。其主机部分由壳体、定子、转子、调节机构、冷却机构、电机等组成。其主要零件均采用不锈钢制造，耐腐蚀、无毒。卧式胶体磨高度低，立式高。卧式要考虑设计轴向定位，以防电动机轴发生轴向穿动碰齿，最好是电机前设端盖轴承，如此设计将使电机转子和轴的轴向热膨胀从电机前轴承渐向电机后轴承方向移动，以减小对磨头间隙的影响。立式胶体磨因电机垂直安装，电机转子自重使电机轴不会发生轴向窜动，因此可以不考虑轴向定位。卧式胶体磨因水平安装如出料口向上，应在出料口下方设置放料阀以便长时停机把胶体磨内物料放尽，防污盘设计要考虑污料自重回流，立式则不用。两种胶体磨传动效率接近，比分体式高。

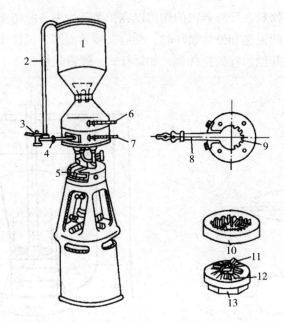

1. 贮液筒；2. 管；3. 阀；4，8-卸液管；5. 调节盘；6. 冷却水入口；7. 冷却水出口；9. 研磨器；
10. 上研磨器（定子）；11. 钢齿；12. 斜沟槽；13. 下研磨器（转子）

**图 10-12　直立式胶体磨**

　　台立式胶体磨由于研磨过程会产热而影响料液的稳定性，通常在研磨器外层设有夹层，以便通入冷却水冷却。研磨器分上下两部分，上研磨器内孔壁上设有凹槽，下研磨的上端面有钢齿凸起，并带有斜沟槽，下研磨器在电机的带动下做高速运转，上下研磨器间隙可根据标尺调节。轴封采用机械密封。工作室，原料由贮液桶加入经由分布漏斗向下流入研磨面，研磨后由卸液管流出。通过开关阀门 3 可以反复研磨原料至预期粒度大小的胶体溶液。

　　胶体磨是高速精密机械，为了达到良好的研磨效果，研磨齿之间的间隙可根据需要调节，装配精度要求高。为防止启动电机时电流过大，应采用空转启动后投料，停车前须将磨腔中的物料排净，否则影响二次启动。

## 五、乳匀机

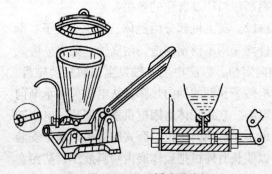

**图 10-13　手摇式乳均机**

　　乳匀机（均质机）是将已经制成的乳剂进一步粉碎分散、均匀细化的机械。形式多样，常见的有手摇乳匀机、高压乳匀机等。其工作原理是将初步混合的液体或乳剂加压，强迫其由一个极小的孔中高速喷出，依靠高速流体剪切力来达到乳匀的目的。

　　手摇式乳匀机见图 10-13。常用于小剂量乳剂的制备。大批量生产通常采用高压乳匀机，它是由一个 3.5~35MPa 的柱塞泵和一个使液体通过的小空隙组成的。两种液体在高压下强迫其混合物通过阀芯与阀座构成的细小空隙，见图 10-14。冲下有强力弹簧支持的均化器阀芯。当压力增大时，弹簧被压缩，液体在阀芯与阀座件的空隙逸出，形成强烈的湍流并产生静压剪切力，在两者的作用下使两种液体充分混合，转动手柄，调整弹簧的预紧力，可以改变分散压力及阀芯与阀座的间隙从而达到最佳的匀化效果。

　　高速旋转叶轮加压离心式轴流均质机常用于批量生产中，结构如图 10-15 所示，其结构特征是在一个导流筒座上安装了一个轴流叶轮，叶轮与电机直连做高速旋转，使用时将其安装在容器的底部，浸于需要乳化的液体中。由于叶轮的高速旋转，不断地将分散液体由均质器底部吸入，增压加速后向上高速喷出，利用旋转叶轮的高速剪切力及加压后液体高速流过导流筒座的冲切力产生匀化作用。

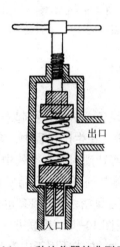

图 10-14　一种均化器的典型示意图

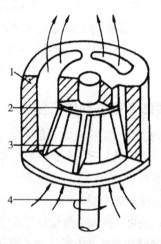

1. 导流筒；2. 叶轮毂；3. 叶片；4. 轴

图 10-15　离心式轴流均质器

　　图 10-16 为采用了离心式轴流均质器的真空乳化釜，用于液-液两相的分散乳化过程。均质器 4 装于釜体的底部，叶轮由位于釜体下方的电机驱动，其转速可达 3500rpm/min。料液由釜底部被吸入均质器，经加压增速后沿轴向向上喷出，从而完成 1 次均化。在靠近釜内液面处安装有一个圆盘形的挡流板 1，其作用是避免液面流体剧烈翻腾造成雾沫夹带，而且兼有除沫消泡作用。为了适应乳化过程，独特设计了搅拌装置，它是由一个低速转动（10~80rpm/min）的框式桨 3 和两层中间固定的折叶平桨 8 组成。为了防止分散相在釜侧壁和底部积聚，在框桨 3 的周边依照釜体内壁的形状，间断地安装了许多刮板 2，夹套 6 的热交换作用可以维持釜内稳定的乳化操作温度。考虑到医药卫生的要求，凡与原料接触的部分均采用不锈钢制造。这种乳化设备的特点是工艺先进、乳化效果好、操作方便等。

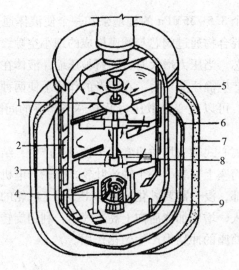

1. 档流板；2. 刮板；3. 框式搅拌桨；4. 均质器；5. 乳化釜；6. 夹套；
7. 保温材料；8. 中间搅拌桨（固定）；9. 温度传感器

图 10-16　真空乳化釜

## 六、液体制剂联动生产线

液体制剂联动线是将液体制剂生产过程中的各台生产设备有机地连接起来形成的生产线，主要包括洗瓶机、灭菌干燥设备、灌封设备、贴签机等。在生产过程中，若单机操作，从洗瓶机到灌封机，都必须人工搬运，如人体触碰、空瓶等待灌封时在空气中的暴露等因素，使药液很难避免不受污染，因此，采用联动线灌装液体制剂可保证产品质量达到 GMP要求，并且，还可减少人员数量和劳动强度，使设备布置更加紧密，车间管理也得以改善。

液体制剂联动方式分为串联方式和分布式联动方式，见图 10-17。串联方式指每台单机在联动线中只有一台，要求各单机的生产能力要相互匹配，该方式适用于中等产量的情形。在串联式的联动线中，高生产能力的单机受低生产能力单机的制约，当其中一台单机发生故障时，整条生产线就会停产。分布式联动线是将同一种工序的单机布置在一起，完成工序任务后产品集中在一起，送入下一工序，该方式能够根据各单机的生产能力和需求进行任务分配，避免了因一台单机故障而导致的全线停产，分布式联动线适用于产量较大的品种。

下面介绍两种工业生产中常用的液体制剂洗灌封联动设备。

**1. BXKF 系列洗烘灌轧联动机**　由超声波洗瓶机、灭菌隧道烘箱、口服液灌轧机组成，其工作原理是将液体制剂空瓶放入瓶盘中，推入翻盘装置中，在可编程逻辑控制器（programmable logic controller，PLC）程序控制下，翻盘将瓶口朝下的瓶子经过旋转使瓶口朝上，将瓶子注满水且浸没在水中进行超声波清洗，一定时间（可设定）后翻盘自动恢复到初始状态，瓶口朝下。由推盘将瓶送到冲淋装置中进行内外壁冲洗，有针管一对一插入瓶中，进行若干次（可调）水-气交换冲洗。完成粗洗后自动进行第二次清洗即精洗（原理同粗洗）过程。精洗完毕后自动进入分瓶装置，即瓶与瓶盘分开，再由出瓶汽缸把瓶推入隧道烘箱。进入烘箱后，在 PLC 程序控制下，瓶子随网带依次进入预热区、高温区、冷却区，完成烘干、灭菌和冷却。网带速度、层流风速、温度等因素

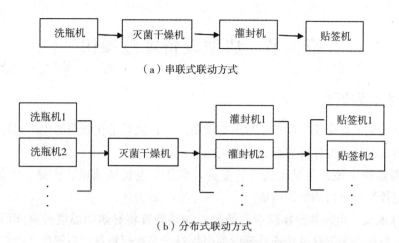

（a）串联式联动方式

（b）分布式联动方式

**图 10-17 液体制剂联动线联动方式**

均可调节和监控。干燥灭菌后的瓶子自动进入液体灌装加塞机，按顺序进入变螺旋距送瓶杆的导槽内，被间歇性送入等分盘的 U 型槽内，进行药液灌装和轧盖，在拨杆作用下进入出瓶轨道。自此，自动完成了洗瓶、干燥灭菌、灌装轧盖的工作流程。

例如，BXFK10/30 Ⅱ 型口服液洗烘灌轧联动机组由 QCX 系列超声波洗瓶机、SZA420/27 型隧道式灭菌干燥机、DGZ8A 或 DGZ12A 型口服液灌轧机组成，可完成超声波清洗、冲水、充气、灭菌、烘干、灌装、轧盖等工序，可用于生产 5~30 毫升/瓶容量的液体制剂，生产能力 60~300 瓶/分，主要用于口服液及小剂量液体的连线生产。

**2. YLX8000/10 系列液体制剂自动灌装联动线** 该联动线是目前工业生产中常见的口服液灌封联动装置，见图 10-18。口服液瓶被送入洗瓶机，清洗干净后推入灭菌干燥机隧道，随着隧道内的传送带，瓶子至出口处的振动台，在有振动台送入灌封机入口处的输瓶螺杆，进入灌装机进行药液灌装、封口，再由输瓶螺杆送到出口处，进入贴签机进行贴签。目前与贴签机连接有两种方式，一种是直接和贴签机相连完成贴签，一种是由瓶盘将灌封好药液的瓶子装走，进行外表面的清洗和烘干，送入灯检带进行检查，检查是否含有杂质，在送入贴签机进行贴签。贴签后即可装盒、装箱。

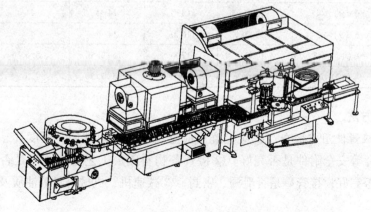

**图 10-18 YLX8000/10 系列液体制剂自动灌装联动线**

# 第二节　典型设备规范操作

## 一、搅拌反应器

搅拌设备是工业化规模生产中常用的设备之一，尤其是在制药的生产过程中显得尤为重要。现就电加热搅拌反应器为例介绍如下。

**1. 设备结构**　该设备是由釜身、釜盖、搅拌、电机减速机、密封、电加热装置、电加热恒温控制柜、溢油罐等组成。

**2. 工作原理**　电加热搅拌反应器通过电加热装置将导热油温度升高到所要求的温度，通过导热油油浴将热量传递给反应釜内物料，来达到物料反应温度。通过导热油油浴将热量传递给釜内物料来达到物料反应温度，通过电加热恒温控制柜上的温控仪，来控制导热油温度及釜内物料的反应温度，来实现完全自动化控制。电加热装置分组安装通过电加热恒温控制柜实现分组控制，大大地节约了用电量。

**3. 设备特点**　①耐热性能好。②具有很好的耐腐蚀性能，无生锈现象。③传热效果比搪瓷反应釜好，升温和降温速度较快。④均按工艺要求设计釜壁打磨抛光，使之不挂料，便于清洗。

**4. 技术参数**　JB 型系列电加热搅拌反应器技术参数见表 10-1。

表 10-1　JB 型系列电加热搅拌反应器技术参数

| 公称容量 (L) | 加热功率 (kW) | 内锅直径 (mm) | 夹套直径 (mm) | 减速机型号 (BLD) | 电机功率 (kW) | 搅拌转速 (rpm/min) |
|---|---|---|---|---|---|---|
| 50 | 4×2 | 400 | 600 | 11-1.1 | 1.1 | 49~160 |
| 100 | 6×2 | 500 | 700 | 12-1.1 | 2.2 | 49~160 |
| 200 | 6×2 | 700 | 900 | 12-2.2 | 3 | 49~160 |
| 300 | 6×3 | 800 | 1000 | 13-3 | 3 | 49~160 |
| 500 | 6×4 | 900 | 1000 | 13-4 | 4 | 49~160 |
| 1000 | 6 (9) ×4 | 1200 | 1350 | 14-4 | 4 | 49~160 |
| 2000 | 6 (9) ×5 | 1300 | 1600 | 14-4 | 4 | 49~160 |
| 3000 | 9 (12) ×5 | 1500 | 1700 | 15-5.5 | 5.5 | 49~160 |
| 5000 | 9 (12) ×5 | 1700 | 1900 | 15-7.5 | 7.5 | 49~160 |

**5. 操作方法**

（1）反应器使用前检查　①应检查反应釜所有安全附件如，温度计、压力表、安全阀、爆破片等安全附件是否完好。②检查各物料阀、工艺管线阀门是否处于要求位置，阀门是否完好；接管口是否泄漏、密封。③减速机、机械密封等油质及油位是否符合要求。

（2）电加热反应釜开车及使用　①接通电源，使电动机带动搅拌运行，观察减速机及搅拌等传动件有无反常现象、声音等。②一切物料的投入，包括时间、顺序、速度、品种、数量、升温、降温及保温等都必须按工艺操作规程进行。③投入块状物料时，需将大块物料加工成小块后投入。并在开启搅拌前先用手盘动，然后按电开关点动，视能正常运转时方可正式开动搅拌运转。严禁强行启动。以防止块状物料卡住或碰撞温度计管等造成事故。④加入固体物料时应小心操作，防止碰伤锅壁；有危险介质时，反应釜内严禁金属或硬物掉入其内。⑤若对液态物料实施真空抽料时，真空阀门应缓慢开启以防止冲料。⑥密闭反应时，应时刻注意观察锅内外压力、温度等参数，发现异常情况及时处理，防止恶性事故发生。⑦严禁瞬时改变反应温度，严禁撞击锅身。⑧及时做好设备运行记录。⑨平时做好维修、保养、记录。

（3）反应釜停车出料及其他　①根据工艺要求停车，停止搅拌、关闭冷却水。②至物料温度降至 80C 以下，出料（根据物料黏度情况确定出料温度）。③在冬天，停车久置不用时应及时将夹套内的水、冷凝液等排放干净。④减速机润滑油更换时应放尽原油，加入新油并适当置换后再注入新油到额定油位。⑤保持设备的清洁性，电器设备良好的绝缘性能。⑥出现其他异常情况时应做紧急停车或临时停车处理。⑦及时清洗反应釜及系统，清理好现场。

**6. 维护保养**　①电加热釜导热油严禁水、酸、碱及其他杂质混入。②设备第一次使用导热油，必须将夹套内的杂物清除干净，加油量为夹套容积的 85%。③釜内无物料、夹套无导热油的情况下，不得开启加热电源。④油加热升温要缓慢，特别是第一次升温要防止引起油汽和水汽暴沸。⑤加热升温速度及保温可由开启（或切断）电热棒的根数来控制。⑥夹套导热油油量定期检查，随时填充。⑦电热棒要经常检查看是否有损坏，以免加热不均。⑧对夹套和上封头的放空阀及管要经常检查清洗，以防堵塞，膨胀器上接口保持畅通

**7. 注意事项**　①检查与反应釜有关的管道和阀门，在确保符合投料条件的情况下，方可投料。检查搅拌电机、减速机、机封等是否正常，减速机油位是否适当，机封冷却水是否供给正常。②在确保无异常情况下，启动搅拌，按规定量投入物料。10m³ 以上反应釜或搅拌有底轴承的反应釜严禁空运转，确保底轴承浸在液面下时，方可开启搅拌。③严格执行工艺操作规程，密切注意反应釜内温度和压力以及反应釜夹套压力，严禁超温和超压。④反应过程中，应做到巡回检查，发现问题，及时处理。若发生超温现象，立即用水降温，降温后的温度应符合工艺要求。若发生超压现象，应立即打开放空阀，紧急泄压。⑤若停电造成停车，应停止投料；投料途中停电，应停止投料，打开放空阀，给水降温。长期停车应将釜内残液清洗干净，关闭底阀、进料阀、进汽阀、放料阀等。

## 二、分散胶体磨

液体制剂制备过程中关键的是分散相的粒度大小，它直接决定着药效的发挥、疗效的好坏。JM-130 型机械分散胶体磨属于对流体、半流体物料进行精细化工研磨处理的设备，在该领域内的应用范围广。

**1. 设备结构** 该设备是除电机及部分零部件外, 凡与物料相接触的零部件全部采用高强度不锈钢制成, 基本原理是通过连动的定齿与动齿相对运动使待磨碎粒子得以粉碎的结构特征。

**2. 工作原理** 该设备是由电动机通过皮带传动带动转齿（或称为转子）与相配的定齿（或称为定子）做相对的高速旋转, 其中一个高速旋转, 另一个静止, 待磨碎物料通过本身的重量或外部压力（可由泵产生）加压产生向下的螺旋冲击力, 透过定、转齿之间的间隙（间隙可调）时受到强大的剪切力、摩擦力、高频振动、高速旋涡等物理作用, 使物料被有效地乳化、分散、均质和粉碎, 达到物料超细粉碎及乳化的效果。

**3. 设备特点** ①分散头可自由组配, 模块化, 易于维护。②只需 1 次处理便可得到集中的颗粒大小分布。③无极调速（变频器）, 胶体磨电机采用变频器控制, 电流冲击小, 转速可据要求调整。④结构简单, 设备保养维护方便, 适用于较高黏度物料以及较大颗粒的物料磨碎。⑤内齿结构, 体积小, 耗能低, 胶体磨电机功率仅为 55kW。⑤进口定子和转子核心部件, 独特抗腐蚀抗磨耗材料制成。⑥胶体磨间隙可在 0.1~5mm 范围内调整。⑦只进行阀门切换, 泵和磨连续运行, 真正实现不间断生产。⑧可据用户需要加工定制, 所有型号均预留有外接接口, 可扩展其功能及产量, 既可固定式建厂生产, 也可移动式现场生产。⑨有手动/自动一体和手动两种控制模式。

**4. 技术参数** JM-130 型机械分散胶体磨技术参数见表 10-2。

表 10-2　JM-130 型机械分散胶体磨技术参数

| 型号 | 物料加工细度（μm） | 电机功率（kW） | 产量（自流）（t/h） | 空载转速（rpm/min） | 外形尺寸（cm） | 机重（kg） | 备注 |
|---|---|---|---|---|---|---|---|
| JM-130 型 | 2~70 | 7.5~11 | 0.2~6 | 3000±100 | 127×38.5×102.5 | 420 | 配冷却系统 |

**5. 操作方法** ①连接进料斗或进料管及出料口, 再接上出料循环管, 然后接通冷却水和排漏管。②安装好电力启动装置（若有条件的用户可配上电流表及指示灯或变频器等）, 接好电源, 特别要注意开机运转方向, 判别电机是否正常方向旋转, 或从进料管径处看方向是否同胶体磨上"红色警示标志"旋转方向箭头相一致顺转。绝对禁止空转（腔内缺料液）和反转。③在出厂时, 设备出料口方块上已装有调好的限位螺丝, 磨盘间隙处于最佳加工细度间距。调节磨盘间隙, 先将出料口方块上限位螺丝松下, 在不开机的情况下将调节盘（刻度盘）上两手柄"逆时针"拧松, 然后"顺时针"转动调节盘, 当转动调节盘感到有少许阻力时马上停止, 此时调节盘上刻度对准盘上指针的读数确定了动、静磨盘间隙为"0"。但刻度盘圈上的读数数字要记住, 这个数不是 0 度, 而是磨盘的间距为"0", 再反转（逆时针）调节盘几圈使动、静磨盘之间隙略大于 0。调节盘的刻度每进退一大格为 0.01mm。一般在满足加工物料细度要求的情况下, 尽可能使磨盘间隙保持一定间距, 同时用手柄将调节盘锁紧, 然后将进料口方块上限位螺丝调好, 确保机器正常运作。④接通冷却水后, 注入 1~2kg 的液料或其他与加工物料相关液体, 并将湿料保持在经过循环管回流状态。然后才可启动胶体磨, 待运转正常

后立即投料进入胶体磨中进行加工生产。⑤关机之前，进料斗内加入或腔内留有适量水液或其他与加工物料相关液体，并将湿料保持在经过循环管回流状态。方可关机。另外，开机时也一定要保持料斗内有一定量的湿料可回流状态并马上投入物料，否则会损伤硬质组合密封件甚至造成泄漏烧毁电机。⑥加工物料注意电机负荷，发现过载要减少投料。⑦胶体磨在动作中，绝不许关闭出料阀门，以免磨腔内压力过高而引起泄漏。⑧胶体磨属高精密机械，磨盘间隙极小，动转速度极快。操作人员应严守岗位，按规章作业，发现故障及时停机，排除故障后再生产。⑨胶体磨使用后，应彻底消毒、清洗机体内部，勿使物料残留在体内，以免硬质机械黏结而损坏机器。

**6. 维护保养**

（1）检查胶体磨管路及结合处有无松动现象。用手转动胶体磨运转部件，试看胶体磨运转是否灵活。

（2）向轴承体内加注轴承润滑机油，观察油位应在油标的中心线处，润滑油应及时更换或补充。

（3）拧下胶体磨泵体的引水螺塞，灌注引水（或引浆）。

（4）关好出水管路的闸阀和出口压力表及进口真空表。

（5）点动电机，试看电机转方向是否正确。

（6）开动电机，当胶体磨正常运转后，打开出口压力表和进口真空泵视其显示出适当压力后，逐渐打开闸阀，同时检查电机负荷情况。

（7）尽量控制胶体磨的流量和扬程在标牌上注明的范围内，以保证胶体磨在最高效率点运转，才能获得最大的节能效果。

（8）胶体磨在运行过程中，轴承温度不能超过环境温度35℃，最高温度不得超过80℃。

（9）如发现胶体磨有异常声音应立即停车检查原因。

（10）胶体磨要停止使用时，先关闭闸阀、压力表，然后停止电机。

（11）胶体磨在工作第一个月内，经100小时更换润滑油，以后每个500小时，换油1次。

（12）经常调整填料压盖，保证填料室内的滴漏情况正常（以成滴漏出为宜）。

（13）定期检查轴套的磨损情况，磨损较大后应及时更换。

（14）胶体磨在寒冬季节使用时，停车后，需将泵体下部放水螺塞拧开将介质放净，防止冻裂。

（15）胶体磨长期停用，需将泵全部拆开，擦干水，将转动部位及结合处涂以油脂装好，妥善保存。

**7. 注意事项**　①加工物料中绝不允许混有石英砂、碎玻璃、金属屑等硬物质，严禁进入胶体磨加工生产。②启动、关闭及开机清洗前、后胶体磨机体内一定要留有水或液态物料，禁止空转与逆转。否则，操作失当会严重损坏硬质机械组件或静磨盘、动磨盘或发生泄漏烧毁电机等故障。

### 三、配液罐

液体制剂的配液岗位是产品质量控制点之一，液体制剂质量如何与选用配液设备是非常重要的，当然设备的规范化操作亦是非常关键的。JP-01 型配液罐是严格按照《药品生产质量管理规范》并结合"用户需求说明"方案进行设计、确认、制造，以达到易清洗（或易拆洗）、易消毒（灭菌）、使用经济、安全高效等目的。

**1. 设备结构**　该设备为全密封、立式结构的卫生洁净型容器设备，具有可加热、冷却、保温、搅拌功能，是制药行业的药液（如大输液、针剂）等进行搅拌配料、浓配或稀配的常用设备。罐体设有夹层，夹层内通入蒸汽（冷却水）可分别进行加热或冷却，使药液借助搅拌器的运转得到充分溶解与调配均匀。

**2. 设备特点**

（1）可在线 CIP 清洗，SIP 灭菌（121℃/0.12MPa）。

（2）按照卫生无菌级要求设计，结构设计人性化，操作方便。

（3）适宜的径高比设计，按工艺要求定制搅拌装置，搅拌、调配效率高，搅拌负载传动平稳，噪音低。

（4）内罐体表面镜面抛光处理（粗糙度 $Ra \leqslant 0.4\mu m$），各进出管口、视镜、人孔等工艺开孔与内罐体焊接处均采用拉伸翻边工艺圆弧过渡，光滑易清洗无死角，生产过程可靠、稳定。

**3. 技术参数**　JP-01 型配液罐技术参数见表 10-3。

表 10-3　JP-01 型配液罐技术参数

| 设备部件 | | 技术参数 | 设备部件 | 技术参数 |
|---|---|---|---|---|
| 结构形式 | 立式 | 上下椭圆形 | 公称容积（L） | 130（不含上封头容积） |
| | 封头 | 全密封结构 | 搅拌转速（rpm/min） | 60 |
| 工作压力 | 罐内（MPa） | −0.1~0.15 | 罐内液位指示方式 | 压力式液位传感器+数显表 |
| | 夹套（MPa） | 0.25 | 内罐体尺寸（mm） | 600×350 |
| 工作温度 | 罐内（℃） | 121 | 搅拌功率（kW） | 0.55 |
| 进出料口规格 | 快装卡盘连接管（mm） | 32 | 搅拌轴封密封形式 | 机械密封 |
| 配液罐附件配置 | 快开式手孔（mm） | 150 | 罐体材质 | 不锈钢（SUS304） |
| | 快装卡盘连接（CIP 口）（mm） | 32 | 外形尺寸（mm） | 800×1650 |

**4. 操作方法**

（1）操作前准备　①检查配液罐的清洁情况。②检查蒸汽、冷水的供给情况。③检查注射用水（纯化水）、氮气供给是否正常。④开启机器空转 1 分钟，检查电机是否能正常工作。⑤检查各个阀门是否正常。

（2）操作过程　①开启注射用水阀门，向配液罐内放入一定量的水。②关好注射用水阀门，打开投料口阀门，注入物料。③打开搅拌器电源开关。④加热操作（工艺需要）：打开蒸汽阀门，将罐内物料加热 2~3 分钟后，关小排气阀；温度达到设定值时，应关闭蒸汽阀。⑤降温操作（工艺需要）：打开冷水阀向夹层内供应冷却水，降低罐内物料温度；温度达到设定值时，应关闭冷水阀。⑥无须搅拌操作时，可关闭搅拌器。⑦配制结束：打开出料阀及输料泵，将罐内物料打入稀配间药液稀配罐内；按《配液罐清洁规程》进行清洁；检查各个管道阀门的关闭情况，是否正常。

**5. 维护保养**

（1）投药液时应根据配液罐容量按比例输入罐内，但不宜装得太满，以免搅拌时外溅，造成物料损失。

（2）在正常使用中，应视情况进行定期检查，搅拌栓是否松动，如有发现应固紧后方可使用。

（3）在使用中要把盖子密封严实，防止外界的尘埃进入和防止内部物料外泄。

（4）使用中应随时检查配液罐的完好情况，如发现裂隙、破口等应及时更换或淘汰。

（5）如暂时不使用时，应要内外清洗干净，保持内外清洁。

（6）定期检查配液罐放料出口，是否放料正常。

**6. 注意事项**

（1）设备运行出现故障，应将罐内余汽排尽，不能带压维修。

（2）维修时，防止液体溅到电机上。

**7. 安装注意事项**

（1）**配液罐的法兰连接接口**  需确保法兰水平或垂直，偏差不超过法兰外径的1%，且不大于 3mm；安装法兰前，应将密封垫适当固定，防止安装过程中密封垫滑落；安装法兰用的螺栓应统一方向，对于压力容器，安装应按照规范或厂家推荐的标准进行选择，不得随意降低要求；在紧固螺栓时应采用对角预紧。

（2）**配液罐的快装接头**  应使用同等规格的快装接头进行连接，不应采用不同公称直径的接头进行连接，如必须连接不同管径的接头，应采用偏心异径快装接头进行连接，以避免管道中的突变和死角。

（3）**阀门的安装**  在安装阀门前应确保管道内无颗粒状杂质，防止阀门安装好后杂质进入阀门，导致阀门关闭不严；检查阀门开关情况，阀杆及阀体应开关自如，如有必要可对阀门单独做密封性及强度压力试验，试验合格后按照法兰或快装或螺纹的安装注意事项安装阀门；水平安装的隔膜阀应按照倾斜 $30°~45°$ 的方法进行安装；需特别注意的是，设备上使用的安全阀应按照设备的使用压力进行压力调定，并使用铅封固定，调定的原则是高于使用压力，低于设计压力。

（4）**视灯视镜的安装**  安装视镜前应确认视镜（视灯）玻璃无破损、无裂纹；安装过程中，将密封垫安装好后，将视镜玻璃安装在视镜上，轻轻旋转两下，保证视镜玻璃与密封垫紧密贴合后，安装另一片密封垫，再安装视镜上法兰，轻轻旋转两下视镜上法兰，确保视镜玻璃受力均匀后，用手安装螺栓，并尽量用手将螺栓旋紧，使用扳手对角紧固螺栓，在紧固过程中一定要注意法兰的受力平衡，防止玻璃一侧受力过大导致破损；安装视灯前按照安装视镜的办法安装视灯玻璃，然后安装视灯。

（5）配液罐体换热夹套进出管口　夹套一般用作配液罐的换热，即加热、保温或冷却、冷藏，所通入的介质一般分液相和气相两种。当夹套内通入的介质为液相时，管口的接法一般为下进上出；当夹套内通入的介质为气相（如蒸汽）时，管道的接法一般为上进下出，较低部接蒸汽疏水阀，当两种介质分别进入时，管道上加三通和阀门即可，但是严禁两种介质同时进入配液罐夹套。

## 四、胶塞清洗机

超声波式胶塞清洗机是用于特种复合胶塞、大输液胶塞清洗、烘干的专用设备。以DQXT 系列多功能超声波式胶塞清洗机为例，该机按照 GMP 要求，结合各型胶塞清洗机的设计、制造经验而设计。本机具有人工加料、强力喷淋粗洗、慢速滚动、加热漂洗和快速烘干、人工出料等功能。本机采用可编辑控制器（PLC）程序控制、触摸屏显示、人工操作的半自动运行。各个工序参数可任意调整，手动操作简单，安全可靠。清洗机的主要部件采用 S30408 不锈钢材料制造，精细制作和抛光处理，外形美观，符合GMP 对制药装备的要求。

**1. 工作原理**　需清洗的胶塞由人工从加料斗加入清洗桶，胶塞在清洗桶内按顺时针方向转动，使胶塞产生慢速翻滚。这时喷淋水经中心管强力喷向胶塞进行喷洗。经喷洗后，关闭排水阀，使清洗箱内充满清洗液至上水位，这时开启补水阀、增压泵和超声波，关闭中心管进水阀。胶塞慢速滚动下，由中心管强力喷淋，在慢速翻滚和超声波等同时作用下进行清洗。漂浮物经溢流口排出，使胶塞得到良好的清洗。

**2. 结构特征**　胶塞清洗机的结构由清洗箱、清洗桶、转动机构、进出料机构、热风箱、风机、增压水泵、水管路、气动阀门及电控系统等十多个部分组成，采用了机、电、仪一体化设计，半自动操作，结构紧凑，操作方便，清洗胶塞质量好。电控系统采用 PLC 程序控制触摸屏显示操作，各工序的参数可任意调整，主传动电机采用进口调频器调频变速，调速范围大，运行可靠。

（1）清洗箱　清洗箱为封闭耐压圆筒形结构，功能齐全，上部开有进料孔、照明和观察孔、进水、进气口，冲洗管接口，前门为出料口，后盖上安装主传动系统，为本机的主体结构。

（2）清洗桶　清洗桶为圆筒带前锥体的筛孔结构，内壁装有两条出料螺旋，两条直板搅拌筋（8 万只/批以上设有此筋）用米清洗翻滚搅拌，并作为出料输送螺旋。后封头与传动主轴连接，中心装有喷淋水管，圆周上开有弹簧门，当主轴停止转动，弹簧门与清洗箱上进料口对正时，需清洗的胶塞便可从此门加入清洗桶。

（3）主轴传动装置　主轴传动装置由电机串联减速机通过链条带动主轴。主轴装在主轴支架上，采用两点滚动轴承支撑，承载负荷大，摩擦力小，主轴内装有小管轴。各轴与箱体的密封面采用高精度机械密封结构，密封性能好。主轴传动速度的改变选用进口的调频器控制，按洗涤工艺要求，由 PLC 可编程控制，可达到任意转动速度的调控，且运行平稳，调控转速准确。

（4）**热风装置**　热风装置用来加热清洗箱内温度达到工艺要求温度。加热时先打开热风器两端阀门，启动风机后，接通加热器内加热用的翅片电热管。清洗箱内的空气经风机抽出吹过的电热管加热，再经风过滤器返回清洗箱，连续循环加热，使清洗箱内温度升高到所需温度。为了防止风过滤器过热烧损，在过滤器前部装有热电偶进行温控，使热风经过风过滤器前的温度控制在规定值。另外在风过滤器的前后装有风压测试管，以测定风过滤器的风阻变化状态。

（5）**水管路系统**　水管路系统是用来控制胶塞清洗液的进排放等工艺过程。该系统中气动球阀的开、闭由气路汇总板上的二位五通阀控制。二位五通阀的动作由电控柜内的 PLC 控制，从而实现了系统的自动控制。气动球阀的空气由外部供给，经空气过滤器、油雾化器进入汇总板，供给的空气压力应不低于 0.6MPa。在清洗过程中，需要进水管继续补充清洗液，因为箱中的清洗液，经中心喷淋管进行强力喷淋，清洗完成后打开排水阀和溢流阀，放净清洗液。

（6）**真空系统**　干燥真空系统由水环真空泵直接从清洗箱内抽气，经气水分离器排出。真空泵的循环水供给，采用电磁阀控制与真空泵电动机并联的方式，当真空泵起动时，电磁阀即能打开，停车时，电磁阀关闭。

**3. 技术参数**　DQXT-6ES 型多功能超声波式胶塞清洗机主要技术参数见表 10-4。

**表 10-4　DQXT-6ES 型多功能超声波式胶塞清洗机主要技术参数**

| 设备性能 | 技术参数 |
| --- | --- |
| 产品规格（L） | 490 |
| 生产能力（只/箱次） | 60000 |
| 主输出功率（kW） | 1.5 |
| 主输转速（rpm/min） | 0.4~8 |
| 总功率（kW） | 23 |
| 粗洗时间（min） | 30（可自控） |
| 精洗时间（min） | 30~40（可自控） |
| 洗涤温度（℃） | 60~90 |
| 设备外形尺寸长×宽×高（mm） | 3150×1650×2050 |
| 设备重量（kg） | 2700 |

**4. 设备安装**　设备的安装以底架的上平面为基准找好水平。清洗机的内侧面与无菌室彩钢板相连进行安装。出料大门伸入无菌室内其上部应装有层流罩。前侧面卡入彩钢墙后其周围用密封胶纸密封。彩钢墙方孔的大小按机型外形尺寸确定。电控柜可安装于清洗机后部或侧向，控制线和动力线从电控柜上部引出，从上部引至清洗机距离一般为 2.5~3.4m，便于操作和维修。

**5. 操作方法**

（1）设备的各部分处于正常状态和出料门处于关闭时，可按下启动开关，接通电源。

（2）按下加料开关，主机启动，清洗桶在光电开关的控制下，使清洗桶上的加料孔与清洗箱上的加料口位置启动对正。这时打开加料口盖子，再拉开清洗桶上的加料口拉门，并装上专用加料斗后，即可人工加料。加料时加料量不应超过设备生产能力规定数量，以免影响搅拌和产生挤压。

（3）洗涤分冲洗、粗洗和精洗。①喷淋粗洗：先接通纯化水管路，再打开气动阀1#、7#、8#、15#，对胶塞进行强力冲洗。一边冲洗，一边将冲洗下来的污物立即排出。需3~5分钟，计时到关闭1#，水排尽后关7#、8#、15#。②纯化水漂洗：即强力喷淋、慢速翻滚搅拌及超声波清洗。开启1#、15#由进水管向清洗桶内强力喷淋充水，待水位充满至上水位后，关闭1#（此时气动阀1#按设定的启停比启动），开启7#、超声波，这时即进入清理喷淋、慢速翻滚搅拌、超声波清洗、溢流口溢流清洗，很快将黏附脏物清洗干净。计时到后，关闭1#、增压水泵和超声波，打开气动阀8#排水，水排尽后关7#、8#、15#。③喷淋后冲洗：开启主机，气动阀5#、7#、8#、15#，进行箱壁冷洗和胶塞冲洗，计时到后关5#，水排尽后关7#、8#、15#。④注射用水精洗：开主机，2#、7#、8#、15#，7#、8#开启十秒后关闭，向清洗桶内喷淋和充水，充水至上水位时，关闭2#（此时气动阀2#按设定的启停比启动），开启7#、增压水泵、超声波进行精洗，精洗时间计时到关闭主机、7#、2#、15#、超声波和增压水泵。

（4）取样：①由于胶塞质量或新换批号等原因，可能对原有粗、精洗的工艺参数能否达到洁净度要求进行取样分析。经分析后如不能达到洁净度指标，可重复进行清洗，合格后可转入下一工序。②当清洗桶停止转动，取样口自动对正外取样口及绿色指示灯，打开清洗箱上的进料口盖，用取样器取样。或打开取水样阀取水进行检验。

（5）开启增压泵、气动阀进行箱壁冲洗和胶塞冲洗。

（6）清洗后真空：①关闭系统中所有阀门后，打开气动阀11#，启动真空泵，打开25#真空电磁阀，开始抽吸真空，这时真空泵的供水电磁阀应自动开启供水。②真空度应不低于-0.09MPa，清洗后真空计时到，关闭气动阀11#真空泵及25#真空电磁阀。③打开常压化阀15#，30秒后关闭。

（7）热风干燥对胶塞的水分要求较高时，可进行热风加热再抽真空干燥以降低含水率。打开气动阀，启动热风风机及电热器，此时主机按设定屏的启停比开和关，温度上升到设定值时开始计时，热风干燥时间计时到，关闭主机、风机、加热器，结束此工作。

（8）干燥后真空开主机（此时主机按设定屏的启停比开和关）、11#、真空泵、真空电磁阀开始计时，热风后真空时间计时到，关闭11#、真空泵、真空电磁阀，开15#阀30秒钟。

（9）常压化降温处理开主机（此时主机按设定屏的启停比开和关）、11#、真空泵、真空电磁阀、14#开始降温，当箱内上温度降到"冷却温度"设定值后关闭主机、11#、14#、真空泵、真空电磁阀→结束此工步。

（10）出料桶内胶塞冷却到出料温度，开始出料。出料时清洗桶先停止转动，打开前出料门，装好出料接嘴后，再打开内门。这时按下出料开关，再旋转调速旋钮，使清洗桶慢慢按反向转动。胶塞在清洗桶内出料螺旋的作用下，慢慢地带出清洗桶外。出料时清洗桶转速由慢到快，逐步升速，直至把全部胶塞出完。

**6. 维护保养**　气动球阀在正常使用条件下，每两年应更换 1 次密封圈；支承主轴的可调心滚动轴承采用钠脂或锂脂润滑润滑脂，每 1~2 年更换 1 次；摆线减速机每年更换 1 次润滑油；水环真空泵每年由专业人员进行 1 次检修；主传动轴口的二套机械密封的润滑油应使用硅油；蒸汽过滤器呼吸过滤器当流经它们的阻力大于规定阻力一倍时应拆下，清洗或更换滤芯；气源处理三联组合件应定期检查，雾化器应在无油时加入雾化油；电器控制柜内的原气件每年要进行 1 次检查、保养检查接线的可靠性必要时更换不正常的元件和电线。

**7. 注意事项**　使用由纯化水或注射用水配成的清洗液（如需要可加入表面活性剂促进表面润湿）；清洗液体的温度在保证胶塞特质的情况下应尽可能得高（建议 70℃ 以上），通过实验确定清洗液体积与胶塞数量的百分比；用循环泵通过过滤器（孔径 2μm）过滤的清洗液持续去除其中的颗粒；在最小的摩擦力下移动胶塞（如果可能的话，漂浮），从而防止任何表面的变化，因此济宁亨达采用气动搅拌；在胶塞表面尽量多地应用边界层效应（空气/液体/蒸汽），从而增加清洗能力；淋洗阶段和最终淋洗的温度建议在 80℃ 以上以减少微生物数量；最终漂洗必须使用注射用水；清洗完毕进行灭菌。

## 五、安瓿瓶洗烘灌封联动机组

AGF 型自动安瓿洗烘灌封联动机组是以 AGF 型自动安瓿灌封机为主机的安瓿灌装封口生产线。该线适用于 1mL、2mL、5mL、10mL、20mL 等多种安瓿，分为清洗、灭菌、灌装封口三个工作区，每台单机都有特定的功能，可单机使用，也可联动生产。整线生产时可完成淋水、超声波清洗、冲水、冲气、灭菌烘干、冷却、灌装、充气、封口、计数、翻检、印字烧结等生产工艺，是安瓿水针生产的理想设备，符合 GMP 生产质量要求。

**1. 设备结构**　AGF 型自动安瓿洗烘灌封联动机组由 CLQ 型链式多功能超声波清洗机、SH-500 型高温灭菌隧道烘箱、AFJ 型安瓿注射翻检机、BYS 型玻璃瓶色釉印字烧结机等组成。

**2. 设备特点**

（1）CLQ 型链式多功能超声波清洗机　① CLQ 型链式多功能超声波清洗机水汽管路相互独立且带有压力控制，既保证瓶子清洗时所需的水汽压力（水汽压力不到设定值时，设备自动停车报警），又避免了各管路的交叉污染，而且设备的清洗区域与动力区域完全隔离，同时还具有与瓶子接触部位在线清洗的功能。②整机采用高精度彩色触摸显示屏操作监视，PLC 自动控制，自动保护，主机变频调速均采用数控技术，能对主机传动系统、进出瓶系统、循环水系统的水位和温度的自动控制及监测的互控连接，洗瓶过程采用全自动控制。③自动化程度高。

（2）MSH-500 型高温灭菌隧道烘箱　本机符合 GMP 要求，采用 304 不锈钢材料制作，适用于 1~20mL 安瓿的灭菌、干燥。本机采用红外线石英管加热，对玻璃瓶进行连续干燥加热灭菌，灭菌隧道的灭菌温度达到 300℃ 的持续时间不少于 5 分钟，冷却配备 A 级层流洁净装置。本机分三个阶段完成灭菌烘干任务（预热段、高温段、冷却段），从而保证瓶子出来时的温度控制在 40℃ 以下。本机进出口采用无菌洁净层流封闭。设定温度数显自动控制，有数字式温度输出的显示器及其温控器，有故障显示功能，网带行进速度无级调速，整机运行操作方便。

（3）AGF 型自动安瓿灌封机　本机符合 GMP 要求，整机采用 304 不锈钢材料制作，接触药液部分的采用 316L 不锈钢材料制作，适用于 1~20mL 安瓿的灌装、封口，1 次可同时对 8 支（或 6 支）安瓿进行充氮灌装及封口，具有缺瓶止灌、高位停车等功能，产量高，质量好，运行稳定可靠，操作方便。在机器上方自带洁净度达 A 级的空气净化装置，主机及进瓶输送网带均无级变速。

（4）AFJ 型安瓿注射翻检机　本机符合 GMP 要求，采用 304 不锈钢材料制造，自动进、出瓶、机械手翻动，经放大镜进行目检，剔除漏气、焦尖等不合格品，后经送瓶轮输出，全部动作采用气动来输送与摆动装有药液的安瓿，减小劳动强度、场地污染。安瓿进入灯检区后，由夹紧气缸在输送带停止的间隙夹紧安瓿，通过摆动气缸上下翻动，此时液体还在流动，在射光和放大镜的配合下，药液中的异物清晰明亮地接受检查。在翻动的过程中，药液中的异物有沉降或飘浮，在放大镜中会清晰地显示出来，通过剔除可达到质量检测要求。

（5）BYS 型玻璃瓶色釉印字烧结机　①本机符合 GMP 要求，是对安瓿、西林瓶、注射管及理化试验用的圆筒型玻璃瓶表面，用丝网印刷名称、制造厂家、标记、刻度、批号等内容的专用设备。②整机采用可编程序控制，丝网板下没有承印物时刮刀自动抬起，延长使用寿命。烘箱段内外胆均采用不锈钢制造，减少污染。电加热烧结温度自动控制，烧结后瓶表面字迹凸出清晰。

**3. 技术参数**　见表 10-5~表 10-9。

（1）QCL 型立式超声波清洗机　见表 10-5。

表 10-5　QCL 型立式超声波清洗机技术参数

| 设备性能 | 技术参数 |
| --- | --- |
| 生产能力（瓶/分） | 200~400 |
| 适用规格（安瓿）(mL) | 1~20 |
| 离子水冲洗水量（L/h） | 1200 |
| 药用水冲洗水量（L/h） | 600 |
| 净化压缩空气气耗量（$m^3$/h） | 48 |
| 离子水、药用水压力（MPa） | 0.35 |
| 整机功率（kW） | 16（其中：加热功率 12kW，超声波功率 0.5kW） |
| 电源（三相四线制）(V/Hz) | 380/50 |
| 外形尺寸（mm） | 4200×1500×1700 |
| 重量（kg） | 1800 |

（2）MSH-500 型高温灭菌隧道烘箱 见表 10-6。

**表 10-6 MSH-500 型高温灭菌隧道烘箱技术参数**

| 设备性能 | 技术参数 |
|---|---|
| 生产能力（瓶/分） | 200~400 |
| 适用规格（安瓿）（mL） | 1~20 |
| 输送带速度（mm/min） | 0~300 |
| 排风量（m³/h） | 4000~6000 |
| 加热方式 | 石英管远红外辐射加热 |
| 冷却方式 | A 级垂直层流冷却 |
| 控制形式 | 自动控制，超温报警 |
| 灭菌烘干温度（℃） | 250~350 |
| 功率（kW） | ≤30 |
| 电源（三相四线制）（V/Hz） | 380/50 |
| 外形尺寸（mm） | 4500×1500×2200 |
| 重量（kg） | 2000 |

（3）AGF 型自动安瓿灌封机 见表 10-7。

**表 10-7 AGF 型自动安瓿灌封机技术参数**

| | 安瓿规格（mL） | 生产能力（支/小时） |
|---|---|---|
| 同时生产 8 支 | 1~2 | 20000 |
| | 5 | 15000 |
| | 10 | 8000 |
| | 20 | 4500 |
| 同时生产 6 支 | 1~2 | 16000 |
| | 5 | 12000 |
| | 10 | 6000 |
| | 20 | 3600 |
| 装量误差 | | 符合规定 |
| 氮气耗量（m³/h） | | ≤2 |
| 燃气耗量（L/h） | | 280 |
| 氧气耗量（m³/h） | | 1.2 |
| 吸风要求（m/s） | | ≥0.6 |
| 功率（kW） | | 2 |
| 电源（三相四线制）（V/Hz） | | 380 |
| 外形尺寸（mm） | | 3000×1200×2400 |

（4）AFJ 型安瓿注射翻检机　见表10-8。

**表10-8　AFJ 型安瓿注射翻检机技术参数**

| 适用瓶规格（安瓿瓶）（mL） | 1~20 |
|---|---|
| 输瓶能力（支/分） | 40~60 |
| 用气压力（MPa） | 0.3~0.4 |
| 射灯（W） | 18 |
| 功率（kW） | 0.5 |
| 电源（V/Hz） | 220/50 |
| 外形尺寸（mm） | 1450×600×1200 |

（5）BYS 型玻璃瓶色釉印字烧结机　见表10-9。

**表10-9　BYS 型玻璃瓶色釉印字烧结机技术参数**

| 适用瓶规格（安瓿）（mL） | 1~20 |
|---|---|
| 生产能力（瓶/分） | 60~80 |
| 主电机功率（kW） | 0.55 |
| 电加热功率（kW） | 16 |
| 外形尺寸（mm） | 4675×620×1370 |
| 重量（kg） | 800 |

# 第十一章　包装设备 ▷▷▷▷

　　包装（packaging）系指为了在流通过程中保护产品、方便贮运、促进销售，按一定技术方法采用的容器、材料及辅料的总称；亦指为了达到以上目的而在采用容器、材料和辅助物的过程中，施加一定技术方法等的操作活动。药品包装（medicine packaging）系指选用适宜的包装材料或容器，利用一定技术对药物制剂的成品进行分、灌、封、贴等加工过程的总称，是药品生产过程中的重要环节。药品包装要求其成品制剂必须采用适当的材料、容器进行包装，从而在运输、保管、装卸、供应和销售过程中均能保护药品的质量，最终实现临床疗效的目的。

## 第一节　包装分类与功能

　　药品的包装涵盖两个方面：一是指包装药品所用的物料、容器及辅助物；二是指包装药品时的操作过程，它包括包装方法和包装技术。但是需要特别指出的是，因为无菌灌装操作是将待包装品灌至初级容器中，并不进行最后的包装，因此一般来说无菌灌装操作通常不认为是包装工艺的一部分。

### 一、包装的分类

　　药品的包装按不同剂型采用不同的包装材料、容器和包装形态。药品包装的类型很多，根据不同工作的具体需要可进行不同的类型划分。

　　**1. 按药品使用对象分类**　医疗用包装、市场销售用包装、工业用包装。

　　**2. 按使用方法分类**　单位包装，将一次用量药品进行包装；批量包装。

　　**3. 按包装形态分类**　铝塑泡罩包装、玻璃瓶包装、软管、袋装等。

　　**4. 按提供药品方式分类**　临床用药品、制剂样品、销售用药品等。

　　**5. 按包装层次及次序分类**　内包、中包、大包。

　　**6. 按包装材料分类**　纸质材料包装、塑料包装、玻璃容器包装、金属容器包装等。

　　**7. 按包装技术分类**　防潮包装、避光包装、灭菌包装、真空包装、充惰性气体包装、收缩包装、热成型包装、防盗包装等。

　　**8. 按包装方法分类**　充填法包装、灌装法包装、裹包法包装、封口包装。

### 二、包装的功能

　　药品包装是药品生产的延续，是对药品施加的最后一道工序。一个药品，从原料、中间体、成品、包装到使用，一般要经过生产和流通两个领域。在整个转化过程中，药品包装起到了桥梁的作用。药品包装作用可概括为保护、使用、流通和销售四大功能。

**1. 保护功能**　包装材料的保护功能是防止药品变质的重要因素，合适的药品包装对于药品的质量起到关键性的保护作用，其主要表现在三个方面，稳定性、机械性和防替换性。

（1）稳定性　药品包装必须保证药品在整个有效期内药效的稳定性，防止有效期内药品变质。

（2）机械性　防止药品运输、贮存过程中受到破坏。药品运输和贮存过程中难免受到堆压、冲击、振动，可能造成药品的破坏和散失，要求外包装应当具有一定的机械强度，起到防震、耐压的作用。

（3）防替换性　采用具有识别标志或结构的一种包装，如采用封口、封堵、封条或使用防盗盖、瓶盖套等，就是采用一旦开启后就无法恢复原样的包装设计来达到防止人为故意替换药品的目的。

**2. 使用功能**　包装不仅要做到可供消费者方便使用，更要做到让消费者安全使用，尤其是针对儿童使用的包装设计，一定要避免在包装上使用带有尖刺、锋利的薄边、细环等不恰当设计。

**3. 流通功能**　药品的包装必须保证药品从生产企业经由贮运、装卸、批发、销售到消费者手里的流通全过程，均能符合其出厂标准。如以方便贮运为目的的集合包装、运输包装；以方便销售为目的销售包装、以保护药品为目的的防震包装、隔热包装等。

**4. 销售功能**　药品包装是吸引消费者购买的最好媒介，其消费功能是通过药品包装的装潢设计来体现的。因此，药品的包装不仅是传递信息的媒介，更是一种商业手段。特别是醒目的包装，能使患者产生信任感，从而起到促进销售作用。例如，有的包装采用特殊颜色的瓶子，有的包装采用仿古包装，有的包装采用特制容器，等等。

**5. 药品包装的标示功能**　药品包装应具有在药品分类、运输、贮存和临床使用时便于识别和防止差错的功能。因此，剧毒、易燃、易爆、外用等药品的包装上，一般除印有品名、装量等常规标识外，还应印有特殊的安全标志和防伪标志。

# 第二节　包装材料

常用的包装材料和容器按照其成分可划分为塑料、玻璃、橡胶、金属及复合材料五类。按照所使用的形状可分为容器、片、膜、袋、塞、盖及辅助用途等类型。药品包装容器按密封性能可分为密闭容器、气密容器及密封容器三类。

## 一、玻璃容器

药用玻璃是玻璃制品的一个重要组成部分。国际标准 ISO12775-1997 规定药用玻璃主要有三类：国际中性玻璃、3.3 硼硅玻璃和钠钙玻璃。我国将玻璃分为十一大类，药用玻璃按照制造工艺过程属于瓶罐玻璃类，按照性能及用途分类属于仪器玻璃类。玻璃容器按照制造方法分为模制瓶和管制瓶两大类。

**1. 药用玻璃容器选择原则**　各类不同剂型的药品对药用玻璃的选择应遵循：①具有良好的化学稳定性，保证药品在有效期内不受到玻璃化学性质的影响。②具有良好适宜的抗温度急变性，以适应药品的灭菌、冷冻、高温干燥等工艺。③具有良好的稳定的规格尺寸具有良好的机械强度。④适宜的避光性能。⑤良好的外观和透明度。⑥其他，如经济性、配套性等。

**2. 药用玻璃成型工艺**　玻璃的成型是指熔融的玻璃液转变为具有固定几何形状的过程。制备工艺分为两个阶段：第一阶段为赋形阶段，第二阶段为固形阶段。玻璃瓶按照成型工艺的不同，分为玻璃管、模制瓶、安瓿和管制瓶三类。

（1）玻璃管　是一种半成品，可采用水平拉制和垂直拉管工艺制备。

（2）模制瓶　模制瓶系指在玻璃模具中成形的产品。成型方式分为"吹-吹法"和"压-吹法"两类。一般小规格瓶和小口瓶采用"吹-吹法"；大规格瓶和大口瓶，因体积较大，需要在初型模中用金属冲头压制成瓶子的雏形，再在成形模中吹制，故采用"压-吹法"。

（3）安瓿和管制瓶　两者的工艺类似，均需要对所需要的玻璃管进行二次加工成型，采用火焰对玻璃管进行切割、拉丝、烤口、封底和成型。

## 二、高分子材料

高分子材料通常指以无毒的高分子聚合物为主药原料，采用先进的成型工艺和设备生产的各种药用包装材料，广泛地应用于制药行业，包括聚氯乙烯（PVC）、聚酯（PET）、聚丙烯（PP）、聚乙烯（PE）、聚偏二氯乙烯（PVDC）等。

PVC：清澈透明、坚硬可塑型。并有较大的硬度及优良的阻隔氧气的性能，特别适合油类、挥发或不挥发的醇类、油溶剂的药品。

PET：阻隔性、透明性、耐菌性、耐寒性较好，加工适应性较好，毒性小，有利于药品保护、保存。

PP：透明性良，阻隔性好，无毒性，良好的加工适应性，可以回收再利用。

PE：阻隔性好，透明性良，无毒性，加工适应性较好，可以回收再利用。

PVDC：高分子量，密度大，结构规整，优异的阻湿能力，良好的耐油、耐药品和耐溶剂性能，尤其是对空气中的氧气、水蒸气、二氧化碳气体具有优异的阻隔性能、封口性能、抗冲击、抗拉。在厚度相同的情况下，PVDC对氧气的阻隔性能是PE的1500倍，是PP的100倍，是PET的100倍。

目前，高分子材料包装容器的主要生产设备是IB506-3V制瓶机。该机由注射、吹塑、脱瓶三个工位。全程工艺均由数字操控，且精度极高，如注射时间可从0.1~9.9秒任意选择和设置，生产循环周期可在10~20秒内设定和调节，精度可达±0.1秒，温度可在0~300℃，精度±0.1℃。设备采用垂直螺杆，注、吹、脱一步成型，成品光电检验，与输送机联动，实现火焰处理、自动计数、变位落瓶组成高效自动流水线，适用多种高分子聚合物的大批量、小容量、高质量的药用塑料瓶的生产。

### 三、金属材料

包装用金属材料常用的有铁质包装材料、铝质包装材料。容器形式多为桶、罐、管、筒等。

铁：分为镀锡薄钢板、镀锌薄钢板等。镀锡板俗称马口铁，为避免金属进入药品中，容器内壁常涂一层保护层，多用于药品包装盒、罐等。镀锌板俗称白铁皮，是将基材浸镀而成，多用于盛装溶剂的大桶等。

铝：铝由于易于压延和冲拔，可制成更多形状的容器，广泛应用于铝管、铝塑泡罩包装与双铝箔包装等，是应用最多的金属材料。

药用铝管设备包括：冲挤机、修饰机、退火炉或清洗机、内涂机、固化炉、底涂机、印刷机、上光机、烘箱、盖帽机、尾涂机。组成的生产线又分为自动线和半自动线两种，目前国外以高速全自动生产线为主，速度可达到150~180支/分，国产一般50~60支/分。从帽盖机或硬质铝管收口机开始包括尾涂机和包装必须在净化环境中生产，一般为 C 级环境。

### 四、纸质材料

包装是药品形象的重要组成部分，药品的外包装应当与内在品质一致，应追求包装给药品所带来的附加值。尤其是外包装纸特别重要，很难想象外包装纸张质量低劣，印刷粗糙的药品能给人良好的第一印象。现代医药企业一般都采用全自动包装生产线，质量低劣的纸板因挺度不高，自动装盒时会对开盒率造成影响，降低生产速度。而且很多全自动生产线上都带有自动称重复检程序，低质纸板质量不稳定，克重偏差大，检测系统有可能会误认为药品漏装或少装，而把已经包装好的药物剔除，给企业带来浪费。所以优质的纸材料是制药企业的第一选择。

纸是使用最广泛的药用包装材质，可用于内、中、外包装。目前用于药品包装盒的纸板，主要有以新鲜木浆为原料的白卡纸、以回收纸浆为原料的白底白板纸和灰底白板纸。

白卡纸市场上主要分为白芯白卡纸（SBS）和黄芯白卡纸（FBB）两种。SBS 以漂白化学浆为原料，结构为两层或三层，特点是白度较高，但同等克重纸板的挺度和厚度一般，印刷面积相对较小；FBB 以漂白化学浆作为纸板的表层和底层，而以机械浆或热敏漂白化学机械浆为原料构成中间层，形成三层结构的纸板。叮见，在同等克重的条件下，FBB 型白板纸厚度高，挺度高，模切和折痕效果高，单位重量的印刷面积大。

# 第三节　包装机械

包装机械在国标 GB/T 4122-1996 中被定义为完成全部或部分包装过程的机器，包装过程包括充填、裹包、封口等主要包装工序，以及与其相关的前后工序，如清洗、堆码和拆卸等。下面就包装机械的分类、基本结构及具体的设备类型分别加以叙述。

## 一、分类

包装机械通常按如下方法来进行分类，由于不同的分类，派生出了各种不同的设备特点和使用注意事项等各异的特征。

**1. 按包装机械的自动化程度分类**　全自动包装机，是指能够自动提供包装材料和内容物，并能自动完成其他包装工序的机器；半自动包装机，半自动包装机是指包装材料和内容物的供送必须由人工完成，机器可自动完成其他包装工序的机器；手动包装机，是指由人工供送包装材料和内容物，并通过手动操作机器完成包装工序的机器。

**2. 按包装产品的类型分类**　专用包装机，是专门用于包装某一种产品的机器；多用包装机，可以包装两种或两种以上同一类型药品，一般是通过调整或更换有关工作部件，实现多品种包装的机器。例如，同一种片剂但直径大小不同；通用包装机，是指在指定范围内适用于包装两种或两种以上不同类型药品的机器。

**3. 按包装机械的功能分类**　包装机械又可分为充填机械、灌装机械、裹包机械、封口机械、贴标机械、清洗机械、干燥机械、杀菌机械、捆扎机械、集装机械、多功能机械、辅助包装机械等。

## 二、基本结构

无论何种包装机械，大体组成基本一致，都是由七个主要部分构成，它们是计量与供送装置系统、整料与供送系统、物料传送系统、包装执行机构、输出机构、机械控制系统和动力传输系统。

1. 药品的计量与供送装置系指对被包装的药品进行计量、整理、排列，并输送到预定工位的装置系统。

2. 包装材料的整理与供送系统系指将包装材料进行定长切断或整理排列，并逐个输送至锁定工位的装置系统。

3. 主传送系统系指将被包装药品和包装材料由一个包装工位顺序传送到下一个包装工位的装置系统。

4. 包装执行机构系指直接进行裹包、充填、封口、贴标、捆扎和容器成型等包装操作的机构。

5. 成品输出机构系指将包装成品从包装机上卸下、定向排列并输出的机构。

6. 控制系统由各种自动和手动控制装置等组成。它包括包装过程及其参数的控制、包装质量、故障与安全的控制等。

7. 动力传动系统与机身等。

## 三、制袋装填包装机

制袋成型充填封口包装系指将卷筒状的挠性包装材料制成袋，充填物料后，进行封口切断，常用于包装颗粒冲剂、片剂、粉状、流体和半流体物料。工艺流程为直接用卷筒状的热封包装材料，自动完成制袋、计量和充填、排气或充气、封口和切断。

制袋装填包装机广泛用于片剂、冲剂、粉剂等生产包装中。按包装机的外形不同，可分为立式和卧式两大类；按制袋的运动形式不同，可分为间歇式和连续式两大类。立式自动制袋装填包装机又包括立式间歇制袋中缝封口包装机、立式连续制袋三边封口包装机、立式双卷膜制袋、立式单卷膜、立式分切对合成型制袋四边封口包装机等。下面就以立式连续制袋装填包装机为例介绍该设备的原理及使用情况。

**1. 立式连续制袋装填包装机的结构**　立式连续制袋装填包装机整机包括七大部分：传送系统、膜供送系统、袋成型系统、纵封装置、横封及切断装置、物料供给装置及电控检测系统，设备结构见图 11-1。

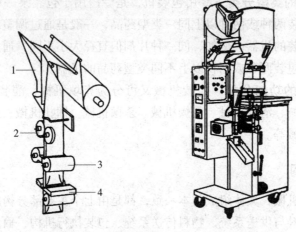

1. 制袋成型器；2. 纵封滚轮；3. 横封滚轮；4. 切刀

**图 11-1　立式连续制袋装填包装机结构示意图**

**2. 立式连续制袋装填包装机的机械原理**　立式连续制袋装填包装机机箱内安装有动力装置及传动系统，驱动纵封滚轮和横封辊转动，同时传送动力给定量供料器使其工作供料。卷筒薄膜在牵引力作用下，薄膜展开经导向辊（用于薄膜张紧平整以及纠偏），平展输送至制袋成型器。

制袋成型器：使薄膜平展逐渐形成袋型，其设计形式多样，如三角形成型器、U 形成型器、缺口平板式成型器、翻领式成型器、象鼻式成型器等。

纵封装置：依靠一对相对旋转的、带有圆周滚花的、内装加热元件的纵封滚轮的作用下相互压紧封合。后利用横封滚轮进行横封，再经切断等工序即可。

纵封滚轮作用：①对薄膜进行牵引输送。②对薄膜成型后的对接纵边进行热封合。这两个作用是同时进行的。

横封滚轮作用：①对薄膜进行横向热封合，横封辊旋转一周进行 1~2 次的封合动作（即当封辊上对称加工有两个封合面时，旋转一周，两辊相互压合两次）。②切断包装袋，这是在热封合的同时完成的。在两个横封辊的封合面中间，分别装嵌有刀刃及刀板，在两辊压合热封时能轻易地切断薄膜。在一些机型中，横封和切断是分开的，即在横封辊下另外配置有切断刀，包装袋先横封再进入切断刀分割。

物料供料器：①粉状及颗粒物料，采用量杯式定容计量。②片剂、胶囊可用计数器进行计数。③量杯容积可调，多为转盘式结构，内由多个圆周分布的量杯计量，并自动定位漏底，靠物料自重下落，充填到袋形的薄膜管内。

其他：①电控检测系统，可以按需要设置纵封温度、横封温度及对印刷薄膜设定色标检测数据等。②印刷、色标检测、打批号、加温、纵封和横封切断。③防空转机构（在无充填物料时薄膜不供给）。

**3. 立式连续制袋装填包装机封口不牢的原因排查** ①检查热封加热器的力度大小。热温度偏低或封口时间偏短，此时应检查和调整相应加热器的热封温度或封口时间。②检查封口器的表面是否出现凹凸不平，此时应仔细修整封口器表面，或及时更换封口器。③考虑是否是颗粒中粉末含量高，使袋子的表面因静电黏附粉尘而不能封合，可筛除颗粒中粉末或采用静电消除装置消除静电。

**4. 立式连续制袋装填包装机的操作规程** ①接通电源开关，纵封辊与横封辊加热器通电加热。②旋转温度调整按钮，调整纵封辊和横封辊的温度达到规定温度，依据不同的包材温度适当调整，一般为100~110℃。③将薄膜沿导入槽送至纵封辊，注意两端对齐，空袋前进的同时注意观察包材是否黏合牢固，并根据实际情况调整温度。④启动机器手动按钮，将薄膜送进横封辊，注意薄膜的光点位于横封热合中间，将光电头对准薄膜的光点后接通光电面板电源开关。⑤开启裁刀、转盘的按钮，调整供料时间。⑥将制剂装入装料斗，开启机器试机。注意调节封口温度及批号号码。⑦试运行正常，装量合格，可正式包装。⑧包装完毕开始停机，先切断转盘离合器，切断切刀离合器，关闭电机开关，最后关闭电源。

## 四、泡罩包装机

以泡罩包装机为代表的热成型包装机是目前应用最广的药用包装设备。热成型包装机是指在加热条件下，对热塑性片状包装材料进行深冲形成包装容器，然后进行充填和封口的机器。在热成型包装机上能分别完成包装容器的热成型、包装物料的定量和充填、包装封口、裁切、修整等工序。其中热成型是包装的关键工序，此工序中片材历经加热、深拉成型、冷却、定型并脱模，成为包装物品的装填容器。热成型包装的形式多样，一般制药业较常用的方式有托盘包装、软膜预成型包装、泡罩包装。目前制药业应用最广泛的包装形式为泡罩包装。

**1. 泡罩包装的结构形式** 泡罩包装（PTP）是将一定数量的药品单独封合的包装。底面均采用具有足够硬度的某种材质的硬片，如可以加热成型的聚氯乙烯胶片，或可以冷压成型的铝箔等。上面是盖上一层表面涂敷有热熔黏合剂的铝箔，并与下面的硬片封合构成密封的包装。泡罩包装使用时，只需用力压下泡罩，药片便可穿破铝箔而出，故又称其为穿透包装；又因为其外形像一个个水泡，又被俗称为水泡眼包装。

**2. 泡罩包装的材料** 目前市场上最常见的为铝塑泡罩包装。因其具有的独特泡罩结构，包装后的成品可使药品互相隔离，即使在运输过程中药品之间也不会发生碰撞。又因为其包装板块尺寸小方便携带和服用，且只有在服用前才需打开最后包装，可有效地增加安全感和减少患者用药时细菌污染。此外，还可根据需要，在板块表面印刷与产品有关的文字，以防止用药混乱等多项优点，因此深受消费者欢迎。

常见的板块规格有 35mm×10mm、48mm×110mm、64mm×100mm、78mm×56.5mm 等。但每个板块上药品的粒数和排列，可根据板块的尺寸、药片的尺寸和服用量来决定，甚至取决于制药企业的特殊需求。

一般说来每板块排列的泡罩数大多为 10、12、20 粒，在每个泡罩中药片数一般为 1 粒。当然制药企业可根据临床应用需要，在每个泡罩中放入 1 次性的用量如 2~3 片，甚至更多。

(1) 硬片　作为泡罩包装用的硬质材料的主要为塑料片材，包括纤维素、聚苯乙烯和乙烯树脂、聚氯乙烯、聚偏二氯乙烯、聚酯等。

目前最常用的是硬质（无毒）聚氯乙烯薄片，因其用于药品和食品包装，故其生产时对所用树脂原料的要求较高，不仅要求硬质聚氯乙烯薄片透明度和光泽感好，还有严格的卫生要求，如必须使用无毒聚氯乙烯树脂、无毒改性剂和无毒热稳定剂。

聚氯乙烯薄片厚度一般为 0.25~0.35mm，因其质地较厚、硬度较高，故常称其为硬膜。因为泡罩包装成型后的坚挺性取决于硬膜本身，所以其硬模的厚度亦是影响包装质量的关键因素。

除聚氯乙烯薄片外，常用泡罩包装用复合塑料硬片还有 PVC/PVDC/PE、PVDC/PVC、PVC/PE 等。若包装对阻隔性和避光性有特别要求，还可采用塑料薄片与铝箔复合的材料，如 PET/Al/PP、PET/Al/PE 的复合材料。

(2) 铝箔　铝箔通常有四类，分别为触破式铝箔、剥开式铝箔、剥开-触破式铝箔、防伪铝箔。

1) 可触破式铝箔：是最广泛应用的覆盖铝箔，其表面带有 0.02mm 厚的涂层，由纯度 99% 的电解铝压延而制成。

铝箔是目前泡罩包装唯一首选的金属材料，尤其在我国，在药品包装方面使用的泡罩包装铝箔，只有可触破式铝箔这一种形式。其具有三大优点：①压延性好，可制得最薄、密封性又好的包裹材料。②高度致密的金属晶体结构，无毒无味，有优良的遮光性，有极高的防潮性、阻气性和保味性，能最有效地保护被包装物。③铝箔光亮美观，极薄，稍锋利的锐物可轻易将其撕破。

可触破式铝箔可以是硬质也可以是软质，厚度一般为 0.015~0.030，其基本结构为保护层/铝箔/热封层，可以和聚氯乙烯（PVC）、聚丙烯（PP）、聚对苯二甲酸乙二醇酯（PET）、聚苯乙烯（PS）和聚乙烯（PE）及其他复合材料等封合覆盖泡罩，具有非常好的气密性。

2) 剥开式铝箔：剥开式铝箔气密性与触破式铝箔基本一样，区别在于其与底材的热封强度不是太高易于揭开。此外，它只能使用软质铝箔制造的复合材料，而不能使用硬质材料。其基本结构为纸/PET/Al/热封胶层、PET/Al/热封层、纸/Al/热封层等，对热封强度没有最低值要求，适合于儿童安全包装或那些怕受压力的包装物品。

3) 剥开-触破式铝箔：这种包装主要用于儿童安全保护，同时也便于老人的开启。开启的方式是先剥开铝箔上的 PET 或纸/PET 复合膜，然后触破铝箔取得药品，其基本结构为纸/PET/特种胶/Al/热封层、PET/特种胶/Al/热封层。

4）防伪铝箔：防伪铝箔除了对位定位双面套印铝箔外，还在铝箔表面进行了特殊的印刷、涂布和转移了特殊物质，或者其铝箔本身经机械加工而制成特殊形式的泡罩包装铝箔，从而达到防伪目的，故称为防伪铝箔。防伪铝箔总体可分油墨印刷防伪、激光全息防伪、标贴防伪和版式防伪等。通过防伪铝箔的使用，可使药厂的利益得到一定的保护。但是目前我国药厂使用极少，是未来泡罩包装的发展方向。

**3. 药用铝塑泡罩包装机工艺流程**　泡罩包装可根据其所采用的材料不同，分为铝塑泡罩包装、铝泡罩包装两类。药用铝塑泡罩包装机又称为热塑成型铝塑泡罩包装机。常用的药用铝塑泡罩包装机共有三类，分别是滚筒式铝塑泡罩包装机、平板式铝塑泡罩包装机、滚板式铝塑泡罩包装机。三者的工作原理一致，以平板式铝塑泡罩包装机为例，一次完整的包装工艺至少需要完成：PVC硬片输送、加热、泡罩成型、加料、盖材印刷、压封、批号压痕、冲裁，工作原理见图11-2。

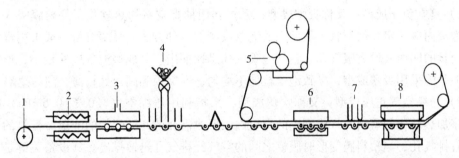

1. PVC硬片输送；2. 加热；3. 泡罩成型；4. 加料；5. 盖材印刷；6. 压封；7. 批号压痕；8. 冲裁
**图11-2　平板式泡罩包装工艺流程图**

工艺流程：首先需在成型模具上加热硬片，使PVC硬片变软再利用真空或正压，将其吸塑或吹塑成形，形成与待装药物外形相近的形状和尺寸的凹泡，再将药物充填于泡罩中，检整后以铝箔覆盖，用压辊将无凹泡处的塑料片与贴合面涂有热熔胶的铝箔加热挤压黏结成一体，打印批号，然后根据药物的常用剂量（如按一个疗程所需药量），将若干粒药物切割成一个四边圆角的长方形，剩余边材可进行剪碎或卷成卷，供回收再利用，即完成铝塑包装的全过程。

铝塑泡罩包装机主要有七大机构，结构原理如下。

（1）PVC硬片步进机构　泡罩包装机多以具有和泡罩一致凹陷的圆辊或平板，作为其带动硬塑料前进的步进机构。现代的泡罩包装机更是设置若干组PVC硬片输送机构，使硬片通过各工位，完成泡罩包装工艺。

（2）加热　凡是以PVC为材质的硬片，必须采用加热成型法。其成型的温度范围为110~130℃，因为只有在此温度范围内，PVC硬片才可能具有足够的热强度和伸长率。过高或过低的温度对热成型加工效果和包装材料的延展性必定会产生影响，因此制剂的关键就是要求严格控制温度，且必须相当准确。

按热源的不同，泡罩包装机的加热方式可分为热气流加热和热辐射加热两类。

1）热气流加热：用高温热气流直接喷射到被加热塑料薄片表面进行加热，这种方式加热效率不高，且不够均匀。

2）热辐射加热：是利用远红外线加热器产生的光辐射和高温来加热塑料薄片，加热效率高，而且均匀。

根据加热方式的不同，泡罩包装机的加热方式亦可分成间接加热和传导式加热两类。

1）间接加热：间接加热系指利用热辐射将靠近的薄片进行加热。其加热效果透彻而均匀，但速度较慢，对厚薄材料均适用。一般采用可被热塑性包装材料吸收的 $3.0 \sim 3.5 \mu m$ 波长红外线进行加热，其加热效率高、均匀，是目前最理想的加热方式。

2）传导加热：又称接触加热、直接加热。将 PVC 硬片夹在成型模与加热辊之间，薄片直接与加热器接触。加热速度快，但不均匀，适于加热较薄的材料。

（3）成型机构　成型是泡罩包装过程的重要工序。泡罩成型的方法有四种，分别为真空负压成型、压缩空气正压成型、冲头辅助压缩空气正压成型、冷压成型。

1）真空负压成型：又称吸塑成型，系指利用抽真空将加热软化了的薄膜吸入成型模的泡窝内成一定几何形状，从而完成泡罩成型的一种方法。吸塑成型一般采用辊式模具，模具的凹槽底设有吸气孔，空气经吸气孔迅速抽出。其成型泡罩尺寸较小，形状简单，但是因采用吸塑成型，导致泡罩拉伸不均匀，泡窝顶和圆角处较薄，泡易瘪陷。

2）压缩空气正压成型：又称吹塑成型，系指利用压缩空气（ $0.3 \sim 0.6 MPa$ ）的压力，将加热软化的塑料吹入成型模的窝坑内，形成需要的几何形状的泡罩。模具的凹槽底设有排气孔，当塑料膜变形时膜模之间的空气经排气孔迅速排出。其设备关键是加热装置一定要正对着对应模具的位置上，才能使压缩空气的压力有效地施加到因受热而软化的塑料膜上。正压成型的模具多制成平板形，在板状模具上开有行列小矩阵的凹槽作为步进机构，平板的尺寸规格可根据制药企业的实际要求而确定。

3）冲头辅助压缩空气正压成型：又称冲头吹塑成型，系指借助冲头将加热软化的薄膜压入凹模腔槽内，当冲头完全进入时，通入压缩空气，使薄膜紧贴模腔内壁，完成成型工艺。应注意冲头尺寸大小是重要的参数，一般说来其尺寸应为成型模腔的 60%～90%。恰当的冲头形状尺寸、推压速度和距离，可以获得壁厚均匀、棱角挺实、尺寸较大、形状复杂的泡罩。另外，因为其所成泡罩的尺寸较大、形状较为奇特，所以它的成型机构一般都为平板式而非圆辊式。

4）冷压成型：又称凸凹模冷冲压成型。当采用金属材质作为硬片时，如铝。因包装材料的刚性较大，可采用凸凹模冷冲压成型方法，将凸凹模具合拢，将金属膜片进行成型加工。凸凹模具之间的空气由成型凹模的排气孔排出即可。

目前，最常用的成型方式为真空负压成型、压缩空气正压成型、冲头辅助压缩空气正压成型三种。真空负压成型结构特点见图13-3。

（4）充填与检整机构　充填即向成后的泡罩窝中充填药物。常用的加料器有三种形式，如行星软刷推扫器、旋转隔板加料器和弹簧软管加料器。检整多利用人工或光电检测装置在加料器后边及时检查药物充填情况，必要时可以人工补片或拣取多余的丸粒。

1）行星轮软毛刷推扫器：此结构特别适合片剂和胶囊充填。其是利用调频电机带

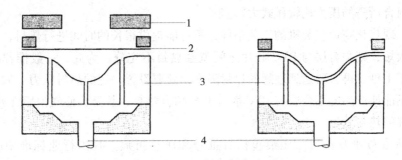

1. 加热机构；2. PVC 硬片；3. 模具；4. 真空管

**图 13-3  真空负压成型结构**

动简单行星轮系的中心轮，再由中心轮驱动三个下部安装有等长软毛刷的等径行星轮做既有自转又有公转的回转运动，将制剂推入泡罩中。行星轮软毛刷推扫器是应用最广泛的一种充填机构，其结构简单、成本低廉、充填效果好。此外，落料器的出口有回扫毛刷轮和挡板作为检整机构，防止推扫药物时散到泡罩带宽以外。

2）旋转隔板式加料器：其又可以分为辊式和盘式两种，可间歇地下料于泡窝内，也可以定速均匀铺散式下料，同时向若干排凹窝中加料。旋转隔板的旋转速度与泡窝片的移动速度的匹配性是工艺操作的关键，是保证泡窝片上每排凹窝均落入单粒药物的关键机构。

3）弹簧软管加料器：常用于硬胶囊剂一类的制剂的铝塑泡罩包装，软管多用不锈钢细丝缠绕而成，其密纹软管的内径略大于胶囊外径，以保证管内只容单列胶囊通过。此设备的关键之处在于，要时刻保证软管不发生曲率较大的弯曲或死角折弯，要能保证胶囊一类的制剂在管内通畅运动。物料的运行是依靠设备的振动，使胶囊依次运行到软管下端出口处，再依靠出管的棘轮间歇拨动卡簧的启闭进行充填，并保证每次只放出一粒胶囊。

（5）封合机构  首先将铝箔膜覆盖在充填好药物的成型泡罩之上，再将承载药物的硬片和软片封合。究其基本原理既是通过内表面加热，然后加压使其紧密接触，再利用胶液形成完全热封动作。此外，为了确保压合表面的密封性，一般都以菱形密点或线状网纹封合。热封机构共有两种形式，即辊压式和板压式。

1）辊压式：又称连续封合，系指通过转动的两辊之间的压力，将封合的材料紧密结合的一种封合方式。封辊的圆周表面有网纹以使其结合更加牢固。在压力封合的同时，还需伴随加热过程。封合辊由两种轮组成，  一个为无动力驱转的从动热封辊，另一个是有动力主动辊。从动热封辊，可在气动或液压缸控制下产生一定摆角，从而与主动辊接触或脱开，其与主动辊靠摩擦力做纯滚动。因为两辊间接触面积很小，属于线性接触，其单位面积受到的压力极大，即相同压力下压强高。因此，当两材料进入两辊间，边压合、边牵引，较小的压力可得到优秀的封合效果。

2）板压式：系指两个板状的热封板与到达封合工位的封合的材料的表面相接触，将其紧密压在一起进行封合，然后迅速离开完成工艺的一种封合方式。板式模具热封包装成品比辊式模具的成品平整，但由于封合面积较之辊式热封面积大得多，即单位压强较小，故封合所需的压力比辊压式大得多。

此外，现代化高速包装机的工艺条件，不可能提供很长的时间进行热封，但是如果热封时间太短，则黏合层与PVC胶片之间就会热封不充分。为此，一般推荐的热封时间为不少于1秒。再者要达到理想的热封强度，就要设置一定的热封压力。如果压力不足，不但不能使产品的黏合层与PVC胶片充分贴合热封，甚至会使气泡留在两者之间，达不到良好的热封效果。

（6）压痕与冲裁机构　压痕包括打批号和压易折痕。我国行业标准中明确规定"药品泡罩包装机必须有打批号装置"。打批号可在单独工位进行，也可以与热封同工位进行。

为多次服用时分割方便，单元板上常冲压出易折裂的断痕，用手即可掰断。将封合后的带状包装成品冲裁成规定的尺寸，则为冲裁工序。无论是纵裁还是横裁，都要以节省包装材料，尽量减少冲裁余边或者无边冲裁，并且要求成品的四角冲成圆角，以便安全使用和方便装盒。冲裁下成品板块后的边角余料如果仍为网格带状，可利用废料辊的旋转将其收拢，否则可剪碎处理。

（7）其他机构　①铝箔印刷：是在专用的铝箔印刷涂布机械上进行，因为它是通过印刷辊表面的下凹表面来完成印刷文字或图案，所以又称为凹版印刷。它是将印版辊筒通过外加工制成印版图文，图文部分在辊筒铜层表面上被腐蚀成墨孔或凹坑，非图文部分则是辊筒铜质表面本身，印版辊筒在墨槽内转动，在每一个墨孔内填充以稀薄的油墨，当辊筒转动从表面墨槽中旋出时，上面多余的油墨由安装在印版辊筒表面的刮墨刀刮去，印版辊筒旋转与铝箔接触时，表面具有弹性压印辊筒将铝箔压向印版辊筒，使墨孔的油墨转移到铝箔表面，便完成了铝箔的印刷工作。在印刷中所使用的主要原材料是药用铝箔专用油墨、溶剂材料和铝箔涂布用黏合剂材料。②冷却定型装置：为了使热封合后铝箔与塑料平整，往往采用具有冷却水循环的冷压装置将两者压平整。

**4. 三种铝塑泡罩包装机结构与工作原理**　泡罩式包装机根据自动化程度、成型方法、封接方法和驱动方式等不同可分为多种机型。泡罩包装机按结构形式将其分成三类，分别是辊筒式、平板式和辊板式。三种机型对比如下。

（1）结构特点对比　三种铝塑泡罩包装机结构特点对比见表11-1。

表11-1　三种铝塑泡罩包装机结构特点对比

| | 滚筒式 | 平板式 | 滚板式 |
|---|---|---|---|
| 加热方式 | 热辐射间接加热 | 热传导板直接加热 | 热板直接加热 |
| 成型压力 | <1MPa | >4MPa | >4MPa |
| 成型方法 | 真空负压成型法（辊式模具，结构简单，费用低） | 压缩空气正压成型法或具有辅助冲头的压缩空气正压成型法（板式模具，结构复杂，费用高） | 压缩空气正压成型法或具有辅助冲头的压缩空气正压成型法（板式模具，结构复杂，费用高） |

续表

| | 滚筒式 | 平板式 | 滚板式 |
|---|---|---|---|
| 热封方法 | 双辊滚动热封合（两个辊的瞬间线接触，连续运动，封合牢固，效率高，传导到药品的热量少） | 热传导板挤压式封合（两个加热板面性接触，间歇性运动，封合效果一般，效率低、消耗功率大） | 双辊滚动热封合（两个辊的瞬间线接触，连续运动，封合牢固，效率高，传导到药品的热量少） |
| 工作效率 | 运行速度 2.5~3.5m/min，冲裁 28~40 次/分 | 运行速度最高 2m/min，冲裁最高 30 次/分，相对滚筒式效率较低 | 因设计上取两者之长，工作效率介于滚筒式和平板式之间 |
| 泡罩特点 | 泡窝壁厚不均，顶部易变薄，精度不高，深度较小 | 泡窝成型精确度高、壁厚均匀，泡窝拉伸大，深度可达 35mm | 泡窝成型精确度高、壁厚均匀，泡窝拉伸大，深度可达 35mm |
| 适用范围 | 适合同一品种大批量生产 | 适合中小批量、特殊形状药品包装 | 适合同一品种大批量生产，高效率、节省包装材料、泡罩质量好 |

（2）工作原理对比　三种铝塑泡罩包装机工作原理对比见表11-2。

**表 11-2　三种铝塑泡罩包装机工作原理对比**

| | 工作原理 |
|---|---|
| 滚筒式 | PVC 片通过半圆形预热装置预热软化，在圆辊上的转成型站中利用真空吸出空气成型为泡窝<br>PVC 泡窝片通过上料器时自动充填药品于泡窝内，在驱动装置作用下进入双圆辊热封装置，使得 PVC 片与铝箔在一定温度和压力下密封<br>最后由冲裁站冲剪成规定尺寸的板块 |
| 平板式 | PVC 片通过平板型预热装置预热软化，在平板型的成型站中吹入高压空气或先以冲头预成型再加高压空气成型为泡窝<br>PVC 泡窝片通过上料器时自动充填药品于泡窝内，在驱动装置作用下进入平板式热封装置，使得 PVC 片与铝箔在一定温度和压力下密封<br>最后由冲裁站冲剪成规定尺寸的板块 |
| 滚板式 | PVC 片通过平板型预热装置预热软化，在平板型的成型站中吹入高压空气或先以冲头预成型再加高压空气成型为泡窝<br>PVC 泡窝片通过上料器时自动充填药品于泡窝内，在驱动装置作用下进入双圆辊热封装置，使得 PVC 片与铝箔在一定温度和压力下密封<br>最后由冲裁站冲剪成规定尺寸的板块 |

（3）关键参数对比　三种铝塑泡罩包装机关键参数对比见表11-3。

**表 11-3　三种铝塑泡罩包装机关键参数对比**

| | 关键参数 |
|---|---|
| 滚筒式 | PVC 泡窝片运行速度可达 3.5m/min，最高冲裁次数为 45 次/分；成型压力小于 1MPa；泡窝深度 10mm 左右 |
| 平板式 | PVC 片材宽度有 210mm 和 170mm 等；PVC 泡窝片运行速度可达 2m/min，最高冲裁次数为 30 次/分；成型压力大于 4MPa；泡窝深度可达 35mm |
| 滚板式 | PVC 泡窝片运行速度可达 3.5m/min，最高冲裁次数为 120 次/分；成型压力可根据需要调整大于 4MPa；泡窝深度可调控 |

（4）优缺点对比　三种铝塑泡罩包装机优缺点对比见表 11-4。

**表 11-4　三种铝塑泡罩包装机优缺点对比**

| | 三种铝塑泡罩包装机优缺点 |
|---|---|
| 滚筒式 | 负压成型，所以形状简单，泡罩拉伸不均匀，顶部较薄，板块稍有弯曲 |
| | 辊式封合及辊式进给，泡罩带在运行过程中绕在辊面上会形成弯曲，因而不适合成型较大、较深及形状复杂的泡罩，被包装物品的体积也应较小 |
| | 属于连续封合，线接触所以封合压力较大，封合质量易于保证 |
| 平板式 | 间歇运动，需要有足够的温度和压力以及封合时间；不易高速运转，热封合消耗功率大，封合的牢固程度一般，适用于中小批量药品包装和特殊形状物品的包装 |
| | 泡窝拉伸比大，深度可达 35mm 可满足大蜜丸、医疗器械行业的需求。由于采用板式成型，板式封合，所以对板块尺寸变化适应性强，板块排列灵活，冲切出的板块平整，不翘曲 |
| | 充填空间较大、可同时布置多台充填机，更易实现一个板块包多种药品的包装，扩大了包装范围，提高了包装档次 |
| 滚板式 | 该类机型结构介于辊式和板式包装机之间，其工艺路线一般呈蛇形排布，使得整机布局紧凑、协调，外形尺寸适中，观察操作维修方便，模具更换简便、快捷、调整迅速可靠 |
| | 由于采用辊筒式连续封合，所以将成型与冲切机构的传动比关系协调好，可大大提高包装效率，一般此类机型的冲切频率最高可达 100 次/分以上 |
| | 一般直径超过了 16mm 的片剂、胶囊、异形片在板块上斜角度超过 45°时，不适合使用此类包装设备 |

**5. 双铝泡罩包装机**　有些药物对避光要求严格，可采用两层铝箔包封（称为双铝包装），即利用一种厚度为 0.17mm 左右的或稍厚的铝箔代替塑料（PVC）硬膜，使药物完全被铝箔包裹起来。

利用这种稍厚的铝箔时，由于铝箔较厚具有一定的塑性变形能力，可以在压力作用下，利用模具形成罩泡。此机的成型材料为冷成型铝复合膜，泡罩是利用模具通过机械方法冷成型而获得，又称为延展成形或深度拉伸。

**6. 热成型包装机常见问题与分析**

（1）热封不良　热封后版面上产生网纹不清晰，局部点状网纹过浅几近消失等现象，这往往是因为热封网纹板、下模黏上油墨或其他废物，以及热封网纹板、下模局部浅表凹陷样损伤所致。热封网纹板、下模被污染要及时清洗，清洗时先用丙酮或者有机溶剂湿润，然后用铜刷沾以丙酮反复刷洗，切不要以硬物戳剥，以免损伤平面。如热封网纹板上有毛刺，可将热封网纹板在厚平板玻璃上洒水推磨以消除毛刺。如热封网纹板、下模局部有浅表凹陷，则需要在较精密的平面磨床上磨平。一般情况下，热封网纹板需磨 0.05mm、下模需磨 0.1mm 即可。

（2）热封后铝箔起皱　这是一种热封后铝箔起皱现象，是因为铝箔与塑片黏合不整齐而产生的现象。一般都是因为宽度过宽而导致不能很好得结合，可采用不改变硬片的宽度，而将软片的宽边，从中间裁开可有效改变这一状况。

（3）适宜压力的掌握　包装机上对吹泡成型、热封、压痕钢字部位合模处的压力要求很严格，因此在调整立柱螺母、压力、拉力螺杆的扭力时，不得随意改变扳手的力臂，以保证其扭力的一致性，或者用扭力扳手对以上螺母或螺杆给予适宜的扭力。

（4）压力与温度设定调整　关于热封合模处的压力与热封的温度设定之间的关系，是包装材料不变形的情况下，设定的温度越高越好，封合压力越低越好，这样可以减少磨损，延长机器运转寿命。

### 7. 平板式泡罩包装机的操作规程

（1）检查药品、硬片及铝箔，核对批号，安装好 PVC 硬片及铝箔，检查冷却水，按照清洁标准作业程序（standard operating procedure，SOP）清洁设备。

（2）打开电源送电，接通压缩空气。按下加热键，并分别将加热和热封温控表调至合适温度。调解压力为 0.5~0.6MPa。观察是否有漏气现象。

（3）将 PVC 硬片经过通道依次拉过加热装置、成型装置、冲切刀下，将铝箔拉至热封板下。

（4）加热板和热封板升至合适温度（110℃），将冷却温度表调至合适温度（30℃）。

（5）待药品布满整个下料轨道时，按下电机绿色按钮，开空车运行。

（6）检查泡罩加热、成形、热封和冲切都达到要求后，按下下料开关。立刻调节下料量，待下料合乎要求后，进行正常包装。

（7）包装结束后，进行关机：先按下下料关机按钮，再按下电机红色按钮，观察主机停下后，再依次关闭总电源开关、进气阀、进水阀。

（8）按照清场 SOP 进行清理机器及车间，然后保养包装设备。

### 8. 平板式铝塑泡罩包装机的模具更换与同步调整规程

（1）更换条件

1）当包装形态发生变化，包装物数量、尺寸、品种及包装板块规格发生改变时，必须更换模具和相应零件。

2）当被包装物种类和数量改变，而包装板块尺寸不变时，仅更换成型模具及主料装置。

3）当包装板块尺寸改变时，要进行完全更换（成型模具、导向平台、热封板、冲裁装置）。

（2）更换模具和相应零件的步骤

1）关掉加热开关、切断水、气源，将全部开关旋钮拧至"0"位。

2）去掉成型模和覆盖膜，用点动按钮使各工位开启到最大值。

3）找准所需更换的部位，待装置冷却到室温后进行更换，更换完毕后进行同步调整。

4）按点动按钮，使机器进行短时间运行，检查往复运动，要求运行平稳、无冲击。

（3）同步调整　同步调整目的是使各工位工作位置准确，保证泡罩不干涉对应机构。同步调整对象是调整成型装置、热封装置、打印和压痕装置、冲裁装置四个工位的相对位置，即对成型后膜片上泡罩板块的整数位置的调整，以保证冲裁出的板块尺寸及泡罩相对板块位置的准确。调整方法是将热封装置固定在机架体上，以此为基准来调整其余三个装置的位置达到同步要求。

### 五、自动装瓶机

自动装瓶机是装瓶生产线的一部分。生产线一般包括理瓶机构、输瓶轨道、计数机构、理盖机构、旋盖机构、封口装置、贴签机构、打批号机构、电器控制部分九大部分组成。

**1. 输瓶机构**　在装瓶生产线上的输瓶机构是由理瓶机和输瓶轨道组成，多采用带速可调的直线匀速输送带，或采用梅花轮间歇旋转输送机构输瓶。由理瓶机送至输送带上的瓶相互具有间隔，在落料口前不会堆积。在落料口处设有挡瓶定位装置，间歇地挡住空瓶或满瓶。

**2. 计数器**　计数器又称为圆盘计数器、圆盘式数片机等。其外形为与水平呈 30°倾角的带孔转盘，盘上以间隔扇形面上，开有 3~4 组计数模孔（小孔的形状与待装药粒形状相同，且尺寸略大，转盘的厚度要满足小孔内只能容纳一粒药的要求），每组的孔数即为每瓶所需的装填片剂等制剂的数量。在转盘下面装有一个固定不动的、带有扇形缺口托板，其扇形面积恰好可容纳转盘上的一组小孔。缺口下连落片斗，落片斗下抵药瓶口。

**3. 转盘转速控制器**　一般转速为 0.5~2rpm/min，注意检查：①输瓶带上瓶子的移动频率相是否匹配。②是否因转速过快产生过大离心力，导致药粒在转盘转动时，无法靠自身重力而滚动。③为了保证每个小孔均落满药粒和使多余的药粒自动滚落，应使转盘保持非匀速旋转，在缺口处的速度要小于其他处。

**4. 拧盖机构**　拧盖机是在输瓶轨道旁，设置机械手将到位的药瓶抓紧，由上部自动落下扭力扳手、先衔住对面机械手送来的瓶盖，再快速将瓶盖拧在瓶口上，当旋拧至一定松紧时，扭力扳手自动松开，并回升到上停位。

**5. 空瓶止灌机构**　当轨道上无药瓶时，抓瓶定位机械手抓不到瓶子，扭力扳手不下落，送盖机械手也不送盖，直到机械手有瓶可抓时，旋盖头又下落旋盖。

**6. 封口机构**　药瓶封口分为压塞封口和电磁感应封口两种类型。①压塞封口装置：压塞封口是将具有弹性的瓶内塞在机械力作用下压入瓶口。依靠瓶塞与瓶口间的挤压变形而达到瓶口的密封。瓶塞常用的材质有橡胶和塑料等。②电磁感应封口机：电磁感应是一种非接触式加热方法，位于药瓶封口区上方的电磁感应头，内置通以 20~100kHz 频率的交变电流有线圈，线圈产生交变磁力线并穿透瓶盖作用铝箔受热后，黏合铝箔与纸板的蜡层融化、蜡被纸板吸收，铝箔与纸板分离，纸板起垫片作用，同时铝箔上的聚合胶层也受热融化，将铝箔与瓶口黏合在一起。

**7. 贴标机构**　目前较广泛使用的标签有：压敏（不干）胶标签、热黏性标签、收缩筒形标签等。剥标刀将剥离纸剥开，标签由于较坚挺不易变形与剥离纸分离，径直前行与容器接触，经滚压后贴到容器表面。

### 六、开盒机

开盒机作用是将堆放整齐的标准纸盒盒盖翻开，以供安瓿、药瓶等进行贮放的设备。

其工作原理为当纸箱到达"推盒板"位置时，光电管进行检查纸盒的个数并指挥"输送带"和"抵盒板"的动作。当光电管前有纸盒时，光电管即发出信号，指挥"推盒板"将输送带上的纸盒推送至"往复送进板"前的盒轨中。"往复送进板"做往复运动，"翻盒爪"则绕机身轴线不停地旋转。"往复推盒板"与"翻盒爪"的动作是协调同步的，"翻盒爪"每旋转一周，"往复推盒板"将盒轨中最下面的一只纸盒推移一只纸盒长度的距离。当纸盒被推送至"翻盒爪"位置，待旋转的"翻盒爪"与其底部接触时，即对盒底下部施加了一定的压力，迫使盒底打开、当盒底上部越过弹簧片的高度时，"翻盒爪"也已转过盒底，并与盒底脱离，盒底随即下落，但其盒盖已被弹簧片卡住。随后，"往复推盒板"将此种状态的盒子推送至"翻盒杆"区域。"翻盒杆"为曲线形结构，能与纸盒底的边接触并使已张开的盒口越张越大，直至盒盖完成翻开。

# 第四节 典型设备规范操作

理想的药品包装材料与普通包装材料的要求不同，理想的药品包装材料应满足特定的要求，如保证药品质量特性和成分的稳定；适应流通中的各种要求；具有一定的防伪功能和美观性；成本低廉、方便临床使用且不影响环境等。故在药品包装材料的选择使用时应遵循以下原则：包装要适应药品的理化性质；包装要坚实牢固；外形结构与尺寸要合理；要注重降低包装成本。选择合适的包装材料即完成了药品包装的第一步，而投入工业生产后选择适宜的包装设备并规范操作和应用机械设备则是药品包装质量好坏控制的重要环节。

## 一、袋式包装机

### （一）DXDK900型自动充填包装机

自动充填包装机应用于医药、食品、化妆品等行业，能够对片剂、胶囊、规则异型片、颗粒、黏稠、半黏稠、液体等不同形态的物料进行自动充填包装。为方便介绍，下面以 DXDK900 型自动充填包装机为例。

**1. 结构原理** DXDK900 型自动充填包装机主要结构包括：机体、充填系统、传动系统、薄膜放卷、薄膜分卷、封合、打字、打凹口、纵切、纵向断裂线、横向断裂线、横切、输送机、卷废料装置、电控系统。包装材料由位于机体后部的放卷机构导出，经放卷辊后进入分卷机构，在此处，包材由分切刀从中间分为两部分，再通过分卷板进入两侧的导膜辊，使薄膜变向，进入封合区，通过纵封、横封、充填上料、打印批号、切凹口、纵切、打断裂线，横切最后形成成品由输送机输出。

（1）机体 机体是整机的基础，DXDK900 自动充填包装机的机体采用了分体式框架焊接结构，其上下机体为型钢焊接而成，使机体有足够的刚度以保证机器安全运转，机体左侧有可打开的门，便于安装、检查和设备的维修，机体内为传动系统，该机的电控箱改变了以往的外挂式，而是将电控箱安装在机体内，使整机更加紧凑美观。机体的接地部分为四个可调节的地脚。

(2) **充填系统**  由于被包装物的不同，该机配备了两种不同形式的专用充填上料机：用于包装颗粒状物料的料位式上料机，用于包装粉剂的螺旋推进式上料机，也可根据用户要求设计专用上料机。

(3) **薄膜放卷**  薄膜放卷机构位于整机的后部，由放卷轴、放卷架、导膜辊和游动导膜辊等组成。薄膜的放送由微电机驱动放卷轴带动膜卷转动，然后通过游动辊来控制薄膜放送长短及薄膜张紧力的大小，当薄膜用完或意外断裂时，游动导辊还可遮住光电开关，使整机自动停止运转。在整个放卷机构的左侧有调整放卷架左右移动的手柄，以便使薄膜中心与分卷机构的中心对正。

(4) **传动系统**  该机根据不同部位的具体要求，分别采用了链条传动、齿轮传动、齿形带传动及输送带传动。这些传动形式分别由电动机、减速机、齿轮、链轮、齿形带轮、传动轴等零件来完成。传动系统中有四处采用了差速机构，分别用来满足、打字、横切、横向断裂线及色标自动对正的特殊要求。在传动系统中还有两处采用了可调偏心链轮机构，根据制袋的长短来确定偏心链轮的调整量。

(5) **薄膜分卷**  分卷机构位于机架的上部，由导膜辊、分切刀、分卷板等组成，膜卷经过分卷机构将薄膜从中间分切成两条，薄膜通过分卷极变向，然后经过导膜辊将薄膜引至纵封辊进行封合，整个分卷板通过手轮前后可以移动以满足不同宽度包装材料的要求。

(6) **封合**  该机的封合分为纵向封合和横向封合：①纵向封合：纵封由一对纵封辊组成，内部装有加热器及铂电阻，工作时成对反向连续回转，薄膜在这对纵封辊的牵引下，一边加热一边滚压形成了纵向封合带。两辊之间的压力是由汽缸提供的，当停车后一定时间，PLC自动将外侧的纵封辊向外移动从而使前后纵封辊脱离。该机构的传动链中采用由光电信号控制的齿轮差速机构，实现自动控制色标点，保证两侧印刷图案的准确对正。②横向封合：横封由一对横封辊组成，内部装有加热器及铂电阻，工作时成对反向连续回转两辊之间的压力是由弹簧提供的，横封辊一周有两条或三条封合带，即每转一周封合两次或三次。由传动系统通过齿轮使其转动。在该传动链中采用了可调偏心链轮机构，用于调整横封时瞬时线速度与包装材料的线速度一致，以免使包装材料堆积或拉过度，甚至拉断。

(7) **打字、凹口机构**  打字与凹口位于同一轴上，相互间错开一定角度，打字托块与凹口托块也位于同一根轴上，工作时，两根轴连续反向回转，每转一周，打字与凹口分别打印两次或三次。打字凹口轴的转速与横封辊的转速及线速度是相同的，在传动链中也采用了偏心链轮机构。

(8) **纵切、纵向断裂线机构**  纵切刀采用适用于切割镀铝包装材料的柔性切刀机构，其主要包括纵切刀与纵切刀托辊，将纵切刀用紧固螺钉锁紧在纵切刀轴上在将切刀托辊紧靠在主切刀上，由于切刀托辊自身具有一定的弹性及弹簧产生的压力就保证了设备在运转过程中切刀托辊与主切刀的紧密结合，同时纵切刀和托辊的线速度高于包装材料的线速度，因此此种切刀结构可以满足切割一般镀铝包装材料的要求。

（9）横切机构 采用冷切方法，使用回转辊刀，该机构由动刀和定刀组成，两刀的形状基本相同，动刀顺料袋前进方向做匀速回转，并可根据用户的要求任意设定几袋连在一起切断，在传动链中，采用差速器机构，调整切刀与料袋的相对位置。

（10）横向断裂线机构 横向断裂线机构与横切机构的原理完全相同，只是横向断裂线刀的动刀有锯形凹口。

（11）输送机 输送机用于成品输出，通常由主机提供动力，也可以根据用户的要求特殊制作。

（12）废料输出机构 将纵切刀分切后的两侧废料边自动缠绕在废料输出机构上通过辊组将废料卷起和涨紧，由主机提供动力。

**2. 设备特点** DXDK900型自动充填包装机封合幅宽度可达450mm，根据不同的要求，1次可成型4~10条袋；包装材料采用一卷包装膜分切为两条再进行封合，使包材的调整更加方便可靠；该机采用变频调速，实现了无极调速；各执行机构位置调整通过人机界面触摸开关控制差速器，调整方便准确，执行机构均安装在前后两个立板上，具有足够的刚度保证了机器在高速运转下各部分工作的稳定可靠；具有自动打印批号，纵横向易撕断裂线及易撕凹口功能；整机由PLC控制，自动化程度高；具有自动检测对正色标的功能，保证制袋双面图案完整，位置准确。

**3. 技术参数** DXDK900型自动充填包装机主要技术参数见表11-5。

**表 11-5 DXDK900 型自动充填包装机主要技术参数**

| 包装材料 | 铝塑、纸塑、塑塑等可热封合的材料 | | |
|---|---|---|---|
| 包装规格 | 宽度（mm） | | ≤900 |
| | 厚度（mm） | | 0.05~0.1 |
| | 膜卷外径（mm） | | ≤300 |
| | 膜卷芯径（mm） | | 70~76 |
| 制袋尺寸 | 长（mm） | | 65~150 |
| | 宽（mm） | | 40~120 |
| 计量范围 | 颗粒（mL） | | 2~30 |
| | 液体（mL） | | 3~100 |
| | 片剂 | | 多片 |
| 封合幅面宽度（mm） | ≤450 | | |
| 包装效率（次/分） | 60 | | |
| 生产量（袋/分） | ≤300（根据制袋尺寸大小变化） | | |
| 安装功率（kW） | 6 | | |
| 电源配置（V/Hz） | 380 | | |
| 重量（kg） | 1200 | | |
| 外形尺寸（长×宽×高）（mm） | 1560×1620×2150 | | |

**4. 操作方法**　接通冷却水，打开电源开关，接通电源，控制面板红灯亮。打开加热开关，设定温度控制表温度：纵封辊 115℃、横封辊 115℃。温度设定的数值按照设备运行速度而定，当运行速度较高时可适当提高设定温度。温升时间 20~25 分钟，加热情况由温控表显示；旋开手柄杆，使前后纵封辊打开到最大位置；将铝塑复合膜卷装入薄膜放卷轴，依次穿过固定导辊、游动导辊、V 形分卷板、分卷板导辊、张紧控制导柱，旋下手柄杆把复合膜夹在前后纵封辊内。待成型预热温度达到设置温度后，即可按"启动"按钮开机，封合出的铝塑复合膜将自动（必要时可手工辅助）穿过横封、打印批号、切凹口、纵切、打断裂线、横切等机构，然后把切断的废料边缠绕在收废料辊上。一切正常后，就可以充填上料，正常运转设备；正常停机时，按"准停"按钮，终止生产。

遇到紧急情况，请按下"急停"钮，机器立即停止运转。正常运转状态不允许按"急停"按钮作为正常停机使用。

**5. 设备安装**　设备在包装前需将上料机料斗和包材卷卸下另外包装；将纵封辊、横封辊、断裂线刀、横切刀、打字辊等在运输中易碰撞的零部件捆扎牢固，以免在运输过程中发生碰撞造成不必要的损失；把设备与包装箱底座把合牢固；设备内零件表面涂抹防锈油，整机扣好防水塑料罩。

**6. 故障排除**　DXDK900 型自动充填包装机通常可能出现的故障主要包括启动失灵、色标对正混乱、对标范围波动较大、封合不牢固、横切机构噪声过大、包装材料一侧向里收缩、封合温度不稳等。

（1）**按启动按钮但设备不运转**　检查放卷部分的游动辊是否到达最底端，如到达最底端抬起游动辊后适当加大放卷张紧力；温度是否达到设定数值，如未到，请达到设定数值后再开车；检查电源与电气系统。

（2）**色标对正混乱**　造成对标混乱的原因通常有以下几种情况：包材的色标偏离了检标光电开关或光电开关的灵敏度过低或过高，造成光电开关不动作或误动作，只要重新对正光电开关或调整光电开关的灵敏度即可达到正常状态。色标点距离存在误差，由于包材在印刷或分切时涨紧力的不同，可能会导致两批包材或两卷包材之间色标点不同，判断该原因可通过人机界面中的对标状态来观察，如一直是负修或正修就基本可断定是该原因（其他位置均应正常）。出现该问题后，如设备上未安装无极变速器机构，就需要更换包装材料，如设备上安装了无级变速器机构，即可通过调整手轮改变袋长以适应色标点的距离，如对标状态为负修则证明色标点距离较短，应逆时针旋转手轮使制袋长度变小；反之，顺时针旋转手轮使制袋长度加大。对标电机或其电容损坏，如人机界面中的对标状态无论为正修或负修，对标电机均不转或只向一个方向旋转就可判断是该原因（线路无问题），则更换损坏件即可。

（3）**对标范围波动较大**　对标电机转速过快：通常表现为光电开关发现标点错位后，设备会立刻正修或负修，当下一个光标点到达时正修或负修过多，设备又会立刻负修或正修，如此会造成不良循环。要解决此问题，可通过调整电控箱内电位器来改变对标电机转速，或在设备允许情况下适当提高车速。

（4）封合不牢固　加大封合压力或适当提高封合温度；更换包装材料。

（5）横切机构噪声过大　产生这种情况的原因主要是定刀与动刀的过盈量过大或切刀刃口过钝，参照结构原理，横切机构动刀与定刀间隙的调整，只需重新调整动刀与定刀刃口的间隙即可。

（6）包装材料一侧向里收缩　造成此现象的原因有多种，主要有封合辊两侧压力不均及包装材料的涨紧力不同，只要适当调整里外侧的封合压力或改变包材在导辊轴上的绕转方式就能解决此问题。

（7）封合温度不稳　该故障通常表现为温控表显示的温度发生跳跃式变化，造成此现象的主要原因为热封辊处的铜环与碳刷接触不好，此时只要用砂纸将碳刷已发亮处打磨变暗，同时用酒精擦洗铜环；热电偶处接线不牢或热电偶松动也是造成温度不稳的原因。

## （二）LT-PA5000E 型全自动包装机

**1. 包装原理**　采用可编程器控制，并设有中英文主机操作界面，从而使设备操作简单、调整方便、自动化程度高；采用智能型温控仪双路控制横、纵封温度，从而使封口牢固、密封性好，带型平整、精美，包装效率高；制袋系统采用步进电机细分技术，自动跟踪、定位袋子的色标，轻松完成制袋的操作，调整、速度快。运行平稳、噪音低；采用先进的智能光电系统和自动补偿功能，保证包装袋双面印刷图案的自动对版，提高包装材料使用率；能自动完成制袋、计量、充填、封合、切断、技术、打印批号等工序；采用容积法计量，对于密度均匀的被包装物料计量准确，符合国家计量标准。

**2. 设备特点**　LT-PA5000E 型全自动包装机主要是由秤体部分和选配部分组成。秤体部分由储料斗、喂料器，称重夹袋斗，揉实机构等部分构成；选配部分由输送机、缝口机或热合机组成。本设备适用于纸袋、编织袋、塑料袋等各种包装材料，可进行 10~20kg 的袋包装，具有包装 600 袋/小时的能力；自动给袋装置适应高速连续作业；各执行单元均设有控制和安全装置，实现自动连续运转；采用 SEW 电机驱动装置，可发挥更高效能。

**3. 技术参数**　LT-PA5000E 型全自动包装机技术参数见表 11-6。

**表 11-6　LT-PA5000E 型全自动包装机技术参数表**

| 设备性能 | 技术参数 |
| --- | --- |
| 电源（V） | 220 |
| 最大功率（kW） | 2.1 |
| 整机尺寸（mm） | 680×1120 |
| 机器重量（kg） | 71 |
| 封边范围（mm） | 320×460 |
| 最大产品高度（mm） | 200 |

### 4. 操作方法

（1）自动供袋 两个水平排列的置袋盘可存放约200个空袋（存放量会因空袋的厚度而异），由吸盘取袋装置给设备供袋。当一个单元的空袋取完后，下一单元的置袋盘自动切换至取袋位置，以保证设备的连续运转。

（2）空袋提取 提取袋位整形板上空袋。

（3）空袋打开 空袋移动至下料口位置后，由真空吸盘打开袋口。

（4）夹袋喂料装置 空袋由夹袋机构夹紧在下料口，下料门插入袋内后打开喂料。

（5）过度料斗 料斗是处于计量机与包装机之间的过渡部分。

（6）袋底拍击装置 物料充填后，此装置拍击袋底，使袋中的物料充分落实。

（7）实袋横向移动和袋口加持导入装置 实袋从下料口放至立袋输送机上，并由袋口夹持装置夹持着袋口输送到封口部分。

（8）立袋输送机 实袋由此输送机以恒定的速度输送带下游，高度调节手柄可调整输送机的高度。

（9）设备对接 过渡机送机与不同高度的设备对接。

### 5. 维修保养及注意事项

（1）应在周围空气中无腐蚀性气体、无粉尘、无爆炸性危险的环境中使用。

（2）连续工作2~3月应打开后盖对滑动部位及开关碰块加润滑油，对加热棒上的各连接活动处应视使用情况添加油润滑。

（3）为确保包装机上泵正常工作，泵电机不允许反转；经常检查油位，正常油位为油窗的1/2~3/4处（不能超过），当泵中有水分或油颜色变黑时，此时应更换新油，一般连续工作1~2月更换1次。

（4）杂质过滤器应该经常拆洗，一般1~2月清洗1次，如包装碎片状物体应缩短清洗时间。

（5）包装机在安装时必须有可靠接地装置。

## （三）ZCN-FSS25型颗粒分装机

ZCN-FSS25型颗粒分装机的精度高、调节方便、操作简单，在各行各业应用都非常的广泛，不论是固体，粉状，糊状或液体均可进行快速分装。分装机主要用于各种药品、粮食、果品、酱菜、果脯、水产品、土特产、化工原料、电子元件等的分装。

### 1. 包装过程

颗粒经漏斗状料斗的上口倒入料斗，料斗下口与料盘相接，料盘有4个圆柱形中空的、上下开口的金属量杯，料盘旋转当与成形器相遇时，料盘量杯下孔打开，量杯中的颗粒落至成型器中，由于纵封辊和横封辊的同步运作封合，就形成了一包包的相连的袋子，再由切刀分切，成为一包、一包的小袋子。同时，计数器计数。动力部分由电动机带动主动轮运转，通过三组相关连的齿轮带动纵封辊，横封辊、料盘、切刀、计数器实现同步协调运作，使得料盘加1次料，棉纸在纵封辊间正好前进一个袋子的袋长，横封辊封合两次，切刀切割1次，通过一个凸轮的运行1周，计数器计数1次。

**2. 设备特点**　ZCN-FSS25颗粒分装机体积小，重量轻；分装的重量和数量均由数字显示；电机运转功率不大，节约能源；设计成双重减震结构，机器运行平稳，噪音低；接触物料的零件全部采用不锈钢材料，不污染物料；斜抛送料，不挤压损伤物料，特别适用于易碎物料的分装；设备采用微电脑控制，使分装更加精密准确，快速、分装过程全自动化；外形采用方形结构，镜面不锈钢板材质，引用五金间隙工艺技术，造型简洁大方，坚固耐用。

**3. 技术参数**　ZCN-FSS25颗粒分装机技术参数见表11-7。

表11-7　ZCN-FSS25颗粒分装机技术参数表

| 设备性能 | 技术参数 |
| --- | --- |
| 分装速度（袋/分） | 40~60 |
| 分装方式 | 螺杆计量分装 |
| 装量精度（%） | 3 |
| 电源（V/V/Hz） | 220/380/50 |
| 总功率（kW） | 2.0 |
| 重量（kg） | 600 |
| 长×宽×高（mm） | 3000×2200×1800 |

**4. 操作方法**

（1）拆螺丝使用前，请先拆下机械底板上的4根螺丝（有贴纸标）。

（2）接通电源插上电源，打开机器侧边的开关，电脑控制面板指示灯亮，机器发出"嘀、嘀、嘀"的提示音，机器将自动清零进入待机状态。

（3）倒入物料　以颗粒剂为例，将需要分装的颗粒倒入料桶中，按控制面板上的"加/减"键设定你所需的包装重量。

（4）设定速度　按控制面板上的"快""中""慢"来选择所需的速度。

（5）机器运行速度选择后，按控制面板上的开始建，机器进入全自动状态，连续定量分装。

（6）停止运行在进行分装时，需要暂停或颗粒已分装完成，可按停止键，使机器处于停止待机状态。

（7）清除数值定量包装的包装数量将在"数量栏"显示，如需要清除显示数值，请重新开关机1次或按清零键。

（8）清除物料要清除机器内部的颗粒时，请按住放料钮5秒不放，机器进入放料状态。

（9）关闭电源分装完毕、长时间不用时，请关闭电源开关。

**5. 常见故障及排除方法**

（1）机器刚启动、更换颗粒或重新选择分装速度时，前面几包可能会出现超过0.2g的误差值，请不要担心。包装过程中偶尔出现的超重现象，可能是颗粒中有过于粗大的颗粒，将粗大的颗粒挑出且根据机器"使用步骤"的提示来调整不同颗粒的分装速度。

（2）当设备工作时声音过大，确认颗粒分装机底部保险螺丝是否拆下，其设备所放的工作台是否平整且硬朗（注：工作台不稳会影响到设备的精确度）。

（3）分装时出现重量不准确，检查机器或工作台面是否放置平稳或是否连靠会产生震动的其他电气设备。

（4）在包装中，如有缺料或有颗粒堵塞现象，机器将发出"嘀、嘀、嘀"的报警音，这时机器将停止工作进入待机状态。检查储料容量，如缺料，添加颗粒继续包装；如颗粒堵塞，可能是颗粒粒径过长或颗粒潮湿，造成进料口堵塞，打开机器顶部检查口，清理堵塞物更换颗粒后重新包装。

### （四）DXDK-80C 型包装机

自动包装机一般分为半自动包装机和全自动包机两种。自动包装机主要用于食品、医药、化工等行业和植物种子的物料自动包装。物料可以是颗粒、片剂、液体、粉剂、膏体等形态。自动包装机具有自动完成计量、充料、制袋、封合、切断、输送、打印生产批号、增加易切口、无料示警、搅拌等功能。以 DXDK-80C 型包装机为例，叙述其结构原理、设备特点、技术参数等。

**1. 结构原理**　本机由自动定量打包机、缝口机、输送机等部分组成，分别完成快慢进料、定量称重、夹松包装袋、缝口、输送等工序。其工作原理是称量开始时，供料装置快速向秤斗进料，一般由大、小两个料门同时供料；在进料接近额定重量时，供料装置慢速工作，大料门关闭，由小料门进行添秤。当达到额定重量时，小料门快速关闭，切断料流，同时秤斗底部出料门迅速打开，将该批饲料卸入包装袋中。在饲料卸完后，秤斗低门迅速关闭，开始下一轮称量工作。装满饲料的包装袋被输送机送到缝口机处进行缝口。

**2. 设备特点**

（1）整机外表除电机外其余均为不锈钢制；组合式透明料箱，无须工具即可方便拆洗。

（2）采用电机驱动螺旋，具有不易磨损、定位准确、转速可设定、性能稳定等优点。

（3）采用 PLC 控制，具有工作稳定、抗干扰、称量精度高等优点。

（4）中英文触摸屏清楚显示各工作状态、操作指示、故障状态及生产统计等，操作简便直观。

（5）更换螺旋附件，能够适应超细粉到小颗粒等多种物料。

（6）对于流动好的物料出口加装离心装置保证精度，而对于多粉尘物料出口可安装吸尘装置，吸掉反喷粉尘。

**3. 技术参数**　DXDK-80C 型包装机技术参数见表 11-8。

表 11-8 DXDK-80C 型包装机技术参数表

| 设备性能 | 技术参数 |
| --- | --- |
| 制袋尺寸（mm） | 长 30~120、宽 40~85 |
| 装量范围（mL） | 1~50 |
| 包装速度（min） | 55~80 |
| 功率（kW） | 0.86 |
| 外形尺寸（mm） | 625×751×1558 |
| 电源（V/Hz） | 380/50 |

**4. 操作方法**

（1）开机前先检查压缩空气气压是否达到要求，检查各主要部件是否完好，如加热带、剪刀、小车各部件等。同时，查看机器周围有无其他人员，以确保开机后的安全。

（2）对供料系统和计量机进行生产前的清洗工作，以保证产品的卫生。

（3）合上主电源空气开关，接通电源进行开机，设定和检查各温控仪的温度，上好包膜。

（4）先调好制袋和检查打码效果，同时开启供料系统供料，当物料达到要求后，先开启制袋机制袋，同时检查真空箱抽取真空的真空度和热合质量，即制袋达到要求后，开始物料填充，进行生产。

（5）生产过程中，随时检查产品的质量，如真空度、热合线、皱褶、重量等产品的基本要求是否合格，如有问题随时调整。

（6）操作人员不得随意调整机器的一些运行参数，如运行次数、伺服和变频的各种参数，如需调整，必须报告工段长，由相关的维修人员或技术人员一起调整；生产中，根据实际情况，操作人员可以对各个温控仪的温度和部分相角参数适当调整，但必须先通知组长和工段长，以保证整个生产过程中设备运行的各个参数受控，保证设备的稳定运行，保证正常生产和产品质量。

（7）在生产中，设备出现问题或产品质量不合格，应立即停机，处理问题。严禁在机器运行中去处理问题，以防安全事故的发生。如遇处理不了或比较大的问题，应立即通知组长由维修人员来一起处理，同时挂好"正在检修，严禁开机"安全警示牌。操作人员必须与维修人员一起处理问题，以较快的时间解决问题，恢复生产。

（8）操作人员在操作过程中，随时注意自己和他人的安全，特别注意热封刀、剪刀、小车部分、真空箱、凸轮轴、计量机量杯观察孔、计量机搅拌、输送机等部位的安全及防护，以防安全事故的发生。

（9）操作人员对机器触摸屏的操作，只能用干净的手指轻轻地触摸式操作，严禁用指尖、指甲、其他硬物去按或敲打触摸屏，否则因操作不当损坏触摸屏的照价赔偿。

（10）在进行机器调试或调整制袋质量，开袋质量、填充效果、小车展袋和接袋时，只能用手动开关进行调试，严禁机器处于运行状态时进行以上调试，以免安全事故的发生。凡是比较大的故障需要调试处理和要打开凸轮箱调凸轮或换弹簧等时，必须先在机器操作的触摸屏处挂上"正在检修，严禁开机"安全警示牌。同时，任何人看见有安全警示牌的，不得随意去开机，否则后果自负。

（11）每位操作人员随时保证机器和周围地面的卫生，机器周围不得随意放置卷膜、纸箱及其他杂物，规范放置不合格品和杂物塑料筐，保持现场整洁。

（12）随时清理地面，保持平台卫生，同时随时注意输送带是否跑偏，如果输送带有跑偏现象，立即纠偏，以免输送带损坏。

（13）每班生产完后，操作人员必须彻底清洗机器设备的卫生，清洗过程中严禁用大的水或高压水对设备进行冲洗（每台机器配置的专用小水枪除外），同时注意保护好电器部分。清洗干净后，保证机器和地面无积水方可离开。

（14）每天下班前，要准确统计每台机器包膜的消耗和当班包膜总的消耗统计，同时做好单台机器的产量和当班总产量的统计。

**5. 维护保养**

（1）注意大小绞龙的轴承工作是否正常，定期在轴承上加油嘴内补充添加润滑脂。

（2）检查空气压缩机正常使用情况（0.4~0.6MPa）。①空气压缩机污物排放，1~3天排放1次。②气桶、气管、电磁阀、气阀、气震的正常使用情况，固定情况，连通气管要定期清洗。

（3）皮带轮运转情况是否正常。

（4）自动包装机表面保持清洁无污油。

**6. 注意事项**

（1）封合压力调整时，必须关闭电源或按下急停开关，以确保人身安全。

（2）进行切刀调整时，必须关闭电源或按下急停开关，以确保人身安全。

（3）不断地往料斗内添加物料时，尽量减少走空。

### （五）DZ-300/PD型真空包装机

DZ-300/PD型真空包装机是以塑料或塑料铝箔薄膜为包装材料，对液体、固体、粉状糊状的食品、粮食、果品、酱菜、果脯、化学药品、药材、电子元件、精密仪器、稀有金属等进行真空包装。经真空包装的物品可以防止氧化、霉变、虫蛀、腐烂、受潮，延长保质保鲜期限，特别适用于茶叶、食品、医药、商店、研究机构等行业，具有外形美观、结构紧凑、效率高、操作简便、底部带有座轮、移动方便等优点。

**1. 包装原理**　DZ-300/PD型真空包装机能够自动抽出包装袋内的空气，达到预定真空度后完成封口工序，亦可再充入氮气或其他混合气体，然后完成封口工序。DZ-300/PD型真空包装机常被用于食品行业，因为经过真空包装以后，食品能够抗氧化，从而达到长期保存的目的。

**2. 设备特点**　DZ-300/PD型真空包装机能排除了包装容器中的部分空气（氧气），能有效地防止食品腐败变质；采用阻隔性（气密性）优良的包装材料及严格的密封技术，能有效防止包装内容物质的交换，即可避免食品减重、失味，又可防止二次污染；

真空包装容器内部气体已排除，加速了热量的传导，这即可提高热杀菌效率，也避免了加热杀菌时，由于气体的膨胀而使包装容器破裂。

**3. 技术参数** DZ-300/PD 型真空包装机技术参数见表 11-9。

表 11-9 DZ-300/PD 型真空包装机技术参数表

| 型号 | 电源电压（V/Hz） | 真空泵电机功率（W） | 热封功率（W） | 真空极限（KPa） |
|---|---|---|---|---|
| DZ-300/PD | 220/50、110/60 | 370 | 200 | 1 |
| 每室热封条数 | 热封长度（mm） | 热封宽度（mm） | 真空室尺寸<br>（L×W×H）/mm | 真空泵排气量（m³/h） |
| 1 | 260 | 8 | 385×282×100 | 8 |
| 真空室材质 | 外形尺寸<br>（L×W×H）（mm） | 净重（kg） | | |
| 不锈钢 | 480×330×360 | 35 | | |

**4. 操作步骤**

（1）接通电源根据需要拨动电源选择开关，即电源指示灯亮，电源选择开关指向真空为真空封口，指向真空充气为真空充气封口。

（2）摆袋将装有物品的塑料袋置放真空室内，袋口整齐地摆在热封条上（如作充气包装至少应有一只喷嘴插入袋口内）。

（3）抽真空压下机盖，面板上抽气（真空）指示灯亮，真空泵开始抽气，机盖即被自动吸住，抽真空旋钮可根据包装要求调节真空度高低，调节时，视刻度由低至高，幅度要小。

（4）当抽气达到设定的时间（即所要求的真空度）时，即抽气结束，抽气指示灯熄灭，充气指示灯亮，以示充气开始，充气旋钮可调节充气时间长短（即充气量多少），方法同上，如不需要充气，将电源开关拨到真空位置，程序自动进入真空包装，充气指示灯熄灭。

（5）封口抽气或充气完毕时，指示灯随之熄灭，热封指示灯亮，即进入封口程序，面板上设有热封时间及温度调节旋钮，以适应不同厚薄材料，调节时间及温度时，旋动幅度要小，防止热封温度突然增高，烧坏热封配件。

（6）热封结束当达到设定热封时间时，热封指示灯熄灭，以示热封结束，即真空室经电磁阀通入大气，直至机盖自动抬启，真空充气包装过程全部结束，准备进行下次包装循环。

**5. 维护保养及注意事项**

（1）真空包装机应在温度-10~50℃，相对湿度不大于85%，周围空气中无腐蚀性气体、无粉尘、无爆炸性危险的环境中使用。与打包机和收缩机一样，本真空包装机为三相380V电源。

（2）为真空包装机确保真空泵正常工作，真空泵电机不允许反转。应经常检查油位，正常油位为油窗的1/2~3/4处（不能超过），当真空泵中有水分或油颜色变黑时，此时应更换新油（一般连续工作1~2月更换1次，用1#真空汽油或30#汽油、机油也可以）。

（3）杂质过滤器应该经常拆洗，一般 1~2 月清洗 1 次，如包装碎片状物体应缩短清洗时间）。

（4）连续工作 2~3 月应打开后盖，对滑动部位及开关添加润滑油，对加热棒上的各连接活动处应视使用情况添加油润滑。

（5）对减压、过滤、油雾三联件要经常检查，确保油雾、油杯内有油（缝纫机油），过滤杯内无水。

（6）加热条、硅胶条上要保持清洁，不得黏有异物，以免影响封口质量。

（7）加热棒上，加热片下的二层黏膏起绝缘作用，当有破损时应及时更换，以免短路。

（8）用户自备工作气源和充气气源，真空包装机工作压力已设定为 0.3MPa，比较合适，无特殊情况不要调节过大。

（9）真空包装机在搬运过程中不允许倾斜放置和撞击，更不能放倒搬运。

（10）真空包装机在安装时必须有可靠接地装置。

（11）严禁将手放入加热棒下，以防受伤，遇紧急情况立即切断电源。

（12）工作时先通气后通电，停机时先断电后断气。

## （六）SJY-800型全自动液体包装机

SJY-800 型全自动液体包装机采用先进的自动控温技术，操作便捷，封口质量稳定，被广泛应用于液体药剂、牛奶、豆奶、各种饮料、酱油、醋等液体介质的薄膜包装，所用材质为高压聚乙烯薄膜卷材，所经过的包装程序是包装紫外线杀菌、料袋成型、日期打印、自动灌装、封口切断等均一次性完成。

**1. 包装原理** SJY-800 全自动液体包装机采用双拉杆结构，性能可靠。本机设有偏离心调整结构，走袋时可对灌装量进行调整。

**2. 设备特点** SJY-800 型全自动液体包装机使用的旋转切刀采用高级工具钢材料，可以大大提高包装速度和切刀的寿命；SJY-800 型全自动液体包装机与物料接触部分均采用 316 不锈钢材料，大大克服腐蚀性液体对机器的腐蚀；升降式的切刀装置，切断位置可上下轻松调节；该全自动液体包装机的箱体采用 3mm 304 拉丝不锈钢，整机性能好，运行很平稳；该自动液体包装机的电控系统增加了漏电保护器和急停开关，完全符合工业产品的标准；采用具有防误识别技术的光电系统，制袋精度高。

**3. 技术参数** SJY-800 型全自动液体包装机技术参数见表 11-10。

表 11-10 SJY-800 型全自动液体包装机技术参数

| 设备性能 | 技术参数 |
| --- | --- |
| 电源（V） | 380/220 |
| 功率（W） | 1280 |
| 包装容量（mL） | 0~250 |
| 制袋尺寸（mm） | 长 30~180，宽 25~120 |
| 灌装精度（%） | ≤±1 |
| 包装速度（袋/min） | 30~75 |

**4. 注意事项**

（1）全自动液体灌装机内部装有电气控制元件，切勿用水直接冲洗机身，否则会损坏电气控制元件，还会有触电的危险。

（2）要使用符合全自动液体包装机规定的电源和气源。

（3）拆洗自动液体包装机前，一定要先关闭气源和电源。

（4）关掉电源开关后，全自动液体灌装机电气控制中部分电路还是存在电压的，所以在检修控制线路时，务必要拔掉电源线。

（5）应为自动液体包装机配一个有地线的电源插座，使机器有良好的接地，以免触电。

## 二、泡罩包装机

### （一）DPP-260K2型自动泡罩包装机

"平板式泡罩包装机"是对片剂、胶囊、安瓿等药品及其类似物料进行泡罩式铝（PTP）/塑（PVC）、铝/铝、铝塑铝，符合密封包装的专用设备，由于采用正压成型、平压热封，故具有泡罩挺阔、板块平整等特点。以DPP-260K2型自动泡罩包装机为例，DPP260K2型铝/塑、铝/铝平板式泡罩包装机在原DPP250D3型的基础上，采用变频调速与机-电-光-气一体化自动控制技术，并严格按GMP进行创新设计，实现了板块行程调节数字化控制、图文光电对版、铝/塑、铝/铝二用、缺料自动剔废及胶囊调头分色排列等诸多功能。

**1. 工作原理**　机器传动原理是指减速机在主电机的拖动下驱动花键主轴旋转。花键主轴上分别装有成型凸轮、热封凸轮、批号凸轮、压痕凸轮、冲裁偏心凸轮。通过各自的滚轮（冲裁工位为偏心轮外套）推动各个工位的左右往复运动，分别完成对包装材料进行成形、热封、打批号、压痕和冲裁等动作，该设备各个工位的左右位置均可通过相应的调节，以确保各工位的模具与泡眼或版块的位置一致。该设备的牵引由伺服电机驱动滚筒牵引机构实现包装材料间歇式、直线往复运动。

**2. 设备特点**　DPP系列铝塑包装机可进行分体包装以进入1.5米电梯及分割式净化车间，合并时采用圆柱销定位、螺钉固紧，组装较简便；模具采用压板装夹，装卸十分方便；主电机采用变频调速：（其冲裁次数可达50次/分）根据行程长短及被充填物的加料难易等因素采设定相应的冲裁次数；采用机械手夹持牵引机构，运行平稳。同步准确，行程在30~120mm范围内任意可调，即在该范围内可随意设计板块尺寸。由于采用接触式对版加热，降低了加热功率及温度，节约能源并增加塑片稳定性；成形加热板自动闭合、开启，能在加热板放下后延时开机，将材料浪费限制在一定范围之内；气垫热封，停机时由气缸自动将网纹板升高。消除了在停留时由热辐射造成的泡罩变形等现象，亦便于网纹板的清理工作，同时起到超压时的缓冲作用，有利于延长机器的使用寿命；上下网纹雌雄配合热封，即正反两面均为点状网纹（也可进行线密封）。由于两面应力相等，使板块更为平整，同时提高了密封性能；所有与药物接触的零件及加料斗，均采用不锈钢及无毒材料制造，符合 GMP 要求。

**3. 技术参数** DPP-260K2 型自动泡罩包装机主要技术参数见表 11-11，适用包装材料的规格见表 11-12。

表 11-11 DPP-260K2 型自动泡罩包装机主要技术参数

| 设备性能 | | 设备参数 |
|---|---|---|
| 最大冲载速度（次/分）（标准版 57mm×80mm×4 mm） | | 铝/铝：30 |
| | | 铝/塑：50 |
| 最大生产能力（万粒/小时） | | 铝/铝：8 |
| | | 铝/塑：25 |
| 进给行程可调范围（mm） | | 30~120 |
| 最大成形面积（mm） | | 245×112 |
| 最大成形深度（mm） | | 铝/铝：12，铝/塑：18/（特殊机 25/） |
| 成形上下加热功率（kW） | | 2（×2） |
| 热封加热功率（kW） | | 1.8 |
| 总功率（kW） | | 7.5 |
| 电源（三相四线）（V/Hz） | | 380/50（220/60） |
| 电机功率（kW） | | 1.5 |
| 气泵容积流量（m³/min） | | ≥0.25 |
| 包装材料 | 药用 PVC（mm） | 0.25（0.15~0.5）×250 |
| | 热封铝箔（mm） | 0.02×250 |
| | 成形铝箔 | 0.12×250 |
| 整机外形尺寸（长×宽×高）（mm） | | 3500×650×1400 |
| 整体包装尺寸（长×宽×高）（mm） | | 3900×750×1800 |
| 整机重量（kg） | | 1500 |

表 11-12 DPP-260K2 型自动泡罩包装机适用包装材料的规格

| 卷形包装材料 | PVC/PVDC/PE | 单面涂胶铝箔（PTP）背封材料 |
|---|---|---|
| 厚度（mm） | 0.2~0.5（通常 0.25~0.30） | 0.02~0.025 |
| 卷筒内经（mm） | 70~76 | 70~76 |
| 卷筒外径（mm） | 300 | 300 |

**4. 操作方法** DPP-260K2 型自动泡罩包装机规范操作流程分为以下五个步骤。

（1）根据电器原理图及安全用电规定接通电源，此时显示屏亮，进入第一界面。任意按一下第一界面，系统并进入第二界面，先后按"电源""点动"按钮，观察电机旋转方向是否与箭头相同，否则换线更正。

（2）按机座后面标牌所示接通进水、出水、进气口阀门。

（3）开通各加热部位并设置温度：热封 160℃左右，成型加热 100℃左右，上硬铝加热 130℃ 左右，下硬铝加热 150℃ 左右。调整如下：对照显示屏，如本机刚接通电源显示屏显示第一界面，当显示屏进入第二界面，其上面显示"成型""上硬铝""成型降""清零""热封""下硬铝""加料""剔废""点动""启动""停止""电源""设置""返回"等按钮，同时显示当前工作参数，如果要求设置加热温度及工作速度时，可按"设置"按钮，接着显示屏进入第三界面，可按其提示调整即可。确切温度与工作速度、塑料质量、气温等诸多因索有关，所以在生产中按实际需要而定。

（4）在更换模具时如要剔废，必须重新设置剔废参数，其参数主要是排数与版数，确定方法如下：首先必须调试好本机器使其能正常运作，再停机测量剔废检测位置到冲裁中心位置之间距离，然后计算出其版数（版数＝两位置间距离/牵引行程），排数即等于冲裁 1 次的版数，最后按"设置"按钮，进行调整即可。

（5）空压机，充气后使加热板上升，参照传动示意图所示方法串好塑片和铝箔，校正中心位置，观察成形、热封、冲裁及运行情况一切正常后打开加料闸门放药生产（开机后要注意打开冷却水）。

**5. 设备安装** 拆箱时应检查机器是否完整，运输中有无损坏现象（按装箱清单清点随机附件）。机器应水平安置在室内，不需装底脚螺丝，地脚下垫上厚约 12mm 的橡皮板，以避免长期使用损坏地面及出现移位等现象。对设备进行全面清洗，用软布沾洗洁精擦去表面油污、尘垢，然后用软布擦干。为了安全生产，应在接地标牌指定位置接入地线。

**6. 维护保养** 每次开机前要检查压缩空气的压力是否达到正常生产的要求，其压力应在 0.5~0.7MPa 范围内，成形气道模气压应控制在 0.5MPa 左右；每次开机前要打开冷却水阀门；油雾器要加足够量的 20# 机油，每次开机前都要放掉减压阀内的积水，以免水汽进入模具内，影响泡罩成形的质量；正常生产时要经常检查各滚动轴承的温度，一般最低工作温度不低于 40℃，最高温度不超过 70℃；各滚动轴承要每年更换 1 次润滑脂；成形、热封、压痕、冲载四个工位的凸轮箱内要保持一定的油量。其油位高低以凸轮最高点蘸到油面为准；要经常检查减速箱内的油位，其油位高度以不低于箱体高度的 2/3 为佳，且每年应更换 1 次减速箱内的机油。

**7. 注意事项** 机器运行中，不可将身体任何部位触及正在移动或滚动中的机件；在对机器进行清洁、保养、维修、更换模具或零部件等操作前请确认电源关闭；依照正常操作程序运作，并维护机器表面整洁。清洁机器时，勿将水或任何液体溅到电器控制箱上，或其他电器儿件表面；机器运行中若发生任何异常状况或非正常杂音的等，立即停止机器运转并检查；遇紧急事故时，保持冷静，按下红色紧急停止开关；任何时候电器箱的门必须关上，除非因保养维修需要才能打开。

### （二）LPB 系列铝塑泡罩包装机

LPB 系列铝塑泡罩包装机外形美观，噪音极低，整机结构紧凑，运转平稳，操作简单，设备采用内加热形式，PVC 受热均匀，泡罩成型坚实、挺阔，停机、开机不存在丢泡现象，避免包装材料的浪费。充填、吸泡、网纹热封、打印批号、板块冲裁皆可连续作业，安装调试维修方便、体积小、价格低、重量轻、是目前众多制药企业纷纷订制、使用的铝塑泡罩包装设备。

**1. 包装原理**　LPB 系列铝塑泡罩包装机是采用变频调速与机、电、光、气一体化自动控制技术并严格按 GMP 进行设计。本设备通过加热装置对 PVC 进行加热至设定温度，平板正压泡罩成型装置将加热软化的 PVC 吹成光滑的泡罩，然后通过给料装置充填药片，有入窝压辊将已成型的 PVC 泡带同步平直地压入热封铝筒相应的窝眼内，再由滚筒辊热封装置将铝箔与 PVC 热封。最后由打字冲裁装置，在产品上打上批号并使产品成型。

**2. 设备结构**　平板式铝塑泡罩包装机铝塑卷筒，包括铝箔卷筒和塑片卷筒两部分。卷筒主要由筒体、里外定子、制动圈和调节螺母等组成，筒体两端用滚动轴承支承在支承轴上，为卷筒的转动部分，当牵引塑料薄膜或铝箔时，即带动装在卷筒上的卷料自由转动。定子分里外定子，滑套在筒体外圆柱面上，并借固定螺钉固定在筒体的任意位置，用以安装固定不同宽度的卷料。制动圈套装在筒体的里端外圆柱面上，并固定在支板上，为卷筒的静止部分，用以制动筒体。拧紧或退出制动圈外圆周上 4 只调节螺钉，可增加或减少对筒体的制动力，使被牵引的薄膜或铝箔获得必要的张紧力。调节螺母旋装在支承轴并套装在筒体的外端内圆柱面上，并用 1 台轴承与筒体连接，在筒体旋转的情况下，转动调节螺母，可使筒体实现轴向移动，用以调节材料的横向位置。支承轴固定在支板上，支板固定在机身上，构成卷筒的支承主体。设备具有加热板温控检测、主电机过载保护、PVC 和 PTP 包装材料位置检测等；机械摩擦轮减速、调速，优于机械定比减速机变速与传动；采用四模具箱箱体同轴传动，提高传动刚性和工作绝对同步性；整体采用开式布局结构，可视性好，机器维护、调整简单、方便；采用模块化模具、更换安装与调整方便。同机多规格生产、模具费用低；采用 PLC 微机控制，触摸屏操作，中文和数字显示、故障诊断中文提示，操作简便可靠，维修方便。

**3. 技术参数**　LPB 系列铝塑泡罩机技术参数见表 11-13。

表 11-13　LPB 系列铝塑泡罩机技术参数表

| 设备性能 | 型号 | | | |
| --- | --- | --- | --- | --- |
| | LPB-130 | PPB-80 | PPB-140 | DPB-250 |
| PVC 规格（mm） | 70×0.25 | 130×0.25 | 140×0.25 | 250×0.25 |
| 电压（V） | 220 | 220/380 | 220/380 | 220/380 |
| 功率（W） | 3000 | 2800 | 3200 | 1500 |
| 结构 | 滚筒 | 平板 | 平板 | 平板 |
| 生产能力（板/分） | 20~50 | 40~80 | 40~80 | 50~100 |
| 体积（mm） | 1600×800×1250 | 1580×600×1050 | 2200×600×1400 | 2400×650×1450 |
| 重量（kg） | 290 | 300 | 650 | 800 |

**4. 操作方法**

（1）开机　打开电源、供水阀，拨通电源开关，打开供水阀。

（2）零件加热　按下预热开关、加热器开关，分别给 PVC 加热辊筒（调节至 155~

160℃），铝箔加热辊筒（调节至185~190℃）及批号钢字加热（120~130℃）。

（3）上料 按规定方向装上PVC和铝箔，并使铝箔药品名称与批号方向一致，将PVC绕过加热辊筒贴在成型辊上，最后与铝箔在铝箔加热辊筒处汇合。

（4）开启机器 达到预定温度时，按启动开关，主机顺时针转动，PVC依次绕过PVC加热辊筒、加料斗、铝箔加热辊筒、张紧轮、批号装置、冲切模具。

（5）成品检查 按下"压合""冲切""真空""批号"键及启动开关，机器转动，检查冲切的铝塑成品是否符合要求，批号钢字体与铝箔上字体方向应一致，如相反可以调换铝箔或批号钢字的方向。

（6）外观检查 检查铝塑成品网纹、批号是否清晰，铝塑压合是否平整，冲切是否完整，批号是否穿孔等。

（7）加中间品 检查符合要求后机器正常运转，放下加料斗，加入过筛的合格中间产品。

（8）调节转速 打开放料阀，调节好加料速度与机器转速一致，按"刷轮"开关，调节正常转速，为以不影响中间产品质量为宜。

（9）生产操作 机器正常运转，开始进行生产操作。

（10）定时检查 生产过程中必须经常检查铝塑成品外观质量、机器运转情况，如有异常立即停机检查，正常后方可生产。

（11）关闭机器 生产结束后，按总停开关，关闭冷却水。

**5. 维护与保养** 机器要经常擦拭，保持清洁，经常检查机器运转情况，发现问题及时处理；按润滑要求进行润滑；工作时，各冷却部位不可断水，保持水路通畅，做到开机前先供水，然后再对加热部分进行加热；加热辊面要保持清洁，清除污物应用细铜丝刷进行清理；工作完毕后，先切断电源，各加热部位冷却至室温后再关闭水源、气源，并在主动辊与热压辊之间垫入木楔；模具在使用或存放时，切忌磕碰划伤，切勿与腐蚀物接触。

### 三、自动捆包机

全自动捆包机可以实现常规物体的自动捆包，纸箱打出来的带既美观又牢固，速度很快，提高了工人的打包效率，同时减少浪费，也就节约了成本。在此，以LY-K180型全自动捆包机为例进行介绍，该机能在无人操作和辅助的情况下自动完成预定的全部捆扎工序，包括包装件的移动和转向，适于大批量包装件的捆扎。该机可对灰尘、粉末较多的大型物体和重量较重的物体进行打包。采用了凹板凸面式的操作按钮设计，大大减少了操作按钮的破损程度和误操作性。主要用于药厂、食品、邮政等行业，可对药品、食品、高级礼品、钱币、IC卡、IT版等进行包装（包括硬包装、软包装均可），所采用的捆扎带。

**1. 工作原理** LY-K180型全自动捆包机通过拉紧、热容、切带、黏合完成打包。专业打包机厂生产的使用范围广，不管大小包装，不用调整机器就可以打包，包装打包机属机械式结构，部分采用进口打包机零件，后刀刃稳定可靠，调整方便。打包物体基本处于打包机中间，首先右顶体上升，压紧打包带的前端，把打包带收紧捆在物体上，随后左顶体上升，压紧下层带子的适当位置，加热片伸进两带子中间，中顶刀上升，切断带子，最后把下一捆扎带子送到位，完成一个工作循环。打包机是使用打包带缠绕产品或包装件，然后收紧并将两端通过热效应熔融或使用包扣等材料连接的机器。全自动打包机的功用是使塑料带能紧贴于被捆扎包件表面，保证包件在运输、贮存中不因捆扎不牢而散落，同时还应捆扎整齐美观。

**2. 设备特点** LY-K180型全自动捆包机采用掀盖式面板，维修保养方便，新式电热装置，加热快，寿命长；单芯片电控，功能齐全，操作容易；4种捆包方式可以满足用户各种各样的捆包要求；包带为常规PVC带，成本低；同时采用了优质材料的导带轮，有效地解决了普通塑料导带轮的磨损和PP带的卡带问题；使用了硬度为65的高强度刀片，大大提高了切带的能力和刀片的寿命；采用了树脂脚轮，更加方便机械的移动，在长时间的负重下脚轮也不会变形；采用铝合金材质框架，机体外壳采用了组合式的构成方式。所有部件都采用了数控精密加工（NC）模式，使全自动捆包机部件的耐固性和连接动作的一元化得到了良好的技术保障。

**3. 技术参数** LY-K180型全自动捆包机主要技术参数见表11-13。

表 11-13　LY-K180型全自动捆包机主要技术参数

| 设备性能 | 技术参数 |
| --- | --- |
| 最大包装尺寸（mm） | 200×150×200 |
| 最小包装尺寸（mm） | 60×60×80 |
| 包装速度（包/分） | 8~15 |
| 工作电源（V/Hz） | 220/50 |
| 工作功率（W） | 700 |
| 工作气压（MPa） | 0.5~0.6 |
| 外形尺寸（mm） | 1400×600×1400 |
| 设备重量（kg） | 200 |

**4. 操作方法** 机器选定位置后，调整地脚，使机器的四肢脚盘都触地，保证设备在运转时不会摆动。打开机体后盖，观察继电器及其他仪表在运输过程的振动中如有歪倒、脱开或松动，应拨正，装上和按紧，用压缩空气吹净机器各部位的灰尘，用洗洁精擦净机器外部。接通压力为0.5~0.8MPa的气源，然后接通单相电源（220V），用电功率700W。按控制面板操作，点按电源开关按钮，点触摸屏上启动"自动运行"点动设备启动（停止）。打开电源开关，点触摸屏幕面后；点触"参数设定"进行参数设置（出厂已设好）返回菜单，点触自动运行，进行温度设置；下热封刀150℃（出厂已设好），根据用户需要调节捆包设置盒子层数设定。将已折好的空盒码放于前端输送平台，装上包装薄膜卷料（按工艺流程穿好薄膜），将纸盒推入捆包区即自动捆包，在正常捆包数十捆后可投入正常生产。本设备为上下两卷膜捆包，接好薄膜接头（配有胶带），可用热封刀烫好接头，待温度稳定后即可运行设备。调节轨道距离大于纸盒长度2~

3mm，更换顶板，调节积盒架方法：松动螺母可向外（内）调节，注意对称，调节热封顶板，根据盒子高度调节上热封高度，大于总盒高度 10mm。调节压盒板高度，调节压盒板高度与上热封底面大致相同。

**5. 维护保养**　首先要做的就是上油，设备在正常运转一般每两天上 1 次油，方法是关闭气源，泄掉管路内的气压，拉出汽缸轴，用布沾一点透平油（设备专用油）擦在每只汽缸的轴上，但绝对不允许在减压阀油缸里加油，因该设备上用的都是无油电磁阀和无油润滑汽缸，否则将会缩短电磁阀和汽缸使用寿命。保养时还要注意除尘，一般正常生产每周除尘 1 次，打开设备后门，用压缩空气吹净电器原件上和机器各部位的灰尘。

**6. 注意事项**　该设备在操作中还要特别注意：①本设备的工作电源电压等级为 220V、50Hz。②注意保持机身整洁及活动部件润滑，使其运转灵活。③不要随意触摸发热器或周边相关部件，尤其是机器处于开启（ON）时，或者刚刚关闭（OFF）时，因此时其温度较高，以免烫伤。④不要随意拨弄机器上的按键或调整设备文本内的参数，那将会导致机器故障。⑤在机器内部维修和调整时，须把电源插头与插座分开。⑥如有一段时间不使用机器时，应用软质物品遮盖机身。⑦开机前应检查其电压等级、频率是否符合本机器的要求，正确无误后方可操作机器。⑧检查其安全设施是否齐全，接地保护是否牢固可靠。⑨机器在操作时不要随意打开门、盖。⑩机器在工作中，非操作人员不得靠近设备，不得将手和其他异物伸进在运转的机器中。

**7. 故障排除**　LY-K180 型全自动捆包机故障及排除方法见表 11-14。

表 11-14　LY-K180 型全自动捆包机故障及排除方法

| 故障 | 原因 | 排除方法 |
|---|---|---|
| 断带 | 热封温度过高或过低 | 参照说明书推荐值调整温度；随季节变化可做微小调整 |
| | 吹气时间太短 | 在参数设定：调整吹气时间 |
| | 膜的材质不符合要求 | 采用此机型指定膜材料 |
| 捆包不紧 | 推盒距离过长 | 调整推盒位置 |
| | 压包不紧 | 调整好压包板距离 |
| | 摆杆重量不够 | 在摆杆上拉弹簧增加重量 |

# 第十二章  车间设计 ▷▷▷▷

车间设计原则是在产品方案确定后，综合考虑产品方案的合理性、可行性，从中选择一个工艺流程最长、化学反应或单元操作的种类最多的产品作为设计和选择工艺设备的基础，同时考虑各产品的生产量和生产周期，确定适应各产品生产的设备，以能互用或通用的设备为优先考虑原则。

## 第一节  洁净车间设计

在 GMP 中，对制药企业洁净厂房做出了明确规定，即把需要对尘埃粒子和微生物含量进行控制的房间或区域定义为洁净室或洁净区。

GMP 根据对尘埃粒子和微生物的控制情况，把洁净室或洁净区划分为四个级别。洁净等级见表 12-1。

**表 12-1  药品生产洁净室（区）的空气洁净度等级表**

| 洁净度级别 | 悬浮粒子最大允许数（m³） | | | |
| --- | --- | --- | --- | --- |
| | 静态 | | 动态[3] | |
| | ≥0.5μm | ≥5μm[2] | ≥0.5μm | ≥5μm |
| A 级[1] | 3 520 | 20 | 3520 | 20 |
| B 级 | 3 520 | 29 | 352 000 | 2 900 |
| C 级 | 352 000 | 2 900 | 3 520 000 | 29 000 |
| D 级 | 3 520 000 | 29 000 | 不做规定 | 不做规定 |

注：①为确认 A 级洁净区的级别，每个采样点的采样量不得少于 1m³。②在确认级别时，应当使用采样管较短的便携式尘埃粒子计数器，避免≥5μm 悬浮粒子在远程采样系统的长采样管中沉降。在单向流系统中，应当采用等动力学的取样头。③静态是指在全部安装完成并已运行但没有操作人员在场的状态；动态是指生产设施按预定的工艺模式运行并有规定数量的操作人员进行现场操作的状态。

### 一、洁净区域

制药企业洁净区域是指各种制剂、原料药、药用辅料和药用包装材料生产中有空气洁净度要求的区域。有洁净度要求的不是厂房的全部，而主要是指药液配制、灌装、粉碎过筛、称量、分装等药品生产过程中的暴露工序和直接接触药品的包装材料清洗等岗位。

## 二、洁净区域的工艺布局要求

洁净区域中人员和物料的出入通道必须分别设置，原辅料和成品的出入口分开。对于极易造成污染的物料和废弃物，必要时可设置专用出入口，洁净区域内的物料传递路线尽量要短；人员和物料进入洁净区域要有各自的净化用室和设施。净化用室的设置要求与生产区的洁净级别相适应；生产区域的布局要顺应工艺流程，减少生产流程的迂回、往返；操作区内只允许放置与操作有关的物料，设置必要的工艺设备。用于制造、储存的区域不得用作非区域内工作人员的通道；人员和物料使用的电梯要分开。电梯不宜设在洁净区内，必需设置时，电梯前应设气闸室。

在满足工艺条件的前提下，为提高净化效果，有洁净级别要求的房间宜按下列要求布局：洁净级别高的房间或区域宜布置在人员最少到达的地方，并宜靠近空调机房；不同洁净级别的房间或区域宜按洁净级别的高低由里及外布置；洁净级别相同的房间宜相对集中；不同洁净级别房间之间相互联系要有防止污染措施，如气闸室、空气吹淋室、缓冲间或传递窗、传递洞、风幕。

原材料、半成品存放区与生产区的距离要尽量缩短，以减少途中污染。原材料、半成品和成品存放区面积要与生产规模相适应。生产辅助用室要求如下：称量室宜靠近原辅料暂存间，其洁净级别同配料室；设备及容器具清洗室要求，D、C级区清洗室可放在本区域内，B级区域清洗室宜设在本区域外，其洁净级别可低于生产区一个级别，A级和无菌B级的清洗室应设在非无菌B级区内，不可设在本区域内；清洁工具洗涤、存放室设在本区域内，无菌C级区域只设清洁器具存放室，A、B级区不设清洁工具室；洁净工作服的洗涤、干燥室的洁净级别可低于生产区一个级别，无菌服的整理、灭菌后存放与生产区相同；维修保养室不宜设在洁净生产区内。

## 三、人员与物料净化

人员净化用室包括门厅（雨具存放）、换鞋室、存外衣室、盥洗室、洁净工作服室、气闸室或空气吹淋室。厕所、淋浴室、休息室等生活用室可根据需要设置，但不得对洁净区产生不良影响。

门厅：是厂房内人员的入口，门厅外要设刮泥格栅，进门后设更鞋柜，在此将外出鞋换掉。

存外衣室：也是普更室，在此将穿来的外衣换下，穿一般区的普通工作服。此处需根据车间定员设计，每人一柜。

洁净工作服室：进入洁净区必须在洁净区入口设更换洁净工作服的地方，进入C级洁净区脱衣和穿洁净工作服要分房间，进无菌室不仅脱与穿要分房间，而且穿无菌内衣和无菌外衣之间要进行手消毒。

淋浴与厕所：淋浴由于温湿度，对洁净室易造成污染。所以，洁净厂房内不主张设浴室，如生产特殊产品必须设置时，应将淋浴放到车间存外衣室附近，而且要解决淋浴室排风问题，并使其维持一定的负压。

气闸与风淋：在早期的设计中，洁净区入口处一般设风淋室，而后大多采用气闸室。风淋会将衣物和身体的尘粒吹散无确定去处；在气闸室停滞足够的时间，达到足够的换气次数，就可以达到净化效果。但是，气闸室内没有送风和洁净等级要求。因此在近年的设计中，风淋室和气闸室已经逐渐被缓冲间所替代。

根据不同的洁净级别和所需人员数量，洁净厂房内人员净化用室面积和生活用室面积，一般按平均每人 4~6 平方米计算。人员净化用室和生活用室的布置应避免往复交叉。净化程序见图 12-1、图 12-2。

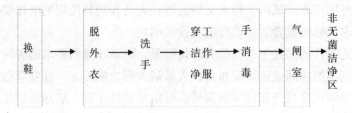

**图 12-1　进入非无菌洁净区的生产人员净化程序**

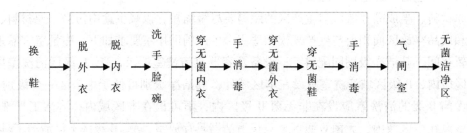

**图 12-2　进入无菌洁净区的生产人员净化程序**

物料净化室包括物料外包装清洁处理室、气闸室或传递窗（洞），气闸室或传递窗（洞）要设防止同时打开的连锁门或窗。

医药工作洁净厂房应设置供进入洁净室（区）的原辅料、包装材料等清洁用的清洁室；对进入非最终灭菌的无菌药品生产区的原辅料、包装材料和其他物品，还应设置供物料消毒或灭菌用的消毒灭菌室和消毒灭菌设施。

物料清洁室或灭菌室与清洁室（区）之间应设置气闸室或传递窗（洞），用于传递清洁或灭菌后的原辅料、包装材料、和其他物品。传递窗（洞）两边的传递门应有防止同时被打开的措施，密封性好并易于清洁。传递窗（洞）的尺寸和结构，应满足传递物品的大小和重量所需要求。传递至无菌洁净室的传递窗（洞）应设置净化设施或其他防污染设施。

用于生产过程中产生的废弃物的出口不宜与物料进口合用一个气闸室或传送窗（洞），宜单独设置专用传递设施。

## 四、洁净室形式分类

洁净区的气流组织分为单向流和非单向流两种。洁净室按气流形式分为单向流洁净室（以前称为层流洁净室）和非单向流洁净室（以前称为乱流洁净室）。因为室内气流并非严格的层流，故现改称为单向流和非单向流洁净室。单向流洁净室，按气流方向又可分为垂直单向流和水平单向流两大类。垂直单向流多用于灌封点的局部保护和单向流工作台。水平单向流多用于洁净室的全面洁净控制；非单向流，也称乱流或紊流，按气流组织形式可有顶送和侧送等。

**1. 垂直单向流室** 这种洁净室天棚上满布高效过滤器。回风可通过侧墙下部回风口或通过整个格栅地板，空气经过操作人员和工作台时，可将污染物带走。由于气流系单一方向垂直平行流，故因操作时产生的污染物不会落到工作台上去。这样，就可以在全部操作位置上保持无菌无尘，达到 A 级的洁净级别。

**2. 水平单向流室** 室内一面墙上满布高效过滤器，作为送风墙，对面墙上满布回风格栅，作为回风墙。洁净空气沿水平方向均匀地从送风墙流向回风墙。工作位置离高校过滤器越近，越能接收到最洁净的空气，可达到 A/B 级洁净度。室内不同地方得到不同等级的洁净度。

**3. 局部净化** 局部净化是指使室内工作区域特定局部空间的空气含尘浓度达到所要求的洁净度级别的净化方式。局部净化比较经济，净化装置供一些只需在局部洁净环境下操作的工序使用，如洁净工作台、层流罩及带有层流装置的设备，常见的是在 B 级或 C 级背景环境中实现 A 级。

**4. 乱流洁净室** 气流组织方式和一般空调区别不大，即在部分天棚或侧墙上装高效过滤器，作为送风口，气流方向是变动的，存在涡流区，故较单向流洁净度低，它可以达到的洁净度是 B/C/D 级。室内换气次数愈多，所得的洁净度也愈高。工业上采用的洁净室绝大多数是乱流式的。因为具有初投资和运行费用低、改建扩建容易等优点，在医药行业得到普遍应用。

# 第二节 丸剂车间

蜜丸系指饮片细粉以炼蜜为黏合剂制成的丸剂。蜜丸一般分为大蜜丸和小蜜丸，大蜜丸每丸重量在 0.5g（含 0.5g）以上，服用时按粒数计算。小蜜丸每丸重量在 0.5g 以下，服用剂量多按重量计算，亦有按粒数服用。蜜丸是临床上应用最广泛的传统中药丸剂之一，多用于镇咳祛痰药、补中益气药。蜂蜜主要成分为葡萄糖和果糖，另有少量蔗糖、维生素、酶类、有机酸、无机盐等营养成分，既可益气补中、缓急止痛、滋阴补虚、止咳滑肠，又能解毒、缓和药性和矫味。

## 一、丸剂生产特殊要求

蜜丸生产的特殊要求：生产过程中的投料、计算、称量要由双人复核，操作人、复核人均应签名；处方中如有贵细药材，应以细粉计量，与其他药材细粉用适当方法混合均匀后供配制用；药粉配制前应做微生物限度检查，需符合企业内控标准要求；蜂蜜使用前应经过滤并炼制，根据工艺要求使用不同浓度的炼蜜；采用分次混合或合坨等生产操作，应经验证确认，在规定限度内所生产一定数量的中间产品，具有同一性质和质量，则可定为一批；含有毒性或重金属等药粉的生产操作，应有防止交叉污染的特殊措施；产尘量大的洁净室经捕尘处理仍不能避免交叉污染时，其空气净化系统不利用回风。

## 二、工艺流程及环境区域划分

蜜丸剂生产工艺流程包括的工序有炼蜜、药粉混合、合坨、制丸、内包装和包装等。其中药粉混合、合坨、制丸、内包装等是在 D 级洁净区内进行。蜜丸剂工艺流程及环境区域划分示意图 12-3。

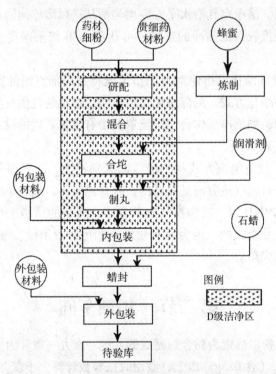

图 12-3 蜜丸生产工艺流程及环境区域划分示意图

## 三、岗位设计

蜜丸各工序在生产操作前，应由专人对生产准备情况进行检查，并记录。检查通常应包括该品种的批生产指令及相应配套文件，如工艺规程、岗位操作法或岗位 SOP、清洁规程、中间产品质量监控规程及记录等；本批生产所用的中药药粉与批生产指令相符，厂房、设备设施有"清场合格证"；对设备状况进行检查，挂有"合格""已清洁"标志的设备方可使用；检查容器具是否符合清洁标准，是否挂有"已清洁"的状态标志；对计量器具进行核对，必要时进行调试。生产的具体过程如下。

**1. 研配** 研配包括粗、细、贵药粉的兑研与混合，根据药粉的品种选择研磨的设备；药粉混合是按比例顺序将细粉、粗粉装入混合机内混合，混合机不能有死角，材质常用不锈钢；研配间可以设在前处理车间，也可以设在制剂车间，但要在洁净区，按工艺要求和厂家习惯确定，研配间要设计排风捕尘装置。

**2. 炼蜜**　炼蜜岗位一般设计在前处理提取车间，常用的设备为刮板炼蜜罐，根据合坨岗位用蜜量选择设备型号；炼蜜岗位设备宜采用密闭设备，以减少损失，保证环境卫生。

**3. 合坨**　合坨必须在洁净区进行，应设计在丸剂车间，合坨设备大小应按药粉加蜂蜜量选择，合坨机常用不锈钢材质，要求容易洗刷，不能有死角。

**4. 制丸**　制丸岗位在丸剂车间洁净区，根据丸重大小来选择大蜜丸机或小蜜丸机，制出的湿丸晾干后进行包装。

**5. 内包装**　丸剂的内包装必须在洁净区，小蜜丸常用瓶包装或铝塑包装，大蜜丸常用泡罩包装机或蜡丸包装。包装间要设排风和排异味装置。

**6. 蜡封**　蜡丸包装是大蜜丸的包装形式，蜡封间要设排异味、排热装置。

**7. 外包装**　外包间为非洁净区，宜宽敞明亮并通风，并有存包材间、标签管理间和成品暂存间，标签管理需排异味。

## 四、质量控制点设计

中药蜜丸剂在生产中主要有染菌、溶散超时限等问题。外观检查、水分、重量差异、装量差异及溶散时限等的检查是质量检查的要点。蜜丸生产质量控制要点见表12-2。

表12-2　蜜丸生产质量控制要点

| 工序 | 质量控制点 | 质量控制项目 | | 频次 |
|---|---|---|---|---|
| | | 生产过程 | 中间产品 | |
| 配料 | 称量 | 药粉的标志、合格证 | 性状 | 每批 |
| | 研配 | 每次兑入数量、比例、兑入次数 | | |
| 混合 | 混合 | 装量、时间、转速 | 性状、均匀度 | 每批 |
| | 过筛 | 筛目 | 细度 | |
| 炼蜜 | 温蜜 | 温度、时间 | 蜜温 | 每批 |
| | 炼制 | 进料速度、真空度、温度、时间 | 性状、水分 | |
| 合坨 | | 蜜温、蜜量、药粉量、搅拌时间 | 滋润、均匀 | 每次 |
| 制丸 | | 进料速度、出条孔径、切丸刀距 | 性状、外观、水分、重量差异、微生物数 | 随时/每批 |
| 内包 | 包纸 | — | 包严 | 随时/每批 |
| | 装壳 | — | 扣紧、严、无空壳 | |
| 蜡封 | 蜡封 | 温度、次数 | 均匀、严密、光滑 | 随时 |
| | 印名 | 印料、印章 | 位正、清晰 | |
| 包装 | 装盒 | — | 数量、批号、说明书 | 随时 |
| | 装箱 | — | 数量、装箱单、封箱牢固 | 每箱 |
| 待验库 | 成品 | 清洁卫生、温度、湿度 | 分区、分批、分品种、货位卡、状态标志 | 定时 |

### 五、平面布置图参考示例

蜜丸生产车间可以与其他固体制剂布置在同一厂房，生产规模大的蜜丸车间也可以单独设置，下面是大蜜丸和小蜜丸制剂在同一厂房的实例，见图 12-4。

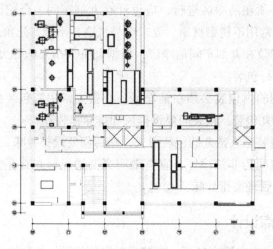

**图 12-4　丸剂制剂车间综合平面布局图**

# 第三节　片剂车间

片剂是指原料药物或与适宜的辅料制成的圆形或异形的片状固体制剂，主要供内服，亦有外用或特殊用途。

### 一、片剂生产特殊要求

片剂生产特殊要求在于，固体制剂的设备、工艺须经验证，以确保含量均一性；合理布局，采取积极有效措施防止交叉污染和差错；原辅料晶型、粒度、工艺条件及设备型号、性能对产品质量有一定影响，其工艺条件的确定应强调有效性和重现性。任何影响质量的重要变更，均须通过验证，必要时须作产品贮存稳定性考察；此种剂型属非无菌制剂，应符合国家有关部门规定的卫生标准。

### 二、工艺流程及环境区域划分

片剂生产工艺流程包括的主要工序有配料、制粒、干燥、整粒与总混、压片、包衣和内外包装等。其中配料、制粒、干燥、整粒与总混、压片、包衣和内包装等是在 D 级洁净区内进行。片剂工艺流程及环境区域的划分见图 12-5。

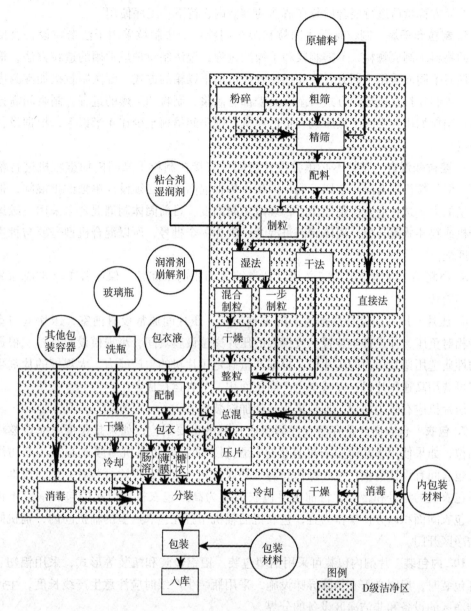

图 12-5　片剂工艺流程及环境区域划分示意图

## 三、岗位设计

固体制剂生产车间洁净级别要求不高，全部为 D 级，固体制剂生产的关键是注意粉尘处理，应该选择产尘少和不产尘的设备。

**1. 原辅料预处理**　物料的粉碎过筛岗位应有与生产能力适应的面积，选择的粉碎机和振荡筛等设备要有吸尘装置，含尘空气经过滤处理后排放。

**2. 称量和配料**　称量岗位面积应稍大，有称量和称量后暂存的地方。因固体制剂称量的物料量大，粉尘量大，必须设排尘和捕尘设备。配料岗位通常与称量不分开，将物料按处方称量后进行混合后装在清洁的容器内，待下一工序使用。

**3. 制粒和干燥** 制粒有干法制粒和湿法制粒：干法制粒采用干法造粒设备直接将配好的物料压制成颗粒，不需制浆和干燥的过程；湿法制粒是最常用的造粒方法，根据物料性质不同而采用不同方式，如摇摆颗粒机加干燥箱的方式、湿法制粒机加沸腾床方式、一步制粒机直接造粒方式。湿法制粒都有制浆、制粒和干燥的过程。制浆间需排潮排热；制粒如用到沸腾干燥床或一步造粒机，则房间吊顶至少在 4 米以上，根据设备型号确定。

**4. 整粒和混合** 整粒不必单独设计房间，直接在制粒干燥间内加整粒机进行整粒即可，但整粒机需有除尘装置。混合岗位也称批混岗位，必须设计单独的批混间，根据混合量的大小选择混合设备的型号，确定房间高度。目前固体制剂混合多采用三维运动混合机或料斗式混合机。固体制剂每混合一次为一个批号，所以混合机型号要与批生产能力匹配。

**5. 中间站** 固体制剂车间必须设计足够大面积的中间站，保证各工序半成品分区贮存和周转。

**6. 压片** 压片岗位是片剂生产的关键岗位，压片间通常设有前室，压片室与室外保持相对负压，并设排尘装置。规模大的压片岗位设膜具间，小规模设膜具柜。根据物料的性质选用适当压力的压片机，根据产量确定压片机的生产能力，大规模的片剂生产厂家可选用高速压片机，以减少生产岗位面积，节省运行成本。

压片机应有吸尘装置，加料采用密闭加料装置。

**7. 包衣** 包衣岗位是有糖衣或薄膜衣片剂的重要岗位，如果是包糖衣应设熬糖浆的岗位，如果使用水性薄膜衣可直接进行配制，如果使用有机薄膜衣必须注意防爆设计；包衣间宜设计前室，包衣操作间与室外保持相对负压，设除尘装置排尘；根据产量选择包衣机的型号和台数，目前主要包衣设备为高效包衣机，旧式的包衣锅已不再使用。包衣间面积以方便操作为宜，包衣机的辅机布置在包衣后室的辅机间内，辅机间在非洁净区开门。

**10. 内包装** 片剂内包装可采用铝塑包装、铝铝包装和瓶装等形式，采用铝塑、铝铝等包装时，房间必需有排除异味设施，采用瓶装生产线时应注意生产线长度，生产线在洁净区的设备和非洁净区设备的分界。

**11. 外包装** 片剂制剂内包装后直接送入外包间进行装盒装箱打包，近些年多采用联动生产线形式。外包间为非洁净区，宜宽敞明亮并通风，并有存包材间、标签管理间和成品暂存间，标签管理需排异味。

## 四、质量控制点设计

在压片过程中有时会出现裂片、松片、叠片、黏冲、崩解迟缓、片重差异超限、变色或表面有斑点等情况。这些问题的产生，归纳起来主要有三方面的原因：①颗粒过硬、过松、过湿、过干、大小悬殊不均、颗粒细粉比例失当等。②空气中的湿度可能太高。③压片机及其工作是否正常。片剂生产的质量控制要点见表 12-3。

表 12-3 片剂质量控制要点

| 工序 | 质量控制点 | 质量控制项目 | 频次 |
|---|---|---|---|
| 粉碎 | 原辅料 | 异物 | 每批 |
| | 粉碎过筛 | 细度、异物 | 每批 |
| 配料 | 投料 | 品种、数量 | 1 次/班 |
| 制粒 | 颗粒 | 黏合剂浓度、温度 | 1 次/批、班 |
| | | 筛网 | |
| | | 含量、水分 | |
| 烘干 | 烘箱 | 温度、时间、清洁度 | 随时/班 |
| | 沸腾床 | 温度、滤袋完好、清洁度 | 随时/班 |
| 压片 | 片子 | 平均片重 | 定时/班 |
| | | 片重差异 | 3~4 次/班 |
| | | 硬度、崩解时限、脆碎度 | 1 次以上/班 |
| | | 外观 | 随时/班 |
| | | 含量、均匀度、溶出度（指规定品种） | 每批 |
| 包衣 | 包衣 | 外观 | 随时/班 |
| | | 崩解时限 | 定时/班 |
| 洗瓶 | 纯化水 | 《中国药典》全项 | 1 次/月 |
| | 瓶子 | 清洁度 | 随时/班 |
| | | 干燥 | 随时/班 |
| 包装 | 在包装品 | 装量、封口、瓶签、填充物 | 随时/班 |
| | 装盒 | 数量、说明书、标签 | 随时/班 |
| | 标签 | 内容、数量、使用记录 | 每批 |
| | 装箱 | 数量、装箱单、印刷内容 | 每箱 |

## 五、平面布置图参考示例

生产规模大的固体制剂车间通常设计成独立的大平面生产（厂房）车间，生产规模相对稍小的固体制剂车间可以与其他剂型（如胶囊）在同一厂房内，平面布局详见图 12-6。

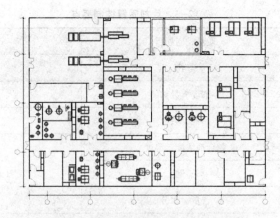

图 12-6　片剂制剂车间综合平面布局图

# 第四节　胶囊剂车间

胶囊剂是指原料药物或与适宜辅料充填于空心胶囊或密封于软质囊材中制成的固体制剂。胶囊壳的材料，简称囊材，多数是由明胶、甘油、水等组成；也有用变性明胶、甲基纤维素、海藻酸钙（或钠盐）、聚乙烯醇等高分子材料组成的，以改变胶囊壳的溶解性能。胶囊剂分为硬胶囊、软胶囊（胶丸）、缓释胶囊、控释胶囊和肠溶胶囊，主要供口服用。其中硬胶囊剂系指采用适宜的制剂技术，将原料药物或加适宜辅料制成的均匀粉末、颗粒、小片、小丸、半固体或液体等，充填于空心胶囊中的胶囊剂。

## 一、胶囊剂生产特殊要求

胶囊剂属固体制剂，其设备、工艺均须经验证，以确保含量均一性；合理布局，采取积极有效措施防止交叉污染和差错；设备型号、性能对产品质量有一定影响，其工艺条件的确定应强调有效性和重现性。任何影响质量的重要变更，均须通过验证，必要时须作产品贮存稳定性考察；此种剂型属非无菌制剂，应符合国家有关部门规定的卫生标准。

## 二、工艺流程及环境区域划分

硬胶囊剂生产工艺流程包括的主要工序有配料、制粒、干燥、整粒、装囊、检囊打光、分装和包装等。洁净区内级别为 D 级。硬胶囊剂工艺流程及环境区域的划分见图12-7。

## 三、岗位设计

从质量部门批准的供货单位进购原辅材料。原辅料须检验合格由质量部门放行后，方可使用。原辅料生产商的变更应通过小样试验，必要时须通过验证。

物料应经缓冲区脱外包装或经适当清洁处理后才能进入备料室。原辅料配料室的环境和空气洁净度与生产一致，并有捕尘和防止交叉污染措施。

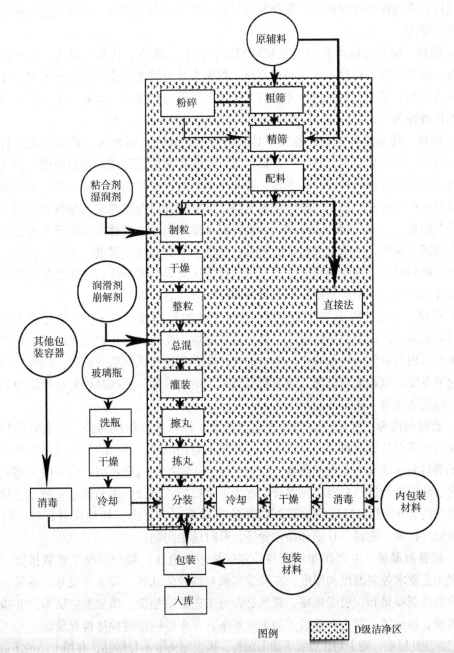

图例 ▨ D级洁净区

**图 12-7　(硬) 胶囊剂工艺流程及环境区域划分示意图**

　　原辅料使用前应目检、核对毛重并过筛。液体原料必要时应过滤,除去异物。由计量部门专人对称量用的衡器定期校验,做好校验记录,并在已校验的衡器上贴上合格证,称量衡器使用前应由操作人员进行校正。

　　过筛前核对品名、规格、批号和重量等。过筛后的原辅料应在盛器内外贴有标签,写明品名、代号、批号、规格、重量、日期和操作者等,做好相关记录。

　　过筛和粉碎设备应有吸尘装置,含尘空气经处理后排放;滤网、筛网每次使用前后，应检查其磨损和破裂情况，发现问题要追查原因并及时更换。过筛后的原辅料应粉碎至规定细度。

**1. 配料** 配料前应按领料单先核对原辅料品名、规格、代号、批号、生产厂、包装情况；处方计算、称量及投料必须复核，操作者及复核者均应在记录上签名；配好的料装在清洁的容器里，容器内、外都应有标签，写明物料品名、规格、批号、重量、日期和操作者姓名。

**2. 制粒** 使用的容器、设备和工具应洁净、无异物；制粒时，必须按规定将原辅料混合均匀，加入黏合剂，对主药含量小或有毒剧药物的品种应按药物的性质用适宜的方法使药物均匀度符合规定，一个批号分几次制粒时，颗粒的松紧要一致。采用高速湿法混合颗粒机制粒时，按工艺要求设定干混、湿混时间以及搅拌桨和制粒刀的速度与加入黏合剂的量。当混合制粒结束时，彻底将混合器的内壁、搅拌桨和盖子上的物料擦刮干净，以减少损失，消除交叉污染的风险；对黏合剂的品种、温度、浓度、数量、流化喷雾法制粒的喷雾、颗粒翻腾状态及干压制粒的压力等技术条件，必须按品种特点制订必要的技术参数，严格控制操作。流化法制粒时应注意防爆。

**3. 干燥** 按品种制定参数以控制干燥盘中的湿粒厚度、数量，干燥过程中应按规定翻料并记录；严格控制干燥温度，防止颗粒融熔、变质，并定时记录温度；采用流化床干燥时所用的空气应净化除尘，排出的气体要有防止交叉污染的措施。操作中随时注意流化室温度，颗粒流动情况，应不断检查有无结料现象。更换品种时必须洗净或更换滤袋。应定期检查干燥温度的均匀性。

**4. 整粒与混合** 整粒机必须装有除尘装置。特殊品种如抗癌药、激素类药物的操作室应与邻室保持相对负压，操作人员应有隔离防护措施，排除的粉尘应集中处理；整粒机的落料漏斗应装有金属探测器，除去意外进入颗粒中的金属屑；宜采用 V 型混合机或多向运动混合机进行总混，每混合一次为一个批号；混合机内的装量一般不宜超过该机总容积的 2/3；混合好的颗粒装在洁净的容器内，容器内、外均应有标签，写明品名、规格、批号、重量、日期和操作者等，及时送中间站。

**5. 胶囊剂灌装** 生产作业场所与外室保持相对负压，粉尘由吸尘装置排除。室内应根据工艺要求控制温度和湿度；在灌装前核对颗粒的品名、规格、批号、重量，并检查颗粒的外观质量和空胶壳规格、颜色是否与工艺要求相符；灌装前应试车，并检查胶囊的装量、崩解度。符合要求后才能正常开车，开车后应定时抽样检查装量。

已灌装的胶囊，筛去附在胶囊表面的细粉，拣去瘪头等不合格品，并用干净的不脱落纤维的织物将胶囊表面的细粉揩净。盛于清洁的容器内，标明品名、规格、批号、重量等。

**6. 包装** 包装材料的选用应符合《药品包装用材料、容器管理办法》（暂行），在使用前应经预处理。

玻璃瓶用饮用水洗干净，最后用纯化水冲洗并经高温干燥灭菌，清洁贮存，贮存时间不得超过 3 天，超过规定时间应重洗。

塑料瓶、袋、铝塑材料等的外包装应严密，内部清洁干燥。必要时采取适当方法清洁消毒。

旋转式分装机和铝塑包装机上部都应有吸尘装置，排除粉尘；数片用具应专人检查、清洗、保管和发放；对包装标签的品名、规格、批号、有效期等必须复核校对。包装结束后，应准确统计标签的实用数、损坏数及剩余数，与领用数相符。剩余标签和报废标签按规定处理；包装全过程应随时检查包装质量。要求贴签端正、批号正确、封口纸平整严密、PVP 泡罩和铝塑热压熔合均匀、装箱数量准确及外箱文字内容清晰正确。

**7. 清场**　现场生产在换批号和更换品种、规格时，每一生产工序需进行彻底清场。清场合格后应挂标示牌。清场合格证应纳入批生产记录。

**8. 生产记录**　各工段应即时填写本工段的生产记录，并由车间质量管理员按批及时汇总，审核后交质量管理部门放入批档案，以便进行批成品质量审核及评估，符合要求者出具成品合格证书，放行出厂。

### 四、质量控制点设计

胶囊剂外观应整洁，不得有黏结、变形或破裂现象，并应无异臭；除另有规定外，胶囊剂应按《中国药典》进行水分、桩量差异、崩解时限、微生物限度等检查。胶囊剂生产的质量控制要点见表 12-4。

**表 12-4　胶囊剂质量控制要点**

| 工序 | 质量控制点 | 质量控制项目 | 频次 |
|---|---|---|---|
| 粉碎 | 原辅料 | 异物 | 每批 |
| | 粉碎过筛 | 细度、异物 | 每批 |
| 配料 | 投料 | 品种、数量 | 1 次/班 |
| 制粒 | 颗粒 | 黏合剂浓度、温度 | 1 次/批、班 |
| | | 筛网 | |
| | | 含量、水分 | |
| 烘干 | 烘箱 | 温度、时间、清洁度 | 随时/班 |
| | 沸腾床 | 温度、滤袋完好、清洁度 | 随时/班 |
| 灌装 | 硬胶囊 | 温度、湿度 | 随时/班 |
| | | 装量差异 | 3~4 次/班 |
| | | 崩解时限 | 1 次以上/班 |
| | | 外观 | 随时/班 |
| | | 含量、均匀度 | 每批 |
| 洗瓶 | 纯化水 | 《中国药典》全项 | 1 次/月 |
| | 瓶子 | 清洁度 | 随时/班 |
| | | 干燥 | 随时/班 |
| 包装 | 在包装品 | 装量、封口、瓶签、填充物 | 随时/班 |
| | 装盒 | 数量、说明书、标签 | 随时/班 |
| | 标签 | 内容、数量、使用记录 | 每批 |
| | 装箱 | 数量、装箱单、印刷内容 | 每箱 |

### 五、平面布置图参考示例

　　胶囊生产车间开间相对较大，布局简单，有足够大的操作面，平面布局见片剂车间图 12-6）。

# 第十三章　　辅助设施设计　▷▷▷▷

　　制药企业除生产车间外，尚需要一些辅助设施，如以满足全企业生产正常开工的机修车间；以满足各监控部门、岗位对企业产品质量定性定量监控的仪器/仪表车间；锅炉房、变电室、给排水站、动力站等动力设施；厂部办公室、食堂、卫生所、托儿所、体育馆等行政生活建筑设施；厂区人流、物流通道运输设施；绿化空地、兴建花坛、围墙等美化厂区环境的绿化设施及建筑小区；控制生产场所中空气的微粒浓度、细菌污染以及适当的温湿度，防止对产品质量有影响的空气净化系统以及仓库等。辅助设施的设计的原则是以满足主导产品生产能力为基础，既要综合考虑全厂建筑群落布局，又要注重实际与发展相结合。下面主要介绍制药企业辅助设计中的仪表车间以及空气净化工程的设计。

# 第一节　仪表车间设计

　　制药生产过程中仪表是操作者的耳目，现代科技的进步使仪表由单一的检测功能进化为检测、自动控制一体化。

## 一、自动化控制简介

　　控制是指为实现目的而施加的作用，一切控制都是有目的的行为。在工业生产过程中，如果采用自动化装置来显示、记录和控制过程中的主要工艺变量，使整个生产过程能自动地维持在正常状态，就称为实现了生产过程的自动控制，简称过程控制。过程控制的工艺变量一般是指压力、物位、流量、温度和物质成分。实现过程控制的自动化装置称为过程控制仪表。

### （一）过程控制系统的组成

　　目前，在人们的日常生活中几乎处处可见到自动控制系统的存在，如各种温度调节、湿度调节、自动洗衣机、自动售货机、自动电梯等。它们都在一定程度上代替或增强了人类身体器官的功能，提高了生活质量。

　　早期的工业生产中，控制系统较少。随着生产装置的大型化、集中化和过程的连续化，自动控制系统越来越多，越来越重要。

　　自动化装置一般至少包括三个部分，分别用来模拟人工控制中人的眼、脑和手的功能，自动化装置的三个部分如下。

**1. 测量元件与变送器** 它的功能是测量液位并将液位的高低转化为一种特定的、统一的输出信号（如气压信号或电压、电流信号等）。

**2. 控制器** 它接受变送器送来的信号，与工艺需要保持的液位高度相比较得出偏差，并按某种运算规律算出结果，然后将此结果用特定信号（气压或电流）发送出去。

**3. 执行器** 通常指控制阀，它与普通阀门的功能一样，只不过它能自动地根据控制器送来的信号值来改变阀门的开启度。

显然，测量元件与变送器、控制器、执行器分别具有人工控制中操作人员的眼、脑、手的部分功能。

在自动控制系统的组成中，除了自动化装置的三个组成部分外，还必须具有控制装置所控制的生产设备。在自动控制系统中，将需要控制其工艺参数的生产设备或机器称为被控对象，简称对象。制药生产中的各种反应釜、换热器、泵、容器等都是常见的被控对象，甚至一段输气管道也可以是一个被控对象。在复杂的生产设备中，一个设备上可能有好几个控制系统，这是在确定被控对象时，就不一定是生产设备的整个装置，只有与某一控制相关的相应部分才是某一个控制系统的被控对象。

### （二）过程控制系统的主要内容

过程控制系统一般包括生产过程的自动检测系统、自动控制系统、自动报警联锁系统、自动操纵系统等方面的内容。

**1. 自动检测系统** 利用各种检测仪表对工艺变量进行自动检测、指示或记录的系统，称为自动检测系统。它包括被测对象、检测变送、信号转换处理及显示等环节。

**2. 自动控制系统** 用过程控制仪表对生产过程中的某些重要变量进行自动控制，能将因受到外界干扰影响而偏离正常状态的工艺变量，自动地调回到规定的数值范围内的系统称为自动控制系统。它至少要包括被控对象、测量变送器、控制器、执行器等基本环节。

**3. 自动报警与联锁保护系统** 在工业生产过程中，有时由于一些偶然因素的影响，导致工艺变量越出允许的变化范围时，就有引发事故的可能。所以，对一些关键的工艺变量，要设有自动信号报警与联锁保护系统。当变量接近临界数值时，系统会发出声、光报警，提醒操作人员注意。如果变量进一步接近临界值、工况接近危险状态时，联锁系统立即采取紧急措施，自动打开安全阀或切断某些通路，必要时，紧急停车，以防止事故的发生和扩大。

**4. 自动操纵系统** 按预先规定的步骤自动地对生产设备进行某种周期性操作的系统。

### （三）自动控制系统分类

自动控制系统从不同的角度有不同的分类方法。

按被控变量可划分为：温度、压力、液位、流量和成分等控制系统，这是一种常见的分类。

按被控制系统中控制仪表及装置所用的动力和传递信号的介质可划分为：气动、电动、液动、机械式等控制系统。

按被控制对象划分为：流体输送、设备传热设备、精馏塔和化学反应器控制系统等。

按控制调节器的控制规律划分为：比例控制、积分控制、微分控制、比例积分控制、比例微分控制等。

按系统功能与结构可划分为：单回路简单控制系统；串级、比值、选择性、分程、前馈和均匀等常规复杂控制系统；解耦、预测、推断和自适应等先进控制系统和程序控制系统等。

按控制方式可划分为：开环控制系统和闭环控制系统。

开环控制是指没有反馈的简单控制，如通常照明中的调光控制、电风扇的多级速度调节等。

闭环控制是指具有负反馈的控制。因为负反馈可以使控制系统稳定，多数控制系统都是闭环负反馈控制系统。

按给定值的变化情况可划分为：定值控制系统、随动控制系统和程序控制系统。

## 二、仪表分类

过程控制仪表是实现过程控制的工具，其种类繁多、功能不同、结构各异。从不同的角度有不同的分类方法。通常是按下述方法进行分类的。

**1. 按功能不同**　可分为检测仪表、显示仪表、控制仪表和执行器。①检测仪表：包括各种变量的检测元件、传感器等。②显示仪表：有刻度、曲线和数字等显示形式。③控制仪表：包括气动、电动等控制仪表及计算机控制装置；④执行器：有气动、电动、液动等类型。

**2. 按使用的能源不同**　可分为气动仪表和电动仪表。①气动仪表：以压缩空气为能源，性能稳定、可靠性高、防爆性能好且结构简单。但气信号传输速度慢、传送距离短且仪表精度低，不能满足现代化生产的要求，所以很少使用。但由于其天然的防爆性能，使气动控制阀得到了广泛的应用。②电动仪表：以电为能源，信息传递快、传送距离远，是实现远距离集中显示和控制的理想仪表。

**3. 按结构形式分**　可分为基地式仪表、单元组合仪表、组件组装式仪表等。①基地式仪表：这类仪表集检测、显示、记录和控制等功能十一体，功能集中，价格低廉，比较适合于单变量的就地控制系统。②单元组合仪表：是根据自动检测系统和控制系统中各组成环节的不同功能和使用要求，将整套仪表划分成能独立实现一定功能的若干单元（有变送、调节、显示、执行、给定、计算、辅助、转换八大单元），各单元之间采用统一信号进行联系。使用时可根据需要，对各单元进行选择和组合，从而构成多种多样的、复杂程度各异的自动检测系统和自动控制系统。所以单元组合仪表被形象地称作积木式仪表。③组件组装式仪表：是一种功能分离、结构组件化的成套仪表（或装置）。

**4. 按信号形式分** 可分为模拟仪表和数字仪表。①模拟仪表：模拟仪表的外部传输信号和内部处理信号均为连续变化的模拟量。②数字仪表：数字仪表的外部传输信号有模拟信号和数字信号两种，但内部处理信号都是数字量（0，1），如可编程调节器等。

### 三、仪表的选型

生产过程自动化的实现，不仅要有正确的测量和控制方案，而且还需要正确、合理地选择和使用自动化仪表及自动控制装置。现代工业规模化生产控制应该首选计算机控制系统，借助计算机的资源可以实时显示测量参数的瞬时值、累积值、实时曲线、历史参数、历史曲线及打印等；实现联锁报警保护；不仅能实现比例积分微分（PID）控制，亦可实现优化和复杂控制及管理功能等。通常的选型原则如下。

**1. 根据工艺对变量的要求进行选择** 对工艺影响不大，但需要经常监视的变量宜选显示仪表；对要求计量或经济核算的变量宜选具有计算功能的仪表；对需要经常了解其变化趋势的变量宜选记录仪表；对变化范围大且必须操作的变量宜选手动遥控仪表；对工艺过程影响较大，需随时进行监控的变量宜选控制型仪表；对可能影响生产或安全的变量宜选报警型仪表。

**2. 仪表的精确度应按工艺过程的要求和变量的重要程度合理选择** 一般指示仪表的精确度不应低于1.5级，记录仪表的精确度不应低于1.0级，就地安装的仪表精确度可略低些。构成控制回路的各种仪表的精确度要相配。仪表的量程应按正常生产条件选取。有时还要考虑到开停车、发生生产事故时变量变动的范围。

**3. 仪表系列的选择** 通常分为单元仪表的选择、可编程控制器和微型计算机控制。

单元仪表的选择包括：①电动单元组合仪表的选用原则：变送器至显示控制单元间的距离超过150m以上时；大型企业要求高度集中管理控制时；要求响应速度快，信息处理及运算复杂的场合；设置有计算机进行控制及管理的对象，可采用电动仪表。②气动单元组合仪表的选用原则：变送器、控制器、显示器及执行器之间，信号传递距离在150m以内时；工艺物料易燃、易爆及相对湿度很大的场合；一般中小型企业要求投资少，维修技术工人水平不高时；大型企业中，有些现场就地控制回路，可采用气动仪表。

可编程控制器是以微处理器为核心，具有多功能、自诊断功能的特色。它能实现相当于模拟仪表的各种运算器的功能及PID功能，同时配备与计算机通信联系的标准接口。它还能适应复杂控制系统，尤其是同一系统要求功能较多的场合。

微型计算机控制是指在计算机上配有D/A（digital to analog）、A/D（analog to digital）转换器及操作台就构成了计算机控制系统。它可以实现实时数据采集、实时决策和实时控制，具有计算精度高、存储信息容量大、逻辑判断能力强及通用、灵活等特点，广发地应用于各种过程控制领域。

**4. 根据自动化水平选用仪表** 自动化水平和投资规模决定着仪表的选型，而自动化水平是根据工程规模、生产过程特点、操作要求等因素来确定的。根据自动化水平，可分为就地检测与控制；机组集中控制；中央控制室集中控制等类型。针对不同类型的控制方式应选用不同系列的仪表。

对于就地显示仪表一般选用模拟仪表，如双金属片温度计、弹簧管压力计等。对于集中显示和控制仪表宜选单元组合仪表，二次仪表首先考虑以计算机取代当不采用计算机时，再考虑数字式仪表（如数显表、无笔无纸显示记录仪表和数字控制器等）。尽量不选或者少选二次模拟仪表。

**5. 仪表选型中应注意的事项**　①根据被测对象的特点，以及周围环境对仪表的影响，决定仪表是否需要考虑防冻、防凝、防震、防火、防爆和防腐蚀等因素。②对有腐蚀的工艺介质，应尽量选用专用的防腐蚀仪表，避免用隔离液。③在同一个工程中，应力求仪表品种和规格统一。④在选用各种仪表时，还应考虑经济合理性，本单位仪表维修工人的技术水平、使用和维修仪表的经验以及仪表供货情况等因素。

## 四、过程控制工程设计

过程控制系统工程设计是指把实现生产过程自动化的方案用设计文件表达出来的全部工作过程。设计文件包括图纸和文字资料，它除了提供给上级主管部门对工程建设项目进行审批外，也是施工、建设单位进行施工安装和生产的依据。

过程控制系统工程设计的基本任务是依据工艺生产的要求，对生产过程中各种参数（如温度、压力、流量、物位、成分等）的检测、自动控制、遥控、顺序控制和安全保护等进行设计。同时，也对全厂或车间的水、电、气、蒸汽、原料及成品的计量进行设计。

根据我国现行基本建设程序规定，一般工程项目设计可分两个阶段进行，即初步设计和施工图设计。

### （一）控制方案的制定

控制方案的制定是过程控制系统工程设计中的首要和关键问题，控制方案是否正确、合理，将直接关系到设计水平和成败，因此在工程设计中必须十分重视控制方案的制定。

控制方案制定的主要内容包括以下几个方面：①正确选择所需的测量点及其安装位置。②合理设计各控制系统，选择必要的被控变量和恰当的操纵变量。③建立生产安全保护系统，包括设计声、光信号报警、联锁及其他保护性系统。

为了使控制方案制定得合理，应做到：重视生产过程内在机理的分析研究；熟悉工艺流程、操作条件、工艺数据、设备性能和产品质量指标；研究工艺对象的静态特性和动态特性。控制系统的设计涉及整个流程、众多的被控变量和操纵变量，因此制定控制方案必须综合各个工序、设备、环节之间的联系和相互影响，合理确定各个控制系统。

自动化系统工程设计是整个工程设计的一个组成部分，因此设计人员应重视与设备、电气、建筑结构、采暖通风、水道等专业技术人员的配合，尤其应与工艺人员共同研究确定设计内容。工艺人员必须提供自控条件表，提供详细的参数。

## （二）初步设计的内容与深度要求

初步设计的主要任务和目的是根据批准的设计任务书（或可行性研究报告），确定设计原则、标准、方案和重大技术问题，并编制出初步设计文件与概算。

初步设计的内容和深度要求，因行业性质、建设项目规模及设计任务类型不同会有差异。一般大、中型建设项目过程自动化系统初步设计的内容和深度要求如下：

**1. 初步设计说明书**　初步设计说明书应包括：①设计依据，即该设计采用的标准、规模。②设计范围，概述该项目生产过程检测、控制系统和辅助生产装置自动控制设计的内容，与制造厂成套供应自动控制装置的设计分工，与外单位协作的设计项目的内容和分工等。③全厂自动化水平，概述总体控制方案的范围和内容，全厂各车间或工段的自动化水平和集中程度。说明全厂各车间或工段需设置的控制室，控制的对象和要求，控制室设计的主要规定，全厂控制室布局的合理性等。④信号及联锁，概述生产过程及重要设备的事故联锁与报警内容，信号及联锁系统的方案选择的原则，论述系统方案的可靠性。对于复杂的联锁系统应绘制原理图。⑤环境特性及仪表选型，说明工段（或装置）的环境特征、自然条件等对仪表选型的要求，选择防火、防爆、防高温、防冻等防护措施。⑥复杂控制系统，用原理图或文字说明其具体内容以及在生产中的作用及重要性。⑦动力供应，说明仪表用压缩空气、电等动力的来源和质量要求。⑧存在问题及解决意见，说明特殊仪表订货中的问题和解决意见，新技术、新仪表的采用和注意事项，以及其他需要说明的重大问题和解决意见。

**2. 初步设计表格**　包括自控设备表、按仪表盘成套仪表和非仪表盘成套仪表两部分绘制自控设备汇总表、材料表。

**3. 初步设计图纸**　包括仪表盘正面布置框图、控制室平面布置图、复杂控制系统图和管道及仪表流程图。

**4. 自控设计概算**　自控设计人员与概算人员配合编制自控设计概算。自控设计人员应提供仪表设备汇总表、材料表及相应的单价。有关设备费用的汇总、设备的运杂费、安装费、工资、间接费、定额依据、技术经济指标等均由概算人员编制。

## （三）施工图设计

施工图设计的依据是已批准的初步设计。它是在初步设计文件审批之后进一步编制的技术文件，是现场施工、制造和仪表设备、材料订货的主要依据。

**1. 施工图设计步骤**　在做施工图设计时，可按照下述的方法和步骤完成所要求的内容：①确定控制方案，绘制管道及仪表流程图。②仪表选型，编制自控设备表。③控制室设计，绘制仪表盘正面布置图等。④仪表盘背面配线设计，绘制仪表回路接线图等。⑤调节阀等设计计算，编制相应的数据表。⑥仪表供电系统及供气系统设计。⑦控制室与现场间的配管、配线设计，绘制和编制有关的图纸与表格。⑧编制其他表格。⑨编制说明书和自控图纸目录。

**2. 施工图设计内容**　施工图设计内容分为采用常规仪表、数字仪表和采用计算机控制系统施工图设计内容两部分。

**3. 施工图设计深度要求** 包括自控图纸目录、说明书、自控设备表、节流装置、调节阀、差压式液位计数据表、综合材料表、电气设备材料表、电缆表及管缆表、测量管路表、绝热伴热表、铭牌注字表、信号及联锁原理图。

# 第二节 空调设计

制药企业的采暖、通风、空调与净化工程几乎都离不开向厂房输送空气流。所输送的空气流若具有不同的特性就能达到不同的目的。如冬天将空气加热用于厂房采暖，以一定的流量及形式送风则可将厂房内发生的粉尘、有害气体带走以保持符合安全、卫生标准的空气清新程度，用加热、制冷等手段调节厂房内的空气温度、湿度，以满足生产工艺、设备、产品、操作人员的要求等。洁净厂房对微尘、微生物浓度的要求也是通过对所输送空气进行净化来得到满足的。因此上述各项工程设计可归结为空调工程设计。

## 一、空调设计的依据

对于空调工程的设计，不是凭空设计的，而是由依据可循的，主要根据以下几方面来进行考虑设计的。

1. 生产工艺对空调工程提出的要求，包括车间各等级洁净区的送暖温度、湿度等参数，各区域的室内压力值，各厂房对空调的特殊要求，如 GMP 中对空调的要求。

2. 有关安全、卫生等对空调提出的要求，如厂房的换风次数，其值的大小取决于易燃易爆气体、粉尘的爆炸极限范围或有害气体在厂房内的许可浓度。

3. 采暖、通风、空调与净化的有关设计、施工及验收范围。

## 二、空调设计的内容

根据上述设计依据，对空调的设计，通常包括：①除需考虑工艺、设备、GMP 对温度与湿度的要求外，还要考虑操作者的舒适程度。室内温度与湿度值除与送风的温度、湿度值有关外，还取决于送入的风量，这是因为在生产厂房中物料、设备、操作者都可能释放热、湿、尘，根据物料、热量衡算方程，送风状态、产热产湿量、排风状态及送风量达到一定的平衡状态才确定了厂房的实际温度、湿度。②空调厂房的送风量由于涉及热、湿、释放量的物料、热量衡算，安全、卫生所要求的换风次数等多个因素应从不同角度求得各自的送风量，然后再调整满足不同的要求。③厂房内不同洁净等级区域对空调的不同要求，主要表现在对空气中微尘、微生物浓度的不同要求。④特殊要求，如 GMP 要求青霉素类等高致敏性药品"必须使用专用和独立的厂房""操作区域应保持相对负压""排至室外废气应经净化处理并符合要求"等。

## （一）空调系统的设计

按照系统的集中程度，空调系统一般有集中式、局部式与混合式之分。集中式空调系统又称中央空调系统，是将空调集中在一台空调机组中进行处理，通过风机及风管系统将调节好的空气送到建筑物的各个房间，此时可以使用不同等级的过滤器使送风达到不同的洁净等级，也可以借开关调节各室的送风量。集中空调系统的空气处理量大，机组占厂房面积大，须由专人操作，但运行可靠，调节参数稳定，较适合于大面积厂房尤其是洁净厂房的调节要求，是首先考虑的方案。局部式空调系统则是将空调设备直接或就近安装在需要调节的房间内，功率、风量较小，安装方便，无须专人操作，使用灵活，作为局部、小面积厂房、实验室使用较合适，不适于大面积厂房。有时候为保持集中空调的长处，同时满足一些厂房的特殊需要，可采用混合式空调。

空调系统按是否利用房间排出的空气又可分为直流式和回风式。直流式是指全部使用室外新鲜空气（新风），在房间中使用过的废气处理后全部排至大气，操作简单，能较好保证室内空气中的微生物、微尘等指标，但浪费能源。回风是指厂房内置换出来的空气被送回空调机组再经喷雾室（一次回风）与新风混合进行空气处理，或在喷雾室后进入（二次回风）与喷雾室出来的空气（大部分为新风）混合的空调流程。其优点在于节省能量，但在设计计算及操作上略显复杂。在 GMP 许可的情况下，应尽量考虑使用回风，但某些房间的排出空气经单独的除尘处理后不再利用。因此空调机组的新风吸入口与厂房废气排出口之间的距离及上下风关系是空调设计需要考虑的问题之一。

## （二）空调机组的负荷设计

空调机组进口端为室外新鲜空气，出口端为一定温度、湿度的经空调处理的空气。对某些特定产品的生产厂房，后者是不变的。但吸入的新风温度、湿度等参数受季节、气候、昼夜的影响，几乎时刻在变化，加之厂房对空调负荷的要求也时时变化，故空调机组的负荷也几乎总在变化。理论上讲机组的运行参数要经常调整，但可基本分为冬、夏两类。既然空调机组的负荷随时都在变化，在选购空调机组时取什么样的负荷就十分重要，应当考虑空调机组运行时所处的最恶劣外界环境的最大负荷，这是空调的设计负荷或选购空调机组型号的依据。空调机组负荷要用多项指标表示：①送风量（$m^3/h$）。②喷水室的冷负荷（kW）。③空气加热器的热负荷（kW）。④各级过滤器的负荷。

## （三）空气输导与分布装置的设计

空气输导与分布装置的设计是空调设计的内容之一，主要从以下三方面加以考虑。

**1. 送风机** 仍以流量（$m^3/h$）、风管阻力计算而得的风机风压为主要选择依据。

**2. 通风管系统** 风管一般布置在吊顶的上面，对洁净车间又称为技术夹层。风管材料有金属、硬聚氯乙烯、玻璃钢、砖或混凝土等；管道形状有圆形、矩形等。矩形管与风机、过滤器的连接比较方便，使用较多，具体规格可查阅有关工具书。通风主管与各支管截面积的确定原理与复杂管路系统的计算一样，也应考虑最佳气流速度。风阀是启闭或调节风量的控制装置，常用插板式、蝶式、三通调节风阀、多叶风阀等。

**3. 送风口** 药厂各处所设置的送风口尺寸、数量、位置等要根据需要来确定。洁净室的气流组织形式一般分为乱流（即涡流）与平行流两种。经过多年的实践，现行的气流均采用顶送侧下回的形式，基本已经抛弃了顶送顶回的形式，现在关键的问题是采取单侧回还是双侧回及送风口的位置个数。

空气自送风口进入房间后先形成射入气流，流向房间回风口的是平行流气流，而在房间内局部空间内回旋的涡流气流。一般的空调房间都是为了达到均匀的温湿度而采用紊流度大的气流方式，使射流同室内原有空气充分混合并把工作区置于空气得以充分混合的混流区内。而洁净空调为了使工作区获得低而均匀的含尘浓度，则要最大限度地减少涡流，使射入气流经过最短流程尽快覆盖工作区。希望气流方向能与尘埃的重力沉降方向一致，使平行流气流能有效地将室内灰尘排至室外。实验证明上送下单侧回，会增加乱流洁净室涡流区，增加交叉污染机会。无回风口一侧，由于处于有回风口一侧生产区的上风向将成为后者的污染源。在室宽超过 3m 的空间内宜采用双侧回风，而在<3m 的空间内生产线只能布置一条，采用单侧回风也是可行的。这时只要将回风口布置在操作人员一侧，就能有效地将操作人员发出的尘粒及时地从回风口排出室外。

送风口的设置是同样的道理，送风口的数目过少，也会导致涡流区加大。因此，适当增加送风口的数目，就相当于同样风量条件下增加了送风面积，可以获得最小的气流区污染度。就一个人员相对停留少的某些房间，如存放间、缓冲间、内走廊等没有必要增加送风口个数，只需按常规布置即可。而对那些人员流动较大，比较重要的洁净房间诸如干燥间、内包间等，适当增加风口个数对保证洁净度是大有好处的。

### 三、洁净空调系统的节能措施

节能是我国可持续发展战略中的重要政策，长期以来，药厂洁净室设计中的节能问题尚未引起高度重视。而洁净空调是一种初投资大、运行费用高、能耗多的工程项目，其与能源、环保等方面的关系尤为突出。当前，在工程的设计、施工、运行诸阶段对节能问题缺乏应有的重视，更加重了洁净空调的高运行费用和高能耗的问题。因此，从药厂洁净室设计上采取有力措施降低能耗，节约能源，已经到了刻不容缓的地步。

#### （一）减少冷热源能耗的措施

采取适宜的措施减少冷热源能耗，可达到节能和降低生产成本的双重目的，具体措施包括确定适宜的室内温湿度、选用必要的最小的新风量和采用热回收装置、利用二次回风节省热能，以及加强对工艺热设备、风管、蒸汽管、冷热水管及送风口静压箱的绝热等措施。

**1. 设计合理的车间形式及工艺设备** 洁净厂房以建造单层大框架、正方形大面积厂房最佳。其显著优点首先是外墙面积最小，能耗少，可节约建筑、冷热负荷投资和设备运转费用。其次是控制和减少窗/墙比，加强门窗构造气密性要求。此外，在有高温差的洁净室设置隔热层，围护结构采取隔热性能和气密性好的材料、构造，建筑外墙内侧保温或夹芯保温复合墙板，在湿度控制房间要有良好防潮的密封室，以达到节能目的。

药厂洁净室工艺装备的设计和选型，在满足机械化、自动化、程控化和智能化的同时，必须实现工艺设备的节能化。如在水针剂方面，设计入墙层流式新型针剂灌装设备，机器与无菌室墙壁连接在一起，维修在非无菌区进行，不影响无菌环境，机器占地面积小，减少了洁净车间中100级平行流所需的空间，减少了工程投资费用，减少了人员对环境洁净度的影响，大大节约了能源。同时，采取必要技术措施，减少生产设备的排热量，降低排风量。加强洁净室内生产设备和管道的隔热保温措施，尽量减少排热量，降低能耗。

**2. 确定适宜的室内温湿度** 洁净室温湿度的确定，既要满足工艺要求，又要最大程度地节省能耗。室内温湿度主要根据工艺要求和人体舒适要求而定。GMP要求洁净室内温度控制为18~26℃，湿度控制为45%~65%。对于一般无菌室内温度考虑到抑制细菌生长及生产人员穿无菌服等情况，夏季应取较低温度，为20~30℃，而一般非无菌室温度为24~26℃。考虑到室内相对湿度过高易长霉菌，不利洁净环境要求，过低则易产生静电使人体感觉不适等因素，所以一般易吸潮药品室内湿度为45%~50%，固体制剂药品为50%~55%，水针、口服液等为55%~65%。夏季室内相对湿度要求愈低，能耗愈大，所以设计时，在满足工艺要求的情况下，室内湿度尽量取上限，以便能更多地节省冷量。据测算，当洁净室换气为20次/小时，室温为25℃，当室内相对湿度由55%提高至60%时，系统冷量约可节省15%。

由于气象条件的多变，室外空气的参数也是多变的，而洁净空调设计时是以"室外计算参数"作为标准及系统处于最不利状况下考虑的。因此，在某些时期必然存在能源上的浪费。对空调系统进行自动控制，其节能效果显而易见。洁净空调的自动控制系统主要由温度传感器（新风、回风、送风、冷上水）、湿度传感器（新风、回风、送风、室内）、压力传感器（送风、回风、室内、冷回水、蒸汽）、压差开关报警器（过滤器、风机）、阀门驱动器（新风、回风）、水量调节阀、蒸汽调节阀（加热、加湿）、流量计（冷水、蒸汽）、风机电机变频器等自控元器件组成，以实现温湿度的显示与自控、风量风压的稳定、过滤器及风机前后压差报警、换热器水量控制、新回风量自控等功能。

**3. 选用必要的最小的新风量和采用热回收装置以减少新风热湿处理能耗** 在洁净室热负荷中，新风负荷为最大要素。合理确定必要的最小新风量，能大大降低处理新风能耗。一般新风量由下面三项比较后取最大值：①洁净区内人员卫生要求每人不小于40m³/h。②维持洁净区正压条件下漏风量与排风量之和。③各种不同等级洁净的最小新风比：10万级为30%；1万级为20%；百万级为2%~4%。对于制药厂③的值一般为最大，但对固体制剂通常②为最大值，因为在片剂生产中，工艺设备的生产、物料的输送、设备的加出料时均散发出大量粉尘，使得回风无法利用或回风量较小，空调系统只能采用近乎直流系统，所以必须加强部分岗位局部净化或排风除尘或隔离技术等手段，将排风量降至比较经济程度，以减小过大的新风量。

新风负荷是净化空调系统能耗中的主要组成部分，因此，在满足生产工艺和操作人员需要的情况下，以及在 GMP 允许的范围内，应尽可能采用低的新风比。洁净空间内的回风温度、湿度接近送风温湿度要求，而且较新风要洁净。因此，能回风的净化系统，应尽可能多地采用回风以提高系统的回风利用量。不能回风或采取少量回风的系统，在组合式空调机组加装热交换器来回收排风中的有效热能，提高热能利用率，节省新风负荷，这也是一项极为重要的节能措施。特别是对采用直排式空调系统（即全部不回风）或排风量较大剂型如固体制剂，若在空调机组内设置能量回收段是一种较好的、切实可行的节能措施。当然，只有工艺设备处于良好运行状态、粉尘的散发得到控制的情况下，利用回风才有节能效果。如果区内大部分房间都难以控制粉尘的大量散发，采用回风处理的方式是否经济就成疑问了。因此，还应对工艺及设备的操作和运行情况进行综合考虑，以确定采用回风方案是否经济合理。当采用回风的节能方案后，虽然要增加对回风进行处理的空气过滤器和风机等设备费用，但可以减少冷冻机、水泵、冷却塔、热水制备和水管路系统的配置费用，可以减少设备的投资费。由此看来，在利用回风后，在初投资和运行费上都有不同程度的降低，其经济效益是显而易见的。

能量回收段的实质就是一个热交换器，即在排风的同时，利用热交换的原理把排气的能量回收进入到新风中，相当于使新风得到了预处理。根据热交换方式的不同，能量回收段分为转轮式、管式两种。

转轮式热交换器，主要构件是由经特殊处理的铝箔、特种纸、非金属膜做成的蜂窝状转轮和驱动转轮的传动装置。转轮下半部通过新风，上半部通过室内排风。冬季，排风温湿度高于新风，排风经过转轮时，转芯材质温度升高，水分含量增多；当转芯经过清洗扇转至与新风接触时，转芯便向新风释放热量与水分，使新风升温增湿。夏季则相反。转轮式热交换器又分为吸湿的全热交换方式和不吸湿的显热交换方式两种。

管式热交换器也有两种，一种是热管式，即单根热管（一般为传热好的铜、铝材料）两端密封并抽真空，热管内充填相变工质（如氟利昂或氨）。热管一般为竖直安装，中间分隔，一段起蒸发器、一段起冷凝器的作用。以充填氨的铝热管为例（夏季），上部通过冷的排气，下部通过进气；底部的氨液蒸发，使进风预冷，蒸发的氨气在热管上部被排风冷却成氨液，这样自然循环。另一种是盘管式，两组盘管分离式安装，即空调机组内除了原有的表冷、加热段外，分别在送、排风机组内设置盘管式换热器，之间用管道连接，内部用泵循环乙二醇等载冷剂，以回收排风的部分能量。显热回收率可达 40~60%。与转轮式相比，盘管式热交换器的优点在于不会产生"交叉污染"，新风、排风机组可以不在一处，布置时较方便。

**4. 利用二次回风节省热能** 药厂净化空调的特点是净化面积大、净化级别要求高。设计中多采用一次回风系统，使之满足用户对室内洁净度、温湿度、风量、风压的要求，且一次回风系统设计及计算简单，风道布置简单，系统调试也简单。与之相比，二次回风系统要相对复杂得多。但使用一次回风系统，由于全部送风量经过空调机组处理，空调机组型号大，设备和施工费用及运行费用相应提高。而二次回风系统，只有部分风量经空调机组处理，空调机组承担的风量、冷量都少，型号小，初投资及运行费用都相应减少，有较为明显的节能效果。因此，如果在可用二次回风系统的场合使用一次回风系统，就会造成药厂资金（包括初投资和运行费用）的浪费。在送风量大的净化空调工程中，二次回风系统比一次回风系统在节能显著，应优先采用。

**5. 加强对工艺热设备、风管、蒸汽管、冷热水管及送风口静压箱的绝热措施**　在绝热施工中，要注重施工质量，确保绝热保温达到设计要求，起到节能和提高经济效益的目的。对于风管，常常出现绝热板材表面不平、相互接触间隙过大和不严密、保温钉分布不均匀、外面压板未压紧绝热板、保护层破坏等造成绝热不好等情况。对于水管，主要是管壳绝热层与管子未压紧密、接缝处未闭合、缝隙过大等影响绝热效果。

可用于洁净空调风管及换热段配管的保温材料很多，通常有用于保热的岩棉、硅酸铝、泡沫石棉、超细玻璃棉等，用于保冷的超细玻璃棉、橡胶海绵（NBR-PVC）聚苯乙烯和聚乙烯等。目前，在风管保温中常用的新型保温材料有超细玻璃棉、橡胶海绵（NBR-PVC）。这两种保温材料，除保温效果较好外，还具有良好的不燃或阻燃性能，安装也比较简单。如橡胶海绵（NBR-PVC）保温材料，热传导系数为 0.037，浸没28 天吸水率<4%，氧指数≥33，燃烧性能达到难燃的 B1 级。橡胶海绵（NBR-PVC）安装也极为简单，风管外壁清洁后涂以专用胶水，再将裁好的橡胶海绵（NBR-PVC）材料黏平即可，无须防水、防潮层。该保温材料外观效果好，但价格稍贵。

静压箱风口保温有两种：一种在现场静压箱安装完成后，再在静压箱外进行保温，此种保温效果和质量依现场施工质量而定。另一种为保温消声静压箱风口，一般由外层钢板箱体、保温吸声材料、防尘膜、穿孔钢板内壳组成，整体性强，保温效果好，比较好地解决了箱体的绝热保温。研究发现，最小规格高效过滤器送风口静压箱在无保温的情况下，能耗大体占该风口冷热能量的 10.3%，可见静压箱保温很重要。

### （二）减少输送动力能耗方面的措施

减少药厂洁净空调的运行费用、能耗问题，不仅可以采取减少适宜的冷热源能耗的措施，还可以采取减少输送动力能耗方面的措施来达到节能和降低生产成本的双重目的。

**1. 减少净化空调系统的送风量**　采取适当的措施减少净化空气的送风量，可以减少输送方面的动能损耗，从而达到节能的目的。

（1）合理确定洁净区面积和空气洁净度等级　药厂洁净室设计中对空气洁净度等级标准的确定应在生产合格产品的前提下，综合考虑工艺生产能力情况、设备的大小、操作方式和前后生产工序的连接方式、操作人员的多少、设备自动化程度、设备检修空间及设备清洗方式等因素，以保证投资省、运行费用少、节能的总要求。减少洁净空间体积，特别是减少高级别洁净室体积是实现节能的快捷有效的重要途径。洁净空间的减少，意味着降低风量比，可降低换气次数以减少送风动力消耗。因此，应按不同的空气洁净度等级要求分别集中布置，尽最大努力减少洁净室的面积，同时，洁净度要求高的洁净室尽量靠近空调机房布置，以减少管线长度，减少能量损耗。此外，采取就低不就高的原则，决定最小生产空间。一是按生产要求确定净化等级，如对注射剂的稀配为1 万级，而浓配对环境要求不高，可定为 10 万级。二是对洁净要求高、操作岗位相对固定场所允许使用局部净化措施，如大输液的灌封等均可在1万级背景下局部100级的生产环境下操作。三是生产条件变化下允许对生产环境洁净要求的调整，如注射剂的稀配为1万级，当采用密闭系统时生产环境可为10万级。四是降低某些药品生产环境的洁净级别，如原按10万级执行的口服固体制剂等生产均可在30万级环境下生产。实际上有不少情况不必无限制地提高标准，因为提高标准将增加送风量，提高运行成本。据估算，洁净区1万级电耗是10万级的2.5倍，年运转费是基建设备投资的6%~18%，改造后产品动力成本比改造前要高2~4倍。因此，合理确定净化级别，对于企业降低生产成本是十分重要的。

（2）灵活采用局部净化设施代替全室高净化级别　减少洁净空间体积的实用技术之一是建立洁净隧道或隧道式洁净室，来达到满足生产对高洁净度环境要求和节能的双重目的。洁净工艺区空间缩小到最低限度，风量大大减少。采用洁净隧道层流罩装置抵抗洁净度低的操作区对洁净度高的工艺区可能存在的干扰与污染，而不是通过提高截面风速或罩子面积提高洁净度。在同样总风量下，可以扩大罩前洁净截面积5~6倍。与此同时，在工艺生产局部要求洁净级别高的操作部位，可充分利用洁净工作台、自净器、层流罩、洁净隧道及净化小室等措施，实行局部气流保护来维持该区域的高净化级别要求。此外，还可控制人员发尘对洁净区域的影响，如采用带水平气流的胶囊灌装室或粉碎室、带层流的称量工作台及带层流装置的灌封机等，都可以减轻洁净空调系统负荷，减少该房间维持高净化级别要求的送风量。

（3）减少室内粉尘及合理控制室内空气的排放　药品生产中常常会产生大量粉尘，或散发出热湿气体，或释放有机溶媒等有害物质，若不及时排除，可能会污染其他药物，对操作人员也会造成危害。

对于固体制剂，发尘量大的设备，如粉碎、过筛、称量、混合、制粒、干燥、压片、包衣等设备应采取局部防排尘措施，将其发尘量减少到最低程度。而没有必要将这些房间回风全部排掉，而大大损失能量；或单纯依靠净化空调来维持该室内所需洁净要求，其能耗费用要比维持100级费用还要大。为了减少局部除尘排风浪费掉的大量能源，可选择高效性能良好的除尘装置。

（4）加强密封处理，减少空调系统的漏风量　由于药厂净化空调系统比一般空调系统压头大一倍，故对其严密性有较高要求，否则系统漏风造成电能、冷热能的大大损失。

关于空调机组的漏风量国家标准规定，用于净化空调系统的机组：内静压应保持1000Pa、洁净度<B级时，机组漏风率≤2%；洁净度≥B级时，机组漏风率不大1%。但从施工现场空调机组的安装情况看，有的仍难以满足此要求。因此，需要加强现场安装监督管理，按相关规范标准要求的方法进行现场漏风检测，采取必要措施控制机组的漏风率。

目前，国内通风与空调工程风管漏风率比较保守的和公认的数值为10%~20%。对于风管系统控制漏风的重要环节是施工现场，应从风管的制作、安装及检验上层层把关，主要关键工序是风管的咬合，法兰翻边及法兰之间的密封程度，静压箱与房间吊顶连接处的密封处理，各类阀件与测量孔如蝶阀、多叶阀、防火阀的转轴处的密封，风量测量孔、入孔等周边与风管连接处等。这些部位有的可通过检验找出缺陷之处，有的无法测出，只能靠严格监督检查，严格要求，才能保证。

国内有关规范对于风管系统的漏风检查方法有两种，即漏光法和漏风试验法。漏光法在要求不高的风管系统使用，无法检查出漏风量多少。漏风试验法在要求较高的风管系统使用，可检查出风管系统的漏风量大小。对于药厂净化空调风管一般为中压系统，GB50243-97 中规定，中压风管工作压力为 1000~1500Pa 时，则系统风管单位面积允许漏风量指标为 $3.14~4.08 m^3/h \cdot m^2$。关于洁净房间的漏风问题，GB50243-97 中规定，装配式洁净室组装完毕后，应做漏风量测试，当室内静压为 100Pa 时，漏风量不大于 $2 m^3/h \cdot m^2$。现场洁净室装修时，吊顶或隔墙上开孔，如送风口、回风口、灯具、感烟探头的安装、各类管道的穿孔处等以及门窗的缝隙等都存在一定的漏风量，施工安装时，所有缝隙均要采取密封处理，确保洁净室的严密性。

（5）在保证洁净效果的前提下采用较低的换气次数　GMP 对各洁净级别的换气次数没有做相应的规定，设计人员不应一味地扩大换气次数，而应紧密结合当地的大气含尘情况及工程的装修效果，合理确定换气次数。在南方等城市，室外大气含尘浓度低或者工程项目的装修标准较高。室内尘粒少、工艺本身又较先进，这类项目的洁净空调可以适当降低换气次数。

换气次数与生产工艺、设备先进程度和布置情况、洁净室尺寸和形状、人员密度等密切相关，如对于布置普通安瓿灌封机的房间就需要较高的换气次数，而对于布置带有空气净化装置的洗灌封联动机的水针生产房间，只需较低换气次数即可保持相同的洁净度。可见，在保证洁净效果的前提下，减少换气次数、减少送风量是节能的重要手段。

（6）设计适宜的照明强度　药厂洁净室照明应以能满足工人生理、心理上的要求为依据。对于高照度操作点可以采用局部照明，而不宜提高整个车间的最低照度标准。同时，非生产房间照明应低于生产房间，但以不低于 100lx 为宜。根据日本工业标准照度级别，中精密度操作定为 200lx，而药厂操作不会超过中精密操作。因此，把最低照度从 ≥300lx 降到 150lx 是合适的，可节约一半能量。

**2. 减少空调系统的阻力**　减少输送方面的动能损耗，不仅可以通过减少净化空气的送风量，还可以采取适宜措施减小空调系统的阻力来实现。

（1）缩短风管半径，使净化风管系统路线最短　在工艺平面布置时，尽量将有净化要求的房间集中布置在一起，避免太分散。另外，应使空调机房紧靠洁净区，尤其使高净化级别区域尽量靠近空调机房。这样，使得送回风管路径最短捷，管路阻力最小，相应漏风量也最低。

（2）采用低阻力的送风口过滤器　对于药厂三十万级、十万级的固体制剂及液体制剂车间送风口末端的过滤器能用低阻力亚高效过滤器满足要求的，就不用阻力较高的高效过滤器，可节省大量的动力损耗。殷平介绍一种驻极体静电空气过滤器，该过滤材料主要通过熔喷聚丙烯纤维生产时，电荷被埋入纤维中形成驻极体。滤材型号为 ECF-1，重量为 $220 g/m^2$，厚度为 4mm，滤速范围为 0.2~8m/s，初阻力范围为 18.5~91.2Pa，计数过滤效率：97.01%~87.10%（≥1μm），100%（≥5μm）。其滤速、阻力和价格（≥15元/m²）相当于初效过滤器，但其效率已经达到了高中效空气过滤器的要求。该种滤材可大大降低系统中的阻力，从而节省大量的动力能耗，降低了运行费用，因此取得很好的经济效益。

（3）采用变频控制装置，节省风机功率消耗　目前，电机变频调速广泛使用于净化空调系统中以保持风量恒定。但系统中各级过滤器随着运行时间的延长，在过滤器上的尘埃量集聚逐渐增多，使其阻力上升，整个送风系统阻力发生变化，从而导致风量的变化。而风机压力往往是按照各级过滤器最终阻力之和，即最大阻力设计的，其运行时间仅仅在有限的一段时间内。空调系统运行初始状态时，由于各级阻力较小，当风机转速不变时，风量将会过大，此时，只能调节送风阀，增加系统阻力，保持风量恒定。对于调节风量采用变频器比手动调节风阀更显示其优越性。研究表明，当工作位于最大流量的80%时，使用风阀将消耗电机能量的95%，而变频器消耗51%，差不多是风阀的一半；当气流量降到50%时，变频器只消耗15%，风阀消耗73%，风阀消耗的能量几乎是变频器的4倍。在风量调节中，采用变频调速器，虽然增加了投资，但节约了运行费用，减少了风机的运行动力消耗，综合考虑是经济和合理的，而且有利于室内空气参数的调节与控制。

（4）选择方便拆卸、易清洗的回风口过滤器　影响室内空气品质的因素很多，系统的优化设计、新风量、设备性能等都能对空气品质产生重要影响，要改善室内空气品质，就要从空气循环经过的每一个环节上进行控制。回风口的过滤作用往往是被忽视的一个重要环节。回风口是空调、净化工程中必备的部件之一，在工程中由于其造价占用比例较小，结构简单，很难引起设计人员及使用者的注意，通常把它作为小产品，只注意它的外观装饰作用而忽略了它的使用功能。其实，回风口的过滤器性能对于保持空调、净化环境符合要求是十分重要的。它的材质优劣影响其叶片的变形程度，从而影响回风阻力及美观，表面处理不当易积灰尘面不易清洁，表面氧化不彻底还能不均匀泛黑等。

在洁净工程中，提高回风口过滤器的效率有助于防止不同车间污染物交叉污染的程度，并延长中、高效过滤器的使用寿命。回风口过滤器应能方便拆卸更换，不影响整个空调系统的运行，便于分散管理和控制。回风口过滤器过滤效率提高将使其阻力增大。国外部分设计通常采用增大回风口面积的方式来减少回风速度，从而抵消对风机压头的要求，在经济上是合理的。目前市场上的过滤材料较多，足以满足过滤效率的要求，但有些风口的结构很难拆卸更换过滤网，使过滤材料的选用受到限制。部分可开式回风口在结构上不合理，密封不严，达不到要求或没有好的连接件，易松弛、锈蚀、阻塞。碰珠式可开风口在开启时用力太大，易损坏装饰面，并使风口变形。

目前，部分厂商生产的组合式风口针对上述问题做了改进，能方便地拆卸过滤器，并增大了回风过滤效率。这种风口由外框、内置风口、连锁件构成，安装时将外框固定在天花板或墙体上，然后将内置风口装在外框中，连锁件自动将内置风口锁紧。其连锁件是一种迂回止动件，轻推内置风口锁紧，再次轻推则解锁，解锁后可取下整个内置风口，过滤器安装于外框喉部，用连锁件与外框锁紧，用同样方式可取下清洗、更换滤材。此过程不需任何工具，也不需专业人员操作，为工程交付后使用方的维护管理提供了极大方便。洁净空调可根据不同净化要求选用不同的滤材，选用时可将生产工艺及要求提供给生产企业，也可根据生产企业的产品说明选用，通常配以双层尼龙网或锦纶网，也可采用无纺布；部分要求较高的场所，可选纶网，也可采用无纺布；部分要求较高的场所，可选用活性炭纤维网、纳米纤维滤材，起到杀菌消毒、祛除异味等作用。

总之，药厂洁净室设计中的节能技术涉及面广，知识综合性强，须高度重视。医药产品的竞争最终是质量、技术和成本的竞争。药厂洁净室的合理设计，将会为我国医药产品竞争能力的提升作出极大贡献。

# 第十四章　　非工艺项目设计 ▷▷▷▷

对于药品生产企业，按照 GMP 和其他有关法律法规要求做好厂房、车间和其他设施等硬件建设，是 GMP 工程系统建设中资金投入较大的部分，不论是新建厂房和设施，还是改造原有厂房和设施，都应做到遵照法规、精心策划、谨慎施工。

车间设计除了前面所述工艺设计项目外，还有大量的非工艺项目设计。工艺人员从设计工作开始就应向非工艺设计人员提出设计要求、设计条件，在设计工作中应经常协商以满足设计要求和解决出现的问题。

非工艺设计项目主要包括：建筑设计：既对厂区内建筑物进行设计，使其既符合药厂生产的要求和 GMP 的标准，同时又要很好地满足工业建筑的防火和安全等要求；给排水设计；电气设计等。

## 第一节　制药建筑基本知识

药厂厂房作为工业建筑物的其中一类，除其必须符合药品生产的条件和 GMP 外，还必须遵循工业建筑物的标准，其选用的建筑材料、装饰材料、施工手段均应符合相关标准。对于制药企业，厂房建设能否符合 GMP 和其他相关规范的要求，直接影响所生产药品的质量，其建设质量优劣又取决于设计和施工，因此，了解这方面的知识就显得非常重要。

### 一、工业建筑物的分类

随着我国工业的飞速发展，特别是随着我国建筑材料业的发展和许多新型建筑材料的使用，工业建筑物基本能适应各种工业生产的要求，建筑物种类繁多，形态各异。目前工业建筑物分类方法很多，主要有以下几种。

#### （一）按建筑物主要承重结构材料分类

按建筑物承重结构的材料分为砖木结构、混合结构、钢筋混凝土结构、钢结构等。

**1. 砖木结构建筑**　建筑物的墙、柱用砖砌筑，楼板、屋架采用木料制作。

**2. 混合结构建筑**　建筑物的墙、柱为砖砌，楼板、楼梯为钢筋混凝土，屋顶为钢木或钢筋混凝土制作。小型制药车间多用。

**3. 钢筋混凝土结构建筑**　这种建筑的梁、柱、楼板、屋面板均以钢筋混凝土制作，墙用砖或其他材料制成。大型制药车间多采用。

**4. 钢结构建筑** 建筑物的梁、柱、屋架等承重构件用钢材制作，墙用砖或其他材料制作，楼板用钢筋混凝土。此种建筑目前应用广泛。

### （二）按建筑物的结构形式分类

建筑物的结构形式多种多样，按结构形式如下。

**1. 叠砌式** 以砖石等为建筑物的主要承重构件，楼板搁于墙上，适用于中小型药厂。

**2. 框架式** 以梁、柱组成框架为建筑物的主要承重构件，楼板搁于墙上或现浇，适用于荷载较大、楼层较多的建筑。

**3. 内框架式** 外部以墙承重、内部采用梁柱承重的建筑，或底层用框架、上部用墙承重的建筑。它的刚度和整体性较差，适用于荷载较小、层数不太多的厂房。在地震区其层高和总高都受到限制，一般层高不宜超过 4m，对于七级地震区总高度不能超过 15~18m。

## 二、建筑物的等级

建筑物按其在国民经济中所起的作用不同，划分成不同的建筑等级，对于不同等级的建筑物应采取不同的标准和定额，选择相应的材料和结构，这样既有利于节约资源、降低成本，又能符合相关的要求。

### （一）按耐久性规定的建筑物等级

建筑物使用年限既耐久性是建筑设计时考虑的重要方面，目前建筑物的等级一般分为五级，见表 14-1。

**表 14-1　按耐久性规定的建筑物等级**

| 建筑等级 | 建筑物性质 | 耐久年限 |
|---|---|---|
| 一 | 具有历史性、纪念性、代表性的重要建筑，如纪念馆、博物馆、国家会堂等 | >100 年 |
| 二 | 重要的公共建筑，如一级行政机关办公楼、大城市火车站、国际宾馆、大体育馆、大剧院等 | >50 年 |
| 三 | 比较重要的公共建筑和居住建筑，如医院，高等院校、以及重要工业厂房等 | 40~50 年 |
| 四 | 普通的建筑物，如文教、交通、居住建筑以及工业厂房等 | 15~40 年 |
| 五 | 简易建筑和使用年限在 5 年以上的临时建筑等 | <15 年 |

### （二）按建筑物的耐火程度规定的等级

根据我国现行有关规定，建筑物的耐火等级分为四级，其耐火性能为 1 级>2 级>3 级>4 级。耐火等级标准主要根据房屋的主要构件（如墙柱、梁、楼板、屋顶等）的燃烧性能和它的耐火极限来确定。

耐火极限系指按规定的火灾升温曲线，对建筑构件进行耐火试验，从受到火的作用起到失掉支持能力或发生穿透裂缝或背火一面温度升高到 220℃，这段时间称为耐火极限或 $T-T_0 \geq 180℃$，用小时表示。

ISO834 标准中火灾升温曲线是目前国际上普遍采用的试验标准，它是按实际火灾发生时的模拟状况，将实验材料放入炉中，按下式考察该材料的耐火性能。

$$T-T_0 = 345\lg(8t+1) \qquad （公式 14-1）$$

其中：$t$ 为实验时所经历的时间，单位：分钟；$T$ 为在 $t$ 时间时炉内的温度，单位：℃；$T_0$ 为炉内的初始温度，$5℃ < T < 40℃$。此实验适用于建筑物的主要构件如墙、柱、楼板、屋顶等材料。

1. 工业洁净厂房的耐火等级不应低与二级，吊顶材料应为非燃烧体，其耐火极限不宜小于 0.25 小时。

2. 医药工业洁净厂房内的甲、乙类生产区域应采用防暴墙和防爆门斗与其他区域分隔，并应设置足够的泄压面积。

3. 医药工业洁净厂房每一个生产层或每一洁净区安全出口的数量，均不应少于两个，但下列情况可设置一个安全出口。甲、乙类生产厂房每层的总建筑面积不超过 50m² 且同一时间的生产人数总数不超过 5 人；丙、丁戊类生产厂房，符合国家现行的"建筑设计防火规范"的规定。

4. 安全出口的设置应满足疏散距离的要求，人员进入空气洁净度 100 级、10000 级生产区的净化路线不得作为安全出口使用。

5. 安全疏散门应向疏散方向开启，且不得采用吊门、转门、推拉门及电控自动门。

6. 有防爆要求的洁净室宜靠外墙布置。

### 三、建筑物的组成

建筑物是由基础、墙和柱、楼地层、楼梯、屋顶、门窗等主要构件所组成。药厂建筑物特别是制剂车间的建筑物，它除了具有一般工业厂房的建筑特点和要求外，还必须满足制药洁净车间的要求，因此所有的建筑选材、施工必须围绕洁净的目的，符合制剂卫生要求。

#### （一）基础

基础是建筑物的地下部分，它的作用是承受建筑物的自重及其荷载，并将其传递到地基上。当土层的承载力较差，对土层必须进行加固才能在上面建造厂房。常用的人工加固地基的方法有压实法、换土法和桩基。当建筑物荷载很大，多采用桩基。将桩穿过软弱土层直接支承在坚硬的岩层上，称为柱桩或端承桩。当软弱土层很厚，桩是借土的挤实，利用土与桩的表面摩擦力来支持建筑荷载的，称为摩擦桩或挤实桩。

基础与墙、柱等垂直承重构件相连，一般由墙、柱延伸扩大形成。如承重墙下往往用连续的条形基础，柱下用块状的单独基础。当建筑物荷载很大，可使整个建筑物的墙或柱下的基础连接在一起形成满堂基础。

基础的埋设深度主要由以下条件决定：基础的形式和构造；荷载的大小、地基的承载力；基础一般应放在地下水位以上；基础一般应埋在冰冻线以下，以免因土壤冻胀而破坏基础，但对岩石类、砾砂类等可不必考虑冰冻线问题。

### （二）墙和柱

墙是建筑物的围护及承重构件，按其所在位置及作用，可分为外墙及内墙；按其本身结构，可分为承重墙及非承重墙。承重墙是垂直方向的承重构件，承受着屋顶、楼层等传来的荷载。有时为了扩大空间或结构要求，采用柱作为承重结构，此时的墙为非承重墙，它只承受自重和起着围护与分割的作用的。

在建筑中，为了保证结构合理性，要求上下承重墙必须对齐，各层承重墙上的门窗洞孔也尽可能做到上下对齐，故在多层建筑中，空间较大的房间宜布置在顶层，防止因结构布置的不合理而造成浪费。

外墙应能起到保温、隔热等作用。外墙可分为勒脚、墙身和檐口等三部分。勒脚是外墙与室外地面接近的部分，现行 GMP 规定车间底层应高于室外地坪 0.5~1.5m。檐口为外墙与屋顶连接的部位。墙身设有门、窗洞、过梁等构件。

内墙用于分隔建筑物每层的内部空间。除承重墙外，还能增加建筑物的坚固、稳定和刚性。其非承重的内墙称为隔墙。

承重墙多用实砖墙，少数采用石墙、多孔砖墙，近年来发展的装配式建筑如砌块建筑、大型墙板建筑、钢架建筑等，为提高厂房建筑的高度、降低造价等创造了条件。

砌墙用的砖种类很多，最普通的是黏土砖，尚有炉渣砖、粉煤灰砖等。黏土砖由黏土砖烧制而成，有青、红砖之分。开窑后自行冷却者为红砖，出窑前浇水闷干者，使红色的三氧化二铁还原成青色的四氧化三铁，即为青砖。

炉渣砖和粉煤灰砖是以高炉硬矿渣或粉煤灰类与石灰为主要原料，用蒸汽养护而成，在耐水、耐久性方面不如黏土砖，不宜在勒脚以下等潮湿或烟道等高温部位使用。砖的标号是由抗压强度（$kg/cm^2$）来确定，分为 50 号、75 号、100 号、150 号等，以 100 号及 75 号的砖用最多。我国黏土砖的规格为 240mm×115mm×53mm，重量约为 2.65 千克/块。

墙体材料的选择，决定于荷载、层高、横墙的间距、门窗洞的大小、隔声、隔热、防火等要求。砖墙为常用的基层材料，但自重大是其显著缺点，加气砌快墙体虽可减轻重量，但施工时要求较严，如墙粉饰层易开裂，易吸潮长霉，不宜用于空气湿度大的房间。轻质隔断材料轻，对结构布置影响小，但板面黏土砖接缝如处理不好能引起层面开裂。按照 GMP 要求，洁净室（区）采用框架结构，轻质墙体填充材料成为发展趋势，砖瓦结构已不再适用，取而代之的是轻质、环保、节能的新型墙体材料，如舒乐舍板、彩钢板、硬质 PVC 发泡复合板、刨花石膏板等。

房间内部的隔墙本身不承受荷载，故自重应该越轻越好。制剂车间因生产对卫生的要求，采用了大量的隔墙，隔墙应具有一定的隔声、防潮、耐火性能，并应表面光滑、不积灰尘、耐冲刷，不生霉菌。常用的隔墙有砖隔墙、彩钢板、人造板隔墙（如石膏板等）、板村隔墙（如碳化石灰板、加气混凝土板等）、玻璃隔断等，目前应用最多的是彩钢板，能很好地满足制药要求。

### （三）楼地层

楼层目前多采用混凝土层，以水砂浆抹面，但常起尘，故可根据不同的需要，面层采用水磨石地面或采用耐酸、耐碱、耐磨、防霉、防静电的涂层材料。目前洁净室（区）主要采用的地面材料有塑胶贴面、耐酸瓷板、水磨石、水磨石环氧脂涂层、合成树脂涂面等。塑胶贴面的特点是光滑、耐磨、不起尘，缺点是弹性较小、易产生静电、易老化。水磨石材料光滑、不起尘、整体性好、耐冲洗、防静电，但无弹性。水磨石环氧脂涂层耐磨、密封、有弹性，但施工复杂，合成树脂涂面透气性较好、价格高、弹性差。国内水磨石地面仍然普遍使用，并辅以水磨环氧树脂罩面，效果较好。

厂房高度或层高依地区而异，生产区的高度视工艺、安全性、检修方便性、通水和采光等而定，车间底层应高于室外地坪通常为 0.5~1.5m，生产车间的层高为 2.8~3.5m，技术夹层净空高度不得低于 0.8m，一般应留出 1.2~2.2m。目前标准厂房的层高为 4.8m，库房层高 4.5~6m。

楼层主要包括面层、承重构件、顶棚三部分。楼层的面层与地面相似，承重构件目前多用现浇钢筋混凝土楼板。一般来说，楼地面的承重、生产车间、楼地面承重应大于 1000kg/m²，库房应大于 1500kg/m²，实验室应大于 600kg/m²。

### （四）屋顶

屋顶由屋面与支承结构等组成。屋面用以防御风、雨、雪的侵袭和太阳的辐射。由于支承结构形式及建筑平面的不同，屋顶的外形也有不同，药厂建筑以平屋顶及斜屋顶为多。

屋顶坡度小于 1:10 者为平屋顶。平屋顶结构与一般楼板相似，采用钢筋混凝土梁、板。药厂建筑多使用预制空心板或槽形板，一般将预制板直接搁在墙上；当承重墙的间距较大时，可增设梁，将预制板搁在梁上。框架结构的厂房，一般将预制板搁在梁上。承重结构也有采用配筋加气混凝土板的，这种板重量轻，保温隔热性强，可以省去保温层。平屋顶的构造，一般在承重层上铺设隔气层、保温层、找平层、防水层和保护层等，为集中排除屋面雨水，在屋顶的四周设挑檐（或称檐口、檐头），挑檐一般用预制挑檐板，置于保温层下部。

### （五）门窗

药厂建筑的门多用平开门，依前后方向开关，有单扇门和双扇门，建筑物外门可用弹簧门，有弹簧铰链能自动关闭。常用的门的材料有木门和钢门、铝合金、塑钢门、不锈钢门等。国内药厂现使用铝合金和塑钢窗为主，也有使用不锈钢材料的厂家。

门的宽度，单扇门为 0.8~1.0m，双扇门为 1.2~1.8m，高度为 2.0~2.3m，浴室、厕所等辅助用房门的尺寸为 0.65~2.0m。门的尺寸、位置、开启方向等应考虑人流疏散、安全防火、设备及原料的出入等。门的开启方向，外门一般向外开，内门一般向内开，但室内人数较多（如大型包装车间、会议室等）也应向外开。洁净室的门应向洁净级别高的方向开启。疏散用的门应向疏散方向开启，且不应采用吊门、侧拉门、严禁采用转门。

厂房安全出口的数目不应少于两个，但符合下列要求的可设一个：甲、乙类生产厂房，每层面积不超过 50 m²，且同一时间的生产人数不超过 5 人；丙类生产厂房，每层面积不超过150m² 且同一时间的生产人数不超过 15 人；丁、戊类生产厂房，每层面积不超过300m² 且同一时间的生产人数不超过 25 人。

药厂的窗多用平开窗，其他的窗较少使用。窗的作用主要是采光和通风，同时，窗在外墙上占有很大的面积，因此也起着围护结构的作用。窗的采光作用决定于窗的面积。根据不同房间对采光的不同要求，窗的洞口面积与房间的地面面积的比例称为"窗地面积比"。制剂车间的窗地面积比为 1/2.5，中药车间、抗生素车间及合成药车间为1/3.5，原料间、配料间及动力间等为 1/10（单侧窗）或 1/7（双侧窗）。

常用的窗因材料不同而有木窗和钢窗、铝合金、塑钢窗、不锈钢等。国内药厂现使用铝合金和塑钢窗为主，有洁净、美观和不需油漆等优点。

洁净区要做到窗户密闭。凡空调区与非空调区间之隔墙上的窗要设双层窗，至少其中一层为固定窗。空调区外墙上的窗也需要设双层窗，其中一层为固定窗。

疏散用的楼间的内墙上除必要的门以外，不宜开窗开洞。

药厂建筑采用了很多传递窗和传递柜。传递窗多用平开窗，密闭性较好，易于清洁，但开启时占一部分空间，无菌区内的传递窗内可设置紫外灯。传递柜可由不锈钢或内衬白瓷板、水磨石板等制作。

## 四、洁净车间设计对建筑的要求

洁净车间（建筑物）的建筑平面和空间布局应具有相当的灵活性，洁净区的主体结构不宜采用内墙承重；洁净室的高度应以净高控制，净高应以 100mm 为基本模数；医药工业洁净厂房主体结构的耐久性应与室内装备、装修水平相协调，并应具有防火、控制温度变形和不均匀沉陷性能；厂房伸缩缝应避免穿过洁净区；洁净区应设置技术夹层或技术夹道，用以布置送、回风管和其他管线；洁净区内通道应有适当宽度，以利于物料运输、设备安装、检修。

洁净厂房可以分为洁净生产区、洁净辅助区和洁净动力区三个部分。洁净生产区内布置与各级别洁净室，是洁净厂房的核心部分，通常认为经过吹淋室或气闸室后就是进入了洁净生产区。洁净辅助区包括人净用室、物净用室、生活用室及管道技术夹层。其中人净用室有盥洗间及可能的物料通道；生活用室有餐室、休息室、饮水室、杂物、雨具存放室及洁净厕所等。洁净动力区包括净化空调机房、纯水站、气体净化室、变电站及真空吸尘房。从空气洁净技术的角度出发，洁净室设计对建筑的要求如下。

1. 当洁净室与一般生产用房合为一栋建筑时，洁净室应与一般生产用房分区布置。洁净室平面布置时，应使人流方向由低洁净度洁净室向高洁净度洁净室，将高级别洁净室布置在人流最少处。

2. 在满足工艺要求的条件下，洁净室净高应尽量降低，以减少通风换气量，节省投资和运行费用，净高一般以 2.5m 左右为宜。

3. 洁净室应选择在温湿度变化及振动作用下，形变小、气密性能好的维护结构及材料，还要考虑当工艺改变时房间间隔墙有变更的余地。

洁净室的地面可根据不同洁净度级别要求，选用铝合金、铝、钢材、硬木、硬聚氯乙烯板制作的格栅地面，或水泥砂浆表面涂氨基甲酸酯、现浇无缝塑料、聚氯乙烯软塑料板、现浇高级水磨石制作的一般地面。

围护结构和地面材料应耐磨、不产尘，并具有一定的抗静电产生的能力。室内平面图形尽量简单，以减少积尘。

4. 人净和物净用室应分别设置，避免人流、物流往返形成交叉污染。

人净入口除了设置正常入口及紧急疏散口外，还应适当考虑接待和参观的需要，以减少污染。洁净工作服及吹淋室或气闸室，都必须与洁净生产区毗邻。

生活用室与人净室结合布置，并布置在人净程序穿洁净工作服以前的区段。

物净用室的粗净化间内不需洁净环境，可设计在厂房的非洁净区内；物净用室的精净化间需洁净环境，精净化间应设于厂房的洁净生产区与其毗邻。当粗净化间与精净化间不在一处时，则中间传递物料所经路线的环境，不应低与净化间的水平。

5. 空气吹淋室或气闸室：100 级洁净室设气闸或吹淋室；1000 级和 1 万级洁净室应设吹淋室；10 万级洁净室应设气闸室。

6. 送、回风口及传递窗口等与围护结构连接处及各种管线孔均应采取密封措施，防止尘粒渗入洁净室，并减少漏风量。

7. 若工艺无特殊要求，洁净车间一般应有窗户。100 级和 10000 级洁净室应沿外墙侧设技术夹道。在技术夹道的外墙上设双层密闭窗，技术夹道侧的采光窗应为密闭窗；10000 级洁净室可采取上述间接采光方式或仅在外墙设双层密闭窗；100000 万级洁净室应设双层密闭外窗。

8. 洁净动力区是洁净厂房的重要组成部分之一，该区的各种用房一般布置在洁净生产区的一侧或四周，建筑设计应为管线布置创造有利条件。一般集中式净化空调的机房面积较大，与洁净生产区面积之比可高达 1：2~1：1，净高不得低于 5m。纯水站的位置除应便利酸碱的运输外，还应考虑防止水处理对新风口附近空气的污染。易燃、易爆气体供应站必须符合防火、防爆的规定，而不得影响洁净厂房其他部分的安全。空压站、真空吸尘房的位置应有利于限制噪声和震动的影响。洁净动力区的所有站房均应设有互不干涉的人员出入口和室内外管与电缆进出口。

## 五、建筑材料的消防要求

洁净厂房内部由于空间封闭、交通路线迂回曲折、建筑门窗密闭、出入口数量较少，生产本身又存在多种引起火灾的危险因素，若一旦发生火灾，由于空间封闭，升温极快，在设计上除了需要更多考虑平面布局、出入口数量、防火分区、火灾报警、灭火系统等因素之外，洁净室内部的建筑材料尽量选用非燃或难燃材料，使建筑具有更好的防火性能。

按《医药工业洁净厂房防火规范》的要求，洁净厂房的耐火等级不应低于二级，吊顶材料应为非燃烧体或难燃烧体（二级），其耐火极限不宜小于 0.25 小时，隔墙材料应为非燃烧体，其耐火极限应大于 0.5 小时。当隔墙材料使用耐火极限为 0.5 小时的难燃烧体时，整个厂房的耐火极限就降为三级。《医药工业洁净厂房设计规范》明确要求如下。

1. 医药工业洁净厂房应根据生产的火灾危险性分类和建筑耐火等级等因素确定消防设施。

2. 医药工业洁净厂房室内消火栓给水系统的消防用水量不应小于 10L/s，每股水量不应小于 5L/s。

3. 医药工业洁净厂房消火栓设置，应符合下列要求：消火栓的水枪充实水柱不应小于 10mL；消火栓的栓口直径应为 65mm，配备的水带长度不应超过 25m，水枪喷嘴口径不应小于 19mm。

4. 洁净室及其技术夹层和技术夹道内，按生产火灾危险性宜同时设置灭火设施和消防给水系统。

## 六、洁净室的内部装修对材料和建筑构件的要求

GMP 对制药企业洁净区域做出了明确规定，即把需要对尘粒及微生物含量进行控制的区域定义为洁净室（区）。为了保证卫生的要求，除了对厂房进行合理的区域划分和采用洁净措施外，非常重要的一个因素是对洁净室装修材料和分隔材料的应用，从以下几个方面进行说明。

### （一）洁净室（区）装修的一般规定

1. 医药工业洁净厂房的建筑围护区和室内装修，应选用气密性良好、在温度和湿度变化的作用下变形小的材料。墙面内装修应当需附加构造骨架和保温层时，应采用非燃烧体或难燃烧体。

2. 洁净室内墙壁和顶棚的表面应平整、光洁、不起尘、避免眩光、耐腐蚀，阴阳角均宜做成圆角。当采用轻质材料隔断时，应采用能够防碰撞措施。

3. 洁净室的地面应整体性好、平整、耐磨、耐撞击、不易积聚静电、易除尘清洗，水磨石地面的分隔条宜采用铜条。

4. 医药工业洁净厂房夹层的墙面，顶棚均宜抹灰。需在技术夹层内更换高效过滤器的，墙面和顶棚宜增刷涂料饰面。

5. 当采用轻质吊顶做技术夹层时，夹层内应设置检修走道并宜通达送风口。

6. 建筑风道和回风地沟的内表面装修标准，应与整个送回风系统相适应并易于除尘。

7. 洁净室和人员净化用室外墙上的窗，应有良好的气密性，能防止空气的渗漏和水汽的结露。

8. 洁净室内的门、窗造型要简单、平整、不易积尘、易于清洗，门框不应设门槛。洁净区域的门、窗不应采用木质材料，以免生霉长菌变形。

9. 洁净室的门宜朝空气洁净度较高的房间开启，并应有足够的大小，以满足一般设备安装维修、更换的需要。

10. 洁净室的窗与内墙面宜平整，不留窗口。如有窗台时宜呈斜角，以防积灰并便于清洗。

11. 传递窗两边的门应连锁，密闭性好并易于清洗。

12. 洁净室内墙面与顶棚采用涂料面层时，应选用不易燃烧、不开裂、耐腐蚀、耐清洗、表面光滑、不易吸水变质、生霉的材料。

13. 洁净室内的色彩宜淡雅柔和。室内各表面材料的光反射系数，顶棚和墙面宜为 0.6~0.8，地面宜为 0.15~0.35。

我国规定用于洁净室内的装修材料要求耐清洗，无孔隙裂缝，表面平整光滑，不得有颗粒性物质脱落。各国各厂都有不同的材料，很难做出某种建议，影响某种材料的选用除了要看该材料除了能否全面满足 GMP 要求以外，还要考虑材料的使用寿命、施工简便与否、价格、来源、当地施工技术水平等。在选材时应考虑经济因素，但不等于可以降低标准。

### （二）洁净室内三维空间装修材料介绍

根据 GMP 的有关规定，对洁净室进行装修是厂房内布局的重要内容，也是保证药品生产环境正常的基础建设，现对室内三维空间（天棚，地坪，墙面）材料类别做些简要介绍。

**1. 楼板地面** 楼板地面的主要特性和要求是：便于清洗；不易纳垢的接头，裂缝和开孔等；耐磨；耐腐蚀（生产过程中有腐蚀介质泄出的房间）；防滑（生产过程中潮湿的房间）；抗透湿性好。洁净室的楼板地面材料常用的有无弹性饰面材、涂料、弹性饰面材三种。

（1）无弹性饰面材 常用的有水磨石，光滑而有一定强度且不易起尘，但此种面材并不是最理想的地面材料，因其存在一定的分隔条而存在缝隙，水磨石缺少弹性，故在混凝土底层开裂时可传至表面，尽管如此，水磨石仍不失为一种较好的材料。无弹性饰面材中还有一种瓷板贴面，此种材料在国外药厂中常用于洗涤工段，含水针车间的洗瓶工段，此种地面的铺设需要专门技术，否则不易平整，易脱落。瓷板地面与水磨石地面一样无弹性，故在底层混凝土开裂时可传至表面。

（2）涂料 国外常用的有丙烯酸、环氧树脂和聚氨酯，使用方法有涂刷。混凝土地面的封闭材料，能起到易清洗、减少灰尘的作用，磨损后还可及时修补，由于涂刷法涂层很薄，耐磨性不高，故宜用于卫生条件要求高而洁净度不太高的房间，如化验室、包装间等。另一种方法是涂非弹性饰面涂料层，此种涂料层是用各种树脂作为载体，如果使用得当，多数涂料可为洁净区提供很好的地面，如要求特殊耐磨和耐化学腐蚀时，可调整配方，改变填料途径，级配。此种涂层表面可像水磨石一样进行抛光，也可采用一次抹光。

（3）弹性饰面材 此种饰面材适用于设备荷重轻、运输荷重也较轻的地方。此种材料主要优点是有弹性。长时间站立操作的工作可减少疲劳。此种饰面材有各种不同的尺寸和规格，有块状也有卷状，后者较前者接缝少，面材贴有相应的材料，接缝可采用热焊或化学封接。有些地面容易渗透，尤其在地下水位较高的地段建造厂房，特别应重视。地下水位的渗透，将破坏面的黏结，因此在混凝土地面下需设置隔气层，设置隔气层后只杜绝地下水的渗透，而浇注混凝土路面、地面时，混凝土本身含有一定量水分，养护时还需加水，因此新地面须干燥至一定程度才能进行面料施工。

洁净室内设置地漏通常具备的条件是：耐腐蚀不生锈；保证与地面结合紧密且流水通畅；具有防止溢流功能；具有液封功能；便于清洁和消毒。100级洁净室内不得设置地漏。

**2. 天棚类型及材料** 天棚材料目前常用的有钢筋混凝土平顶、钢骨架钢丝网水泥平顶、轻钢龙骨纸面石膏板、中密度贴塑板、铝合金龙骨玻璃棉装饰天花板等。

钢筋混凝土平顶结构自重大，以后改变隔间时，风口无法改变，但其平顶最大优点是洁净室平顶饰面的基层好、不变形、耐久。另外，日后夹层的管道安装检修较方便。

除钢筋混凝土平顶外，其他各种平顶均属轻型吊顶，为了安装和检修管道，在平顶内要设专用走道板，由于风管重量及体积较大，故要求在施工吊顶之前先行安装。

采用钢丝网水泥平顶时，要将平顶分段施工，面积不宜过大，待沙浆层硬结后，再补两块平顶间的施工缝，这样可避免减少沙浆的收缩裂缝。

轻钢龙骨纸面石膏板吊顶，当面积较大时，特别要注意平顶与墙面的连接处理，既要有一定弹性又能密封。

**3. 墙面和墙体材料** 目前国内药厂常用的墙面材料有白瓷板版墙面，油漆涂料墙面。墙面的功能与平顶不同，但可采用相同或不同的材料，对生产中特别潮湿、洁净级别不高的场所，可用白瓷板墙面，但仍要求铺贴平整，背部沙浆饱满，缝隙密实，否则易滋生微生物，一般缝隙用水泥沙浆勾缝者容易积尘，可采用树脂类胶泥，虽然价格较高，但具有抗潮、抗腐蚀及集合强度高等优点。对洁净度高的房间墙面以油漆涂料为较理想材料，特别是无光油漆，可以防止产生眩光而影响操作。目前，国内用于洁净室的墙面涂料有调和漆、醇酸漆、丙乳胶漆、仿搪涂料（一种双组分的复合涂料）、环氧树脂漆、苯丙乳胶漆等。

墙体材料常见的有砖石墙及轻质隔墙。砖石墙中有用标准砖砌筑的，有用加气砌块砌筑的，有空心砌筑的，这些墙体材料的选用与当地货源、气候条件（有墙体保湿要求高否）、结构承载能力等各方面因素有关。砖墙为常用的基层材料，但对重大的旧厂房改造项目，因楼面承载能力而限制使用。加气砌块墙体自重仅为砖墙的35%，这种材料施工时要求较严，如墙粉饰层易开裂、易吸潮长霉，不适合用于空气湿度大的房间。轻质隔断材料自重轻，对结构布置影响小，但板面接缝如处理不好能引起面层开裂。不管哪种砖石墙体，其共同的优点是基层牢固、装饰面不易损坏，共同的缺点是湿作业、施工周期长，因饰面材料对基层要求有一个干燥过程，不充分干燥将影响饰面材料的牢度和寿命。目前洁净室采用框架结构、轻质墙体填充材料成为发展趋势，砖瓦结构已不再适用，代之以轻质、环保、节能新型墙体材料，如舒乐舍板、彩钢板、硬质 PVC 发泡复合板等。

轻质隔墙中有用轻钢龙骨纸面石膏板隔墙、有用轻钢龙骨贴塑中密度板隔墙、有用聚氨酯复合钢板隔墙等，这些轻隔墙各有优缺点，共同的优点是墙体自重轻，施工期短，故在多层厂房中使用有突出的优越性。但造价较高，这个经济问题实际应与施工周期等综合比较才是最终的经济效果。

**4. 门**　洁净室的门要求密封、平整、光滑、易清洁、选型简单。洁净室的门应由洁净级别高的区域向洁净级别低的区域开启。国内洁净室常用的门类型有钢门、铝合金门、钢板门（可作防火门）及蜂窝贴塑门，洁净室内的门窗材料不能使用木制材料。常用的门窗材料如下。

（1）钢门　以前在洁净区常用，现仍属经济耐用的门。

（2）铝合金门　近期在药厂改造都将之作为高级门使用，实际上在国外洁净区未见采用此种门，因这种门的加工要许多型材拼接而成，甚至在型材接头处有无法清洁又易积垢的空腔。

（3）钢板门　在国外药厂中使用较多，此种门强度高、光滑、易清洁，但要求漆耐磨、牢固、能耐消毒水擦洗，国外药厂均用环氧漆。

（4）蜂窝贴塑门　此种门表面平整光滑、易清洁、造型简单、面材耐腐蚀，但此种门不能承受较大撞击，宜用于洁净度高生产中无固体物料运输的房间如洁净区更衣室，水针粉针灌装线上的房间。

（5）中密度板双面贴塑门　在国外药厂中使用也较多，此种门表面特性同蜂窝贴塑门，但能耐一定程度碰撞。

（6）不锈钢板门　在国外一些药厂洁净室中使用，造价较高。

国外药厂对包装间出入口等运输较频繁处的门，有用橡胶板门的。门的开启可由车子撞开，凡车间内经常有手推车通过的门，不应设门槛。

**5. 窗**　洁净室的窗要求密封、平整、光滑、易清洁。洁净室与参观走廊相邻的玻璃窗应采用大玻璃窗，便于参观和生产监测。空调区与非空调区隔墙应设双层窗，一层固定。传递窗应采用平开钢窗或玻璃拉窗，选用不锈钢材料更理想。洁净室的窗，目前常用的有钢窗和铝合金窗，一般洁净区的内窗均属固定窗，洁净区的窗要求密闭性好，窗尽量采用大玻璃窗这样既能减少积灰点，还有利于清洁工作的进行，洁净区的窗台宜做成斜形，或靠洁净窗侧平。

## 七、洁净厂房的内部装修

医药工业洁净厂房的内部装修设计是厂房设计的重要组成部分，厂房的内部装修设计是否符合 GMP，是企业能否通过认证，顺利进行生产的基础。

### （一）洁净厂房内部装修的基本要求

洁净厂房的主体应在温度变化和震动情况下，不易产生裂缝和缝隙。主体应使用发尘量少、不易黏附尘粒、隔热性能好、吸湿性小的材料。洁净厂房建筑的维护结构和室内装修也都应选用气密性良好、在温度变化下变形小的材料。

**1. 墙顶表面** 墙壁和顶棚表面应光滑、平整、不起尘、不落灰、耐腐蚀、耐冲击、易清洗。在洁净厂房的装修的选材上最好选用彩钢板吊顶，墙壁选用彩钢板或仿瓷釉油漆。墙与墙、地面、顶棚相接处应有一定弧度，宜做成半径适宜的弧形。壁面色彩要和谐雅致，有美学意义，并便于识别污染物。

**2. 地面要求** 地面应光滑、平整、无缝隙、耐腐蚀、耐冲击、不积聚静电、易除尘清洗。

**3. 夹层要求** 技术夹层的墙面、顶棚应抹灰。需要在技术夹层更换高效过滤器，技术夹层的墙面和顶棚也应刷涂料饰面，以减少灰尘。

**4. 风道** 送风道、回风道、回风地沟的表面装修应与整个送风、回风系统相适应，并易于除尘。洁净级别 B 级以上的洁净室如需设窗时，应设计成固定密封窗，并尽量少留窗扇，不留窗台，把窗口面积限制到最小限度。门窗要密封，与墙面保持平整，充分考虑对空气和水的密封，防止污染粒子从外部渗入，避免因室内外温差而结露。门窗造型要简单、不易积尘、清扫方便，门框不得设门槛。

### （二）洁净室内装修材料和建筑构件

GMP 对洁净室内的装修材料要求耐清洗、无孔隙裂缝、表面平整光滑、不得有颗粒性物质脱落。对选用的材料要考虑到该材料的使用寿命、施工简便与否、价格、来源等因素。

**1. 地面** 地面必须采用不裂、不脆和易清洗的无孔材料，地面应具气密性，以防潮湿和减少尘埃的积累。地面有以下几种。

（1）水泥砂浆地面 这类地面的强度较高、耐磨，但易于起尘，可用于无洁净级别要求的房间，如原料车间、动力车间、仓库等。

（2）水磨石地面 这类地面整体性好、光滑、不易起尘、易擦洗清洁、有一定的强度、耐冲击，但因其存在一定的分割条，仍然是有缝隙的，分割条必须用铜条。水磨石地面常用于提取车间、包装车间、实验室、卫生间、更衣室、结晶工序等，这类工作区都要求经常擦洗，保持清洁。

（3）塑料地面 这类地面光滑、略有弹性、不易起尘、易擦洗清洁、耐腐蚀，常选用厚的硬质的乙烯基塑料板，缺点是易产生静电、老化。塑料地面可用于会客室、更衣室、包装间、化验室等，但用于大面积车间时可能发生起壳现象。

（4）耐酸磁板地面 这类地面用耐酸胶泥贴砌、能耐腐蚀，但质地较脆，经不起冲击，破碎后则降低耐腐蚀性能。这类地面可用于原料车间中有腐蚀介质的区段。由于施工复杂、造价高，宜在可能有腐蚀介质地漏的范围局部使用。

（5）玻璃钢地面 具有耐酸磁板地面的优点，且整体性较好。但由于材料的膨胀系数与混凝土不同，故也不宜大面积使用。

（6）环氧树脂磨石子地面 是在地面磨平后用环氧树脂罩面，不仅具有水磨石地面的优点，而且比水磨石地面耐磨、强度高。

（7）无溶剂环氧自流平涂洁净地面　是在混凝土上，采用洁净涂地板技术，将无溶剂环氧树脂涂抹上去，进而成为洁净地面。这种材料要求混凝土地面必须干燥后才可涂抹，否则环氧树脂表面易起泡、起层。这种地面在铺的过程中有自动流平的特点，所以表面光滑、光洁、易清洁，并且具有耐水性、耐磨性及防尘效果，适用于洁净室地面，是目前较为理想的地面，但造价略高。

**2. 墙体**　在洁净厂房的设计中常用的墙体有以下几种。

（1）砖墙　属于常用的较为理想的墙体，对于面积大，隔间少的车间比较适用。缺点是自重大，在隔间较多的车间中使用将使自重增加，对旧厂房改造时，这种墙体楼面承重能力受到限制。

（2）彩钢板墙　是当前应用最普遍的较为理想的墙体材料，主要用于洁净室的内隔断。这种材料是在两层薄钢板之间填充轻质保温材料。彩钢板墙自重轻，对结构布置影响较小，是当前在不断发展的、很有前途的一种墙体。缺点是板面接缝处理有一定难度，对施工要求较高。

（3）加气砖块墙　材料自重轻，可以替代砖墙，缺点是面层施工时要求严，否则墙面粉刷层易开列，开列后易吸潮长霉，避免用于潮湿的房间和药用水冲洗墙面的房间。

（4）玻璃隔断墙　用钢门窗的型材加工成大型门扇连接拼装，离地面90厘米以上镶以大玻璃，下部用彩钢板隔断以防撞击。这种墙体轻便、透光性好，适用于管路较少的制剂车间。

**3. 墙面和地面**　墙面和地面、天花板一样，应选用表面光滑易于清洗的材料，例如彩钢板、油漆等。典型的如环氧树脂或聚氨酯罩面的煤渣砖块建筑，涂环氧树脂的清水墙和清水墙加塑料或不锈钢贴面板。中空墙可为空气的返回、电器接线、管道安装和其他附属工程提供所需空间。常见墙面有以下几种。

（1）抹灰刷白浆墙面　这种墙面的表面不平整，不能清洗，有颗粒性物质脱落，只适用于无洁净级别要求的房间。

（2）油漆墙面　这种墙面常用于有洁净要求的房间，表面光滑，能清洗，且无颗粒性物质脱落。缺点是施工时若墙基层不干燥，涂上油漆后易起皮。普通房间可用调和漆、洁净度高的房间可用环氧漆，这种漆膜牢固性好，强度高。另外，还可用乳胶漆和仿搪瓷漆。乳胶漆不能用水洗，这种漆可涂于未干透的基层上，不仅透气，而且无颗粒性物质脱落。可用于包装间等无洁净级别要求但又要求清洁的区域。

（3）不锈钢板或铝合金材料墙面这类墙面耐腐蚀、耐火、无静电、光滑、易清洗，但价格高，可用于垂直层流室。

（4）瓷砖墙面　瓷砖墙面光滑、易清洗、耐腐蚀，不必等基层干燥即可施工，但接缝较多，且施工技术要求高，不宜大面积使用。

**4. 天棚及饰面**　天棚材料要选用硬质、无孔隙、不脱落、无裂缝的材料。天花板与墙面接缝处应用凹圆脚线板盖住。

（1）钢筋混凝土吊顶　优点是牢固、可以上人、管道安装维修方便。缺点是自重大，相当于多一层楼板，将来改变格局时变动风口不方便。

（2）钢骨架钢丝网抹灰顶　在夹层中铺设走道板供检修用，管道安装要求在施工吊顶之前先安装，以免损坏吊顶。平顶要求分段施工，以免砂浆收缩产生裂缝。这种吊顶能适应风口、灯具孔灵活布置要求。

（3）轻质龙骨吊顶　这种吊顶下面用石棉板或石膏板封闭，用料较省，应用广泛，缺点是检修管道麻烦，接缝处理要求同轻质隔断。

**5. 门和窗**　钢板门平整、造型简单，适用于洁净厂房。优点是强度高、光滑、易清洁，但要求漆膜牢固，耐擦洗。蜂窝贴塑门的表面也平整光滑，易清洁、耐腐蚀。另外，洁净级别不同的区段联系门要密闭，进入无菌室的全部进口要与墙面齐平，与自动起闭器紧密配合，门两端的气塞采用电子连锁控制。洁净厂房不可设门槛。

钢制或铝合金的大玻璃窗较适用于洁净厂房。洁净室必须采用固定窗，要求严密性好并与室内墙齐平。窗台应陡峭向下倾斜，窗台应内高外低，且外窗台应有不低于30°的角度向下倾斜，以便清洗和减少积尘，并且避免向内渗水。

**6. 传递窗**　一般有平开钢窗或铝合金窗和玻璃拉窗。平开式传递窗密闭性好，易于清洁，但开启时占一定空间，适合作为生物传递窗。玻璃拉窗密闭性较差，上下槛滑条易积污，滑道内的滑轮组不便清洁，但开启时不占空间，适合作为非洁净区的机械传递窗。

# 第二节　给排水

不管是工业建筑物还是普通建筑物，给排水都是设计中相当重要的环节，在洁净厂房中更是如此，安排不好将会影响和污染洁净室（区）。如排水管不应穿过洁净间，所以给排水管应当布置在技术夹层内，但吊顶高度有限，而排水管又需要一定的坡度，因此如何正确处理这个关系，将会影响各区域的清洁工作。《医药工业洁净厂房设计规范》第九条做出如下一般规定。

1. 洁净区域内的给水排水干道应敷设在技术夹层，技术夹道内或地下埋设。

2. 洁净室内应少敷设管道，引入洁净室内的支管宜暗敷。

3. 医药工业洁净厂房内的管道外表面应采取防结露措施。

4. 给排水支管穿过洁净室顶棚，墙壁和楼板外应设套管，管道与管道之间必须有可靠的密封措施。

5. 医药工业洁净厂房内应采用不易积存污物、易于清扫的卫生器具、管材、管架及其附件。

给排水一般规定给水、排水管道的布置和铺设、设计流量、管道设计、管材、附件的选择均应按现行的《建筑给水排水设计规范》的规定执行。给排水管道不得布置在遇水迅速分解、燃烧或损坏的物品房，以及贵重仪器设备的上方。

## 一、给水

目前药厂水源多取自地下水（深井水）或城市自来水，个别靠近江河的药厂取自地面水（江、河、湖水等）。给水包括生产用水、生活用水和消防用水。生产用水包括冷却（凝）、发生蒸汽、饮用水、纯水、注射用水等。因生产用水量较大，为节约用水，应设法采用循环水。生活用水、消防用水主要来自城市供水公司。

### （一）生活用水

生活用水目前主要来源于城市供水公司即自来水，企业自行开采地下用水需要进行审批。自来水也是工艺用水的来源，自来水经过适当的处理制成生产工艺用水。GMP要求工艺用进料水要符合饮用水标准。

### （二）工艺用水

工艺用水是指药品生产工艺中使用的水，包括饮用水、纯化水、注射用水。药品的生产过程中用水量很大，其中工艺用水占相当的比例。

医药工业洁净厂房内的给水系统设计，应根据生产、生活和消防等各项用水对水质、水温、水压和水量的要求，分别设置直流、循环或重复利用的给水系统；管材的选择，应符合下列要求：生活用水管应采用镀锌钢管；冷却循环给水和回水管道宜采用镀锌钢管；管道的配件应采用与管道相应的材料；人员净化用室的盥洗室内宜供应热水；医药工业洁净厂房周围宜设置洒水设施；给水系统的选择应根据科研、生产、生活、消防各项用水对水质、水温、水压和水量的要求，并结合室外给水系统因素，经技术经济比较后确定；用水定额、水压、水质、水温及用水条件，应按工艺要求确定；下行上给式的给水横干管宜敷设在底层走道上方或地下室顶板下，上行下给式的给水横干管宜敷设在顶屋管道技术夹层内；由于制药厂用水量较大，特别是纯水的使用，可以设立纯水站。其规模取决于水源水质、生产用水量及工艺对水质的要求。其中水源水质和工艺要求决定制水流程的繁简和设备的多少，用水量的大小决定设备的大小。纯水站的面积可以估计为：当产水量为每小时 $2\sim20$ m$^2$，水站的面积需 $200\sim600$ m$^2$。水站的建筑净水空间，一般当用水量小于20t/h时，为 $4\sim5$m$^2$；当用水量大于50t/h时，约为 7 m$^2$；若设置真空脱气塔，仅塔身就将近7m，这样就要另行考虑。

近年来，制水工艺发展迅速，电渗析和离子交换树脂技术、膜分离技术（微孔膜、超滤膜、反渗透膜）的研究与应用，以及制水设备结构的革新，为制备工艺用水提供了更多的选择，特别是净化水技术的联合应用，使各种工艺用水更符合工业化的生产要求。

## 二、排水

排水主要解决生产中的废水、生活下水和污水处理及雨水排放问题。应充分利用和保护现有的排水系统，当必须改变现有排水系统时，应保证新的排水系统水流顺畅。厂区应有完整、有效的排水系统。完整的排水系统是指不论采用何种排水方式，场地所有部位的雨水均有去向。

## （一）排水设计要求

医药工业的排水设计考虑的因素很多，一方面是医药工业的废水成分复杂，有害物质多，特别是有机溶媒和重金属，危害极大；另一方面是医药工业废水量大、种类繁多；再者医药工业特殊的卫生洁净要求，因此处理后的废水排放要进行认真的设计。

1. 医药工业洁净厂房的排水系统设计，应根据生产排出的废水性质、浓度水量等特点确定排水系统。

2. 洁净室内的排水设备及与重力回水管道相连的设备，必须在其排出口以下部位设水封装置。

3. 排水竖管不宜穿过洁净室，如必须穿过时，竖管上不得设置检查口。

4. 空气洁净度 A 级洁净室内不应设置地漏，B 级、C 级洁净室内，也应少设地漏；如必须设置时，要求地漏材料不易腐蚀，内表面光滑，不易结垢，有密封盖，开启方便，能防止废水废气倒灌，必要时还应根据生产工艺要求，消毒灭菌。

## （二）决定排水方式的因素

由于医药工业的废水种类多、数量大，排水方式的选择要综合考虑各方面因素。排水系统选择，应根据污水的性质、流量、排放规律并结合室外排水条件确定；排出有毒和有害物质的污水，应与生活污水及其他废水废液分开，对于较纯的溶剂废液或贵重试剂，宜在技术经济比较后回收利用；当地降雨量小、土壤渗透性强时，可采用自然渗透式；场地平坦，建筑和管线密集地区，埋管施工及排水出口均无困难时，应采用暗管。美化、卫生、使用方便是暗管的优点，但费用略高，目前药厂均采用暗管式排水。

对于工业废水，由于生产工艺的多样化，工业污水更是千变万化，常用方法是将污水排入污水池中均化，使出池的污水水质在卫生特性方面（pH 值、色度、浊度、碱度、生化需氧量等）较为均匀，均化池的大小和方式视水量及排放方式而异，多数均化池是矩形或方形，其大小按操作周期而定。从均化池出来的废水还得进行处理，经测定符合排放标准才可排入河道。

工业废水的排放应符合《工业"三废"排放试行标准》中的有关规定。工业"废水"中有害物质最高容许排放浓度分为两类：①能在环境或动物体内蓄积，对人体健康产生长远影响的有害物质。含此类有害物质的"三废"，在车间或车间设备的排出口，应控制一定的排放标准，但不能简单用排放的方法代替必要的处理，②其长远影响小于第一类的有害物质，在工厂排出口的水质应符合一定的排放标准。

## 三、工艺向给排水提供的条件

工艺向给排水提供的条件主要是保证给排水符合工艺生产的要求，保证工艺生产的正常进行。在进行给排水设计时，建筑工艺人员要与制药工艺人员密切配合，协调好进度，保证废水的顺畅排放而又不影响卫生洁净度的要求。工艺向给排水提供的条件主要有：工艺生产经常最大、最小水量；所需水温；所需水压；所需的水质（硬度、含盐量、酸碱度、金属离子等）；供水状况是连续还是间断；劳动定员及最大班人数；排污量、污水化学组分、含量等；车间上下水管与管网接口直径、方位与标高；提供工艺流程图、设备平、剖面图。

# 第三节  电气设计

制药企业的电气设计主要包括供热、强电、弱电和自动控制三方面的平时运行和火灾期间所使用的内容。强电部分包括供电、电力、照明；弱电部分包括广播、电话、闭路电视、报警、消防；自动控制包括温度、湿度与压力的控制，冷冻站、空压站、蒸汽及自动灭火设施等。

## 一、供热

药厂的供热多用蒸汽供热系统。热压蒸汽的使用十分广泛，在加热、灭菌中使用量大，保证蒸汽的压力和温度十分必要，蒸汽管道的选材、保温及连接、布置更应仔细研究。蒸汽压力分为高压、中压及低压系统，$80kg/cm^2$（kPa）以上称为高压，$40kg/cm^2$（kPa）称为中压，$13kg/cm^2$ 以下称为低压，一般药厂内低压蒸汽即已够用。

工艺人员对供热系统提出的条件包括：生产工艺的经常、最大用汽量、用汽压力及温度；提出用汽质量；供热系统与用户的接口、管径、方位与标高；废热利用的方案等；车间上、下蒸汽管与管网接口直径、方位与标高。

## 二、车间供电系统

车间供电系统包括强电、弱电和自动控制三个方面。强电部分包括供电、电力和照明；弱电部分包括广播、电话、闭路电视、报警和消防；自动控制包括温、湿度与微正压的控制，冷冻站、空压站、纯水与气体的净化站及自动灭火设施等控制。

### （一）车间供电系统的设计与施工

车间用电由网供给，一般送至工厂的电压为10KV，高压电须经变电所变压后经过车间的配电室再送至用电设备。当厂区外输入的高压电源为35KV时，一般须在厂区内单独设置变配所，然后将10KV分送给各终端。

洁净厂房内是否需要设置单独使用的终端变电所，应根据全厂的供电方案、洁净厂房规模大小及用电负荷多少加以确定。当其他厂房的终端变电所向洁净厂房供电时，应视负荷大小确定是否在洁净厂房设置低压配电室。洁净厂房的终端变电站位置应在厂房的总体布置时统一考虑，使其尽量靠近负荷中心，并设在洁净厂房的外围，以方便进线、出线和变压器的运输。变电站的朝向宜北向或东向，以避免日晒，同时宜朝向高压电源。终端变电站的功能是将高压（10KV）变为低压（380V/220V）并进行电源分配。

主要设备包括变压器、低压配电盘及操作开关等。建筑设计时通常划分为变压器室和低压配电室。估计每台1000KV的终端变电站需6m×7m房间，其中变压器室部分层高应在5m以上，配电室部分应在4.5m以上。

医药工业洁净厂房的供电设计应符合国家《工业与民用供电系统设计规范》；医药工业洁净厂房的电源进线应设置切断装置，并宜设在非洁净区便于操作管理的地点；医药工业洁净厂房的消防用电应由变电所采用专线供电；洁净区内的配电设置，应选择不易积尘，便于擦洗，外壳不易锈蚀的小型暗装配电箱及插座箱，功率较大的设备宜由配电室直接供电；洁净区内不宜设置大型落地安装的配电设施；医药工业洁净厂房内的配电线路应按照不同空气洁净度等级划分的区域设置配电回路。分设在不同空气洁净度等级区域内的设置一般不宜由同一配电回路供电；进入洁净区的每一配电线路均应设置切断装置，并应设在洁净区内便于操作管理的地方，如切断装置设在非洁净区，则其操作应采用遥控方式，遥控装置设置洁净区内；洁净区内的电气管线宜暗敷，管材应采用非燃烧材料；洁净区内的电气线管口，安装于墙上的各种电器设备与墙体接缝处均应有可靠密封。

### （二）车间配电室

车间动力配电箱的布置应结合厂房情况决定，当洁净厂房设有钢筋混凝土板吊顶的技术夹层时，动力配电箱应设在技术夹层内，这时水平施工很方便，并可根据用电设备的位置把配电箱布置在负荷中心，使线路尽量短直，减少线材和电耗。当洁净厂房设有不能上人的轻质吊顶或由于其他原因不能利用顶部夹层时，可将动力配电箱设在车间同层的夹墙或技术夹层内，这时，线路上往往是将走在顶部技术夹层里的外线先向下引至配电箱，再从配电箱将支线通过埋地、减少下夹层或返回顶棚水平布线接至用电设备，虽然增加了线路和电耗，且线路不利于隐蔽，但管理较为方便。不管怎样，车间配电室应考虑以下基本原则。

动力配电箱是将来自低压配电室的电源分送给车间用电设备的枢纽，宽度一般不超过1m，高度不超过2m，厚度一般不超过0.5m，但设备较重，应落地放置；车间配电室要尽量靠近负荷中心；车间配电室要考虑进出线的方便；车间配电室可设在车间内部、旁侧或与车间毗连；车间配电室要满足通风、防腐和运输等要求。

### （三）供电线路的敷设

从室外高压电源到厂房终端变电所再到长江动力配电箱最终到达用电设备，要通过不同的电线电缆来连接，如何来敷设这些电线电缆，要根据具体情况因地制宜的设计敷设方案，一般来说供电线路的敷设有以下方式：供电线路宜暗设，如埋地、埋墙或穿越天棚等；在散发腐蚀性气体的车间，应采取防腐措施；防爆车间的供电线在采取防爆措施；电缆敷设有三种方式，即架空敷设、沟渠敷设和直埋地下。所有供配电缆均应设置在技术夹层内，符合GMP的要求。

## （四）负荷等级

制药企业用电负荷可分为三级，并应据此确定供电方式。

**1. 一级负荷**　设备要求连续运转，停电时将造成着火、爆炸、设备毁坏、人身伤亡或造成巨大经济损失的；停电后，不但本企业受到损失，而且造成很多其他企业停产、生产紊乱，长期不能投产的工厂或车间。

**2. 二级负荷**　供电中断时，将造成产量减少、人员停工、设备停止运行的事故。

**3. 三级负荷**　不属于第一、第二级的其他用电负荷（如辅助车间、辅助设备等）。当城市电网电线满足不了要求时，应根据负荷特点及要求并结合当地条件技术经济，有针对性地采取一种或几种的电源质量改善措施，如采用备用电源自动投入（BZT）或柴油发电机组应急自动起动等方式。

对于一级负荷应保证有两个独立电源供电；对于二级负荷允许用一条架空线供电，特殊情况下，也可考虑由两个独立电源供电；对于三级负荷允许供电部门为检修或更换供电系统故障元件而停电。

## （五）其他电气

主要是弱电部分，包括广播、电话、闭路电视、监控系统、报警和消防。

医药工业洁净厂房内应设置与厂房内外联系的通讯装置。由于制剂车间内有不同级别的洁净区，而不同洁净区之间需要相互联系工作，因此一般需设置电话，并根据具体情况决定数量。

洁净厂房造价较高，洁净室内人员较少，一旦发生火灾时会造成较大损失。医药工业洁净厂房内应设置火灾报警系统，火灾报警系统应符合《火灾报警系统设计规范》的要求，报警器应设在有人值班的地方。

发生火灾危险时，应有能向有关部门发出报警信号及切断风机电器的装置。洁净室内使用易燃、易爆介质时，宜在室内设报警器。

## 三、照明

照明包括光源、灯型及布置、安全措施等，这些均需根据工艺对照明的要求等因素决定。由于洁净厂房大多采用高单层、大跨度和无窗、少窗的设计，要求全面照明，室内照明度根据不同工作室的要求而定。照明灯具在吊顶上布置时要同风口、工艺安装相协调，这三部分在吊顶上的开口都不是可以任意安排的。如照明除要均匀布局外，还要注意工业布局、操作需要及需让开风口等。因此在施工图进行过程中，需专门对风口布置图、专门布置图、工艺布置图及土建吊顶图做好总体的协调。

### （一）光源

车间的照明常用光源为白炽灯、荧光外、高压水银灯、碘钨灯，小面积房间可采用荧光灯或白炽灯，当厂房中灯具悬挂高度大于 8~10m 时，如高大厂房，可采三碘钨灯或高压水银荧光、白炽灯混合照明。

需识别色彩的房间（化验室）、必须造成良好视觉条件的场所（如水针的灯检、药物的灌装等）需要考虑采用荧光灯。

### （二）照明种类

照明包括工作照明和事故照明。工作照明应在照明装置正常运行情况下，保证应有的视觉条件。照明配电箱是将来自低压配电室的电源分送给车间照明灯具的配电盘，其体积较小，宽度一般不超过 0.7m，高度一般不超过 1m，厚度一般不超过 0.5m，且重量不超过 50kg，故通常挂墙固定。洁净厂房有技术夹层时，照明配电箱应设在技术夹层内。当洁净厂房无夹层且顶棚内又不能布置照明配电箱时，或当车间面积较大，须从箱内直接控制大面积灯具开关时，可将照明配电箱安放在车间同层的夹墙或技术夹道内。

事故照明指在工作照明熄灭的情况下，保证继续工作或疏散所需的视觉条件，又称应急照明。由于洁净厂房一般是密闭厂房，室内人员流动线路复杂，出入道路迂回，为便于事故情况下人员的迅速疏散及火灾时能救灾灭火，所以洁净厂房应设置供人员疏散用的事故照明，在房间的应急安全出口和疏散通道转角处应设置标志灯，疏散用通道的标志灯还须按照要求用穿管暗埋敷设在地面以上 0.8m 处，在专用消防口应设置红色的应急照明灯。

事故照明可采用以下几种处理方式：场所内的所有照明器均设置备用电源，单独配电装置或单独回路装置，与工作用电配电箱分区或分层设置。当正常电源断电时，备用电源自动投入运行。

在场所内选定部分照明器作为事故照明灯具，并由专用的事故照明电源供电，正常时，工作照明和事故照明均投入运行。

### （三）照明器的选用和安装

洁净室一般有轻质成骨耐火板村为吊顶的技术夹层，照明器的结构与龙骨结构、吊顶材料等在安装、色调等方面尽可能协调。

由于洁净室（区）多为密封性房间，在洁净室内的操作又多是影响产品质量的关键，因而对照度和照明器均有具体要求。主要工作室的照度宜为 300lx。对照度有特殊要求的生产部门如反应罐观察、灯检可设置局部照明。洁净室不准安装吊式灯，只安装卧顶或吸顶灯，万级区为嵌入式，而大于万级区可用吸顶式。光源用日光灯。灯具开关应设在洁净室外，1 万级区域内尽量不设置开关，需要时可以设置在缓冲间内。洁净室一般多采用荧光灯，灯具应选用嵌入式，防尘，便于清洗消毒，能在吊顶下开启灯罩，调换灯管等，灯具应密封，以防吊顶内的非洁净空气进入洁净场所。

厂房还应有应急照明设施，照明应无影均匀。此外，应设事故照明，灯具暗设电源为蓄电池，能自动释电自动接通，对于易燃易爆则应设有报警信号及自动切断电源措施。技术夹层内应设照明，并由单独支路或专用配电箱供电，以保证检修安装的要求。

目前制剂生产车间一般采用有外罩的荧光灯，照度均匀，最低照度/平均照度 ≥

0.7，而且能有效地限制工作面上的光幕反向和反向眩光，如采用散光性能好、亮度低、发光表面积大的灯具。

动物室的照明度，是距离地面0.8m处为150~300lx，标准为200lx，但各个区域不可能得到平均的照明度分布。上下之间照明度相差显著，但至目前为止，除严密的实验室外，一般认为并无影响。由于人类对红光感觉不如黑色，故夜间观察行为时，要使用红灯泡，所以应设置能使用红灯泡的两个线路。另外，为白天操作时代替红灯作照明用线路，或作为紧急情况下进入室内的照明线路，应设置手动开关。照明器具防尘，采用磁吸型或插入型。为了给动物以昼夜照明的固定节奏，照明时间要设计成12小时开关转换的定时开关。

光照度是表示表面被照明的程度的物理量，其意义为每单位面积上所受到的（包括从各方面射入的）光通量。光源在单位时间内发出的光能量称为光源的光通量，光通量的单位为流明（1m），光照度的单位为勒克斯（lx），$1lx=11m/m^2$。《医药工业洁净厂房设计规范》中对照明的要求是：①医药工业洁净厂房的照明应由变电所专线供电。②洁净区内的照明光源宜采用荧光灯。③洁净区内应选用外部造型简单，不易积尘，便于搽的照明灯具，不应采用格栅型灯具。④洁净区内的一般照明灯具宜明装，但不宜悬吊。采用吸顶安装时，灯具与顶棚接缝处应采用可靠密封措施。如需要采用嵌入顶棚安装时，除安装缝隙应可靠密封外，其灯具结构必须便于清扫，便于在顶棚下更换灯管及检修。⑤医药工业洁净厂房内应根据实际工作的要求提供足够的照度，照度值应符合相关要求。即主要工作室一般照明的照度值不低于300lx；辅助工作室、走廊、气阀室、人员净化和物料净化用室可低于300lx，但不得低于150lx。对照度要求高的部位可以增加局部照明。⑥洁净区主要工作室一般照明的照度均匀度不应小于0.7。⑦有防爆要求的洁净室，照明灯具选用和安装应符合国家有关规定。⑧医药工业洁净厂房内应设置供疏散用的事故照明，在应急安全出口和疏散通道及转角处应设置标志，在专用消防口处应设置红色应急照明灯。

# 主要参考书目

1. 张珩．制药工程与工艺设计［M］．北京：化学工业出版社，2010.
2. 王沛．制药设备与车间设计［M］．北京：人民卫生出版社，2014.
3. 陈平．中药制药工艺与设计［M］．北京：化学工业出版社，2015.
4. 王志祥．制药工程学［M］．3版．北京：化学工业出版社，2015.
5. 王沛．药物制剂设备［M］．北京：中国医药科技出版社，2016.
6. 马爱霞．药品 GMP 车间实训教程［M］．北京：中国医药科技出版社，2016.
7. 王沛．中药制药工程原理与设备［M］．4版．北京：中国中医药出版社，2016.
8. 王沛．制药工艺学［M］．2版．北京：中国中医药出版社，2017.
9. 王沛．制药工程［M］．2版．北京：人民卫生出版社，2018.
10. 王沛．制药工程设计［M］．北京：中国中医药出版社，2018.
11. 姚日升，边侠玲．制药过程安全与环保［M］．北京：化学工业出版社，2018.
12. 宋航．制药工程技术概论［M］．北京：化学工业出版社，2019.
13. 王沛，王宝华，刘永忠．制药设备［M］．上海：同济大学出版社，2020.
14. 王沛．制药工程实训［M］．2版．北京：人民卫生出版社，2020.